普.通.高.等.院.校
计算机教育“十三五”规划教材

大学计算机基础

（第2版）

FUNDAMENTALS OF COMPUTER SCIENCE AND TECHNOLIGY
(2nd edition)

张莉 ◆ 主编
文小静 魏金涛 肖习江 ◆ 副主编

人民邮电出版社
北京

图书在版编目（CIP）数据

大学计算机基础 / 张莉主编. -- 2版. -- 北京 : 人民邮电出版社, 2016.9（2019.12重印）
普通高等院校计算机教育“十三五”规划教材
ISBN 978-7-115-42915-5

Ⅰ. ①大… Ⅱ. ①张… Ⅲ. ①电子计算机－高等学校－教材 Ⅳ. ①TP3

中国版本图书馆CIP数据核字(2016)第193186号

内容提要

本书是计算机公共基础课教材。全书共 10 章，分别讲解计算机基础知识、操作系统基础、文字处理软件、电子表格处理软件、电子演示文稿制作软件、数据库基础、计算机网络及 Internet 应用、网页制作技术、计算机的组装与维护、常用工具软件。

本书内容丰富、知识面广、理论与实践紧密结合，注重实用性和可操作性。通过书中的知识讲解和案例示范，学生可以快速掌握计算机基础实践的方法和技巧。书中的练习和案例可以帮助学生巩固和扩展相关的知识和技能。本书还为任课教师提供了电子教案、配套实验教材和习题答案等教学资源。

本书适合作为高等院校本、专科计算机基础课的教材，也可作为各类计算机培训用书，同时可供广大计算机爱好者自学参考。

◆ 主　　编　张　莉
　副 主 编　文小静　魏金涛　肖习江
　责任编辑　梅　莹
　责任印制　沈　蓉　彭志环

◆ 人民邮电出版社出版发行　　北京市丰台区成寿寺路 11 号
　邮编　100164　　电子邮件　315@ptpress.com.cn
　网址　http://www.ptpress.com.cn
　北京捷迅佳彩印刷有限公司印刷

◆ 开本：787×1092　1/16
　印张：21　　　　　　2016 年 9 月第 2 版
　字数：549 千字　　　2019 年 12 月北京第 8 次印刷

定价：48.00 元

读者服务热线：(010) 81055256　印装质量热线：(010) 81055316
反盗版热线：(010) 81055315

序 言

在信息技术飞速发展的今天，计算机的应用几乎渗透到社会的各个领域，它既为普通高校计算机专业的发展提供了良好的机遇，同时也对我们的教学提出了更高、更新的要求。随着计算机的不断普及，普通高等院校的计算机教学既要适应科技的发展和社会的需求，又要顾及现阶段普通高等院校学生自身的素质。对于普通高等院校的学生来说，他们更应该注重日常工作和生活中计算机的基本应用，熟练掌握计算机操作技能和网络技术，为将来适应社会对普通高等院校学生的要求打好基础。

本书贯穿理论结合实践的理念，直接针对每一部分进行案例分析式的操作练习形式，是值得学习、借鉴和推广的。我相信，按照这样的思路和理念不断坚持探索，计算机基础的教与学一定能结出累累硕果，普通高等教育的人才培养质量一定能不断提升。

黄永峰　博士

清华大学电子系教授、博士生导师

序言

前 言

计算机基础是学生学好计算机其他知识的基础课程,但计算机技术的发展日新月异,现有计算机基础教材的内容已不能很好地适应计算机技术的发展。在经过慎重考虑后,我们编写了这本书。本书从 Windows 7 操作系统、Microsoft Office 2010 和常用软件等最新的知识点着手,详细讲解了关于计算机应用的一些基本知识点,通过多个案例实践,将内容由原来的只注重培养学生的计算机基本操作技能转变为培养学生基于项目的计算机知识综合应用能力。全书采用任务驱动掌握知识点内容、结合若干项目实训的方式开展教学,使学生由被动接受转变为主动学习,让学生在学习中体验成功的喜悦。

本书共分为 10 章,各章节内容概括如下:第 1 章介绍计算机科学的核心概念、计算机的发展与应用、计算机系统的工作原理以及计算机中的信息表示,使学生初步了解计算机的基础知识;第 2 章介绍 Windows 7 操作系统和 Windows 10 操作系统,以及现阶段主流的手机操作系统;第 3 ~ 5 章分别讲解文字处理软件 Word 2010、电子表格处理软件 Excel 2010 和电子演示文稿制作软件 PowerPoint 2010 的基本使用方法和高级操作技巧;第 6 章介绍数据库的概念、数据库系统的特点和工作原理,讲解 Access 2010 的常用操作;第 7 章介绍计算机网络、局域网的基本概念和 Internet 的基础与应用知识;第 8 章讲解网页与网站的基本概念、使用 Dreamweaver CS6 创建与管理站点、制作基本网页、表格和表单以及后期网站的发布与维护;第 9 章介绍计算机系统的组成、主要硬件的选购、计算机的组装流程、系统和驱动的安装以及计算机故障的检测和排除;第 10 章介绍现阶段流行的计算机工具软件,讲解了常用工具软件(如压缩软件、图片处理软件、多媒体制作软件等)的功能和使用方法。

本书为《大学计算机基础》教材的修订版,上一版教材自 2013 年 9 月出版以来,已印刷多次。本书是大学计算机基础教学的最基本的课程用书,我们既是教材的编写者,也是教材的使用者。自上一版教材出版之日起,我们一直在不断地检查和审视本教材。为保证在充分发挥高素质、高技能人才培养中的作用,在教材修订过程中我们力求在充分、系统地反映本课程基本内容的同时,保证语言简练、内容通俗易懂,避免因文字、图例等不够准确而影响教学质量。

本书主要进行了以下修订。

第 1 章主要修改了第 1 版中部分公式的排版错误,对超级计算机部分的信息由 2012 年的数据更新为 2016 年的数据,对应的图片也进行了更改。

第 2 章将操作系统 Windows 8 升级至 Windows 10,内容按照 Windows 7 的介绍框架重新编写,图片也相应地进行了修改。对手机操作系统中 iOS 和 Android 的系统版本和新增功能进行了更新。

第 3 ~ 6 章的章节结构顺序均进行了略微调整,Word 软件增加了文档审阅修订及邮件合并功能的介绍,Excel 软件增添了迷你图和宏的简单应用,PowerPoint 软件对案例设计的功能介绍更加全面。这 4 章修订了原教材中不规范的文字及实例，更正了图例中的错误以及教材中部分结构、内容不合理的地方。

第 7 章的部分章节顺序进行了调整，更新了 Internet 应用的新知识，新增了网络信息安全等内容。

第 8 章更新了部分图片，修正了少部分问题，将网页制作工具 Dreamweaver CS5 升级到 Dreamweaver CS6，对案例讲解进行了全面梳理。

第 9 章更新了较新的计算机硬件图片，优化了与实践教程重复介绍的部分。

第 10 章将压缩软件、多媒体制作软件、网络下载软件和多媒体格式转换工具对应的软件版本和图片进行了更新。将图片处理软件 Photoshop 的版本由 CS5 更新为 CS6，对其内容和示例都进行了重新编写，相应的图片也进行了更新。

本书结构编排合理，层次分明，内容丰富，密切结合计算机基础课程的基本教学要求，阐述深入浅出，语言通俗易懂。通过对教材的反复使用，我们不断发现教材中的不足，不断改进和完善，力求使之更加符合高等教育培养目标的要求，更加具有可操作性和实用性，以方便教学和学习。在教学内容上，教师可根据学生的应用水平酌情选取。

本书由张莉担任主编，由文小静、魏金涛、肖习江担任副主编。其中，文小静编写第 3 ~ 6 章；魏金涛编写第 1 章、第 2 章和第 10 章；肖习江编写第 7 ~ 9 章。张莉负责全书的组织策划、制定编写大纲和统稿、定稿工作。

由于时间有限，本书可能还存在很多暂未发现的瑕疵，欢迎各位同行、读者批评指正。

编　者

2016 年 5 月

目 录

第 1 章 计算机基础知识

计算机是一种处理信息的工具，它能自动、高速、精确地对信息进行存储、传输和加工处理。计算机的广泛应用，推动了社会的发展与进步，对人类社会的生活产生了极其深刻的影响。可以说，计算机文化已融入到社会的各个领域之中，成为人类文化中不可缺少的一部分。在进入信息时代的今天，学习计算机知识，掌握计算机的应用已成为人们的迫切需求。

本章主要介绍计算机系统的基本知识，包括计算机科学的概念与研究范畴、计算机的发展与应用、计算机系统的组成和计算机中信息的表示等内容。

1.1 计算机科学

计算机科学（Computer Science）是研究计算机及其周围各种现象和规律的科学，亦即研究计算机系统结构、程序系统（即软件）、人工智能以及计算本身的性质和问题的学科。

1.1.1 什么是计算机科学

计算机科学是一门包含各种各样与计算和信息处理相关主题的系统学科，从抽象的算法分析、形式化语法等，到更具体的主题如编程语言、程序设计、软件和硬件等。作为一门学科，它与数学、计算机程序设计、软件工程和计算机工程有显著的不同，尽管这些学科之间存在不同程度的交叉和覆盖，却仍时常被混淆。

1.1.2 计算机科学的主要领域

计算机是一种进行算术运算和逻辑运算的机器。对于由若干台计算机组成的系统而言，还有通信问题。计算机处理的对象都是信息，因而也可以说，计算机科学是研究信息处理的科学。

计算机科学主要是研究基于“冯 · 诺依曼计算机”和“图灵机”的计算模型。作为此模型概念的提出者和创始人，阿兰 · 麦席森 · 图灵（Alan Mathison Turing）表明，尽管在计算的时间、空间效率上可能有所差异，现有的各种计算设备在计算的能力上是等同的。这个理论通常被认为是计算机科学的基础。

计算机科学主要的研究领域涵盖了从算法的理论研究和计算的极限，到如何通过硬件和软件实现计算系统。计算机科学学科的 4 个主要领域是计算理论、算法与数据结构、编程方法与编程语言以及计算机元素与架构。随着研究和应用的深入，还确立了其他一些重要领域，如软件工程、人工智能、计算机网络与通信、数据库系统、并行计算、分布式计算、人机交互、计算机图形学、操作系统、数值和符号计算。

1.1.3 计算机科学的核心概念与研究范畴

计算机科学的核心概念和研究范畴主要包含以下 13 个方面。

1. 算法

算法是指定义良好的计算过程，它取一个或一组值作为输入，经过一系列定义好的计算过程，得到一个或一组输出。算法是计算机科学研究的一个重要领域，也是许多其他计算机科学技术的基础。算法主要包括数据结构、计算几何和图论等，除此之外，还包括许多杂项，如模式匹配和部分数论等。

2. 应用计算机科学

尽管计算机科学（Computer Science）的名称里包含“计算机”这 3 个字，但实际上计算机科学相当数量的领域都不涉及对计算机本身的研究。因此，某些计算机专家倾向于用术语——计算科学（Computing Science），以精确强调两者之间的不同。设计、部署计算机和计算机系统通常被认为是非计算机科学学科的领域。例如，研究计算机硬件被看成是计算机工程的一部分，而对商业计算机系统的研究和部署被称为信息技术或者信息系统。然而，现在也越来越多地融合了各类计算机相关学科的思想。计算机科学研究也经常与其他学科交叉，如心理学、认知科学、语言学、数学、物理学、统计学和经济学。

3. 计算理论

计算机科学最根本的问题是“什么能够被有效地自动化”。计算理论的研究就是专注于回答这个根本问题的。而这个问题又可以细分为两个问题：什么能够被计算；去实施这些计算需要用到多少资源。为此，递归论被用来检验在多种理论计算模型中哪些计算问题是可解的；而计算复杂性理论则被用于回答实施这些计算需要用到多少资源，研究解决一个不同目的计算问题的时间复杂度与空间复杂度。

4. 信息与编码理论

信息论与信息量化相关，由 Claude E. Shannon 创建，用于寻找信号处理操作的根本极限，如压缩数据和可靠的数据存储与通信。编码理论是对编码及它们适用的特定应用性质的研究。编码（Code）被用于数据压缩、密码学和前向纠错，近期也被用于网络编码。研究编码的目的在于设计出更高效、可靠的数据传输方法。

5. 形式化方法

形式化方法是一种基于数学的特别技术，用于软件和硬件系统的形式规范、开发及形式验证。在软件和硬件设计方面，形式化方法的使用动机同其他工程学科一样，是通过适当的数学分析提高设计的可靠性和健壮性。但是，使用形式化方法成本很高，这意味着它们通常只用于高可靠性系统，而在这种系统中，安全或保密（Security）是最重要的。对于形式化方法的最佳形容是各种理论计算机科学基础种类的应用，特别是计算机逻辑演算、形式语言、自动机理论和形式语义学，此外还有类型系统、代数数据类型、软硬件规范和验证中的一些问题。

6. 并发、并行和分布式系统

并行性（Concurrency）是系统的一种性质，这类系统可以同时执行多个可能互相交互的计算。一些数学模型（如 Petri 网、进程演算和 PRAM 模型）被创建以用于通用并发计算。分布式系统将并行性的思想扩展到了多台由网络连接的计算机。同一分布式系统中的计算机拥有自己的私有内存，它们之间经常交换信息以达到一个共同的目的。

7. 程序设计语言理论

程序设计语言理论是计算机科学的一个分支，主要用来处理程序设计语言的设计、实现、分析、描述和分类，以及它们的个体特性。它属于计算机科学学科，既受计算机科学的影响，也影响着数学、软件工程和语言学。它是公认的计算机科学分支，同时也是活跃的研究领域，其研究成果被发表在众多学术期刊、计算机科学和工程出版物上。

8. 数据库和信息检索

数据库是为了更容易地组织、存储和检索大量数据。数据库由数据库管理系统管理，通过数据库模型和查询语言来存储、创建、维护和搜索数据。

9. 人工智能

这个计算机科学分支旨在创造可以解决计算问题，像人类一样思考与交流的人造系统。无论是在理论上还是应用上，都要求研究者在多个学科领域具备细致、综合的专长，如应用数学、逻辑学、符号学、电机工程学、精神哲学、神经生理学和社会智力，用于推动智能研究领域，或者被应用到其他需要计算理解与建模的学科领域，如金融或物理科学。

10. 计算机体系结构与工程

计算机系统结构，或数字计算机组织，是一个计算机系统的概念设计和根本运作结构。它主要侧重于中央处理器（Central Processing Unit，CPU）的内部执行和内存访问地址。这个领域经常涉及计算机工程和电子工程学科，需要选择和互连硬件组件以创造满足功能、性能和成本目标的计算机。

11. 计算机图形学

计算机图形学是对于数字视觉内容的研究，涉及图像数据的合成和操作。它与计算机科学的许多其他领域密切相关，包括计算机视觉、图像处理和计算几何，同时也被大量运用在特效和电子游戏中。

12. 计算机安全和密码学

计算机安全是计算机技术的一个分支，其目标包括保护信息免受未经授权的访问、中断和修改，同时为系统的预期用户保持系统的可访问性和可用性。密码学是对于隐藏（加密）和破译（解密）信息的实践与研究。现代密码学主要与计算机科学相关，很多加密和解密算法都是基于它们的计算复杂性。

13. 软件工程

软件工程是对于设计、实现和修改软件的研究，以确保软件的高质量、适中的价格、可维护性，以及能够快速构建。它是一个系统的软件设计方法，涉及从工程实践到软件的应用。

1.2　计算机的发展与应用

计算机是人类在 20 世纪最伟大的发明之一，也是发展最快的技术。尤其是微型计算机的出现和计算机网络的发展，使计算机应用已渗透到社会的各个领域，掌握和使用计算机已成为人们必不可少的技能。

1.2.1　计算机的由来

1943 年，美国为解决新武器研制中的弹道计算问题而组织科技人员开始了对电子数字计算机的研究。1946 年 2 月，电子数值积分计算机（Electronic Numerical Integrator And Calculator，ENIAC）在美国宾夕法尼亚大学研制成功，它是世界上第一台电子数字计算机，如图 1.1 所示。这台计算机共使用了 18 000 多支电子管和 1 500 个继电器，耗电 150kW，占地面积约为 167m^2，重 30t，每秒能进行 5 000 次加减运算或 400 次乘法运算。至今，人们公认 ENIAC 的问世表明了电子计算机时代的到来，其出现具有划时代的意义。

图 1.1　第一台电子数字计算机 ENIAC

1.2.2　现代计算机的发展

根据电子计算机所采用的物理器件的不同，一般将电子计算机的发展分成以下几个阶段。

1. 第 1 代：电子管数字计算机

第 1 代电子管数字计算机（1946 ~ 1958 年）是电子管计算机。其基本特征是采用电子管作为计算机逻辑器件，用数据表示主要采用定点数，用机器语言或汇编语言写程序。由于当时电子技术的限制，每秒运算速度仅为几千次，内存容量仅为几千字节。第 1 代电子计算机体积庞大，造价很高，仅限于军事和科学研究工作使用。

2. 第 2 代：晶体管数字计算机

第 2 代电子计算机（1958～1964 年）是晶体管数字计算机。其基本特征是逻辑器件逐步由电子管改为晶体管，内存所使用的器件大多为由氧磁性材料制成的磁芯存储器。外存储器有了磁盘和磁带，外设种类也有所增加。运算速度达每秒几十万次，内存容量扩大到几十千字节。与此同时，计算机软件也有了较大发展，出现了 ForWan、Cobol 和 Algol 等高级语言。与第 1 代计算机相比，晶体管计算机体积小、成本低、功能强、可靠性大大提高，除了用于科学计算外，还用于数据处理和事务处理。

3. 第 3 代：集成电路数字计算机

第 3 代电子计算机（1965～1970 年）是集成电路数字计算机。其基本特征是逻辑器件采用小规模集成电路（Small Scale Integration，SSI）和中规模集成电路（Middle Scale Integration，MSI）。第 3 代电子计算机的运算速度可达每秒几十万次到几百万次。存储器也进一步发展，体积更小、价格更低、软件更完善。这一时期，计算机同时向标准化、多样化、通用化和机种系列化发展。高级程序设计语言在这个时期有了很大发展，并出现了操作系统和会话式语言，计算机开始广泛应用于各个领域。

4. 第 4 代：大规模集成电路和超大规模集成电路数字计算机

第 4 代电子计算机运用了大规模集成电路（1971 年至今）（Large Scale Integration，LSI）和超大规模集成电路（Very Large Scale Integration，VLSI）技术，在硅半导体上集成了 1 000～100 000 个电子元器件。集成度很高的半导体存储器代替了磁芯存储器。计算机的速度可以达到每秒上千万次到十万亿次。操作系统不断完善，应用软件已成为现代工业的一部分。计算机的发展进入了以计算机网络为特征的时代。

5. 第 5 代：人工智能计算机

计算机虽能在一定程度上辅助人类进行脑力劳动，但其智能还与人类相差甚远。因此，科学的发展及社会需求都需要新一代计算机，即第 5 代计算机。第 5 代计算机尚未有统一的定义，有的学者认为它应包括多个运行速度更快、处理功能更强的新型微机和容量无限的存储器；也有专家认为其可采用镓材料的电子线路，镓材料比硅材料的速度快 5 倍，而功耗仅是硅材料的 1/10。此外，第 5 代计算机将采用并行处理的工作方式，即多个处理器同时解决一个问题，多媒体技术将会是向第 5 代计算机过渡的重要技术。

1.2.3 冯·诺依曼“存储程序”的思想

1946 年，美籍匈牙利科学家冯·诺依曼提出存储程序原理，把程序本身当成数据来对待，程序和该程序处理的数据用同样的方式存储，并确定了存储程序计算机的 5 大组成部分和基本工作方法。数字计算机的数制采用二进制，计算机应该按照程序顺序执行。人们把冯·诺依曼的这个理论称为冯·诺依曼体系结构。半个多世纪以来，计算机制造技术发生了巨大变化，但冯·诺依曼体系结构仍然沿用至今。冯·诺依曼也因此被称为“计算机鼻祖”。

1. 冯·诺依曼体系结构的设计思想

（1）采用存储程序的方式，将指令和数据不加区别地混合存储在同一个存储器中。数据和程序在内存中是没有区别的，它们都是内存中的数据。当 EIP（Extend Instruction Pointer，指令寄存器）指针指向该段内存地址时 CPU 就加载该段内存中的数据，如果是不正确的指令格式，CPU 就会发生错误中断。在 CPU 的保护模式中，每个内存段都有描述符，用来记录该内存段的访问权限（可读、可写和可执行）。这就变相地指定了哪些内存中存储的是指令，哪些内存中存储的是数据。指令和数据都可以发送给运算器进行运算，即由指令组成的程序是可以修改的。

（2）存储器是按地址访问的线性编址的一维结构，每个单元的位数是固定的。

（3）指令由操作码和地址码组成。操作码指明本指令的操作类型，地址码指明操作数和地址。操作数本身无数据类型的标志，它的数据类型由操作码确定。

（4）通过执行指令直接发出控制信号控制计算机的操作。指令在存储器中按其执行顺序存放，由指令计数器指明要执行的指令所在的单元地址。指令计数器只有一个，一般按顺序递增，但执行顺序可随运算结果或当时的外界条件而改变。

（5）以运算器为中心，I/O 设备与存储器间的数据传送都要经过运算器。

（6）数据以二进制表示。

2. 冯·诺依曼体系结构的特点

（1）计算机处理的数据和指令一律用二进制数表示。

（2）顺序执行程序。计算机运行过程中，把要执行的程序和处理的数据首先存入主存储器（内存），计算机执行程序时，将自动按顺序从主存储器中取出指令一条一条地执行。

（3）将指令和数据同时存放在存储器中，是冯·诺依曼计算机方案的特点之一。冯·诺依曼体系结构的计算机由运算器、控制器、存储设备、输入设备和输出设备 5 部分组成，如图 1.2 所示，奠定了现代计算机的结构理念。

3. 冯·诺依曼体系结构的作用

冯·诺依曼体系结构是现代计算机的基础，现在大多数计算机仍沿用冯·诺依曼计算机的组织结构，只是做了一些改进而已，并没有从根本上突破冯·诺依曼体系结构的束缚。然而，传统的冯·诺依曼计算机体系结构天然所具有的局限性，从根本上限制了计算机的发展。

根据冯·诺依曼体系结构构成的计算机，必须具有如下功能：把需要的程序和数据送至计算机中，必须具有长期记忆程序、数据、中间结果及最终运算结果的能力；能够完成各种算术运算、逻辑运算和数据传送等数据加工处理的能力；能够根据需要控制程序走向，并能根据指令控制机器的各部件协调操作的能力；能够按照要求将处理结果输出给用户的能力。

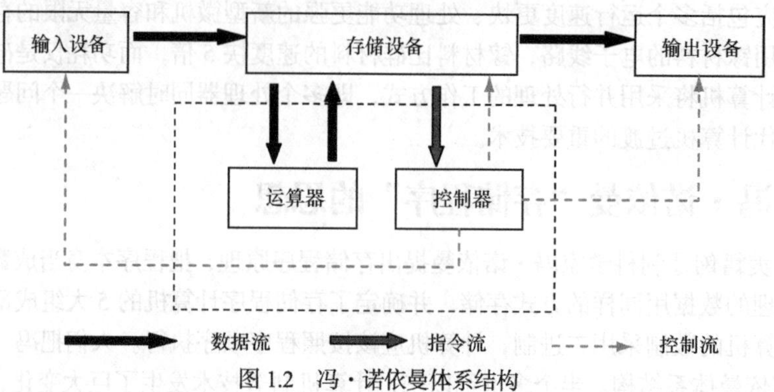

图 1.2　冯·诺依曼体系结构

1.2.4　计算机的分类

计算机可按计算机的功能、处理方式、规模和工作模式进行分类。

1. 按计算机的功能分类

计算机按其功能一般可分为专用计算机和通用计算机两类。专用计算机功能单一、结构简单、可靠性高，但适应性差，通常用于军事、银行等领域；通用计算机功能齐全、适应性强，目前人们使用的都是通用计算机。

2. 按计算机的处理方式分类

计算机按其处理方式可分为模拟计算机、数字计算机和数字模拟混合计算机。模拟计算机主要用来处理模拟信息，如压力、温度和流量等；数字计算机采用二进制运算，其特点是计算机精度高、便于存储信息、通用性很强；混合计算机则取数字、模拟计算机之长，既能高速运算，又便于存储信息，但造价昂贵。

3. 按计算机的规模分类

按计算机的规模，参考其运算速度、输入/输出能力和存储能力等因素，可以将计算机分为以下 4 类。

（1）巨型机。巨型机运算速度快，每秒运算达百万亿次，结构复杂，价格昂贵，主要用于尖端科学研究领域，如图 1.3 所示。

图 1.3　巨型机

（2）大型机。大型机的规模次于巨型机，具有较强的指令系统和丰富的外部设备，主要用于计算机网络和计算中心，如图 1.4 所示。

（3）小型机。小型机较大型机成本低、维护容易、用途广泛，主要用于科学计算和信息处理，也可用于生产过程自动控制、数据采集及处理等，如图 1.5 所示。

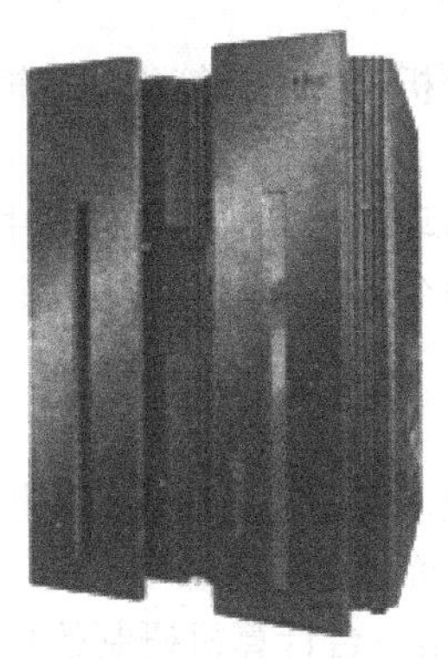

图 1.4　大型机

图 1.5　小型机

（4）微型机。微型机由微处理器、半导体存储器和输入输出接口等芯片组成。因此，其体积小、重量轻、价格低、灵活性好、可靠性高。目前研制的新型微型机的性能超过了以前的大中型机。

4. 按计算机的工作模式分类

计算机按其工作模式可以分为服务器和工作站两类。

（1）服务器。服务器是一种可供网络用户共享的、高性能的计算机。它一般具有大容量的存储设备和丰富的外部设备，其运行依靠网络操作系统。服务器上的资源可提供给网络用户共享。

（2）工作站。工作站是高档微机，其特点是易于联网，配有大容量的主存和大屏幕显示器，适合用于计算机辅助设计（Computer Aided Design，CAD）、计算机辅助制造（Computer Aided Manufacturing，CAM）和办公自动化，如图 1.6 所示。

图 1.6　工作站

1.2.5　计算机的特点和应用

1. 计算机的特点

相对于其他工具，计算机有以下特点。

（1）运算速度快。由于计算机内部运算器是由逻辑电路构成的，高性能的计算机每秒能进行几十亿乃至百万亿次的运算。例如，计算机控制导航要求运算速度比飞机飞行的速度还要快；气象预报要求运算速度必须跟得上天气变化，否则就失去了预报的意义。

（2）计算精度高。数字电子计算机的计算精度一般均能达到15位有效数字，通过协商处理等手段可以实现任何精度要求。例如，只需几个小时计算机就能将圆周率计算到10万位。

（3）记忆能力强。计算机内部有大量的存储器，能存储大量数据，还能记住加工这些数据的程序。

（4）逻辑判断能力强。逻辑判断能力就是因果关系的分析能力。计算机的逻辑判断能力是通过程序来实现的，用于做各种复杂的推理。

（5）自动执行程序的能力强。计算机的工作过程就是自动执行存放在存储器中的程序。程序是操作员经过仔细规划事先安排好的，只要向计算机发出命令，程序就会自动执行，如机器人、无人驾驶飞机和计算机辅助制造加工机床。

2. 计算机的应用

计算机的应用已渗透到各个领域，如军事、工业、金融、农业、商业、行政机构、教育、家庭等，几乎无处不在。计算机的应用大致可分为以下几个方面。

（1）科学计算。科学计算是计算机的重要应用领域，第一台计算机研制的目的就是用于弹道计算。计算机是为了科学计算而发展的，利用它可以方便地实现数值的精确计算。例如，人造卫星的轨迹，航天飞机、原子反应堆、火箭、宇航飞机的研究设计，以及天气预报等都需要精确计算。

（2）数据处理。数据处理是用计算机对生产和经营活动、社会科学研究中的大量信息进行搜集、转换、分类、统计、处理、存储传输和输出处理。数据处理是一切信息管理、辅助决策系统的基础，各类管理信息系统、决策支持系统、专家系统及办公自动化系统都属于数据处理的范畴。

（3）自动控制。自动控制是通过计算机对某一过程进行自动操纵，不需要人工干预就能够按人们预定的目标和状态进行操作过程的控制，如大型冶金企业中的高炉炼铁控制、电炉温度控制、数控机床控制、轧钢控制、国防工业中的弹道检测控制、飞机和舰艇的分布式控制系统等。计算机的应用帮助人类实现了微型化、智能化，将实现控制的应用推上了更高的台阶。

（4）计算机辅助设计/计算机辅助制造（CAD/CAM）。计算机辅助设计/计算机辅助制造的特点是交互式操作，要求有良好图形功能和快的响应速度。可利用计算机代替部分人工，进行飞机、船舶建筑等的设计和制造。计算机辅助设计/计算机辅助制造技术取代了传统的从图纸设计到加工流程编制和调试的手工设计及操作过程，在设计效率、加工精度和产品质量等方面有极大的提高。

（5）计算机通信。当今的社会已步入信息社会，需要一种能传输大容量数字、文本、声音、图形、图像及影像等多媒体信息的高速计算机网络。作为信息高速公路雏形的互联网已在全球各行业得以广泛应用，人们可以通过互联网络传递信息、查询信息和发表信息。

（6）人工智能。人工智能是一门在计算机与控制论学科上发展起来的边缘学科。它是指用计算机模拟人脑的部分功能。智能检索、专家诊断系统、智能机器人等都是人工智能的典型应用。

（7）文化娱乐。计算机已走进千家万户，人们利用计算机可以欣赏电影、观看电视、玩游戏及进行家庭文化教育等。

（8）虚拟现实。虚拟现实是指通过计算机图形构成三维数字模型，并将其编制到计算机中去生成一个以视觉感受为主，同时包括听觉、触觉的综合可感知的人工环境。它可以直接观察、操作、触摸、检测周围环境及事物的内在变化，并且产生“交互”作用，给人以一种身临其境的感觉。

除上述各种应用外，计算机在辅助教学（Computer Aided Instruction，CAI）、辅助学习、电子商务、文化艺术和多媒体技术等方面都有着广泛的应用。

1.2.6 计算机的未来

计算机是 20 世纪下半叶发展最快的技术，它在很大程度上改变了人们的生活和工作方式。未来的计算机功能会更加强大，甚至有可能超越当前的发展模式。以当前的技术来看，未来几十年计算机的主要发展方向有以下几种。

1. 超级计算机

2013 年 5 月，由国防科技大学研制的超级计算机系统“天河二号”以峰值计算速度每秒 5.49 亿亿次、持续计算速度每秒 3.39 亿亿次双精度浮点运算的优异性能成为全球最快超级计算机。“天河二号”有 16 000 个运算节点，每个节点配备 2 颗 Xeon E5 12 核心的中央处理器和 3 个 Xeon Phi 57 核心的协处理器（运算加速卡），累计 32 000 颗 Xeon E5 主处理器和 48 000 个 Xeon Phi 协处理器，共 312 万个计算核心。截至 2015 年 10 月 16 日，“天河二号”超级计算机在“全球超级计算机 500 强”榜单中六度称雄，如图 1.7 所示。

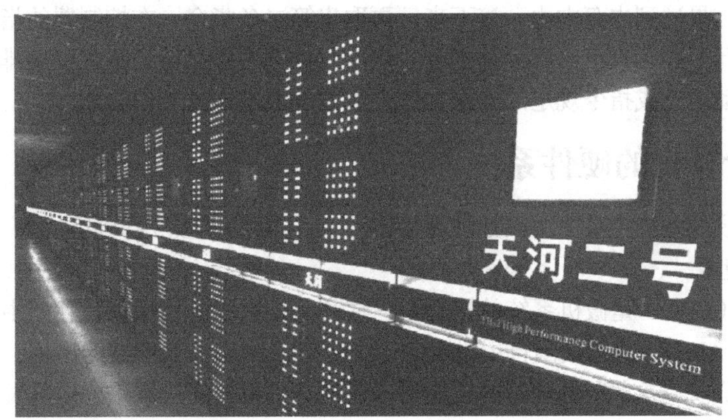

图 1.7　“天河二号”超级计算机

2. 光计算机

随着现代光学技术的发展，激光技术、光纤技术和光存储技术已经进入实用化阶段。激光技术、集成光学技术、光纤技术与计算机和微电子技术的紧密结合，为光计算机的诞生创造了条件。

3. 生物计算机

生物计算机的主要原材料是利用生物工程技术生产的蛋白质分子，并以此作为生物芯片。用生物芯片制成的功能部件可方便地置入人体。生物芯片的研究始于 20 世纪 80 年代，如研制成功，其运算速度、能量消耗存储空间都是电子计算机无法相比的。

4. 量子计算机

量子计算科学打破了传统计算机受到的限制，使得量子计算机不再采用电子比特，而是使用比特位，人们通常称其为“量子比特”。专家预见，它可以将原子计算设备嵌入到任何物体中。多数专家相信，在 2020 年以后，这一领域的发展会非常迅速。

5. 神经网络计算机

神经网络计算机是在模拟人脑神经组织的基础上发展起来的全新的计算机系统。在一定程度上体现了人脑的部分功能，成为实现人工智能的一种有效途径。它的结构特征使所有的处理单位都能够同时进行信息传输和处理；另外，局部单元的损坏对网络的总体性能影响很小，这与人类解决问题的方法更加接近。

展望未来，计算机将是半导体技术、超导技术、光学技术和仿生技术相互结合的产物。从发展上看，计算机将向着巨型化和微型化方向发展；从应用上看，计算机将向着系统化、网络化和智能化方向发展。

1.3 计算机系统

1.3.1 基本组成和工作原理

一个完整的现代计算机系统包括硬件系统和软件系统两大部分，微机系统也是如此。硬件包括计算机的基本部件和各种具有实体的计算机相关设备，软件则包括用各种计算机语言编写的计算机程序、数据和应用说明文档等。

计算机的基本原理是存储程序和程序控制。计算机在运行时，先从内存中取出第一条指令，通过控制器的译码，按指令的要求，从存储器中取出数据并进行指定的运算和逻辑操作等加工，然后再按地址把结果送到内存中去。接下来，再取出第二条指令，在控制器的指挥下完成规定操作。依此方式进行下去，直至遇到停止指令。程序与数据一样存储，按程序编排的顺序一步一步地取出指令，自动地完成指令规定的操作是计算机系统最基本的工作原理。

1.3.2 计算机的硬件系统

计算机中的硬件系统主要由中央处理器（CPU）、内存和主板 3 部分组成。

1. 中央处理器

中央处理器（CPU）是微机系统的核心，它往往决定微机的档次。目前的中央处理器供应商主要有英特尔和 AMD。随着我国自主研发的“龙芯”系列中央处理器的出现，这种局面有可能被打破。尽管现阶段“龙芯”处理器的性能指标还未达到世界先进水平，但其发展迅速，有着一定的市场前景。

中央处理器是硬件的核心，它主要包括运算器和控制器。其主要性能指标有以下几个。

（1）主频。主频即中央处理器的时钟频率，一般说来，主频越高，其工作速度越快。现阶段主流的中央处理器主频在 2.6GHz 以上。

（2）二级高速缓存。内置高速缓存可以提高中央处理器的运行效率。高速缓冲存储器均由静态随机存储器组成，结构较复杂且成本较高，故其容量不可能做得太大。

（3）内存总线速度。内存总线速度是指中央处理器与二级高速缓存和内存之间的通信速度。

（4）工作电压。工作电压是指中央处理器正常工作所需的电压。随着中央处理器主频的提高，其工作电压有下降的趋势，主要从节能环保和产生热量这两个方面考虑。

（5）制造工艺。精细的工艺使得晶体管门电路更大限度地缩小，能耗降低，中央处理器更省电，极大地提高了中央处理器的集成度和工作频率。

2. 内存

内存储器（简称内存），又称为主存储器，是用来存放数据和程序的记忆装置。

内存一般分为随机存储器（Random Access Memory，RAM）和只读存储器（Read-Only Memory，ROM）。随机存储器的特点是其中存入的信息可随时读出和写入，但断电后，其中的信息全部丢失。只读存储器的特点是其中存入的信息只能读出不能写入，断电后，其中的信息仍存在。一般固化在只读存储器中的是自启动程序、初始化程序和基本输入输出设备的驱动程序等。

3. 主板

主板是微型计算机的关键部件之一，其上的中央处理器、内存插槽、芯片组、只读存储器及基本输入/输出系统（Basic Input Output System，BIOS）共同决定着一台微型计算机的档次。

1.3.3 计算机的软件系统

系统软件是计算机系统的一部分，用来支持应用软件的运行。系统软件是为用户开发应用软件提供的一个平台，用户可以使用它，但一般不随意修改它。常用的系统软件有以下几种。

1. 操作系统

要使计算机系统的所有资源（包括中央处理器、存储器、各种外部设备及各种软件）协调一致、有条不紊地工作，就必须由一个软件来进行统一管理和统一调度，这个软件称为操作系统（Operating System，OS）。它的功能就是管理计算机系统的全部硬件资源、软件资源及数据资源，使计算机系统中的所有资源最大限度地发挥作用，为用户提供方便、有效和友善的服务界面。

操作系统是一个庞大的管理控制程序，大致包括以下 5 个管理功能：进程与处理机调度、作业管理、存储管理、设备管理和文件管理。实际上，操作系统是多种多样的，根据侧重面和设计思想的不同，其结构和内容也存在很大差别。但功能比较完善的操作系统应具备上述 5 个功能。

操作系统一般可分为批处理操作系统、分时操作系统、实时操作系统、网络操作系统、分布式操作系统和单用户操作系统等。目前，在微型计算机上常见的操作系统有 UNIX、Linux、Windows XP、Windows 2003、Vista、Windows 7、Windows 8、Windows 10 等。

（1）实时操作系统。实时操作系统是指对外来的作用和信号在限定时间范围内做出响应的系统。

（2）分时操作系统。分时操作系统是一台中央处理器连接多个终端，中央处理器按照优先级将系统资源分配给各个终端时间片，轮流为各个终端服务，并通过计算机高速的运算，使每个用户都能感觉到自己独占这台计算机。常用的分时操作系统有 UNIX 和 Linux 等。

（3）批处理操作系统。批处理操作系统是以作业为处理对象，连续处理在计算机系统中运行的作业流。

（4）单用户操作系统。单用户操作系统按同时管理的作业数可分为单用户单任务操作系统和单用户多任务操作系统。单用户单任务操作系统只能同时管理一个作业运行，中央处理器运行效率低，如 DOS。

（5）网络操作系统。网络操作系统是指运行在局域网上的操作系统。目前，常用的网络操作系统有 Windows NT、UNIX 和 Linux。Windows NT 系列是微软公司专为服务器开发的操作系统，是基于图形界面多任务的、对等的网络操作系统，NT 支持对称多处理系统。Windows NT 有两种产品，Windows NT Workstation 是工作站上使用的操作系统，Windows NT Server 是网络服务器操作系统。Windows NT Server 分标准版和企业版，标准版是支持 4 个以下中央处理器的对称多处理系统，企业版是支持 4 个以上中央处理器的对称多处理系统。而 Windows NT Workstation 逐渐演化为适用于 PC 的个人操作系统，出现了 Windows XP、Vista、Windows 7、Windows 8 、Windows 10 等产品。

2. 语言处理程序

编写计算机程序所用的语言是人与计算机进行交流的工具，一般可分为机器语言、汇编语言和高级语言。

（1）机器语言。机器语言（Machine language）是计算机系统所能识别的、不需要翻译就可直接供机器使用的程序设计语言。机器语言中的每一条语句（机器指令）实际上都是二进制形式的指令代码，它由操作码的二进制编码和操作数的二进制编码组成。它的指令二进制代码通常随 CPU 型号的不同而不同（同系列中央处理器一般向下兼容）。通常不用机器语言直接编写程序。

（2）汇编语言。汇编语言（Assemble language）是一种面向机器的程序设计语言，它是为特定的计算机设计的。汇编语言采用一定的助记符号表示机器语言中的指令和数据，即用助记符号代替了二进制形式的机器指令。这种替代使得机器语言"符号化"，所以也称汇编语言为符号语言。一条汇编语言的指令对应一条机器语言的代码，不同型号的计算机系统一般有不同的汇编语言。

（3）高级语言。从20世纪50年代中期开始到70年代陆续产生了许多高级算法语言，这些高级算法语言中的数据用十进制来表示，语句用较为接近自然语言的英文来表示。它们比较接近于人们习惯用的自然语言和数学表达式，因此称为高级语言。高级语言具有较大的通用性，尤其是一些标准版本的高级算法语言，在国际上都是通用的。用高级语言编写的程序能使用在不同的计算机系统上。

（4）汇编语言和高级语言的翻译。计算机硬件只能识别和执行机器指令，不能直接执行汇编语言和高级语言。用汇编语言或高级语言编写的程序要执行的话，必须用一个程序将汇编语言程序翻译成机器语言程序。用汇编语言或高级语言编写的程序称为源程序，变换后得到的机器语言程序称为目标程序，用于翻译的程序称为汇编程序（汇编系统）。

（5）汇编语言和高级语言的翻译方式。计算机将源程序翻译成机器指令时，通常分两种翻译方式，一种为编译方式，另一种为解释方式。编译方式是首先把源程序翻译成等价的目标程序，然后再执行此目标程序。而解释方式是把源程序逐句翻译，翻译一句执行一句，边翻译边执行。解释程序不产生目标程序，而是借助于解释程序直接执行源程序本身。一般将高级语言程序翻译成汇编语言或机器语言的程序称为编译程序。

（6）常用的高级语言。常用的高级语言有以下几种。

① Foltran语言，于1954年提出，1956年实现，适用于科学和工程计算，目前应用面还较广。

② Pascal语言，为结构化程序设计语言，适用于教学、科学计算、数据处理和系统软件开发等，目前逐渐被C语言所取代。

③ C语言，语法简练、功能强，适用于系统软件、数值计算和数据处理等，目前已成为高级语言中使用得最多的语言之一。

④ Basic语言，为初学者语言，简单易学，人机对话功能强，至今已有许多高级版本，其中Visual Basic For Windows是面向对象的程序设计语言，是在Windows环境下开发软件广泛使用的语言之一。

⑤ Java 语言，为一种新型的跨平台、分布式程序设计语言，以其简单、安全、可移植、面向对象和多线程处理等特性引起世界范围的广泛关注。Java语言是基于C++的，其最大特色在于"一次编写，处处运行"，但用Java语言编写的程序要依靠一个虚拟机（Virtual Machine，VM）才能运行。

3. 连接程序

连接程序又称为组合编译程序或连接编译程序，它可以把目标程序变为可执行的程序。几个被编译的目标程序通过连接程序可以组成一个可执行的程序。将源程序转换成可执行的目标程序一般要经过以下两个阶段。

（1）翻译阶段。用汇编程序或编译程序将源程序转换成目标程序。这一阶段的目标模块由于没有分配存储器的绝对地址，仍然是不能执行的。

（2）连接阶段。这一阶段是用连接编译程序把目标程序以及所需的功能库等转换成一个可执行的装入程序。这个装入程序分配有地址，是一个可执行程序。

从源程序输入到可执行的装入程序的过程如图1.8所示。

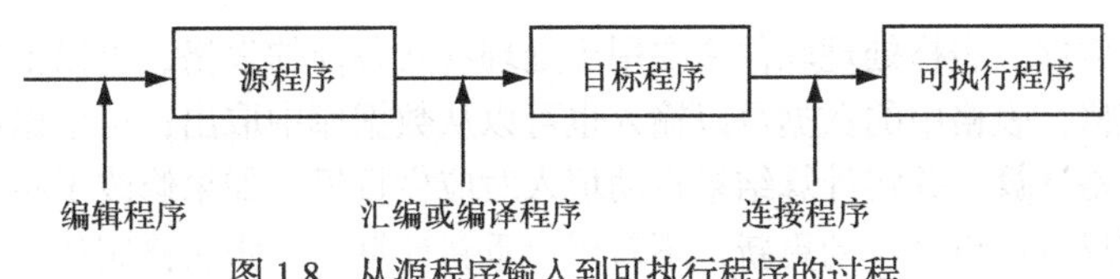

图 1.8　从源程序输入到可执行程序的过程

4. 诊断程序

诊断程序主要用于对计算机系统硬件的检测，它能对 CPU、内存、软硬驱动器、显示器、键盘及 I/O 接口的性能和故障进行检测。目前，微型计算机常用的诊断程序有 Qaplus、Pcbench、Winbench、Wintest、Checkitpro 等。

5. 数据库系统

数据库系统是 20 世纪 60 年代后期才产生并发展起来的，它是计算机科学中发展最快的领域之一。数据库系统主要用来解决数据处理的非数值计算问题，目前主要用于档案管理、财务管理、图书资料管理及仓库管理等这类数据量大的数据处理。其数据处理的主要内容为数据的存储、查询、修改、排序和分类等。

数据库系统是一个复杂的系统，通常所说的数据库系统并不单指数据库和数据库管理系统本身，而是将它们与计算机系统构成的总体系统视为数据库系统。数据库系统通常由硬件、操作系统、数据库管理系统（Data Base Management System，DBMS）、数据库及应用程序组成。数据库是按一定的方式组织起来的数据的集合，它具有数据冗余度小和可共享等特点。

数据库管理系统的作用是管理数据库，一般具有以下特点：建立、编辑、修改、增删数据库的内容等对数据的维护功能；对数据的检索、排序、统计等使用数据库的功能；友好的交互式输入/输出能力；使用方便、高效的数据库编程语言；允许多用户同时访问数据库；提供数据独立性、完整性和安全性的保障。

不同的数据库管理系统是以不同的方式组织数据库中的数据，组织数据的方式称为数据模型。数据模型一般有 3 种形式：层次型——采用树型结构组织数据，网络型——采用网状结构组织数据，关系型——采用表格形式组织数据。目前，常用的数据库管理系统有 DB2、SQL Server、Sybase、Oracle 等。

6. 数据仓库

数据仓库是 20 世纪迅速发展起来的一种存储技术，是近两年来计算机领域的一个热门话题，也是今后数据库市场的一个主要增长点。什么是数据仓库？目前，业界对数据仓库还没有一个统一的定义，但几乎一致的观点是数据仓库绝不是数据的简单堆积。被誉为“数据仓库之父的”比尔恩曾对“数据仓库”这样定义：数据仓库是面向主题的、集成化的、稳定的、随时间变化的数据集合，用以支持决策管理的一个过程。所以，数据仓库的主要服务对象是企业或机构中的高层领导或决策人士，是向他们提供分析型战略数据的一种数据存储与管理方式。显然，数据仓库的基础是数据库，但又不同于数据库，它用来存储大量的、决策分析所必需的、历史的、分散的、详细的操作数据，并且经过处理能将这些数据转换成集中统一、随时可用的信息。目前，几个主要的数据库厂商和软件厂商都加入到了数据仓库产品的开发中来。

7. 应用软件

应用软件是指计算机用户利用计算机的软、硬件资源为某一专门的应用目的而开发的软件，如科学计算、工程设计、数据处理、事务管理和过程控制等方面的程序。

（1）文字处理软件。文字处理软件主要用于将文字输入到计算机，存储在外存中，用户能对输入的文字进行修改和编辑，并能将输入的文字以多种字体、多种字形及各种格式打印出来。目前，常用的文字处理软件有 WPS 和 Microsoft Word 办公软件等。

（2）表格处理软件。表格处理软件主要用于处理各式各样的表格，可以根据用户的要求自动生成各式各样的表格，表格中的数据可以输入也可以从数据库中取出；可根据用户给出的计算公式，完成复杂的表格计算，并将计算结果自动填入对应栏目里。如果修改了相关的原始数据，计算结果栏目中的结果数据也会自动更新，不需用户重新计算。一张表格制作完后，可存入外存，方便以后重复使用；也可以通过打印机打印出来。目前，常用的表格处理软件有 WPS 表格和 Microsoft Excel 等。

（3）辅助设计软件。计算机辅助设计（Computer Aided Design，CAD）技术是近 20 年来最具有成效的工程技术之一。由于计算机有快速的数值计算功能、较强的数据处理及模拟能力，因此目前在汽车、收音机、船舶、超大规模集成电路等的设计和制造过程中，计算机辅助设计占据着越来越重要的地位。计算机辅助设计软件是用来帮助设计人员高效率地绘制、修改和输出工程图纸的应用软件。应用该软件能使各行各业的设计人员从繁重的绘图设计中解脱出来，使设计工作计算机化。目前，常用的辅助设计软件是 AutoCAD。

（4）实时控制软件。在现代化工厂里，计算机普遍用于生产过程的自动控制。例如，在化工厂，用计算机控制配料、开闭温度阀门；在炼钢车间，用计算机控制加料、炉温、冶炼时间；在发电厂，用计算机控制发电机组等。

用于生产过程自动控制的计算机一般都是实时控制，对计算机的速度要求不高，但对可靠性要求很高，否则会生产出不合格产品或造成重大事故。

用于控制的计算机，其输入的信息往往是电压、温度、压力、流量等模拟量，要先将模拟量转换成数字量，然后计算机才能进行处理或计算。处理或计算后，以此为依据，根据预定的控制方案对生产过程进行控制。这类软件一般统称为监察控制和数据采集（Supervisory Control And Data Acquisition，SCADA）软件。目前，比较流行的个人计算机上的 SCADA 软件有 Fix、In touch 和 Lookout 等。

1.3.4 微型计算机的性能指标

计算机功能的强弱或性能的好坏，不是由某项指标决定的，而是由它的系统结构、指令系统、硬件组成和软件配置等多方面的因素综合决定的。对于大多数普通用户来说，可以从以下几个指标来大体评价计算机的性能。

（1）运算速度。运算速度是衡量计算机性能的一项重要指标。通常所说的计算机运算速度（平均运算速度），是指每秒钟所能执行的指令条数，一般用“百万条指令/秒”（Million Instruction Per Second）来描述。同一台计算机，执行不同的运算所需时间可能不同，因而对运算速度的描述常采用不同的方法。常用的描述方法有 CPU 时钟频率（主频）、每秒平均执行指令数（i/s）等。微型计算机一般采用主频来描述运算速度，例如，Pentium/133 的主频为 133 MHz，PentiumⅢ/800 的主频为 800 MHz，Pentium 4 1.5G 的主频为 1.5 GHz。一般说来，主频越高，运算速度就越快。

（2）字长。计算机在同一时间内处理的一组二进制数称为一个计算机的“字”，而这组二进制数的位数就是“字长”。在其他指标相同时，字长越大计算机处理数据的速度就越快。早期的微型计算机的字长一般是 8 位和 16 位。目前，像 Pentium、Celeron、Core Duo 等的字长是 32 位，比较高端的 CUP 也有支持 64 位字长的。

（3）内存储器的容量。内存储器，也简称主存，是 CPU 可以直接访问的存储器，需要执行的程序与需要处理的数据存放在主存中。内存储器容量的大小反映了计算机即时存储信息的能力。随着操作系统的升级、应用软件的不断丰富及其功能的不断扩展，人们对计算机内存容量的需求也不断提高。目前，运行 Windows XP 需要 128 MB 以上的内存容量，运行 Windows 7 则需要 1 GB

以上的内存容量，运行 Windows 8 则需要 1 GB（32 位操作系统）或 2 GB（64 位操作系统）以上的内存容量。内存容量越大，系统功能就越强大，能处理的数据量就越庞大。

（4）外存储器的容量。外存储器的容量通常是指硬盘容量（包括内置硬盘和移动硬盘）。外存储器的容量越大，可存储的信息就越多，可安装的应用软件就越丰富。目前，硬盘容量一般为 500 GB ~ 2 TB。

以上只是一些主要性能指标。除了上述这些主要性能指标外，微型计算机还有其他一些指标，如所配置外围设备的性能指标以及所配置系统软件的情况等。另外，各项指标之间也不是彼此孤立的，在实际应用时，应该把它们综合起来考虑，而且还要遵循“性能价格比”的原则。

1.3.5　计算机语言的发展

计算机语言（Computer Language）是指用于人与计算机之间通信的语言。它是人与计算机之间传递信息的媒介。计算机系统最大的特征是指令通过一种语言传达给机器。为了使电子计算机进行各种工作，就需要有一套用以编写计算机程序的数字、字符和语法规则，由这些字符和语法规则组成计算机的各种指令（或各种语句）。这些指令就是计算机能接受的语言。

计算机语言的种类非常多，总的来说可以分成机器语言、汇编语言和高级语言 3 大类。计算机每做一次动作、一个步骤，都是按照已经用计算机语言编好的程序来执行的。程序是计算机要执行的指令的集合，而它全部都是用我们所掌握的语言来编写的。所以，人们要控制计算机一定要通过计算机语言向计算机发出命令。

计算机语言的发展历史简介如下。

1. 前期

20 世纪 40 年代当计算机刚刚问世的时候，程序员必须手动控制计算机。当时的计算机十分昂贵，第一个想到利用程序设计语言来解决问题的人是德国工程师楚泽（konradzuse）。几十年后，计算机的价格大幅度下跌，而计算机程序也越来越复杂。也就是说，开发时间已经远比运行时间来得宝贵。于是，新的集成、可视的开发环境越来越流行，这也减少了程序员所付出的时间、金钱和精力。只用轻敲几个键，一整段代码就可以使用了。这也得益于可以重用的程序代码库。随着 Fortran、Pascal 和 C 等结构化高级语言的诞生，程序员可以离开机器层次，在更抽象的层次上表达意图。由此诞生的 3 种重要控制结构，以及一些基本数据类型都能够很好地让程序员以接近问题本质的方式去思考和描述问题。随着程序规模的不断扩大，在 20 世纪 60 年代末期出现了软件危机。在当时的程序设计模型中，无法克服错误随着代码的扩大而级数般地扩大的问题，以致到了无法控制的地步，这个时候就出现了一种新的思考程序设计方式和程序设计模型——面向对象程序设计，由此也诞生了一批支持此技术的程序设计语言，如 Eiffel、C++和 Java。这些语言都以新的观点去看待问题，即问题就是由各种不同属性的对象以及对象之间的信息传递构成的。面向对象语言由此必须支持新的程序设计技术，如数据隐藏、数据抽象、用户定义类型、继承和多态等。

2. 现状

目前通用的编程语言有两种形式：汇编语言和高级语言。汇编语言的实质和机器语言是相同的，都是直接对硬件进行操作，只不过指令采用了英文缩写的标识符，更容易识别和记忆。用汇编语言所能完成的操作不是一般高级语言所能实现的，其源程序经汇编生成的可执行文件不仅比较小，而且执行速度很快。

高级语言是目前绝大多数编程者的选择，和汇编语言相比，它不但将许多相关的机器指令合成为单条指令，而且去掉了与具体操作有关但与完成工作无关的细节，如使用堆栈、寄存器等，就大大简化了程序中的指令。同时，由于省略了很多细节，编程者也就不需要有太多的专业知识。

高级语言主要是相对于汇编语言而言的，它并不是特指某一种具体的语言，而是包括了很多编程语言，如目前流行的 C、C++、C#、JAVA 和 PHP 等，这些语言的语法、命令格式都各不相同。

高级语言所编制的程序不能直接被计算机识别，必须经过转换才能被执行，按转换方式可将它们分为解释类和编译类。

（1）解释类。解释类高级语言的执行方式类似于我们日常生活中的"同声翻译"，应用程序源代码一边由相应语言的解释器"翻译"成目标代码（机器语言）一边执行，因此效率比较低，而且不能生成可独立执行的可执行文件，应用程序不能脱离其解释器；但这种方式比较灵活，可以动态地调整、修改应用程序。

（2）编译类。编译是指在应用源程序执行之前，就将程序源代码"翻译"成目标代码（机器语言），因此其目标程序可以脱离其语言环境独立执行，使用比较方便、效率较高；但应用程序一旦需要修改，就必须先修改源代码，再重新编译生成新的目标文件（*. OBJ）才能执行，如果只有目标文件而没有源代码，修改就很不方便。现在大多数编程语言都是编译型的，如 Visual Basic、Visual C++、Visual FoxPro 和 Delphi 等。

3. 趋势

面向对象程序设计及数据抽象在现代程序设计思想中占有很重要的地位，未来语言的发展将不再是一种单纯的语言标准，而会以一种完全面向对象、更易表达现实世界、更易为人所编写的方式呈现，其使用者将不再只是专业的编程人员，人们完全可以用订制真实生活中一项工作流程的简单方式来完成编程。

简单性：提供最基本的方法来完成指定的任务，只需理解一些基本的概念，就可以用它编写出适合于各种情况的应用程序。

面向对象：提供简单的类机制以及动态的接口模型。对象中封装状态变量以及相应的方法，实现了模块化和信息隐藏；提供了一类对象的原型，并且通过继承机制，子类可以使用父类所提供的方法，实现了代码的复用。

安全性：用于网络、分布式环境下有安全机制保证。

平台无关性：与平台无关的特性使程序可以方便地被移植到网络上的不同机器中、不同平台上。

1.4 计算机中的信息表示

计算机最主要的功能是处理信息。信息有数值、文字、声音、图形和图像等各种形式。在计算机内部，各种信息都必须经过数字化编码后才能被传送、存储和处理。因此，掌握信息编码的概念与处理技术是至关重要的。

1.4.1 数和数制

数据是计算机处理的对象。数有大小和正负之分，还有不同的进位计数制。在计算机中采用什么样的计数制，是学习计算机时首先遇到的一个重要问题。

在计算机科学中，常用的数制有十进制、二进制、八进制和十六进制 4 种。人们习惯于采用十进位计数制，简称十进制。但是由于技术上的原因，计算机内部一律采用二进制表示数据，而在编程中又经常使用十进制，有时为了表述上的方便还会使用八进制或十六进制。因此，了解不同计数制及其相互转换是很有必要的。

1. 十进制数

十进制数（Decimal Notation）的基本特点是基数为 10，用 10 个数码 0、1、2、3、4、5、6、7、8、9 来表示，且“逢十进一”。因此，对于一个十进制数，各位的位权是以 10 为底的幂。

例如，我们可以将十进制数 $(1234.5)_{10}$ 表示为

$$(1234.5)_{10}=1\times10^3+2\times10^2+3\times10^1+4\times10^0+5\times10^{-1}$$

这个式子我们称为十进制数 1234.5 的按位权展开式。

2. 二进制数

二进制数（Binary Notation）的基本特点是基数为 2，用两个数码 0 和 1 来表示，且“逢二进一”。因此，对于一个二进制数而言，各位的位权是以 2 为底的幂。

例如，二进制数 $(110.101)_2$ 可以表示为

$$(110.101)_2=1\times2^2+1\times2^1+0\times2^0+1\times2^{-1}+0\times2^{-2}+1\times2^{-3}$$

3. 八进制数

八进制数（Octal Notation）的基本特点是基数为 8，用 0、1、2、3、4、5、6、7 这 8 个数字符号来表示，且“逢八进一”。因此，八进制数各位的位权是以 8 为底的幂。

例如，八进制数 $(1247.5)_8$ 可表示为

$$(1247.5)_8=1\times8^3+2\times8^2+4\times8^1+7\times8^0+5\times8^{-1}$$

4. 十六进制数

十六进制数（Hexadecimal Notation）的基本特点是基数为 16，用 0、1、2、3、4、5、6、7、8、9、A、B、C、D、E、F 这 16 个数字符号来表示，且“逢十六进一”。因此，十六进制数各位的位权是以 16 为底的幂。

例如，十六进制数 $(3BE5.D)_{16}$ 可表示为

$$(3BE5.D)_{16}=3\times16^3+11\times16^2+14\times16^1+5\times16^0+13\times16^{-1}$$

5. *K* 进制数及其特点

K 进制数用的数码共有 *K* 个，其基数是 *K*，相邻两位之间为“逢 *K* 进一”或“借一当 *K*”的关系。它的位权可表示为“K^{i-1}”，*i* 为数位序号。任何一个 *K* 进制数都可以表示为按位权展开的多项式之和，该表达式就是数的一般展开表达式：

$$D=\sum_{k=1}^{n}AKNK$$

其中，*N* 为基数，*AK* 为第 *K* 位上的数码，*NK* 为第 *K* 位上的位权。

1.4.2 数制转换

1. 二进制数、八进制数、十六进制数转换成十进制数

转换的方法是按照位权展开表达式，举例如下。

（1）$(1100.11)_2=1\times2^3+1\times2^2+0\times2^1+0\times2^0+1\times2^{-1}+1\times2^{-2}$

$=8+4+0+0+0.5+0.25$

$=(12.75)_{10}$。

其中，利用括号加下角标的形式来表示转换前后的不同进制，以下例子中不再加以说明。

（2）$(1247)_8=1\times8^3+2\times8^2+4\times8^1+7\times8^0$

$=1\times512+2\times64+4\times8+7\times1$

$=512+128+32+7$

$=(679)_{10}$。

（3）$(BE5)_{16}=11\times16^2+14\times16^1+5\times16^0$

$=11\times256+14\times16+5\times1$

$=(3045)_{10}$。

2. 十进制数转换成二进制数

将十进制数转换成等值的二进制数，需要对整数和小数部分分别进行转换。整数部分的转换方法是连续除 2，直到商数为零，然后逆向取各个余数得到的数字即为转换结果；小数部分的转换方法是连续乘 2，直到小数部分为零或已得到足够多个整数位，正向取积的整数（后得到整数位为结果的低位）位组成的数位即为转换结果。例如，十进制数（179.48）$_{10}$ 转换为二进制数的方法如下。

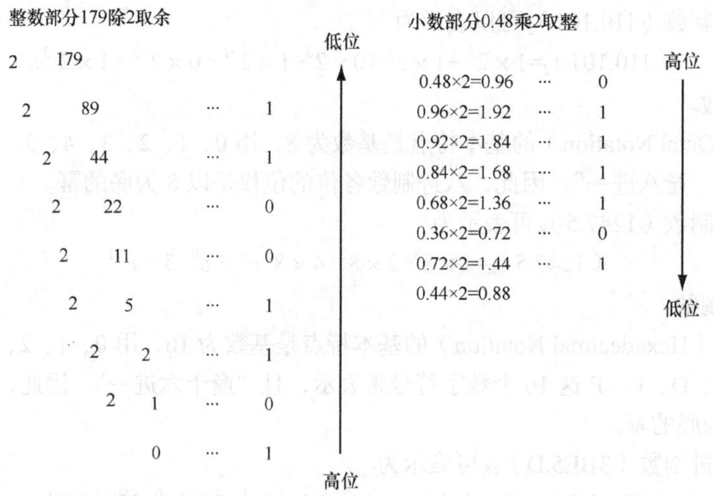

其中，$(179)_{10}=(10110011)_2$，$(0.48)_{10}=(0.0111101)_2$（近似取 7 位）。

因此，$(179.48)_{10}=(10110011.0111101)_2$。

从此例我们可以看出，一个十进制整数可以精确地转化为一个二进制整数，但是一个十进制小数并不一定能够精确地转化为一个二进制小数。

3. 十进制数转换为八进制数和十六进制数

对整数部分“连除基数逆向取余”、对小数部分“连乘基数正向取整”的转换方法可以推广为十进制数到任意进制数的转换，这时的基数要用十进制数表示。例如，用“除 8 逆向取余”和“乘 8 正向取整”的方法可以实现由十进制向八进制的转换；用“除 16 逆向取余”和“乘 16 正向取整”的方法可以实现由十进制向十六进制的转换。如将十进制数（179.48）$_{10}$ 转换成八进制数的方法如下。

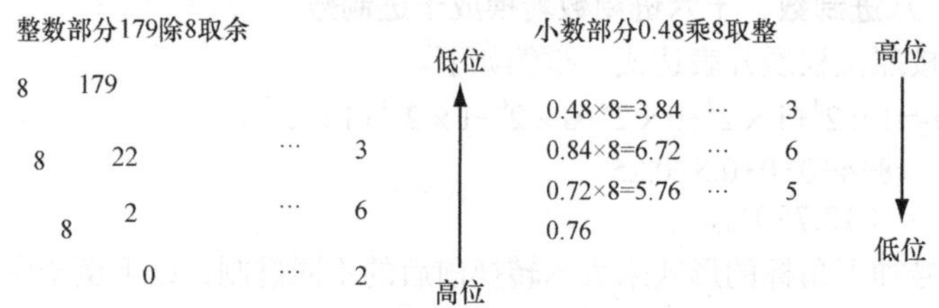

其中，$(179)_{10}=(263)_8$，$(0.48)_{10}=(0.365)_8$（近似取 3 位）。

因此，$(179.48)_{10}=(263.365)_8$。

如将十进制数（179.48）$_{10}$ 转换成十六进制数的方法如下。

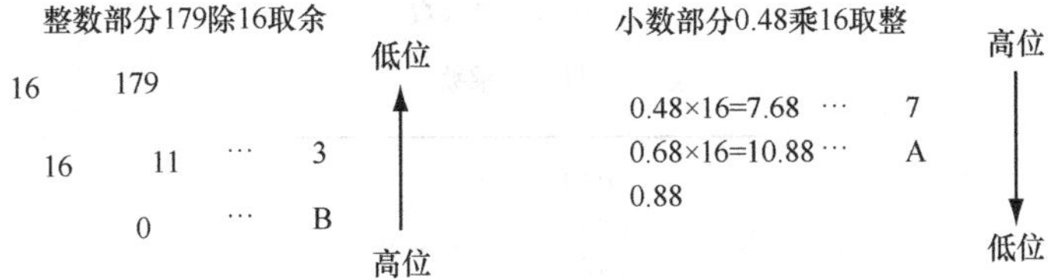

其中，$(179)_{10}=(B3)_{16}$，$(0.48)_{10}=(0.7A)_{16}$（近似取 2 位）。

所以，$(179.48)_{10}=(B3.7A)_{16}$。

4. 八进制数和十六进制数转换为二进制数

由于 3 位二进制数所能表示的也是 8 个状态，因此一位八进制数与 3 位二进制数之间就有着一一对应的关系，转换起来十分简单。将八进制数转换成二进制数时，只需要将每一位八进制数码用 3 位二进制数码代替即可，例如：

$$(354.21)_8=(011\ 101\ 100.010\ 001)_2$$

为了便于阅读，这里在数字之间特意添加了空格。若要将二进制数转换成八进制数，只需从小数点开始，分别向左或向右每 3 位分成一组，用一位八进制数码代替即可，例如：

$$(11011110.01001)_2=(011\ 011\ 110.010\ 010)_2=(336.22)_8$$

> 小数部分最后一组如果不够 3 位，应在尾部用 0 补足 3 位再进行转换；整数部分如果不够 3 位，应在头部用 0 补足 3 位再进行转换。

与八进制数类似，一位十六进制数与 4 位二进制数之间也有着一一对应的关系。将十六进制数转换成二进制数时，只需要将每一位十六进制数码用 4 位二进制数码代替即可。例如：

$$(AB.C)_{16}=(1010\ 1011.1100)_2$$

将二进制数转换成十六进制数时，只需从小数点开始，分别向左或向右每 4 位一组用一位十六进制数码代替即可。小数部分的最后一组不足 4 位时要在尾部用 0 补足 4 位；整数部分如果不够 4 位，应在头部用 0 补足 4 位再进行转换。例如：

$$(1100101111.1110011)_2=(0011\ 0010\ 1111.1110\ 0110)_2=(32F.E6)_{16}$$

5. 二进制数的算术运算

二进制数只有 0 和 1 两个数码，它的算术运算规比十进制数的运算规则简单得多。

（1）二进制数的加法运算。二进制加法规则共 4 条：0+0=0；0+1=1；1+0=1；1+1=0（向高位进位 1）。如将两个二进制数 1001 与 1011 相加，加法过程的竖式表示如下。

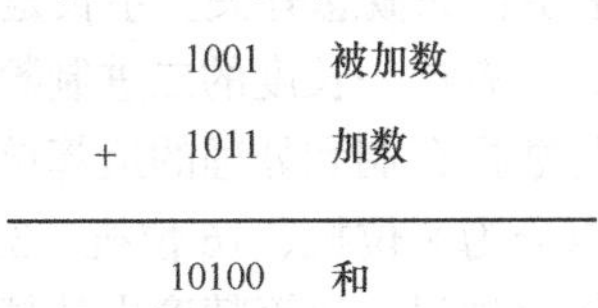

（2）二进制数的减法运算。二进制数的减法规则也是 4 条：0−0=0；1−0=1；1−1=0；0−1=1（向相邻的高位借 1 当 $(10)_2$）。如 1010−0111=0011。

（3）二进制数的乘法。二进制数的乘法规则也是 4 条：0*0=0；0*1=0；1*0=0；1*1=1。如求二进制数 1101 和 1010 相乘的积，竖式计算如下。

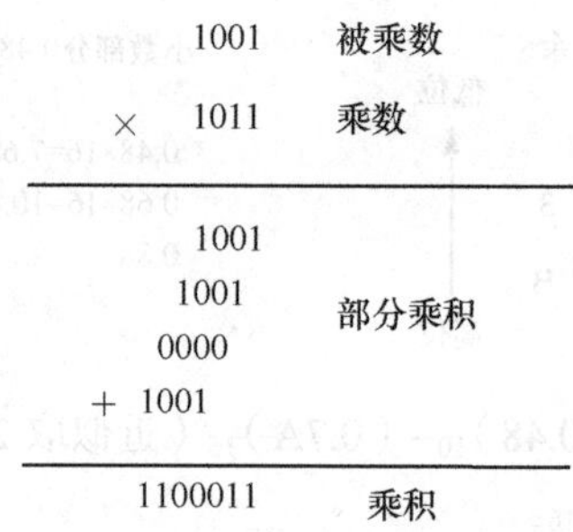

从该例可知，二进制的乘法运算过程和十进制的乘法运算过程非常一致，仅仅是换用了二进制的加法和乘法规则，计算更为简洁。

二进制的除法是乘法的逆运算，也与十进制的除法类似，仅仅是换用了二进制的减法和乘法规则，不再举例说明。

1.4.3 计算机中信息的表示

首先要明确什么是信息。广义地讲，信息就是消息。信息一般表现为 5 种形态：数据、文本、声音、图形和图像。本节主要讲述数据和文本的计算机表示和处理。

我们要处理的信息在计算机中常常被称为数据。所谓数据，是可以由人工或自动化手段加以处理的那些事实、概念、场景和指示的表示形式，包括字符、符号、表格、声音和图形等。数据可在物理介质上记录或传输，并通过外围设备被计算机接收，经过处理而得到结果。数据在经由计算机进行解释并赋予一定意义后，便成为人们所能接受的信息。

计算机中数据的常用单位有位、字节和字。

（1）位（bit）。计算机中最小的数据单位是二进制的一个数位，简称位。正如我们前面所讲的一样，一个二进制位可以表示两种状态（0 或 1），两个二进制位可以表示 4 种状态（00、01、10、11）。显然，位越多，所表示的状态就越多。

（2）字节（Byte）。字节是计算机中用来表示存储空间大小的最基本的单位。一个字节由 8 个二进制位组成。例如，计算机内存的存储容量、磁盘的存储容量等都是以字节为单位进行表示的。

除了用字节为单位表示存储容量外，还可以用千字节（KB）、兆字节（MB）以及十亿字节（GB）等来表示存储容量。它们之间存在下列换算关系：

1 B=8 bits　　1 KB=1024 B　　1 MB=1024 KB　　1 GB=1024 MB

（3）字（Word）。字和计算机中字长的概念有关。字长是指计算机在进行处理时一次作为一个整体进行处理的二进制数的位数，具有这一长度的二进制数则被称为该计算机中的一个字。字通常取字节的整数倍，是计算机进行数据存储和处理的运算单位。

计算机按照字长进行分类，可以分为 8 位机、16 位机、32 位机和 64 位机等。字长越长，计算机所表示数的范围就越大，处理能力越强，运算精度也就越高。在不同字长的计算机中，字的长度也不相同。例如，在 8 位机中，一个字含有 8 个二进制位；而在 64 位机中，一个字则含有 64 个二进制位。

1.4.4 计算机中数值的表示

数值型数据由数字组成，表示数量，用于算术操作中。例如，年收入就是一个数值型数据，当需要计算个人所得税时就要对它进行算术操作。本节我们将讨论计算机中数字信息的表示方法。

1. 定点数和浮点数的概念

在计算机中，数值型数据有两种表示方法，一种是定点数，另一种是浮点数。

定点数就是在计算机中所有数的小数点位置固定不变。定点数有定点小数和定点整数两种。定点小数将小数点固定在最高数据位的左边，因此，它只能表示小于 1 的纯小数。定点整数将小数点固定在最低数据位的右边，因此它表示的也只是纯整数。由此可见，定点数表示数的范围较小。

为了扩大计算机中数值数据的表示范围，我们将 12.34 表示为 0.1234×10^2，其中 0.1234 称为尾数，10 称为基数，可以在计算机内固定下来；2 称为阶码，若阶码的大小发生变化，则意味着实际数据小数点的移动，我们把这种数据称为浮点数。由于基数在计算机中固定不变，因此，我们可以用两个定点数分别表示尾数和阶码，从而表示这个浮点数。其中，尾数用定点小数表示，阶码用定点整数表示。

在计算机中，无论是定点数还是浮点数，都有正负之分。在表示数据时，专门有 1 位或 2 位表示符号。对单符号位而言，通常用“1”表示负号，用“0”表示正号；对双符号位而言，则用“11”表示负号，“00”表示正号。通常情况下，符号位都处于数据的最高位。

2. 定点数的表示

一个定点数在计算机中可用不同的码制来表示，常用的码制有原码、反码和补码 3 种。不论用什么码制来表示，数据本身的值并不发生变化，数据本身所代表的值称为真值。下面，我们就来讨论这 3 种码制的表示方法。

（1）原码。原码的表示方法为：如果真值是正数，则最高位为 0，其他位保持不变；如果真值是负数，则最高位为 1，其他位保持不变。

例如，13 和−13 的原码（取 8 位码长），因为 $13=(1101)_2$，所以 13 的原码是 00001101，−13 的原码是 10001101。

采用原码的优点是转换非常简单，只要根据正负号将最高位置 0 或 1 即可。但原码表示在进行加减运算时很不方便，符号位不能参与运算。另外，0 的原码有两种表示方法：+0 的原码是 00000000，−0 的原码是 10000000。

（2）反码。反码的表示方法为：如果真值是正数，则最高位为 0，其他位保持不变；如果真值是负数，则最高位为 1，其他位按位求反。

例如，13 和−13 的反码（取 8 位码长），因为 $13=(1101)_2$，所以 13 的反码是 00001101，−13 的反码是 11110010。

反码跟原码相比较，符号位虽然可以作为数值参与运算，但计算完后，仍需要根据符号位进行调整。另外，0 的反码同样也有两种表示方法：+0 的反码是 00000000，−0 的反码是 11111111。

为了克服原码和反码的上述缺点，人们又引进了补码表示法。补码的作用在于能把减法运算转化成加法运算。现代计算机中一般采用补码来表示定点数。

（3）补码。补码的表示方法为：若真值是正数，则最高位为 0，其他位保持不变；若真值是负数，则最高位为 1，其他位按位求反后再加 1。

例如，13 和−13 的补码（取 8 位码长），因为 $13=(1101)_2$，所以 13 的补码是 00001101，−13 的补码是 11110011。

补码的符号可以作为数值参与运算，且计算完后，不需要根据符号位进行调整。另外，0 的补码表示方法也是唯一的，即 00000000。

3. 浮点数的表示方法

浮点数表示法类似于科学计数法，任意数均可通过改变其指数部分，使小数点发生移动，如数 23.45 可以表示为 $10^1 \times 2.345$、$10^2 \times 0.2345$ 和 $10^3 \times 0.02345$ 等各种不同的形式。浮点数的一般表示形式为 N=2E ×D，其中，D 称为尾数，E 称为阶码。浮点数的一般形式如图 1.9 所示。

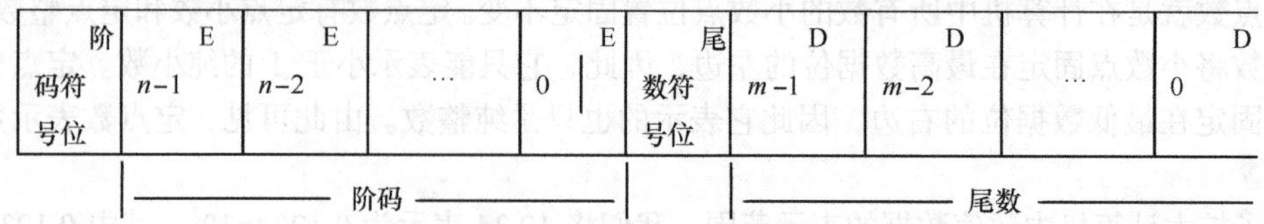

图 1.9　浮点数的一般形式

对于不同的机器，阶码和尾数各占多少位、分别用什么码制进行表示都有具体规定。在实际应用中，浮点数的表示首先要进行规格化，即转换成一个纯小数与 2^m 之积，并且小数点后的第一位是 1。

例如，浮点数（-101.11101）$_2$的机内表示（阶码用 4 位原码表示，尾数用 8 位补码表示，阶码在尾数之前），（-101.11101）$_2$=（-0.10111101）$_2 \times 2^3$，阶码为 3，用原码表示为 0011，尾数为 −0.10111101，用补码表示为 1.01000011，因此，该数在计算机内表示为 00111.01000011。

1.4.5　计算机中字符的表示

在计算机中，对非数值的文字和其他符号进行处理时，要对文字和符号进行数字化，即用二进制编码来表示文字和符号。其中，西文字符最常用到的编码方案有 ASCII 编码和 EBCDIC 编码。对于汉字，我国也制定了相应的编码方案。

1. ASCII 编码

微机和小型计算机中普遍采用 ASCII 码（American Standard Code for Information Interchange，美国信息交换标准代码）表示字符数据，该编码被 ISO（International Standardization Organization，国际化标准组织）采纳，作为国际上通用的信息交换代码。

ASCII 码由 7 位二进制数组成，由于 2^7=128，所以能够表示 128 个字符数据。参照表 1.1 所示的常用字符与 ASCII 码对照表，我们可以看出 ASCII 码具有以下特点。

（1）表中前 32 个字符和最后一个字符为控制字符，在通信中起控制作用。

（2）10 个数字字符和 26 个英文字母由小到大排列，且数字在前，大写字母次之，小写字母在最后，这一特点可用于字符数据的大小比较。

（3）数字 0～9 由小到大排列，ASCII 码分别为 48～57，ASCII 码与数值恰好相差 48。

（4）在英文字母中，A 的 ASCII 码值为 65，a 的 ASCII 码值为 97，且由小到大依次排列。因此，我们只要知道了 A 和 a 的 ASCII 码，也就知道了其他字母的 ASCII 码。

ASCII 码是 7 位编码，为了便于处理，我们在 ASCII 码的最高位前增加 1 位 0，凑成 8 位的一个字节，所以，一个字节可存储一个 ASCII 码，也就是说一个字节可以存储一个字符。ASCII 码是使用最广泛的字符编码，数据使用 ASCII 码的文件称为 ASCII 文件。

2. ANSI 编码和其他扩展的 ASCII 码

ANSI（American National Standards Institute，美国国家标准协会）编码是一种扩展的 ASCII 码，使用 8 个比特来表示每个符号。8 个比特能表示出 256 个信息单元，因此它可以对 256 个字符进行编码。ANSI 码开始的 128 个字符的编码和 ASCII 码定义的一样，只是在最左边加了一个 0。例如，字符“a”，在 ASCII 编码中用 1100001 表示；而在 ANSI 编码中则用 01100001 表示。除了 ASCII 码表示的 128 个字符外，ANSI 码还可以表示另外的 128 个符号，如版权符号、英镑符号、希腊字符等。

除了 ANSI 编码外，世界上还存在着另外一些对 ASCII 码进行扩展的编码方案。ASCII 码通过扩展甚至可以编码中文、日文和韩文字符。不过令人遗憾的是，正是由于这些编码方案的存在导致了编码的混淆和不兼容性。

表 1.1　　常用字符与 ASCII 码对照表

ASCII	字符	ASCII	字符	ASCII	字符	ASCII	字符	ASCII	字符
000	NUL	026	SUB	052	4	078	N	104	h
001	SOH	027	ESC	053	5	079	O	105	i
002	STX	028	FS	054	6	080	P	106	j
003	ETX	029	GS	055	7	081	Q	107	k
004	EOT	030	RS	056	8	082	R	108	l
005	ENQ	031	US	057	9	083	S	109	m
006	ACK	032	(space)	058	:	084	T	110	n
007	BEL	033	!	059	;	085	U	111	o
008	BS	034	"	060	<	086	V	112	p
009	HT	035	#	061	=	087	W	113	q
010	LF	036	$	062	>	088	X	114	r
011	VT	037	%	063	?	089	Y	115	s
012	FF	038	&	064	@	090	Z	116	t
013	CR	039	'	065	A	091	[	117	u
014	SO	040	(	066	B	092	\	118	v
015	SI	041	)	067	C	093	]	119	w
016	DLE	042	*	068	D	094	^	120	x
017	DC1	043	+	069	E	095	_	121	y
018	DC2	044	,	070	F	096	`	122	z
019	DC3	045	-	071	G	097	a	123	{
020	DC4	046	.	072	H	098	b	124	|
021	NAK	047	/	073	I	099	c	125	}
022	SYN	048	0	074	J	100	d	126	～
023	ETB	049	1	075	K	101	e	127	DEL
024	CAN	050	2	076	L	102	f		
025	EM	051	3	077	M	103	g		

3. EBCDIC 编码

尽管 ASCII 码是计算机世界的主要标准，但在许多 IBM 大型机系统上却没有采用。在 IBM System/360 计算机中，IBM 研制了自己的 8 位字符编码——EBCDIC 码（Extended Binary Coded Decimal Interchange Code，扩展的二进制和十进制交换码）。该编码是对早期的 BCDIC 6 位编码的扩展，其中一个字符的 EBCDIC 码占用一个字节，用 8 位二进制码表示信息，一共可以表示出 256 种字符。

4. Unicode 编码

在假定会有一个特定的字符编码系统能适用于世界上所有语言的前提下，1988 年，几个主要的计算机公司一起开始研究一种替换 ASCII 码的编码，称为 Unicode 编码。鉴于 ASCII 码是 7 位编码，Unicode 采用 16 位编码，每一个字符需要 2 个字节。这意味着 Unicode 的字符编码范围从 0000h～FFFFh，可以表示 65 536 个不同的字符。

Unicode 编码不是从零开始构造的，开始的 128 个字符编码 0000h ~ 007Fh 就与 ASCII 码字符一致，这样就能够兼顾已存在的编码方案，并有足够的扩展空间。从原理上说，Unicode 可以表示现在正在使用或者已经没有使用的任何语言中的字符。对于国际商业和通信来说，这种编码方式是非常有用的，因为在一个文件中可能包含汉语、英语和日语等不同的文字。并且，Unicode 还适合于软件的本地化，也就是针对特定的国家修改软件。使用 Unicode 编码，软件开发人员可以修改屏幕的提示、菜单和错误信息来适合于不同的语言和地区。目前，Unicode 编码在 Internet 中有着较为广泛的使用，Microsoft 和 Apple 公司也已经在其操作系统中支持 Unicode 编码。

尽管 Unicode 编码对现有的字符编码做了明显改进，但并不能保证它能很快就被人们所接受。ASCII 码和无数有缺陷的扩展 ASCII 码已经在计算机世界中占有一席之地，要把它们逐出计算机世界并不是一件很容易的事。

5. 国家标准汉字编码（GB2312–80）

国家标准汉字编码简称国标码。该编码集的全称是“信息交换用汉字编码字符—基本集”，国家标准号是“GB2312—80”。该编码的主要用途是作为汉字信息交换码使用。

GB2312—80 标准含有 6 763 个汉字，其中一级汉字（最常用）3 755 个，按汉语拼音顺序排列；二级汉字 3 008 个，按部首和笔画排列；另外还包括 682 个西文字符、图符。GB2312—80 标准将汉字分成 94 个区，每个区又包含 94 个位，每位存放一个汉字，这样一来，每个汉字就有一个区号和一个位号，所以我们也经常将国标码称为区位码。例如，汉字“青”在 39 区 64 位，其区位码是 3964；汉字“岛”在 21 区 26 位，其区位码是 2126。

国标码规定一个汉字用两个字节来表示，每个字节只用前 7 位，最高位均未进行定义。但我们要注意，国标码不同于 ASCII 码，它并非汉字在计算机内的真正表示代码，而仅仅是一种编码方案。计算机内部汉字的代码称为汉字机内码，简称汉字内码。

在微机中，汉字内码一般都是采用两个字节表示，前一个字节由区号与十六进制数 A0 相加，后一个字节由位号与十六进制数 A0 相加，因此，汉字编码两个字节的最高位都是 1，这种形式避免了国标码与标准 ASCII 码的二义性（用最高位来区别）。在计算机系统中，由于机内码的存在，输入汉字时允许用户根据自己的习惯使用不同的输入码，进入计算机系统后再统一转换成机内码存储。

6. 其他汉字编码

除了我们前面谈到的国标码之外，还有另外的一些汉字编码方案。例如，在我国的台湾省，就使用 Big5 汉字编码方案。这种编码不同于我们的国标码，因此在双方的交流中就会涉及汉字内码的转换，特别是 Internet 的发展使人们更加关注这个问题。现在虽然已经推出了许多支持多内码的汉字操作系统平台，但是全球汉字信息编码的标准化已成为社会发展的必然趋势。

习　题

一、选择题

1. 世界上第一台电子计算机研制成功的时间是（　　）年。

　A. 1936　　B. 1946　　C. 1956　　D. 1974

2. 目前普遍使用的微型计算机所使用的逻辑元件是（　　）。

　A. 电子管　　B. 大规模和超大规模集成电路

　C. 晶体管　　D. 小规模集成电路

3. 在计算机的内部，一切信息的存取、处理和传送都是以（　　）形式进行的。

A. 十六进制　　B. ASCII　　C. 二进制　　D. EBCDID

4. 下列几个数中，最大的一个数是（　　）。

A. $(11101)_2$　　B. $(28)_{10}$　　C. $(36)_8$　　D. $(1F)_{16}$

5. 下列 4 种软件中属于应用软件的是（　　）。

A. BASIC 解释程序　　B. MS.DOS 系统

C. 财务管理系统　　D. Pascal 编译程序

二、填空题

1. 现代计算机的发展，依据计算机所采用的电子器件的不同，可划分为______、______、______和______4 个时代。

2. 按规模分类，通常将计算机分为______、______、______和______等几类。

3. 数制转换。

（1）$(123)_{10}=(\quad)_2=(\quad)_{16}=(\quad)_8$。

（2）$(87)_{10}=(\quad)_2=(\quad)_{16}=(\quad)_8$。

（3）$(3E2)_{16}=(\quad)_2=(\quad)_{10}$。

（4）$(111111000011)_2=(\quad)_{16}$。

4. 计算机的主机是由______、______、______、______、______、______和______等部件组成的。

5. 微型计算机系统包括______和______。

三、简答题

1. 4 代计算机所使用的主要部件各是什么？
2. 计算机有哪些特点？
3. 试述现代计算机的主要应用。
4. 什么是数制？
5. 举例说明对“编码”概念的理解。

第 2 章 操作系统基础

操作系统（Operating System，OS），是计算机系统中负责支撑应用程序运行环境以及用户操作环境的系统软件，同时也是计算机系统的核心。它的职责包括对硬件的直接监管、对各种计算资源（如内存、处理器时间等）的管理，以及提供诸如作业管理之类的面向应用程序的服务等。

Windows 操作系统是一款由美国微软公司开发的窗口化操作系统。采用了 GUI 图形化操作模式，比起从前的指令操作系统 DOS 而言更为人性化。Windows 操作系统是目前世界上使用最广泛的操作系统。

2.1 Windows 7 操作系统简介

2009 年 10 月 22 日，微软在美国正式发布 Windows 7 操作系统，该操作系统可供家庭及商业工作环境中的台式机、笔记本电脑、平板电脑和多媒体中心等使用。

较以往 Windows 版本的操作系统而言，Windows 7 操作系统有了较大变化。它有较小的操作系统脚本和更好的用户界面，可以实现更快的启动和关机；并且提升了电池的电源管理，增强了多媒体性能，加强了稳定性、可靠性和安全性。

2.1.1 Windows 7 的操作界面

计算机安装 Windows 7 操作系统后，开机进入图 2.1 所示的界面，称为 Windows 7 的桌面。默认情况下，桌面只保留了“回收站”图标，至于我们经常会使用到的“我的电脑”“Internet Explorer”“我的文档”和“网上邻居”等图标被整理到了【开始】菜单中。【开始】菜单带有用户的个人特色，由两部分组成，左边是常用程序的快捷菜单，右边为系统工具和文件管理工具列表。

如图 2.1 所示，桌面由桌面背景、图标、【开始】按钮、任务栏、语言栏和通知区域组成。

桌面图标主要是指程序和管理工具的快捷方式图标，分为系统图标和用户图标。系统图标主要是操作系统功能的快捷方式图标，用户图标是用户安装的应用软件功能的快捷方式图标。

【开始】按钮位于屏幕的左下角，单击【开始】按钮或按键盘上 Windows 徽标键，可打开【开始】菜单，如图 2.2 所示。

【开始】菜单中包括程序列表、所有程序、搜索框和右侧的系统与文件管理工具。程序列表罗列出用户经常使用的软件和工具；单击【所有程序】标签，可以查看当前系统中安装的程序和系统工具，应用程序以文件夹树形结构的形式呈现，按字母顺序显示程序所在文件夹的列表。如果

图 2.1　Windows 7 的桌面

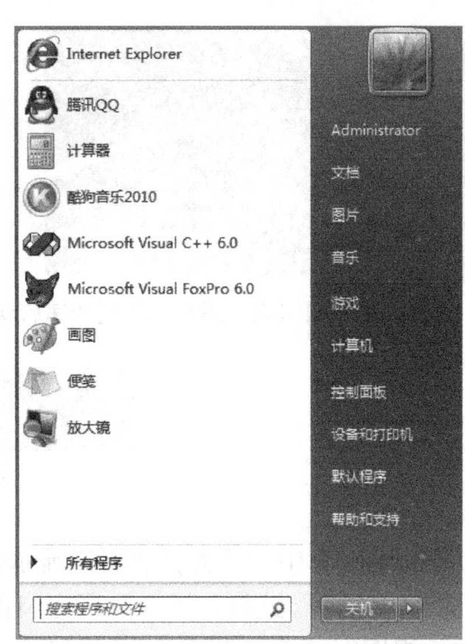

图 2.2 【开始】菜单

不清楚某个程序的功能，将鼠标指针移动到其图标或名称上，便会出现对该程序的描述。例如，将鼠标指针移动到【计算器】上时会显示这样的描述："使用屏幕'计算器'执行基本的算术任务"。Windows 7 系统中的搜索框支持命令的输入，可以用来搜索程序和文件。搜索框可以说遍布系统界面各处，无论是资源管理器、【开始】菜单、通用对话框还是控制面板中，都可以看见它的身影。在 Windows 7 系统中，改进的搜索功能不仅使搜索速度更快，而且搜索方法也更加简便。其采用了和【开始】菜单搜索框一样的动态搜索机制，当我们输入被查询项目文件名当中所包含的第一个关键字时，筛选就会立刻开始，随着输入的关键字越来越精确，筛选的范围也会随之缩小，直到需要的项目被找到。可以说在 Windows 7 时代，搜索将会成为我们使用计算机的主要操作方式。【关机】按钮，相对 Windows XP 系统而言 Windows 7 增加了【睡眠】和【锁定】按钮。单击【睡眠】按钮可快速使计算机进入节能模式，只需几秒便可使计算机恢复到用户离开时的状态，这使得越来越多的便携式电脑用户更加方便。单击【锁定】按钮可使当前用户桌面安全锁定。

任务栏位于桌面的底部，一般情况下，总是显示在最前端。任务栏包括 6 个部分，依次为【开始】按钮、快速启动栏、窗口按钮栏、语言栏、通知区域和【显示桌面】按钮，如图 2.3 所示。

图 2.3　任务栏

在快速启动栏区域默认设置了 3 个快速启动按钮：【Internet Explorer】按钮、【Windows 资源管理器】按钮和【Windows Media Player】按钮。可通过将相应图标拖至 Windows 7 任务栏上的方法添加其他图标。图 2.4 所示是将"计算器"图标添加到快速启动栏中，也可以通过在相应的应用程序图标上单击鼠标右键，在弹出的快捷菜单中选择【将此程序从任务栏解锁】的方法取消固定选项，如图 2.5 所示。

使用任务栏上的相应图标启动应用程序后，该图标会保持在原位置不动，但它上面会出现一个突出显示的透明正方形，表示应用程序正在运行。如果同一应用程序打开了多个窗口，或者打开了同一应用程序的多个实例，则图标上面会变为出现多个突出显示的透明正方形。同一个应用程序的所有窗口会折叠为一个图标，如图 2.6 所示。

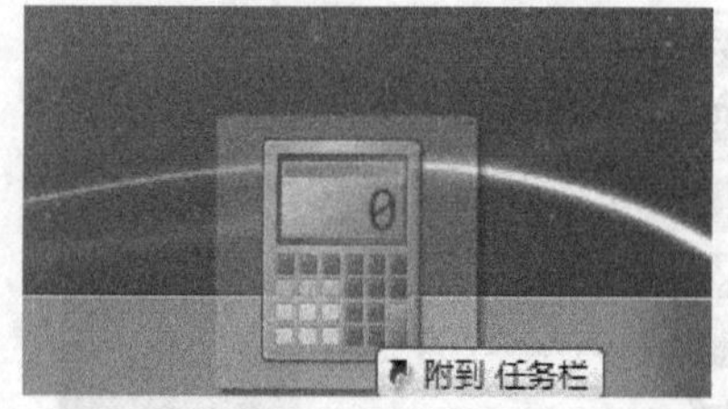

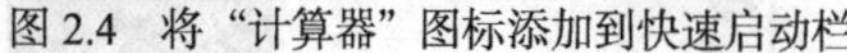

图 2.4　将“计算器”图标添加到快速启动栏

图 2.5　将计算器图标从任务启动栏解锁

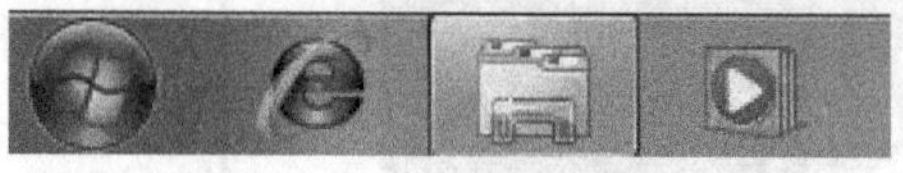

图 2.6　窗口折叠效果

Windows 7 中的任务栏还可以显示任务栏上打开的应用程序的缩略图预览，并且会为相应窗口提供文字说明。这样，可以根据窗口的内容直观地识别相应窗口，从而查看并选择所需窗口。以前的视图对话窗口提供的说明仅包含三四个字，现在则方便很多。只需单击相应窗口的缩略图，即可使它重新恢复到焦点状态。对于打开了多个窗口的应用程序而言，此功能显得尤为重要。若要选择某个特定的窗口，应首先在任务栏中指向相应的图标，然后再单击所需窗口的缩略图。

有些应用程序能够为同一窗口的不同部分生成多个缩略图。这里以 Windows 照片查看器和标签为例。如果在同一个 Windows 照片缩略图窗口中打开了多个标签，那么各个标签都将具有自己的缩略图。图 2.7 所示为某窗口的缩略图，其中有 3 个标签处于打开状态。

Windows 7 任务栏上的许多方面都是开放式的，可通过应用程序进行自定义。

图 2.7　窗口的缩略图

在默认情况下，任务栏通知区域中可见的图标仅为系统图标和时钟。通常显示在任务栏通知区域中的所有其他图标将被推送到溢出区域中，单击图 2.8 所示的向上箭头时会显示溢出区域。可以通过单击【自定义…】选项，将图标从溢出区域拖至主任务栏通知区域，或从主任务栏通知区域中将图标拖至溢出区域来改变外观。时钟区域显示当前系统时间，查看任务栏通知区域时，可以看出 Windows Vista 之前版本的 Windows 系统中位于快速启动栏中的【显示桌面】按钮被移至桌面右下角，在任务栏最右侧，样式改为细竖条，用户更容易找到，还可以使用“Windows 徽标+D”组合键激活【显示桌面】按钮。

在 Windows 7 中通过缩略图窗口可以预览打开的网页或照片等内容，如图 2.7 所示。预览窗口的大小可以通过修改注册表的操作进行更改，在【开始】菜单的搜索窗口中输入“regedit”后按回车键进入注册表界面，在左侧的目录中找到“HKEY_CURRENT_USER\Software\Microsoft\Windows\CurrentVersion\Explorer\Taskband”的根目录，在右侧找到“MinThumbSizePx”键值，然后在“数值数据”中输入预期调整的预览窗口大小。例如，将默认值 200 调整为 300 的操作如

图 2.9 所示，单击【确定】按钮，关闭注册表，然后注销计算机，再重新登录计算机后就可以看到预览窗口的大小发生了改变。

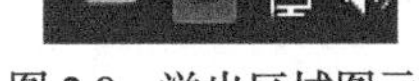

图 2.8　溢出区域图示

图 2.9　修改预览窗口的大小

2.1.2　Windows 7 的启动和退出

1. Windows 7 的启动

Windows 7 的启动实际上就是启动计算机，即将操作系统的核心程序从计算机的硬盘中调入内存并执行的过程。尽管计算机的启动过程相对来说比较复杂，但是这一切的操作都是由操作系统的引导程序引导执行的，对于用户来说不需要关心这些细节。一般的启动方法有如下 3 种。

（1）冷启动。冷启动也称为加电启动，用户按下计算机机箱的电源键（“Power”键）即可让计算机开始工作，完成操作系统的启动。

（2）重新启动。通过单击【开始】按钮调用【开始】菜单，在【关机】按钮级联菜单中选择【重新启动】即可。

（3）复位启动。本操作主要是在操作系统死机后，在无论按什么键计算机都没有反应的情况下，按机箱上面的复位键（“Reset”键），对计算机强行进行复位重新启动的操作。

2. Windows 7 的退出

Windows 7 的退出操作实际上就是计算机的关闭操作，在 Windows 7 没有正常退出之前，切忌直接关机。因为直接关机可能会造成一些信息还未保存而丢失，也可能造成系统文件丢失，影响系统的稳定性。正常退出的操作步骤如下。

（1）关闭所有正在运行的程序和窗口，以便系统对一些信息进行保存。

（2）单击【开始】按钮，打开【开始】菜单，然后单击【关机】按钮。

（3）如果有程序和窗口尚未关闭，操作系统会给出提示信息，按照要求完成操作即可。

2.1.3　鼠标指针及鼠标操作

Windows 操作系统是窗口化操作系统，系统的很多功能用户都可以通过鼠标的操作来完成。当鼠标移动时，屏幕上的鼠标指针就随之移动。一般情况下，鼠标指针呈空心箭头形状，但它随着位置和操作状态的不同会有所差异。常见的鼠标指针形状和含义如图 2.10 所示。

鼠标的基本操作包括指向、单击、双击、单击右键和拖放。其具体含义如下。

（1）指向。指向是指通过移动鼠标使屏幕上的光标做同步移动，移动到某一操作对象（文件、文件夹、图标、命令按钮等）上。这种操作一般用于激活对象或显示有关的提示信息。

图 2.10　常见鼠标指针的形状和含义

（2）单击。单击是指移动鼠标指针指向对象，然后快速按下鼠标左键并弹起的过程。单击操作常用于选定（也称为选择或选中等）某一操作对象或执行某一菜单命令。

（3）双击。双击是指移动鼠标指针指向对象，连续两次单击鼠标左键并弹起的过程。双击操作通常用于启动一个应用程序或打开一个窗口、文件等。双击时按键要迅速，否则会被认为是两次单击的操作。

（4）右击。右击也称为右键单击，是指移动鼠标指针指向对象，快速按下鼠标右键并弹起的过程。右击后往往会弹出一个所指对象的快捷菜单。

（5）拖放。拖放是指移动鼠标指针指向对象，按住鼠标左键的同时移动鼠标指针到其他位置，然后释放鼠标左键的过程。拖放常用于复制、移动对象，以及改变窗口大小等操作。

2.1.4　窗口及其操作

窗口是桌面上用于查看应用程序或文档等信息的一块矩形区域，在 Windows 中有应用程序窗口、文档窗口和对话框窗口等。在同时打开几个窗口时，处于当前工作状态的窗口称为当前窗口，也叫前台窗口或活动窗口；其他窗口则称为非当前窗口，也叫活动窗口或后台窗口。

应用程序窗口是程序在运行时所打开的窗口；文档窗口是在应用程序中用来显示文档信息的窗口；对话框窗口是在程序运行期间用来向用户显示信息或者让用户输入信息的窗口。窗口一般包括 3 种状态：正常、最大化和最小化。正常窗口是 Windows 系统默认的大小；最大化窗口铺满整个屏幕；最小化窗口则缩小为一个按钮或图标。当工作窗口处于正常或最大化状态时，都由菜单栏、边界、工作区、标题区、状态控制按钮等部分组成，如图 2.11 所示。

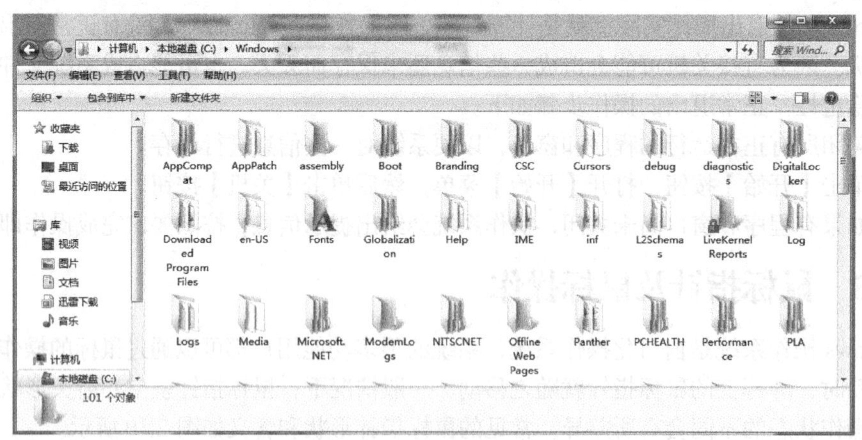

图 2.11　Windows 7 窗口

窗口的基本操作包括窗口的打开、窗口的关闭、窗口的移动和窗口的大小调整。通过双击文件、文件夹或应用程序的图标，就可以打开相应的文件、文件夹或应用程序。单击窗口的【关闭】

按钮、双击控制菜单按钮、选择控制菜单中的【关闭】命令和按快捷键“Alt+F4”都可以对窗口进行关闭操作。用鼠标左键按住标题栏，并将其拖动到适当的位置可以移动窗口的位置。把鼠标指针放在窗口的 4 个边框或 4 个角上，当指针形状改变时，就可以拖动鼠标来调整窗口的大小。

窗口的切换操作是按住“Alt”键不动，然后按“Tab”键，就可以在已经打开的窗口的不同图标之间进行切换，选定以后松开“Alt”键，选定的图标所代表的窗口即为当前窗口。在任务栏的空白位置单击鼠标右键，在弹出的快捷菜单中选择“层叠窗口”“堆叠显示窗口”或“并排显示窗口”，可以设置多窗口的显示方式。

2.1.5　桌面及其设置

桌面是打开计算机并登录到 Windows 之后看到的主屏幕区域。它是用户工作的主要区域，可以将一些系统图标、应用程序快捷方式图标、文件或文件夹放在桌面上，并且可以随意地排列它们。对桌面的设置主要包括屏幕分辨率的设置、小工具的添加、个性化设置、系统图标的添加和快捷方式的生成。

屏幕分辨率的设置是通过在桌面空白区域中单击鼠标右键，在弹出的菜单中选择【屏幕分辨率】选项，然后在弹出的图 2.12 所示的窗口中进行的。对于配置有多个显示器的计算机可以选择显示器分别进行分辨率的设置，而分辨率应该根据显示器的屏幕尺寸进行设置。在 Windows 7 中系统会给出一个推荐的分辨率，分辨率的数值越大显示的画面就越清晰。除了分辨率需要调整外，对屏幕的刷新频率也要进行调整，这样屏幕就不会出现闪烁的效果。屏幕的刷新频率是通过单击【高级设置】→【监视器】选项卡进行设置的，如图 2.13 所示。具体数值依据显示器支持的最大值进行设置。

图 2.12　屏幕分辨率设置窗口

图 2.13　屏幕刷新频率设置窗口

Windows 7 系统提供了一些非常实用的小工具供用户使用。在桌面空白区域中单击鼠标右键，在弹出的菜单中选择【小工具】选项，弹出图 2.14 所示的窗口。通过单击相应的小工具即可在桌面上添加该工具。如果不需要某个小工具，将鼠标光标停留在该小工具上，在显示的菜单中单击【关闭】按钮即可关闭该工具。

图 2.14　小工具设置窗口

在个性化设置中，不仅可以设置不同的 Aero 主题，还可以更改桌面图标、鼠标指针和账户图片。通过在桌面空白区域中单击鼠标右键，在弹出的菜单中选择【个性化】选项，然后在弹出的图 2.15 所示的窗口中进行相应的设置。单击【更改图标】按钮，在弹出的对话框中可以向桌面添加系统图标，如图 2.16 所示。

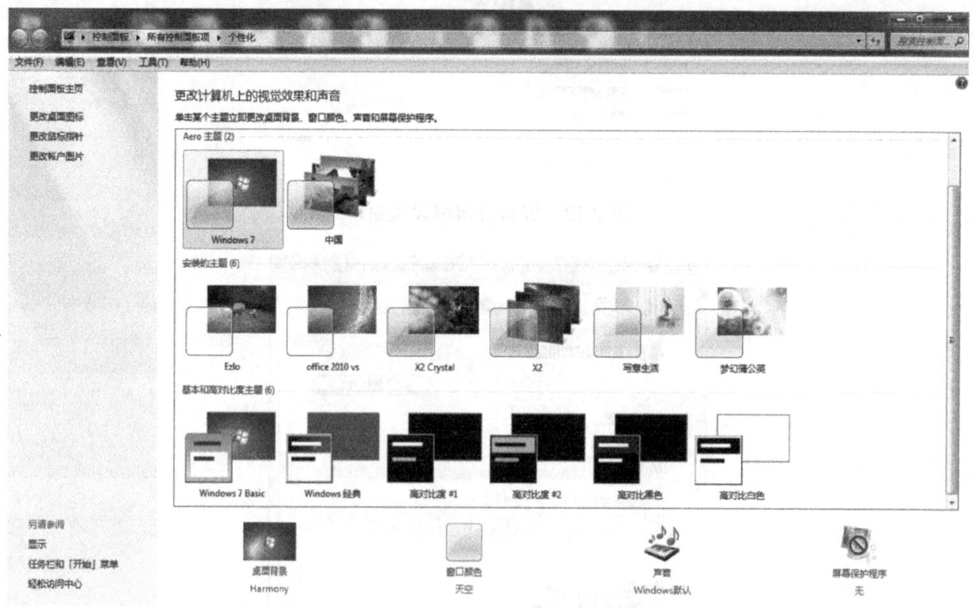

图 2.15　个性化窗口

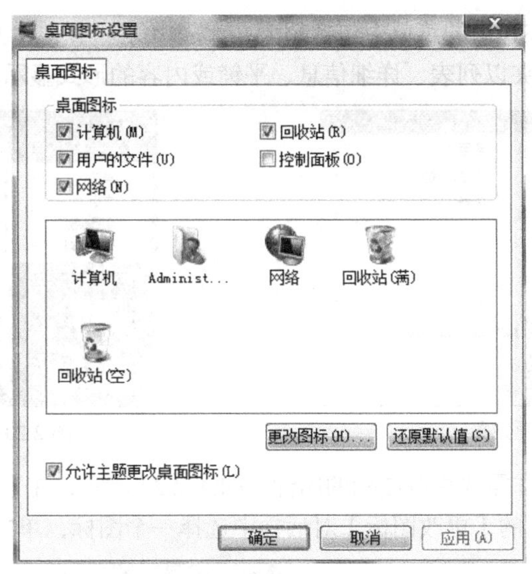

图 2.16　更改桌面图标

桌面快捷方式的生成方法有 3 种：第一种方法是在程序文件的安装路径下找到其运行图标，在图标上单击鼠标右键，从弹出的菜单中选择【发送到】→【桌面快捷方式】；第二种方法是在【开始】菜单→【所有程序】中找到程序的运行图标，在图标上单击鼠标右键，从弹出的菜单中选择【发送到】→【桌面快捷方式】；第三种方法是在桌面新建快捷方式，然后输入对象的位置和快捷方式的名称后单击【完成】即可，其操作过程如图 2.17 和图 2.18 所示。

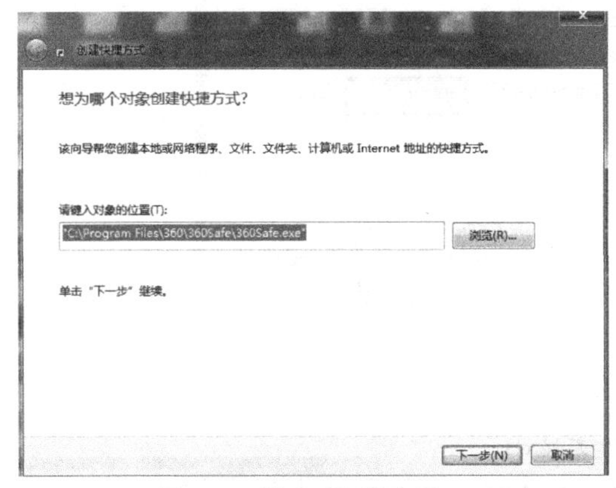

图 2.17　输入对象的位置

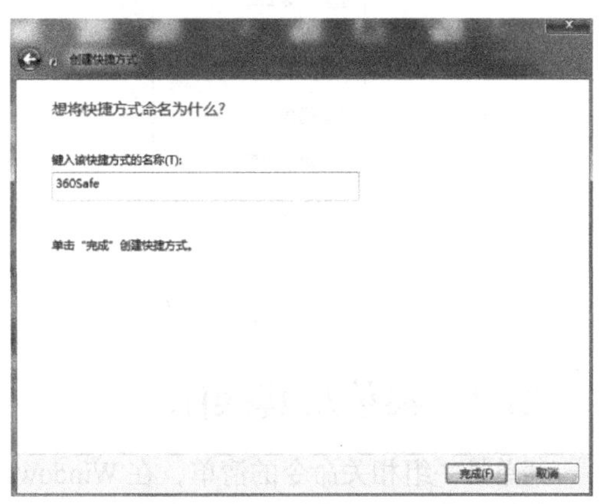

图 2.18　输入快捷方式的名称

2.1.6　图标及其基本操作

Windows 7 系统中的图标包括系统图标、程序图标和文件及文件夹图标，对其操作主要包括查看、排序方式、显示视图类别和图标的更改。

在桌面空白处单击鼠标右键，在弹出的快捷菜单中显示的【查看】功能就是对图标查看的分类，如图 2.19 所示。其中有大、中、小 3 种形式的图标显示方式，还有其排列和显示设置。用同样的方法，选择【排序方式】，如图 2.20 所示。排序方式有名称、大小、项目类型和修复日期 4 种。

在磁盘中对文件或文件夹显示视图的操作是对文件或文件夹图标的操作，在磁盘或文件夹中单击【更改您的视图】，在弹出的菜单中包括超大、大、中等、小 4 种类型的图标，如图 2.21 所示；还可以将文件或文件夹以列表、详细信息、平铺或内容的形式显示。

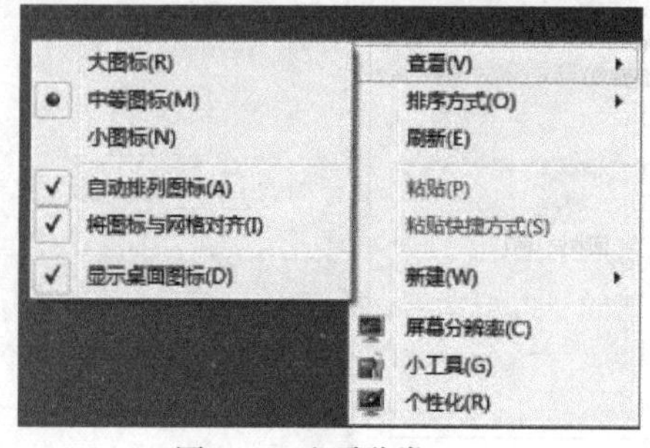

图 2.19 查看分类

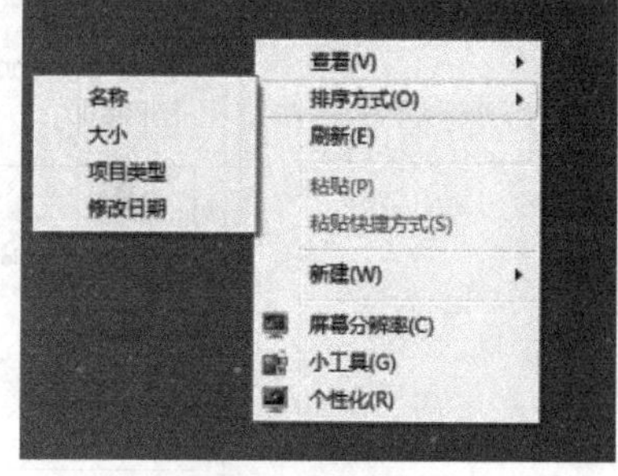

图 2.20 排序方式

修改个性化图标的操作需要更改图标的属性，如图 2.22 所示，在【快捷方式】选项卡中单击【更改图标】按钮，在弹出的【更改图标】对话框中选择一个图标，单击【确定】按钮即可。

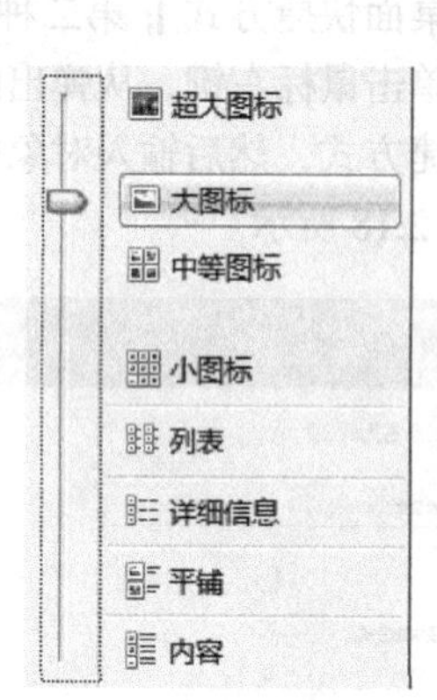

图 2.21 更改视图操作

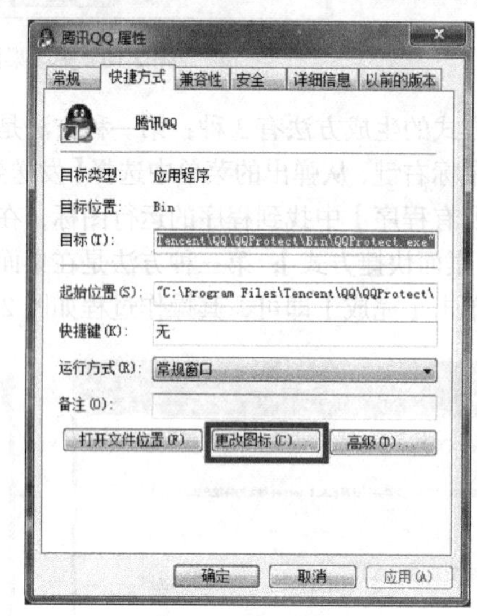

图 2.22 更改图标

2.1.7 菜单及其操作

菜单是一组相关命令的清单，在 Windows 操作系统中，大部分操作都是通过菜单中的命令来完成的。菜单分为【开始】菜单、窗口菜单、控制菜单和快捷菜单。【开始】菜单是通过单击【开始】按钮所弹出的菜单；窗口菜单是应用程序窗口所包含的菜单，为用户提供该应用程序中可执行的命令；单击应用程序的标题栏，弹出的一个下拉菜单称为控制菜单，如图 2.23 所示；快捷菜单就是用鼠标右键单击某对象时，弹出的一个可用于该对象的菜单。

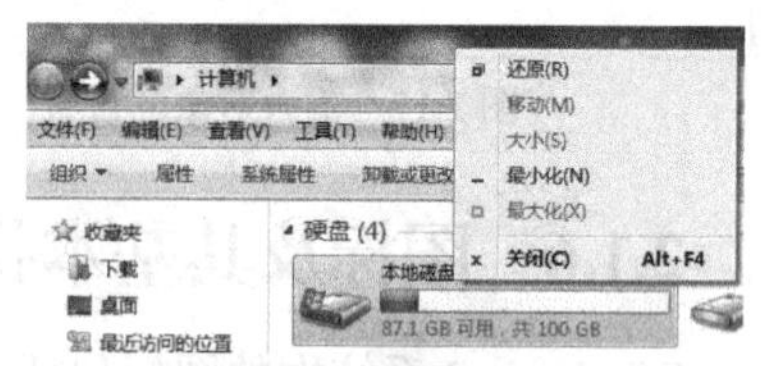

图 2.23 控制菜单

【开始】菜单和控制菜单的使用相对来说比较简单，下面主要介绍窗口菜单和快捷菜单的使用。对于窗口菜单，在 Windows 7 系统中默认情况下是不显示的，需要用户手动设置后才能显示，其操作为【组织】→【布局】→【菜单栏】，如图 2.24 所示；也可以通过按“Alt”键来显示或隐藏菜单栏。用鼠标单击菜单栏上的某一个菜单选项，即可打开该菜单，再单击所需的命令，就可以执行该命令。

快捷菜单是一个非常实用的菜单，在对选定对象进行操作时，大部分功能都可以通过快捷菜单来完成。快捷菜单来只包括与被选定对象相关的命令，用户能够很快速地找到所需要的命令。图 2.25 所示的“计算机”图标的快捷菜单与我们前面使用过的桌面快捷菜单有很大的区别。可见，快捷菜单是对每一个选定对象量身定做的命令集合。

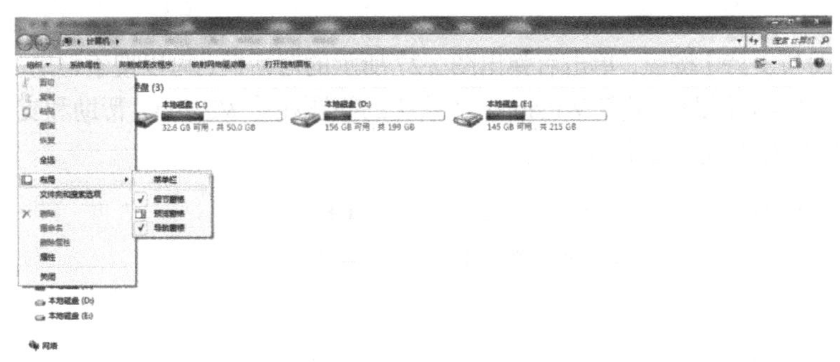

图 2.24　窗口菜单

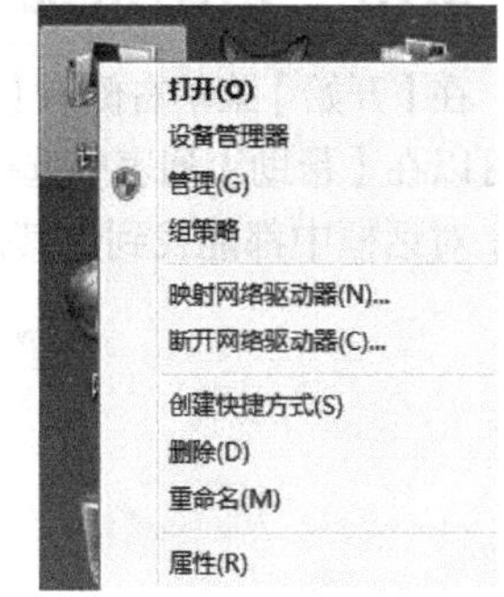

图 2.25　“计算机”图标的快捷菜单

2.1.8　对话框及其操作

对话框是窗口的一种特殊形式，它是用户与程序之间进行信息交互的窗口，通常包括各种各样的选项。在对话框中可以通过选择某个选项或输入信息以达到某种效果。图 2.26 所示为【桌面图标设置】对话框。

图 2.26 【桌面图标设置】对话框

由于完成的功能不同，对话框的形式也多种多样。通常，对话框的元素包括标题栏、选项卡和标签、文本框、命令按钮、单选框、复选框、列表框和【关闭】按钮等。

标题栏主要用来显示对话框的名称，通过鼠标拖动标题栏，可以移动对话框，但是不能改变对话框的大小；选项卡主要用于不同命令组的切换，标签则提供更多的选项；文本框接受用户输入的信息实现交互操作；命令按钮用来执行某一命令，如【确定】按钮就是一个命令按钮，多个命令按钮就构成了命令按钮组；单选框和复选框，前者可从多个选项中选择一个，后者是可以选择多个选项，依据具体情况而设置；列表框列出多个选项供用户选择，可以通过推动右侧的滑块，来查看更多的选项；【关闭】按钮可用来关闭对话框，单击【确定】或【取消】按钮也可以关闭对话框。

2.1.9 帮助系统

在【开始】菜单右侧有【帮助与支持】按钮，单击后弹出图2.27所示的对话框，可以搜索帮助，也可以在【帮助】列表中选择感兴趣的帮助，很多Windows 7系统的问题在【Windows帮助和支持】对话框中都能找到，其使用相对来说比较简单。

图2.27 【Windows帮助和支持】对话框

2.2 程序管理

在Windows 7操作系统中程序分为系统程序和应用程序，完成操作系统功能的程序称为系统程序，为用户提供各种应用功能的程序称为应用程序。在操作系统中运行的程序非常多，每一个程序的安装与运行都需要消耗系统资源，所以需要对程序进行有效的管理。程序以文件的形式存放，扩展名为exe的文件称为可执行文件。

2.2.1 程序的运行与退出

在Windows 7系统中，支持系统运行的程序在启动操作系统时会自动运行，有些应用程序在系统启动后也会自动运行，如杀毒软件等。在【开始】菜单的搜索区中输入“Msconfig”后按回车键，即可打开【系统配置】对话框，如图2.28所示。可以查看系统的引导设置和启动设置。

对于需要用户自行运行的程序，一般常用的加载方法有下面几种。

（1）双击桌面上应用程序生成的快捷方式图标或系统图标，运行相应的程序或系统功能。

（2）从【开始】菜单启动程序。单击【开始】按钮，将鼠标指针指向【所有程序】选项，选择需要启动程序对应的文件夹，然后单击图标即可启动程序。

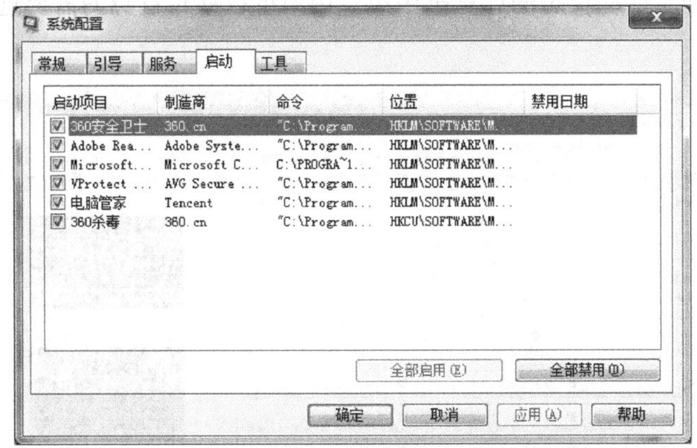

图 2.28 【系统配置】对话框

（3）打开文档启动程序，如双击某 Word 文档，即启动了 Word 程序。

（4）在程序的安装路径中，找到程序运行的图标，双击即可运行程序。

每一个启动的程序都有一个独立的程序窗口，关闭程序窗口就可以退出程序，一般常用的关闭方法有以下几种。

（1）单击窗口右上角的【关闭】按钮。

（2）双击控制菜单按钮。

（3）在菜单中选择【文件】→【退出】命令。

（4）用组合键“Alt+F4”关闭应用程序。

2.2.2　任务管理器的使用

任务管理器提供了一种监视系统性能的简易方法，通过调用任务管理器可以查看系统当前运行的程序、进程、服务、CPU 和内存的使用情况，还可以在应用程序无响应时，强制关闭应用程序。【任务管理器】对话框如图 2.29 所示。启动任务管理器一般有以下 3 种方法。

（1）右击任务栏空白处，在弹出的快捷菜单中选择【启动任务管理器】命令。

（2）按“Ctrl+Shift+Esc”组合键。

（3）按“Ctrl+Alt+Delete”组合键，进入安全桌面，单击【启动任务管理器】按钮。

在【任务管理器】对话框中可以通过【应用程序】选项卡查看当前运行的程序和其运行状态，在【进程】选项卡中可以查看系统当前运行的进程，对未知的进程可以强制关闭。其方法是将光标停留在未知进程上单击鼠标右键，在弹出的快捷菜单中选择【结束进程】命令即可。【服务】选项卡主要用来显示当前运行的系统或应用程序服务。【性能】选项卡用来查看内存和 CPU 的使用情况，单击【资源监视器】标签，弹出图 2.30 所示的【资源监视器】对话框，可以从中查看使用 CPU、

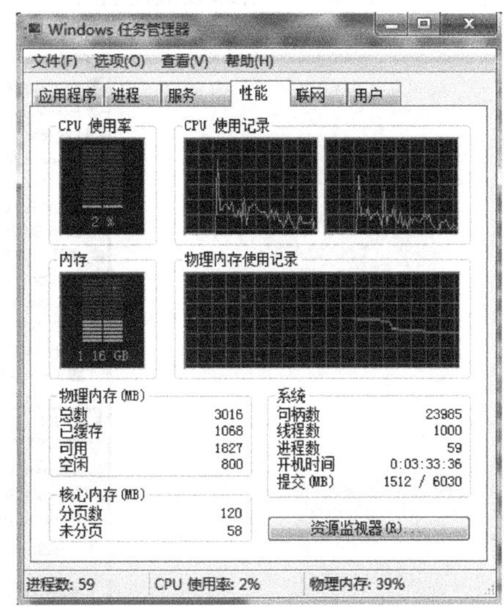

图 2.29 【任务管理器】对话框

硬盘、网络和内存的具体进程。【联网】选项卡主要用来显示当前网络的使用状况。【用户】选项卡显示的是当前处于活动状态的计算机用户。用户可以针对自身的需要选择相应的选项卡来完成命令操作。

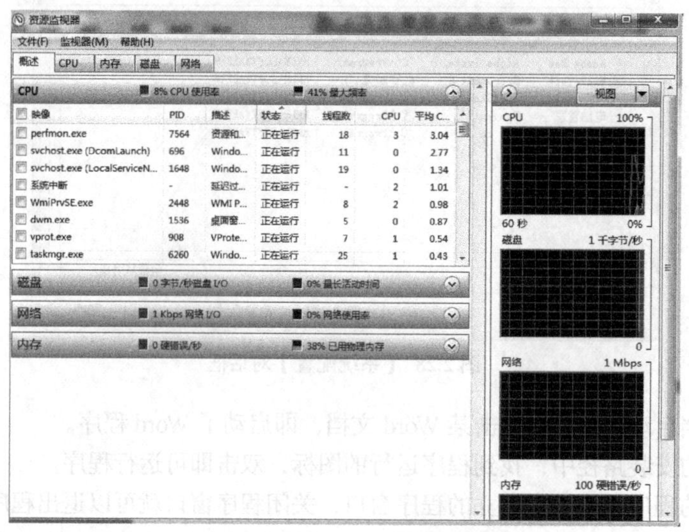

图 2.30 【资源监视器】对话框

2.2.3 安装/卸载应用程序

应用程序在使用之前需要先安装才能使用，用户可通过网络下载需要的应用程序的安装文件，双击后即可开始安装。在安装应用程序时需要注意设置文件的安装路径，根据磁盘的容量和软件需要的空间选择合适的磁盘作为应用程序的路径。

应用程序的卸载通常采用两个方法：一是在【开始】菜单中找到程序的目录，应用程序一般都带有卸载文件，如图 2.31 所示。单击卸载文件即可卸载该应用程序；二是在控制面板中选择【程序】→【卸载程序】，在程序列表中选择需要卸载的应用程序单击鼠标右键，弹出【卸载/更改】命令，单击即可开始卸载应用程序，如图 2.32 所示。

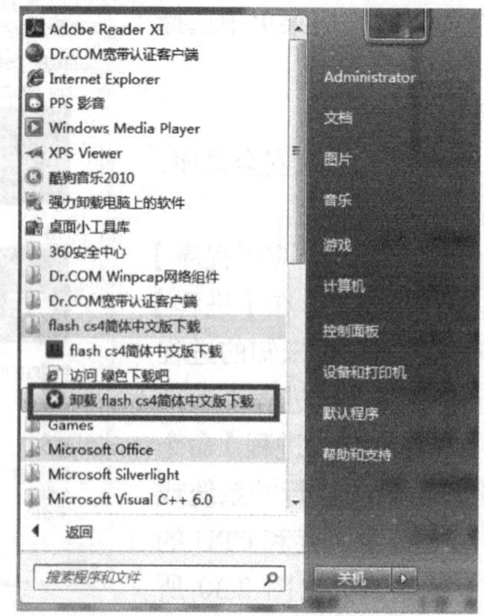

图 2.31 应用程序的卸载文件

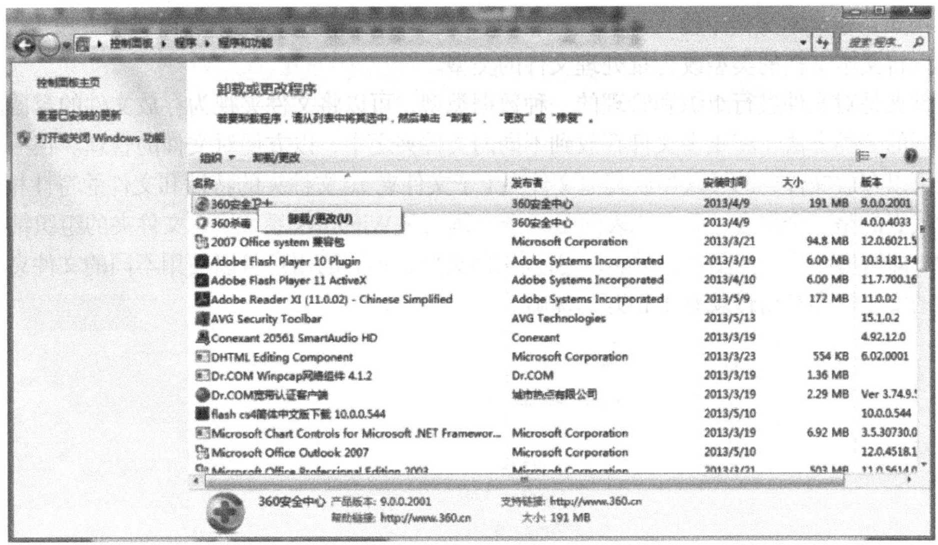

图 2.32 【卸载/更改】命令

2.3　文件和文件夹的管理

文件和文件夹的管理是操作系统的基本功能之一，文件和文件夹的管理包括查看、搜索、复制、移动和删除等操作，在 Windows 7 操作系统中主要通过"计算机"或资源管理器来管理文件和文件夹。

2.3.1　文件和文件夹的基本概念

文件是存储在外存储器上的相关信息的集合。文件的基本属性包括文件名、文件大小、文件类型、创建和修改时间等。文件具有以下特性。

1. 可识别

每个文件都有自己的文件名，以便和其他文件相区别，对文件的操作都是基于文件名进行的。

2. 可寻址

每一个文件在存储设备中都有一个相对路径，也就是文件存放的地址，在使用文件时需要指定文件的路径来确定文件的位置。

3. 类型多

计算机中的所有数据都以文件的形式存放在计算机的存储设备中，只是不同的数据以不同类型的文件存储而已。例如，程序文件是以可执行文件的形式存储在计算机中的。

4. 可复制

文件是作为一个数据的集合存储在计算机中的，可以通过对文件的复制，将一段连续的存储空间中的数据全部复制并存储到其他的存储空间中去。

5. 可传输

文件可以通过网络或移动存储设备，从一个地方传输到另一个地方。

6. 可修改

文件的内容不是固定不变的，用户可以对其内容、名称、属性、类型等进行修改，甚至可以删除。例如，在文本文档中输入计算机命令后，将文本文档的文件类型名由“txt”改为“bat”，这样可以将文本文档的类型改为批处理文件的类型。

文件夹是对文件进行组织和管理的一种数据类型，可以将文件夹视为存放文件的容器。可以通过不同的分类方法，将很多文件存放到不同的文件夹之中，以方便对文件的管理。在一个文件夹中既可以存放文件，也可以存放其他文件夹（子文件夹）。文件夹的特性和文件的特性相同，只是前者代表的是一个集合，后者代表的是一个个体。在 Windows 系统中，文件夹的组织结构是分层次的，即树型结构，如图 2.33 所示。引入文件夹后，不同的用户可以使用不同的文件夹，这样对文件的安全性和私密性就有了很好的保障。

图 2.33　文件夹的树型结构

2.3.2　管理工具——资源管理器

资源管理器是 Windows 操作系统中主要的文件管理工具之一，用户可以通过资源管理器对计算机中的文件或文件夹进行管理。资源管理器以分层的方式显示计算机内所有文件的详细图表。使用资源管理器可以方便地实现浏览、查看、移动和复制文件或文件夹的操作。用户通过资源管理器，不用打开多个文件或文件夹窗口，即可浏览所有的磁盘和文件夹。

资源管理器启动的方法很多，通常使用以下的 3 种方法启动资源管理器。

（1）在【开始】菜单中选择【所有程序】，从级联菜单中选择【附件】中的【Windows 资源管理器】。

（2）用鼠标右键单击【开始】菜单按钮，从快捷菜单中选择【Windows 资源管理器】。

（3）单击任务栏左侧快速启动栏中的【Windows 资源管理器】按钮。

资源管理器的启动窗口如图 2.34 所示。资源管理器在工作区中设置双窗格，左窗格称为结构窗格，其中显示收藏夹、库、计算机和网络等选项，用户可根据需要进行选择；右窗格称为内容窗格，用于显示左窗格中选中的选项的内容。资源管理器可以在一个窗口内同时显示出当前文件夹所处的层次以及存放的文件等信息。

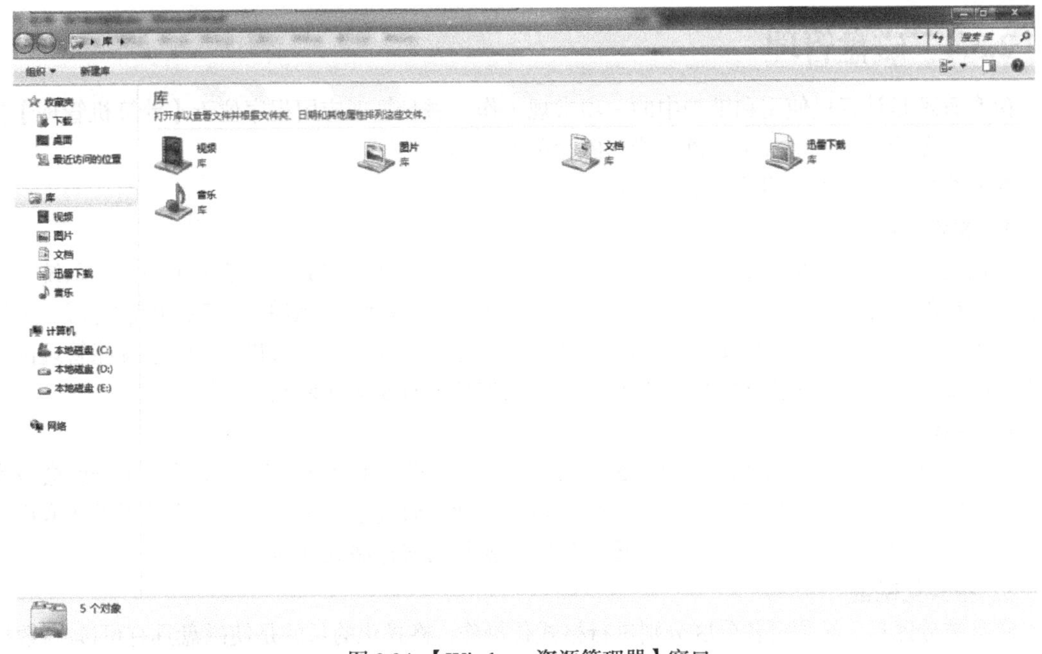

图 2.34 【Windows 资源管理器】窗口

2.3.3　管理文件和文件夹

通过资源管理器管理文件和文件夹，主要涉及的操作有查看磁盘文件、显示格式、排列顺序、新建文件或文件夹、复制文件或文件夹、移动或删除文件或文件夹。

在【资源管理器】窗口中，要查看一个文件夹或磁盘的内容，可以在左窗格中单击图标或在右窗格中双击指定的文件夹或磁盘。Windows 7 中文件或文件夹的显示格式有 8 种，如图 2.35 所示。通过菜单栏上的【查看】命令或工具栏上的【查看按钮】的下拉列表项，可以设置一种文件或文件夹的显示格式。排列顺序的设置是通过【查看】→【排列方式】实现的，如图 2.36 所示。排列方式为名称、修改日期、类型或大小，可用递增或递减排序组合。新建文件或文件夹是通过右键快捷菜单中的【新建】命令实现的。复制文件或文件夹可以通过右键快捷菜单中的【复制】和【粘贴】命令来实现，也可以通过快捷键“Ctrl+C”（复制）和“Ctrl+V”（粘贴）来实现。通过鼠标的拖放可以实现文件或文件夹的移动。文件或文件夹的删除可以通过选中待删除的文件或文件夹然后按“Delete”键，也可以在右键快捷菜单中选择【删除】命令来实现。

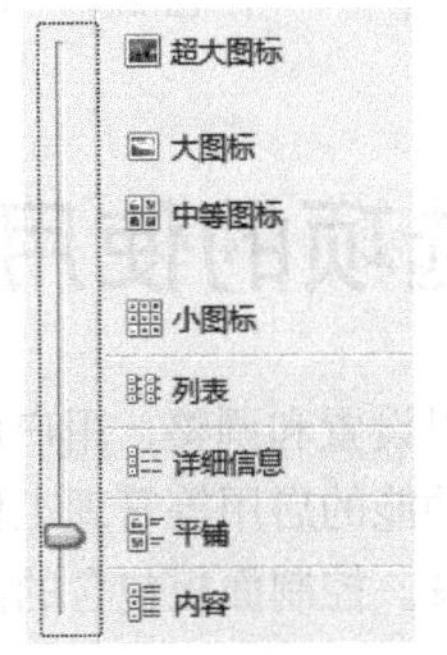

图 2.35　显示格式列表

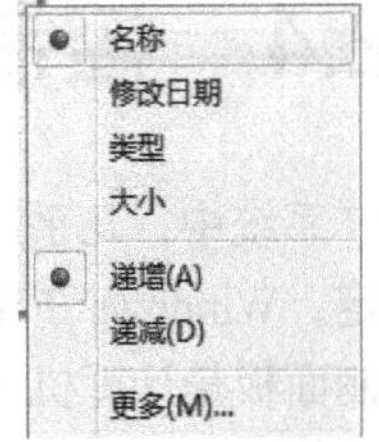

图 2.36　排序方式列表

2.3.4 磁盘管理

磁盘管理是计算机使用和维护中的一项常规工作，磁盘管理应用程序位于【计算机管理】控制台中。磁盘管理包括格式化磁盘、清理磁盘和磁盘碎片整理。

在介绍操作之前先介绍几个基本概念。

1. 文件系统

当前使用的文件系统主要有 FAT、FAT32 和 NTFS 这 3 种。FAT 是早期采用的文件系统，只能管理较小的硬盘，现在基本很少有人使用该类型文件文件系统。FAT32 是 FAT 的改进版，可以管理较大的硬盘，但是在磁盘安全性和压缩性能方面远远不如 NTFS。NTFS 文件系统能管理高达 2 TB 的硬盘，并支持多重启动功能，Windows 7 只支持 NTFS 文件系统。

2. 磁盘分区

新的磁盘只有在分区后才能使用，磁盘的分区分为主分区和逻辑分区，激活的主分区会成为系统分区。系统分区包含硬件相关的文件和 Boot 文件夹，通过这个文件夹使计算机可以获取启动 Windows 的位置，引导操作系统运行。逻辑分区主要是用来存储数据的。

3. 格式化磁盘

磁盘被分区后，必须对各分区分别进行格式化操作。格式化的目的是使磁盘具有可读/写数据的格式，并在格式化的磁盘上建立文件分配表（NTFS）和文件目录表，为存储文件做准备。

格式化磁盘的操作可以选择需要进行格式化操作的磁盘，单击鼠标右键在弹出的快捷菜单中选择【格式化】命令，弹出如图 2.37 所示的【格式化】窗口。在【格式化】窗口中，用户可以根据需要进行文件系统类型、分配单元大小的设置。在单击【开始】按钮之前，可以在【格式化选项】标签的单选框中勾选【快速格式化】复选框，以加快格式操作的速度。

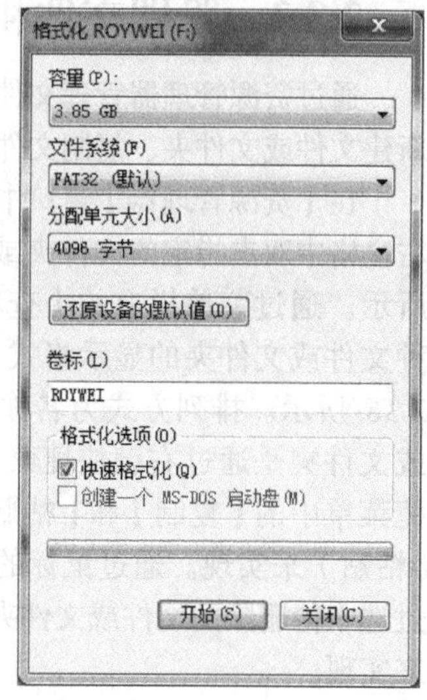

图 2.37 【格式化】窗口

在 Windows 工作过程中会产生许多临时文件，时间一长，这些零时文件会占据大量的磁盘空间，造成空间的浪费，用户可以利用 Windows 7 提供的【磁盘清理】程序进行清理，【磁盘清理】程序命令设置在【开始】→【附件】→【系统工具】中。

用户在使用磁盘进行读写操作时，尤其是经常删除和拷贝不同容量的文件到磁盘中时，会让磁盘产生一些很小的存储空间，这些存储空间基本是没有任何再利用价值的，我们称之为磁盘碎片。大量的磁盘碎片会降低系统读写的速度，所以用户要养成定时清理磁盘碎片的习惯。【磁盘碎片整理】程序命令设置在【开始】→【附件】→【系统工具】中。

2.4 控制面板及常用选项的使用

在 Windows 7 系统中，几乎所有的硬件和软件资源都可以设置和调整，用户可以根据自身的需要对其进行设定。Windows 7 中的相关软件、硬件设置及功能的启用等管理工作都可以在控制面板中进行，控制面板是计算机用户使用较多的系统设置工具。控制面板包含的内容非常丰富，在此介绍其主要功能。

2.4.1　控制面板

单击【开始】菜单中的【控制面板】命令，即可打开【控制面板】窗口。控制面板有类别、大图标和小图标 3 种查看方式。在【类别】视图中有 8 大项目，如图 2.38 所示。如果对控制面板的操作不熟练的用户，可以选择大、小图标视图，来选择对应的功能进行设置。

图 2.38 【控制面板】窗口【类别】视图

2.4.2　系统日期和时间的设置

在【控制面板】窗口中单击“日期和时间”图标，打开图 2.39 所示的【日期和时间】对话框。在该对话框中有 3 个选项卡，分别是【日期和时间】选项卡、【附加时钟】选项卡和【Internet 时间】选项卡。在【日期和时间】选项卡中单击【更改日期和时间】按钮，可以进行时间和日期的修改。单击任务栏的时间区域，在弹出的快捷菜单中选择【更改日期和时间设置】命令，进入图 2.39 所示的窗口。单击【更改时区】按钮，可以修改计算机时间显示的时区。

在【附加时钟】选项卡中可以另外增加两个时钟，共可显示 3 个时钟的时间。在图 2.40 所示的【附加时钟】选项卡中，勾选【显示此时钟】单选框后，可以改变附加时钟的时区，并且可以输入在任务栏时间区域显示的时钟名称。分别添加美国时间和英国时间，单击【应用】按钮，再任务栏中单击时间区域，将显示 3 个时钟，如图 2.41 所示。

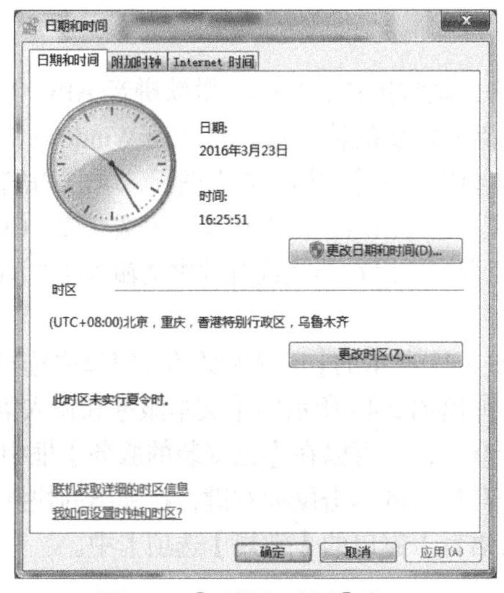

图 2.39 【日期和时间】窗口

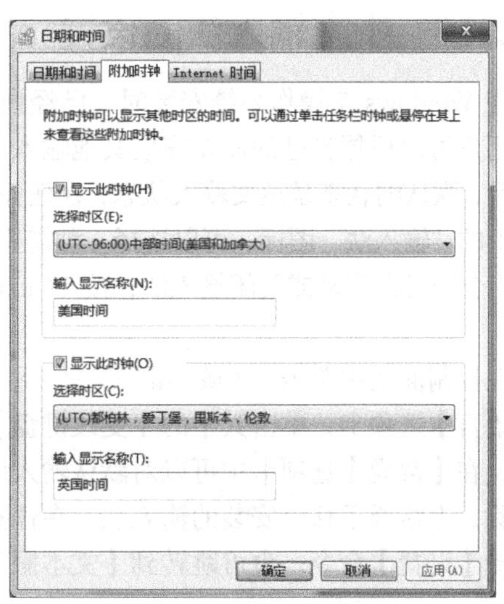

图 2.40 【附加时钟】选项卡

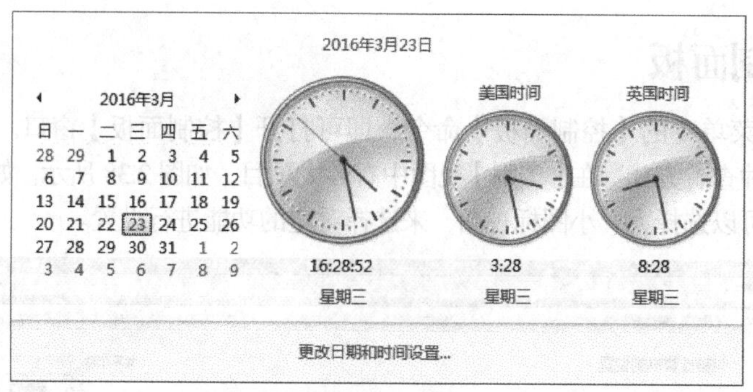

图 2.41　附加时钟效果

在【Internet 时间】选项卡中，可以单击【更改设置】按钮，弹出【Internet 时间设置】对话框，如图 2.42 所示。勾选【与 Internet 时间服务器同步】单选框后单击【立刻更新】按钮，即可使计算机显示的时间与 Internet 时间服务器同步。单击【确定】按钮后即可突出该对话框。

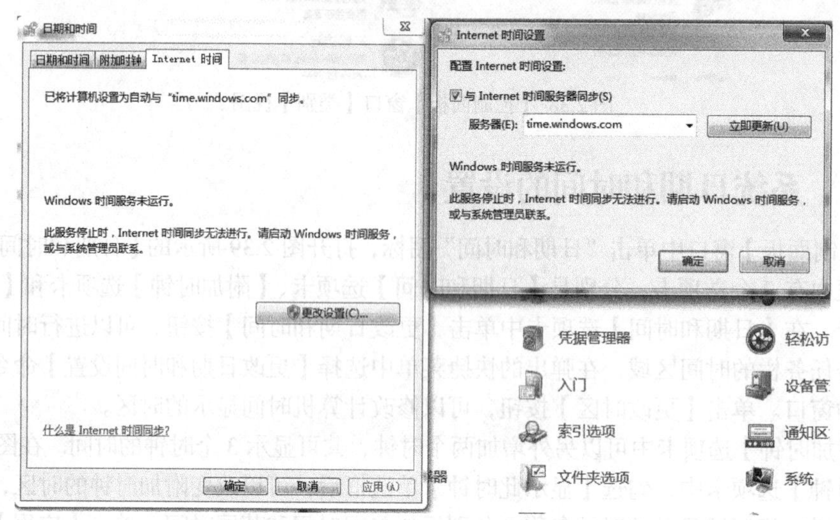

图 2.42 【Internet 时间】选项卡

2.4.3　中文输入法的设置

在 Windows 7 操作系统安装时，已经预置了全拼、微软拼音、郑码、微软拼音 ABC 等输入法，用户可以根据自已的需要安装其他输入法或者删除不需要的输入法。在启动 Windows 7 操作系统后，默认的状态是英文输入状态，在任务栏的右侧会出现一个“语言栏”图标，单击“语言栏”图标上的“输入法”图标，可以选择一种需要的输入法，也可以通过键盘切换输入法，按“Ctrl+空格”组合键可以启动或关闭输入法；按“Ctrl+Shift”组合键可以在英文或各种中文输入法之间进行切换。

在控制面板中单击“区域和语言”图标，在弹出图 2.43 所示的【区域和语言】窗口中选择【键盘和语言】选项卡，单击其中的【更改键盘】按钮，弹出图 2.44 所示的【文本服务和输入语言】窗口，在【常规】选项卡中可以对默认输入语言进行修改，也可以在【已安装的服务】框中添加或删除、上移或下移已安装的输入法。在任务栏的语言栏区域单击鼠标右键，在弹出的快捷菜单中选择【设置】命令，也可跳转到【文本服务和输入语言】窗口的【常规】选项卡中。

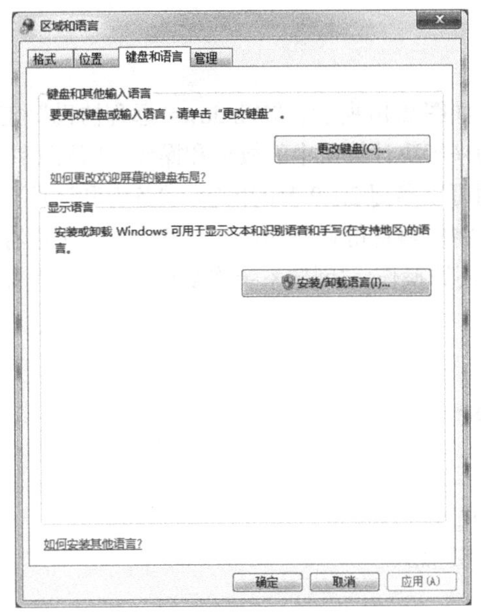

图 2.43 【区域和语言】窗口

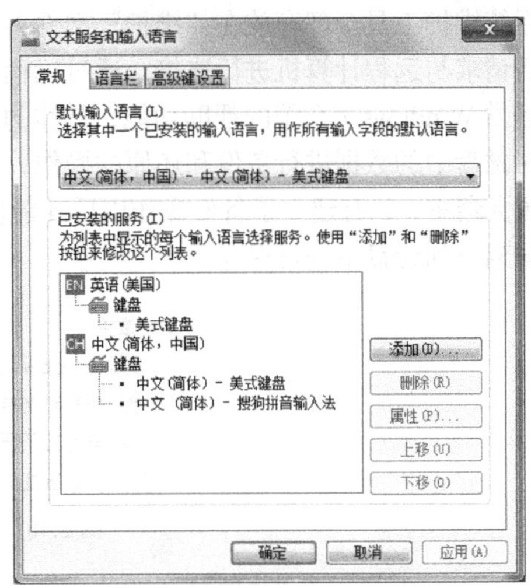

图 2.44 【文本服务和输入语言】窗口

2.4.4 用户账户的管理

Windows 7 操作系统支持多用户管理，可以为每个用户创建一个用户账户并为每个用户配置独立的用户文件，从而使得每一个用户登录计算机时，都可以进行个性化的环境设置。在【用户账户和家庭安全】窗口中，分为【用户账户】和【家长控制】，【用户账户】窗口如图 2.45 所示。在【用户账户】窗口中可以对当前账户创建账户密码和更改图片，也可以单击【管理其他账户】标签，创建新用户和设置家长控制。家长控制是 Windows 7 系统的一个特色，该功能可以让家长轻松地管理孩子在计算机上进行的操作，这些控制可以帮助家长设置一些规则使孩子在设定的范围内使用计算机，如上网时间段、游戏、程序使用范围和网站访问等。在【更改用户账户控制设置】中可以设置当程序对计算机进行修改时的通知级别，可以预防有害程序对计算机的修改。

图 2.45 【用户账户】窗口

2.5 Windows 系统维护和其他附件

Windows 7 系统在【开始】菜单中提供了一些工具软件供用户使用，主要存放在“维护”和“附件”文件夹中，用户可以通过单击相应的图标对工具软件进行调用。

2.5.1 系统维护工具

系统维护工具全部存放在“维护”文件夹中，如图2.46所示。“Windows远程协助”工具通过发送请求与远程计算机进行连接，通过远程协助来解决计算机中的故障和操作。“帮助和支持”工具提供Windows 7系统的帮助功能，具体的使用可以参阅2.1.9节的内容。“备份和还原”工具可以对磁盘中的数据进行备份和还原的操作，可以将资料备份到外部存储设备中，也可以存储到网络服务器中，只有建立了备份操作以后才能使用还原操作。“创建系统修复光盘”工具可以将系统数据刻录到光盘中进行保存。

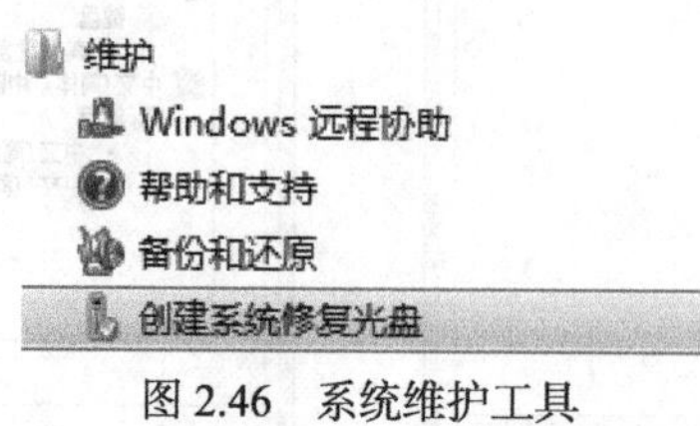

图2.46 系统维护工具

2.5.2 记事本

记事本是Windows自带的一款文本编辑程序，可以用来创建并编辑文本文件，其后缀名为“txt”。由于其具有格式简单、占用空间小和可以被其他程序调用等特点，因而在实际中经常被使用。选择【开始】菜单→【所有程序】→【附件】→【记事本】命令，打开【记事本】窗口，如图2.47所示。记事本只能对文本进行设置，其格式菜单中仅提供自动换行和字体功能。

图2.47 【记事本】窗口

2.5.3 画图

画图工具是Windows系统中基本的作图工具，选择【开始】菜单→【所有程序】→【附件】→【画图】命令，即可打开【画图】窗口，如图2.48所示。在【画图】窗口的顶端包含自定义快速访问工具栏和标题栏两部分内容，自定义快速访问工具栏的默认工具有保存、撤销和重做，用户可以通过单击按钮右边的倒三角图标添加其他工具。在标题栏下方是菜单和画图工具的功能区，在菜单栏中包括【画图】按钮以及【主页】和【查看】两个面板组。在功能区中包括剪贴板、图像、工具、形状、粗细和颜色模块。通过功能区提供的工具用户可以进行简单的画图操作。

图 2.48 【画图】窗口

2.5.4　计算器

Windows 7 操作系统中计算器的功能较早期版本的微软系列操作系统所提供的计算器有所增多。图 2.49 所示的【计算器】窗口，在默认状态下是标准型计算器的样式，可以通过单击【查看】选项更改计算器的类型，如图 2.50 所示，有标准型、科学型、程序员和统计信息 4 种类型，而且还提供单位转换、日期计算和工作表功能。在工作表中提供抵押、汽车租赁、油耗等数据表格。

图 2.49　计算器

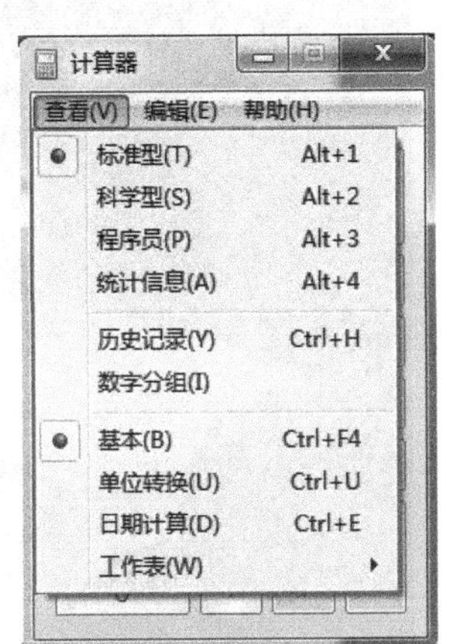

图 2.50　计算器的查看功能

2.6　Windows 10 基础

2.6.1　Windows 10 操作系统简介

2015 年 7 月 29 日起，微软全面开启 Windows 10 推送，全面支持个人电脑、平板电脑、智能手机和物联网设备。此次 Windows 共推出 7 个版本，分别是家庭版（Windows 10 Home）、专业版（Windows 10 Professional）、企业版（Windows 10 Enterprise）、教育版（Windows 10 Education）、移动版（Windows 10 Mobile）、企业移动版（Windows 10 Mobile Enterprise）和物联版（Windows 10 IoT Core）。

Windows 系统中经典的桌面【开始】菜单终于在 Windows 10 中正式回归，相对于 Windows 7 的桌面【开始】菜单，其旁边新增了一个 Modern 风格的区域。改进的桌面【开始】菜单既照顾了 Windows 7 等老用户的使用习惯，同时又考虑到了 Windows 8/Windows 8.1 用户的习惯，依然提供主打触摸操作的开始屏幕，两代系统用户切换到 Windows 10 后应该不会有太多的违和感。

2.6.2 Windows 10 的基本操作

在使用 Windows 10 操作系统的过程中，不论用户先前使用的是 Windows 7 操作系统，还是 Windows 8 操作系统，都会有一种似曾相识的感觉。下面简单讲解 Windows 10 的基本操作。

Windows 10 操作系统开机后显示的是锁屏界面，如图 2.51 所示。单击界面中的任意位置，就进入用户认证界面，选择用户输入密码后即可进入系统桌面，如图 2.52 所示。Windows 10 系统桌面样式从整体上感觉与 Windows 7 基本相同，除系统图标的样式不同外，最显著的特点就是将搜索框从开始菜单移到了任务栏上，搜索框在任务栏上可以设置为隐藏状态或者搜索图标样式。另外，还添加了【任务视图】和【应用商店】两个按钮。通过“任务视图”功能可以预览当前计算机所有正在运行的任务程序，同时还可以将不同的任务程序分配到不同的虚拟桌面中，从而实现多个桌面下的多任务并行处理操作。可以通过单击任务栏中的【任务视图】按钮或者按“Win+Tab”组合键来实现这一操作。“应用商店”功能就是提供应用程序和游戏供用户下载使用。

图 2.51 Windows 10 锁屏界面

Microsoft Edge 浏览器目前仅支持 Windows 10 操作系统，如图 2.53 所示。在 Windows 10 操作系统中同时提供了 Internet Explorer 11 浏览器和 Microsoft Edge 浏览器，Microsoft Edge 浏览器支持内置 Cortana 语音功能及内置阅读器、笔记和分享功能，符合现代浏览器易于构建应用程序和扩展应用的功能，设计注重实用和极简主义。

图 2.52　Windows 10 系统桌面

图 2.53　Microsoft Edge 浏览器

Windows 10 的【开始】菜单如图 2.54 所示，默认界面和 Windows 7 的【开始】菜单类似。在个性化设置中，可以将“使用全屏幕开始菜单”功能开启，即可回归到类似 Windows 8 的操作界面。故在此不再复述开始菜单的操作。

Windows 10 的【控制面板】界面如图 2.55 所示，延续自 Windows 7 操作系统后一贯的风格和排版方式，默认查看方式是类别，也可以选择大图标和小图标这两种查看方式。具体操作方法可参阅 Windows 7 的基本操作中的相关内容。

Windows 10 的设置界面如图 2.56 所示。在控制面板左侧单击【设置】即可打开设置窗口，关于操作系统的常用设置都集合在此窗口中。

最常用
入门
地图
人脉
获取Skype
闹钟和时钟
截图工具
文件资源管理器
设置
电源
所有应用
生活动态
日历
邮件
Microsoft Edge
照片
Cortana
北京
手机助手
OneNote
Xbox
Groove 音乐
电影和电视
财经
应用商店
获取 Office

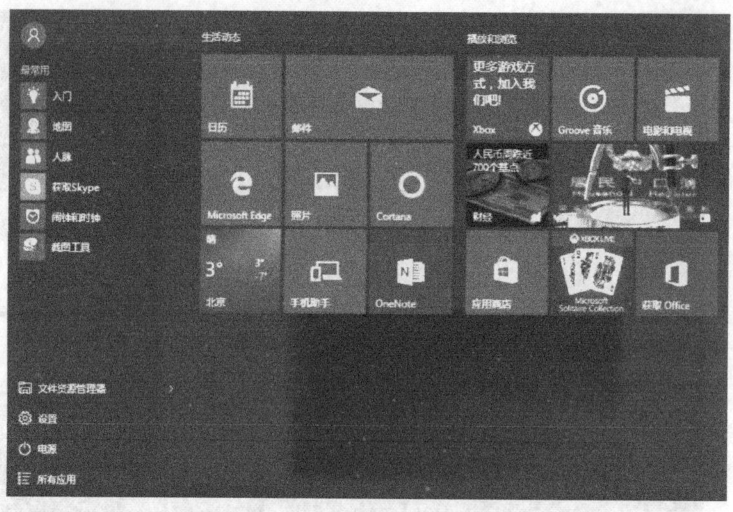

图 2.54　Windows 10 的【开始】菜单

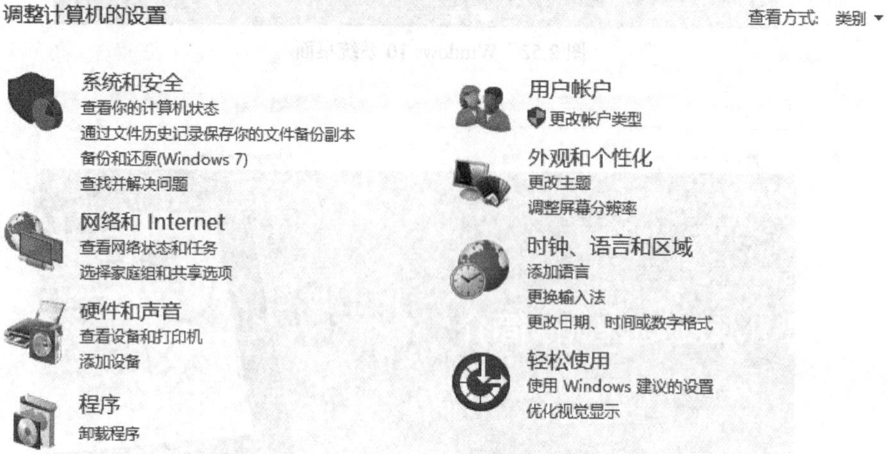

调整计算机的设置
查看方式：类别 ▾
系统和安全
查看你的计算机状态
通过文件历史记录保存你的文件备份副本
备份和还原(Windows 7)
查找并解决问题
网络和 Internet
查看网络状态和任务
选择家庭组和共享选项
硬件和声音
查看设备和打印机
添加设备
程序
卸载程序
用户帐户
更改帐户类型
外观和个性化
更改主题
调整屏幕分辨率
时钟、语言和区域
添加语言
更换输入法
更改日期、时间或数字格式
轻松使用
使用 Windows 建议的设置
优化视觉显示

图 2.55　Windows 10 的【控制面板】界面

系统
显示、通知、应用、电源
设备
蓝牙、打印机、鼠标
网络和 Internet
Wi-Fi、飞行模式、VPN
个性化
背景、锁屏、颜色
帐户
你的帐户、同步设置、工作、其他用户
时间和语言
语音、区域、日期
轻松使用
讲述人、放大镜、高对比度
隐私
位置、相机
更新和安全
Windows 更新、恢复、备份

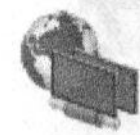

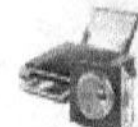

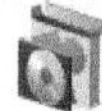

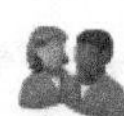

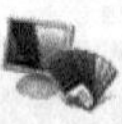

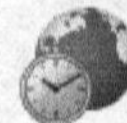

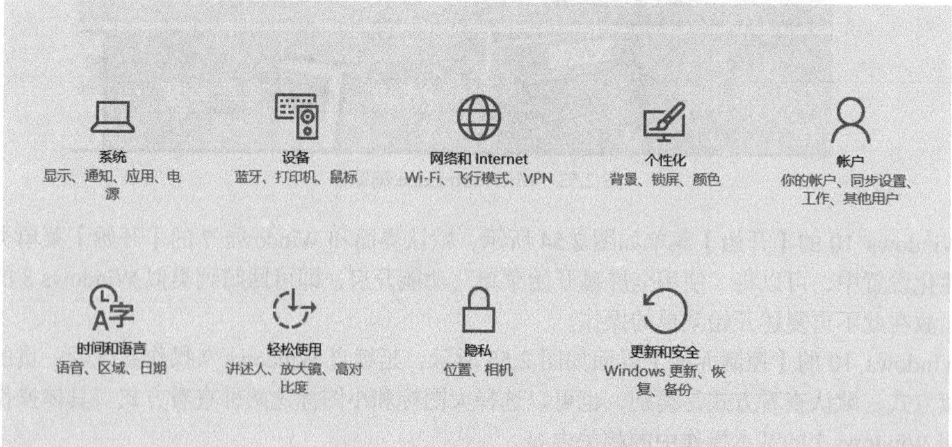

图 2.56　Windows 10 的设置窗口

系统的设置界面如图 2.57 所示。在桌面右键菜单中选择【显示设置】选项也可打开此界面。在系统设置界面有“显示”“通知和操作”“应用和功能”“多任务”“平板电脑模式”“电源和睡眠”“存储”“脱机地图”“默认应用”和“关于”等功能。【显示】选项卡主要用来显示显示器的相关设置，如屏幕的显示方向，在【高级显示设置】中可以调整屏幕的分辨率。【通知和操作】选项卡的功能是设置在任务栏通知区域打开或关闭系统图标和用户图标的相关操作，以及系统通知和应用通知的显示设置，包括消息显示样式和声音的设置。【应用和功能】选项卡主要用来显示计算机中系统提供的应用程序和用户安装的应用程序，也可以对用户安装的应用程序进行卸载操作。【多任务】选项卡的功能是用来进行多窗口运行时的相关设置和虚拟桌面的相关设置。【平板电脑模式】选项卡顾名思义就是用来进行在平板电脑上使用的相关设置。【电源和睡眠】选项卡可以用来对计算机的电源管理和屏幕在待机状态关闭时间进行相关设置。【存储】选项卡的功能是对计算机磁盘驱动器存储状态的显示和应用程序、文档、音乐、图片和视频默认保存位置进行设置。【脱机地图】选项卡是实现计算机用户下载地图存放在计算机中，当没有联网时可以使用地图的功能。【默认应用】选项卡是实现不同类型的文件使用时对应的相关程序的设置。【关于】选项卡主要用来显示计算机的基本信息，包括计算机名、操作系统版本、产品 ID 和处理器型号等相关信息。

个性化设置界面如图 2.58 所示。可以通过桌面右键菜单选择【个性化】选项打开相同界面，【个性化】窗口可以用来实现桌面背景图片的更换、图片契合度的选择、背景主题色的设置、锁屏界面图片的选择、主题的设置、桌面图标的设置、鼠标指针的设置、高级声音的设置和开始菜单的设置等功能。

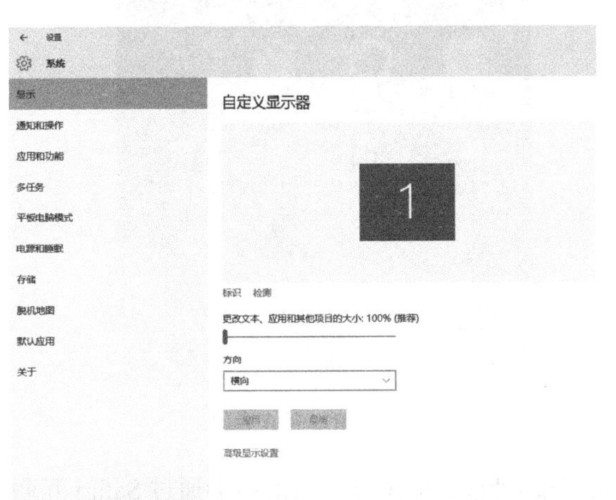

图 2.57 Windows 10 的系统设置界面

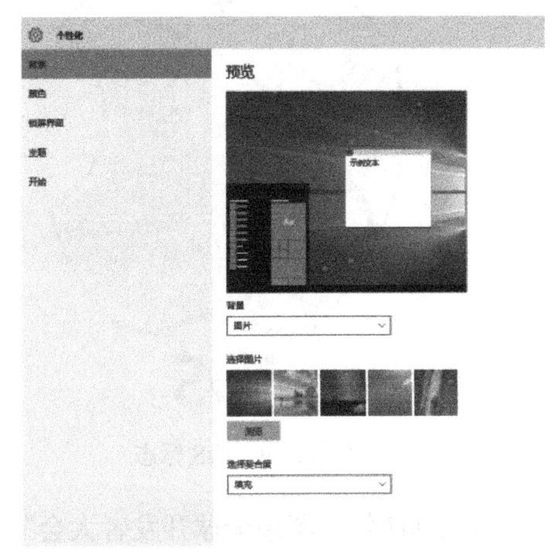

图 2.58 Windows 10 的个性化设置界面

关于 Windows 10 设置界面的其他功能，在此就不一一复述，计算机用户可以通过摸索，发现很多操作和前期 Windows 产品的操作是类似的。

2.7 手机操作系统简介

2.7.1 苹果（iOS）手机操作系统简介

苹果（iOS）操作系统最初是设计给 iPhone 手机使用的，现在它已经随着每一台 iPhone、iPod Touch、iPod nano、iPad 和 Apple TV 等设备在出厂时就已经被安装好了。其标志如图 2.59 所示。

苹果（iOS）操作系统是使用多点触控直接操作，控制方法包括滑动、轻触开关和按键。与系统交互包括滑动（Wiping）、轻按（Tapping）、挤压（Pinching）和旋转（Reverse Pinching）。通过内置的加速器，可以令其旋转设备改变其 y 轴，以使屏幕改变方向，这样的设计令 iPhone 更便于使用。屏幕的下方有一个主屏幕按键，底部则是停靠栏（Dock），用户可将经常使用的程序图标固定在 Dock 上，如图 2.60 所示。屏幕上方的状态栏能显示如时间、电池电量和信号强度等相关数据。屏幕中间用于显示当前系统的应用程序。启动 iPhone 应用程序的唯一方法就是在当前屏幕上单击该程序的图标，退出程序则是按下屏幕下方的“Home”键（iPad 可使用五指捏合手势回到主屏幕）。在第三方软件退出后，它直接就被关闭了，但在苹果（iOS）及后续版本中，当第三方软件收到了新的信息时，Apple 的服务器将把这些通知推送至 iPhone、iPad 或 iPod Touch 上（不管它是否正在运行中），通知中心将这些通知汇总在一起，并提供了“请勿打扰”模式来隐藏通知。在 iPhone 上，许多应用程序之间无法直接调用对方的资源，然而，不同的应用程序仍能通过特定方式分享同一个信息（如当用户收到了包括一个电话号码的短信息时，用户可以选择是将这个电话号码存储为联系人或是直接选择这个号码打电话）。

图 2.59　iOS 标志

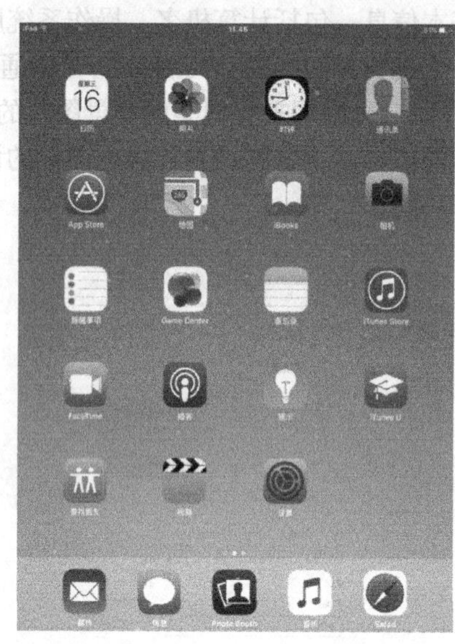

图 2.60　iOS 操作界面

在 2007 年“苹果全球开发者大会”上，苹果宣布 iPhone 和 iPod Touch 将会通过 Safari 互联网浏览器支持某些第三方应用程序，这些应用程序被称为 Web 应用程序。它们能通过 AJAX 互联网技术编写。iPhone 和 iPod Touch 的使用基于 ARM 架构的中央处理器，而不是苹果的麦金塔计算机使用的 x86 处理器。因此，不能直接复制 Mac OS X 上的应用程序到苹果（iOS）上运行，而是需要针对苹果（iOS）的 ARM 重新编写程序。从苹果（iOS）2.0 开始，通过审核的第三方应用程序已经能够通过苹果的“App Store”进行发布和下载了。在经过“越狱”后的苹果（iOS）设备上，可以安装未通过“App Store”审核的应用。

在苹果（iOS）中主要包括以下自带的应用程序：相机、照片、健康、信息、电话、FaceTime、邮件、音乐、Wallet、Safari、地图（AGPS 辅助的高德地图）、日历、iTunes Store、App Store、备忘录、通讯录、天气、时钟、iCloud Drive、Watch 和设置等。在底部停靠栏默认放置的应用程序包括电话、Safari、邮件和音乐。

iPad 只保留部分 iPhone 自带的应用程序，包括日历、通讯录、备忘录、视频、FaceTime、iTunes Store、App Store 和设置。4 个位于最下方的常用应用程序是 Safari、Mail、照片和音乐。

目前最新的苹果（iOS）操作系统版本是 iOS 9.3，修复 BUG 改善了稳定性自然不必多说，还增加了很多新功能，如邮件增加的 Mail Drop 功能可以支持发送大附件、iBooks 开始支持 3D Touch、Apple News 新闻中的“热门报道”等。

2.7.2　安卓（Android）手机操作系统简介

“Android”的本义是机器人，其标志如图 2.61 所示，同时也是 Google 于 2007 年 11 月 5 日宣布的基于 Linux 平台的开源手机操作系统的名称，该平台由操作系统、中间件、用户界面和应用软件组成。Android 操作系统最初由 Andy Rubin 开发，主要支持手机操作系统，2005 年 8 月由 Google 收购注资，2007 年 11 月 Google 与 84 家硬件制造商、软件开发商及电信营运商组建开发手机联盟共同研发改良 Android 系统，随后 Google 以 Apache 开源许可证的授权方式，发布了 Android 的源代码。2013 年第 4 季度数据显示，Android 占据全球智能手机操作系统市场 78.1%的份额，全世界采用这款系统的设备数量已经达到 10 亿台，中国市场占有率为 90%。目前，除苹果手机不使用 Android 系统外，其他的主流手机品牌都使用 Android 系统，如三星、摩托罗拉、HTC、中兴和华为等。

目前最新版本的 Android 操作系统是 Android 6.0，其操作界面如图 2.62 所示。Android 操作系统的内存管理问题一直都没有得到很好的解决，在 Android 6.0 中内存管理机制得到了进一步的优化。对于非社交类的 APP，当其后台运行时将强制关闭并回收系统内存，使系统运行起来更加流畅。在系统更新方面 Android 6.0 有了很大的改进，把系统更新和 OEM 厂商更新区分开来，核心系统将单独升级，以此减少系统的碎片化。在 Android 5.0 时代，谷歌加入了“Project Volta”项目，尽可能地保证 Android 手机和平板电脑的续航时间，Android 6.0 将继续保持对续航的优化，以便提供更高的电池利用率。Android 6.0 为用户开放了更多权限，允许在不影响关键系统运行环境的前提下卸载预装应用，可以很好地使用户对设备进行优化，使设备流畅地运行。在 Android 6.0 中，谷歌新增夜间模式，方便夜间用户，还能起到一定的节电效果。在 Android 6.0 中，Materials Design（材料设计）的普及将为平板电脑用户带来福音，在平板电脑以及更大的屏幕或显示屏上，能获得不错的显示效果。通知栏将是 Android 6.0 改进的重点，整个通知栏相比之前更加简洁，采用的是下拉的两段式设计。在解锁界面下也会弹出预览小窗口，无需解锁也能进行相应的操作，简单、高效、快捷。

图 2.61　Android 标志

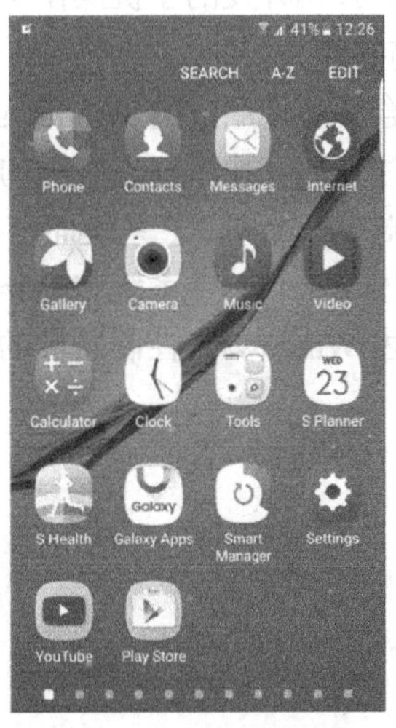

图 2.62　Android 6.0 操作界面

习 题

一、选择题

1. Windows 7 操作系统是一个（　　）操作系统。

A. 单用户、单任务　　B. 多用户、多任务

C. 多用户、单任务　　D. 单用户、多任务

2. 下列不包含 Aero 功能的 Windows 7 版本是（　　）。

A. Windows 7 企业版　　B. Windows 7 家庭普通版

C. Windows 7 专业版　　D. Windows 7 旗舰版

3. Windows 7 的附件中不包含的工具是（　　）。

A. 画图　　B. 计算器

C. 记事本　　D. 远程协助

4. 下列不属于 Internet Explorer 8 基本功能的是（　　）。

A. 仿冒网站筛选和保护　　B. 制作网页或网站

C. 直接调用搜索引擎　　D. 选项卡浏览

5. 下列账户类型中不属于 Windows 7 操作系统的是（　　）。

A. 标准账户　　B. 来宾账户

C. 超级管理员账户　　D. 管理员账户

二、填空题

1. Windows 7 中的个性化设置是在桌面______中选择【个性化】命令。

2. Windows 7 的磁盘碎片整理工具是在【开始】菜单→【所有程序】→【附件】→__________中提供的。

3. Windows 10 中打开任务视图的快捷键是______。

4. iPhone 中使用的手机操作系统是__________。

5. 谷歌公司开发的手机操作系统是__________。

三、简答题

1. 结合你所使用过的 Windows XP 系统，说说 Windows 7 系统的优点。

2. 简述如何互换鼠标左右键的功能。

3. 相对 Windows XP 系统而言，Windows 7 任务栏有哪些改变？

4. 简述 Windows 7 系统和 Windows 10 系统在操作上的区别。

5. 简述 Windows 7 控制面板的功能。

第 3 章 文字处理软件

文字处理软件是最常见的办公软件，用于文字的排版。文字处理软件的发展和文字处理的电子化是信息社会发展的标志之一。中文文字处理软件主要有微软公司的 Word、金山公司的 WPS 文字、以开源为准则的 OpenOffice 和永中 Office 等。

相对而言，微软的 Word 使用更为广泛、功能更为强大。Microsoft Office 2010 是 Microsoft 公司发布的新一代办公软件，主要包括 Word 2010、Excel 2010、PowerPoint 2010、OutLook 2010、Access 2010、OneNote 2010 和 Publisher 2010 等常用的办公组件，该版本采用了 Ribbon 新界面主题，界面更加简洁明快，同时也增加了很多新功能，特别是在线应用，可以让用户更加方便地表达自己的想法、去解决问题以及与他人联系。

本章以 Word 2010 为例介绍文字处理软件的使用，主要介绍综合排版工具软件 Word 2010 的一些操作方法、使用技能和新功能，如设置字体及段落、绘制图形、插入图片、艺术字、文本框等操作，以及图文混合排版的技巧等。

3.1 基本操作

3.1.1 全新用户界面

Microsoft Office 2010 仍然采用 Ribbon 界面风格，但新版界面更加人性化。其启动画面增加了很多互动功能，如随时中断软件启动、实时显示启动进度等；工作界面下功能区中的按钮取消了边框设计，使按钮的显示可以更加清晰。Office 2010 与 Office 2007 一样，采用功能区替代传统的菜单操作方式，但在 Office 2010 中不再有【Office】按钮，取而代之的是【文件】选项卡，使用户能够更容易地从 Office 2003 等早期版本中过渡过来。

Word 2010 为用户提供了最上乘的文档格式设置工具，利用它能够更加高效地组织和编写文档，并能轻松地与他人协同工作。Word 2010 不仅可以完成旧版本的功能，如文字录入与排版、表格制作、图形与图像处理等，更增添了导航窗格、屏幕截图、屏幕取词、背景移除、文字视觉效果等新功能。在 Word 2010 中仍然可以根据用户的当前操作显示相关的编辑工具，而且在进行格式修改时，用户可以在实施更改之前，实时、直观地预览文档格式修改后的实际效果。

从 Word 2007 起，Office 软件打破了原有的“菜单+工具栏”模式，采用了全新的用户界面。Word 2010 的用户界面如图 3.1 所示。

① 标题栏：显示正在编辑文档的文件名以及编辑软件名称信息，在其右端有 3 个窗口控制按钮，分别用来完成【最小化】、【最大化（还原）】和【关闭】窗口操作。

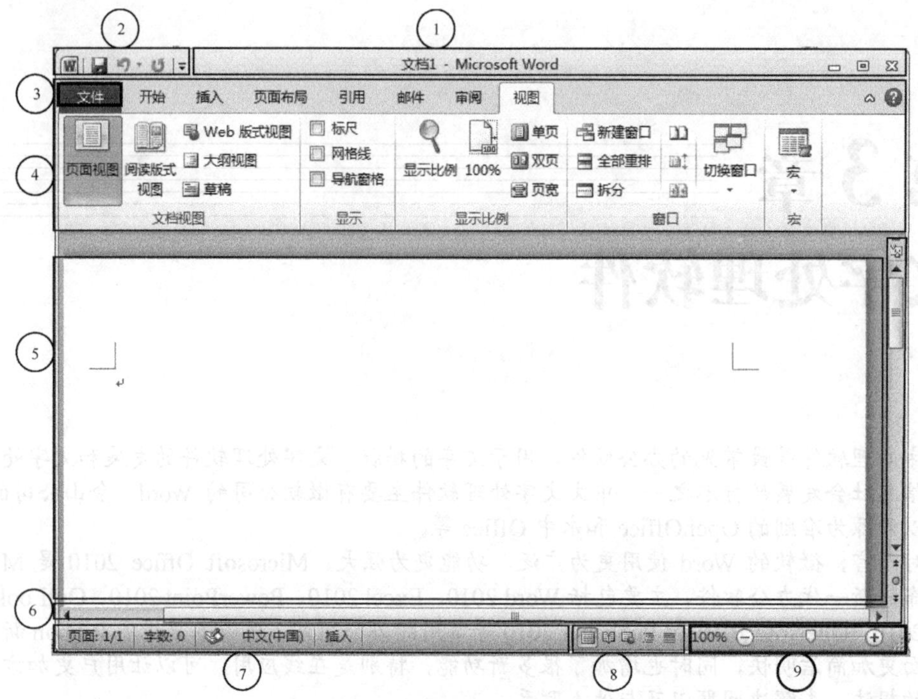

图 3.1　Word 2010 的用户界面

② 快速访问工具栏：主要显示用户日常工作中频繁使用的命令。安装好 Word 2010 后，其默认显示【保存】、【撤销】和【恢复】命令按钮。单击快速访问工具栏末尾的下拉按钮，在弹出的下拉菜单中可以添加其他常用命令。

③【文件】选项卡：在 Word 2010 中，使用【文件】选项卡代替 Word 2007 中的【Office】按钮，单击此选项卡可以查看对文档本身而非对文档内容进行操作的命令，如【新建】、【打开】、【另存为】、【打印】和【关闭】等常用命令。在【最近使用文件】命令面板中，用户可以查看最近使用的 Word 文档列表，通过单击历史 Word 文档名称右侧的固定按钮，可以将记录位置固定，不会被后续历史 Word 文档所替代。

④ 功能区：功能区取代了 Word 2003 及早期版本中的菜单栏和工具栏，横跨应用程序窗口的顶部，由选项卡、组和命令 3 个基本组件组成。选项卡位于功能区的顶部，包括【开始】、【插入】、【页面布局】、【引用】和【邮件】等。单击某一选项卡，则可在功能区中看到若干个组，相关项显示在一个组中。命令则是指组中的按钮和用于输入的信息框等。在 Word 2010 中还有一些特定的选项卡，它们只有在需要时才会出现。例如，在文档中插入图片后，选中图片，就可以在功能区中看到图片工具的【格式】选项卡。如果用户选择其他对象，如剪贴画、表格或图表等，功能区中也将显示相应的选项卡。

习惯使用 Word 早期版本的用户此时可能不知如何打开以前的【字体】或【段落】设置对话框，仔细观察一下，会发现在某些组的右下角有一个小箭头按钮，该按钮即为对话框启动器。单击该按钮，将会看到与该组相关的更多选项，这些选项在 Word 早期版本中通常以对话框的形式出现。

功能区将 Word 2010 中的所有功能选项巧妙地集中在一起，以便于用户查找使用。当用户暂时不需要功能区中的功能选项并希望拥有更多的工作空间时，可以通过双击【活动选项卡】临时隐藏功能区，此时，组会消失，从而为用户提供更多空间，如图 3.2 所示。如果需要再次显示，则再次双击活动选项卡，组就会重新出现。

图 3.2　隐藏后的功能区

功能区的外观会根据监视器的大小而改变。Word 通过更改控件的排列来压缩功能区，以便适应较小的监视器。

⑤ 编辑窗口：显示正在编辑文档的内容。在该区域中有一个垂直闪烁的光标，此光标为插入点，输入的字符总是显示在插入点的位置上。在输入的过程中，当文字显示到文档右边界时，光标会自动转到下一行行首；当一个自然段输入完成后，可以通过按回车键来结束当前段落的输入。

在文档编辑窗口中进行文字编辑排版时，如果用户通过鼠标拖动选择文本并用鼠标指针指向该文本，则会看到在所选文字的右上方以淡出形式出现一个工具栏，当鼠标指针指向该工具栏时，工具栏的颜色会加深。此工具栏为浮动工具栏，其中的格式命令非常有用，用户可以通过此工具栏快速地访问这些命令，对所选文本进行格式设置。

⑥ 滚动条：可以上下、左右调整工作区。只要用鼠标左键按住要移动到的位置，滚动条会自动移动至相应的位置。

⑦ 状态栏：显示正在编辑文档的相关信息，如文档共几页、当前是第几页、字数等。

⑧【视图】按钮：是【页面视图】、【阅读版式视图】、【Web 版式视图】、【大纲视图】和【草稿视图】5 种视图模式的切换按钮，可用于更改正在编辑文档的显示模式以符合用户的要求。

⑨ 显示比例：在此可以调整当前文档显示比例的【缩放级别】按钮以及更改正在编辑的文档的显示比例的设置。

Microsoft Office 2010 采用了这种全新的用户界面，较“菜单+工具栏”的界面有以下几个优点。

（1）用户能够更加迅速地找到所需功能。以前的“菜单+工具栏”模式需要用户记住那些所需功能的具体位置处在哪个菜单下的哪个子菜单里，而基于功能区（Ribbon）的全新用户界面，能够清晰、直观地将用户所需的所有功能直接展现在用户面前，而不必到一个个的菜单中去“翻找”所需功能。

（2）操作更简单。界面不仅重新设计，还在操作特性上有了很大的提升。例如，当用户选中一幅图片时，上下文相关选项卡会自动显示出【图片工具】，当用户的选择由图片切换到一个表格时，上下文相关选项卡中的显示就变成了【表格工具】，这样大大简化了用户的操作。

（3）用户容易发现并使用更多的功能。Microsoft Office 是非常强大的办公平台系统，功能齐全。但是如何让用户去发现这些功能并充分利用它们呢？很多用户面临的问题并不是不会使用某些功能，而是根本就不知道有这些功能。新的界面相对以往界面而言，将所有功能选项都暴露在用户面前，使它们更容易被发现和使用。

3.1.2　启动和退出

Word 2010 的启动及退出和其他软件一样有多种方法，下面简单介绍最常用的方法。

1. 启动

正常启动 Word 2010 的操作界面，如图 3.3 所示，具体步骤如下。

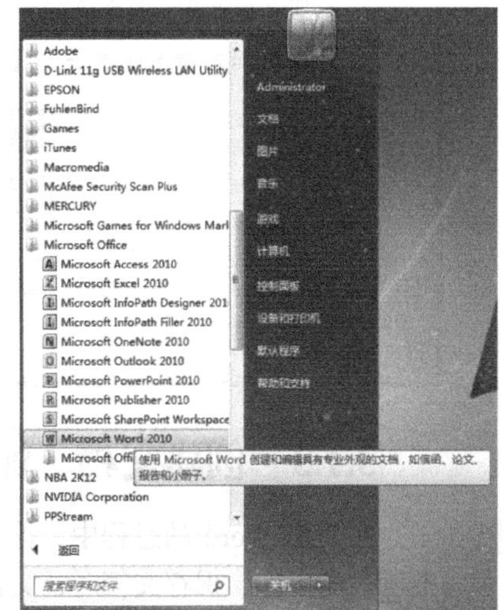

图 3.3　启动 Word 2010

（1）单击【开始】按钮以显示【开始】菜单。

（2）单击【所有程序】→【Microsoft Office】，然后单击【Microsoft Word 2010】。

此时，将显示启动画面，Word 2010 启动，如图 3.4 所示。

> 首次启动 Word 2010 时，可能会显示“Microsoft 软件许可协议”。

2. 退出

正常退出 Word 2010 的操作界面如图 3.5 所示，步骤如下。

图 3.4 Word 2010 启动画面

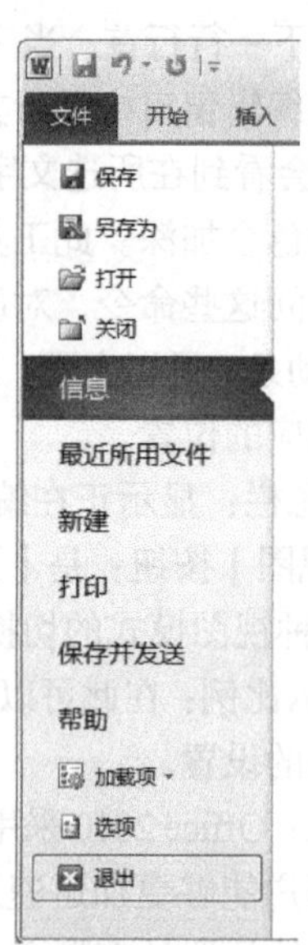

图 3.5 退出 Word 2010

（1）单击【文件】选项卡。

（2）单击【退出】按钮。

> 如果在上次保存文档之后进行了任意更改，则将显示一个消息框，询问用户是否要保存更改，如图 3.6 所示。若要保存更改，请单击【保存】按钮；若要退出而不保存更改，请单击【不保存】按钮。如果错误地单击了【退出】按钮，请在弹出的“是否保存”消息框中单击【取消】按钮。

图 3.6 “是否保存”消息框

3.1.3 创建文档、保存文档和打开文档

在使用 Word 的过程中，首先要创建文档，而后编辑。在退出程序时必须保存文档才不会丢失所做的工作。保存文档时，文档会以文件的形式存储在计算机上，用户可以在以后打开、更改和打印该文件。

1. 新文档的创建

在 Word 2010 中，可以创建两种形式的新文档：一种是没有任何内容的空白文档；另一种是根据模板创建的文档，如传真、信函和简历等。

（1）创建空白文档。单击【文件】选项卡中的【新建】命令，然后双击【空白文档】命令，这样就完成了一个新文档的创建工作，如图 3.7 所示。

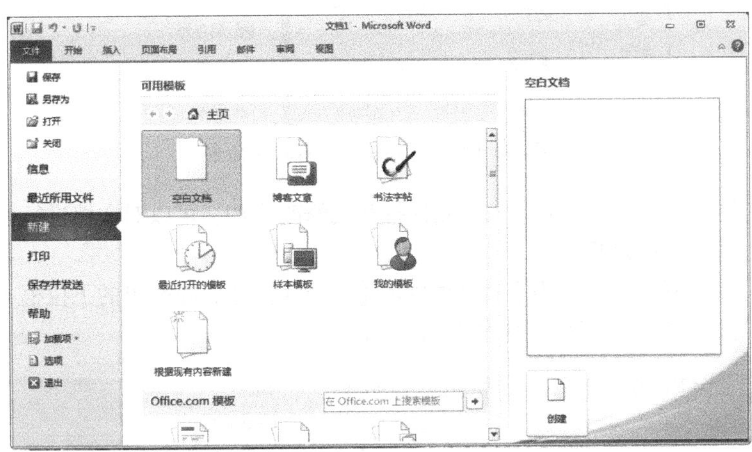

图 3.7　新文档的创建

（2）根据模板创建文档。Word 2010 提供了许多已经设计好的文档模板，选择不同的模板可以快速地创建各种类型的文档，如信函和传真等。模板中已经包含了特定类型文档的格式和内容等，只需要根据个人需求稍加修改即可创建一个精美的文档。如图 3.7 所示，选择【可用模板】列表中的合适模板，再单击【创建】按钮，就可以创建一个基于特定模板的新文档。

> 在【可用模板】下，也可单击【Office.com 模板】（若要下载【Office.com 模板】下列出的模板，必须已连接到互联网），在下面区域中选择合适的模板，再单击【下载】按钮，可创建其他类型的文档模板，包括简历、求职信、商务计划、名片和 APA 格式论文等。

2. 保存文档

不仅在文档编辑完成后要保存文档，在文档编辑过程中也要特别注意保存，以免遇到停电或死机等情况，使之前的工作白白浪费。通常，保存文档有以下几种情况。

（1）新文档保存。创建好的文档首次保存，可以单击快速访问栏中的【保存】按钮或者选择【文件】按钮面板中的【保存】命令，如图 3.8 所示，均会弹出【另存为】对话框，如图 3.9 所示。在【保存位置】下拉框中选择文档要保存的位置，在【文件名】框中输入文档的名称，若不新输入名称则 Word 系统会自动将文档的第一句话作为文档的名称，在【保存类型】下拉框中选择“Word 文档”，最后单击【保存】按钮，文档即被保存在指定的位置上了。

（2）旧文档的更名、更换保存类型。如果当前编辑的文档是旧文档且不需要更名或更改位置保存，则直接选择快速访问栏中的【保存】按钮，或者选择【文件】按钮面板中的【保存】命令，系统默认将文档按原来的文件名保存在原来的存储位置。此时不会出现对话框，只是以新内容代替了旧内容保存到原来的旧文档中了。

若要为一篇正在编辑的文档更改名称或保存位置，则单击【文件】按钮面板中的【另存为】命令，此时会弹出图 3.9 所示的【另存为】对话框，根据需要选择新的存储路径或者输入新的文档名。通过【保存类型】下拉列表中的选项还可以更改文档的保存类型，选择【Word 模板】选项可将该文档保存为模板类型。

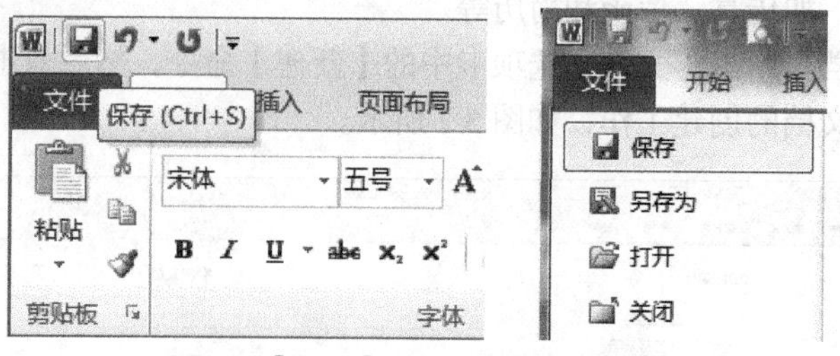

图 3.8 【保存】按钮与【保存】命令

（3）文档的加密保存。为了防止未经允许打开或修改文档，可以对文档进行保护，即在保存时为文档加设密码，步骤如下。

① 单击图 3.9 所示的【另存为】对话框中的【工具】按钮，在弹出的下拉框中选择【常规选项】，则弹出【常规选项】对话框，如图 3.10 所示。

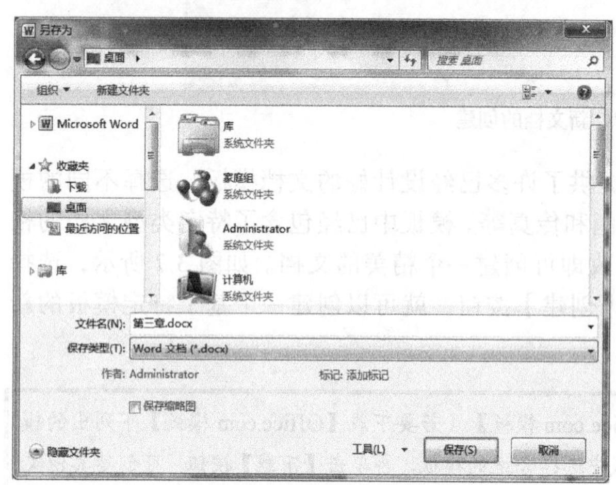

图 3.9 【另存为】对话框

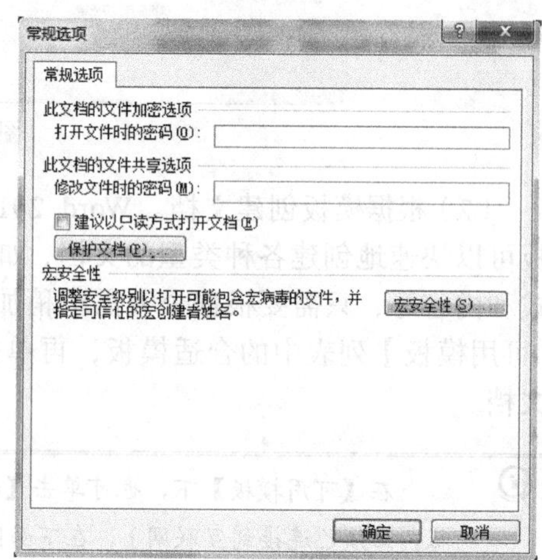

图 3.10 【常规选项】对话框

② 分别在对话框中的【打开文件时的密码】和【修改文件时的密码】文本框中输入密码，单击【确定】按钮后会弹出【确认密码】对话框，再次输入打开及修改文件时的密码后，单击【确定】按钮返回到【另存为】对话框。

③ 单击【保存】按钮。

设置完成后，再次打开文件时，会弹出图 3.11 所示的对话框，输入正确的打开文件密码后弹出图 3.12 所示的对话框，只有输入正确的修改文件密码，才可以修改打开的文件，否则只能以只读方式打开。

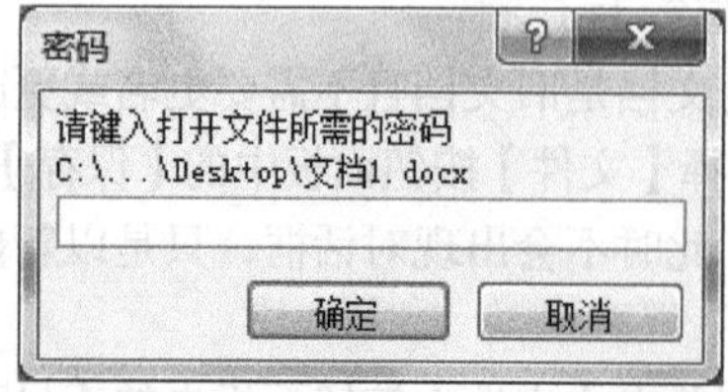

图 3.11 打开文件时的【密码】对话框

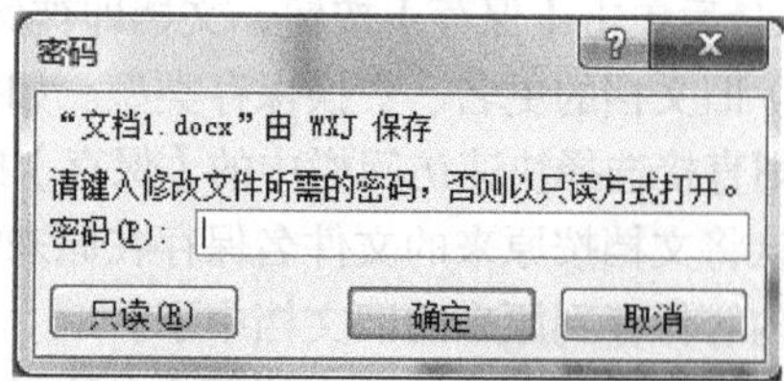

图 3.12 修改文件时的【密码】对话框

> 文档的加密保存设置只能对文件设置打开及修改密码，不能阻止文件被删除。

（4）文档定时保存。在文档的编辑过程中，建议设置定时自动保存功能以防不可预期的情况发生而使文件内容丢失，步骤如下。

① 单击图 3.9 所示的【另存为】对话框中的【工具】按钮，在弹出的下拉框中选择【保存选项】，则弹出【Word 选项】对话框。

② 选中对话框中的【保存自动恢复信息时间间隔】复选框，并在【分钟】数值框中输入保存的时间间隔，单击【确定】按钮返回到【另存为】对话框。

③ 单击【保存】按钮。

Word 2010 还为用户提供了恢复未保存文档的功能。单击【文件】按钮面板中的【最近所用文件】命令，如图 3.13 所示，然后单击面板右下角的【恢复未保存的文档】按钮，在弹出对话框的文件列表中选择要恢复的文件即可。

图 3.13　最近所用文件

> 不管什么原因，如果关闭了文件而未保存，系统将会临时保留文件的某一版本，以便用户再次打开文件时进行恢复。打开 Word 2010，单击【文件】选项卡，用【最近使用的文件】或【打开】命令打开未保存的文件；单击【文件】选项卡，在【信息】选项中单击【管理版本】命令，选择最近一次保存的文档，如图 3.14 所示，在文件顶部的功能栏中，单击【另存为】按钮将文件保存到计算机。

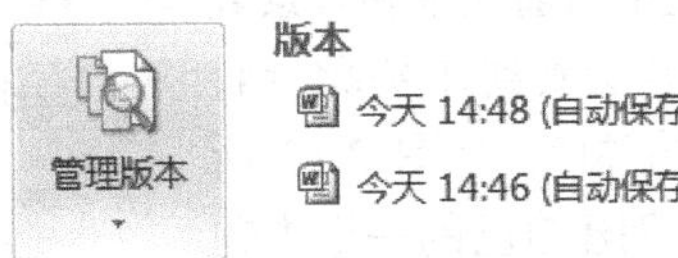

图 3.14　管理版本

3. 打开文档

若要打开文档，可执行下列操作：将鼠标指针定位到存储文件的位置，然后双击该文件。此时将显示 Word 启动画面，然后显示该文档。

也可以在 Word 中采用以下方式打开文档：单击【文件】选项卡中的【打开】命令，找到文档存储的位置并选中后，单击【打开】按钮或双击文档，如图 3.15 所示。若要打开最近保存的文档，可单击【最近所用文件】按钮，如图 3.13 所示。

图 3.15 【打开文档】对话框

3.1.4 主题设置

文档主题是一组格式选项，其中包括一组主题颜色、一组主题字体（包括标题和正文文本字体）和一组主题效果（包括线条和填充效果）。通过应用主题文档，可以快速、轻松地使文档具有专业外观。

1. 应用内置主题

打开【页面布局】选项卡，在【主题】组中单击【主题】。在【内置】列表框下单击要使用的文档主题，如图 3.16 所示。

2. 自定义文档主题

在 Word 2010 中可以自定义文档主题，方法为更改已使用的颜色、字体或线条和填充效果。对主题组件所做的更改将立即影响活动文档中已经应用的样式。如果要将这些更改应用于以后的新文档，可以将它们另存为自定义文档主题。

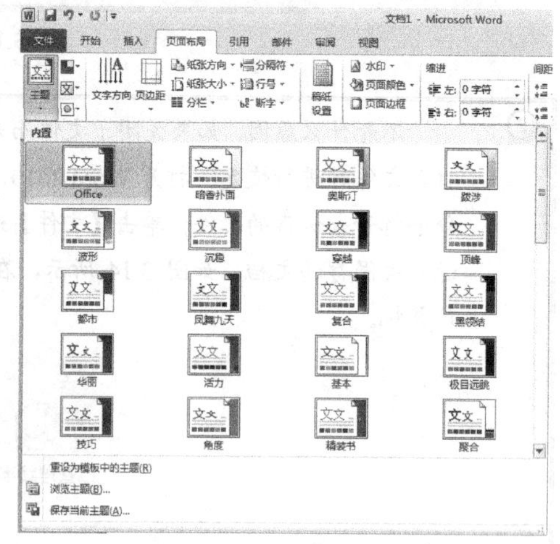

图 3.16 应用内置主题

（1）自定义主题颜色。主题颜色包含 4 种文本颜色及背景色、6 种强调文字颜色和 2 种超链接颜色。

【主题颜色】按钮中的颜色表示当前文本和背景颜色。单击【主题颜色】按钮后，用户会看到许多颜色组，其中第一组颜色为当前主题使用的颜色，如图 3.17 所示。如果用户更改其中任何颜色来创建自己的一组主题颜色，则在【主题颜色】按钮中以及主题名称旁边显示的颜色将相应地发生变化。

打开【页面布局】选项卡，在【主题】组中单击【主题颜色】。单击【新建主题颜色】，如图 3.17 所示，弹出【新建主题颜色】窗口。在【主题颜色】菜单下，单击要更改的主题颜色元素对应的按钮，然后选择要使用的颜色。在【名称】文本框中，为新主题颜色输入适当的名称，然后单击【保存】按钮，如图 3.18 所示。

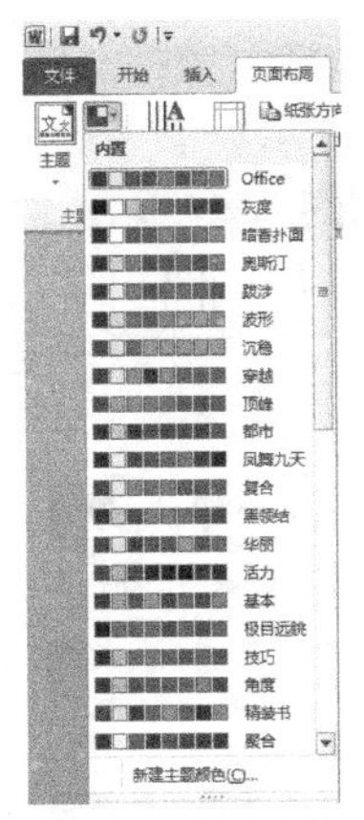

图 3.17　主题颜色

图 3.18 【新建主题颜色】窗口

> 在【示例】下，用户可以看到所做更改的效果。如果要将所有主题颜色元素返回到其原始主题颜色，在单击【保存】按钮之前单击【重置】按钮即可。

（2）自定义主题字体。主题字体包含标题字体和正文字体。

单击主题【字体】按钮后，用户会看到许多字体组，其中第一组字体为当前主题使用的字体，如图 3.19 所示。用户可以在主题【字体】菜单下看到用于每种主题字体的标题字体和正文字体的名称。可以更改这两种字体以创建自己的一组主题字体。

在【页面布局】选项卡的【主题】组中单击主题【字体】→【新建主题字体】，弹出【新建主题字体】窗口。在【标题字体】和【正文字体】下拉列表框中选择要使用的字体，在【名称】文本框中为新主题字体输入适当的名称，然后单击【保存】按钮，如图 3.20 所示。

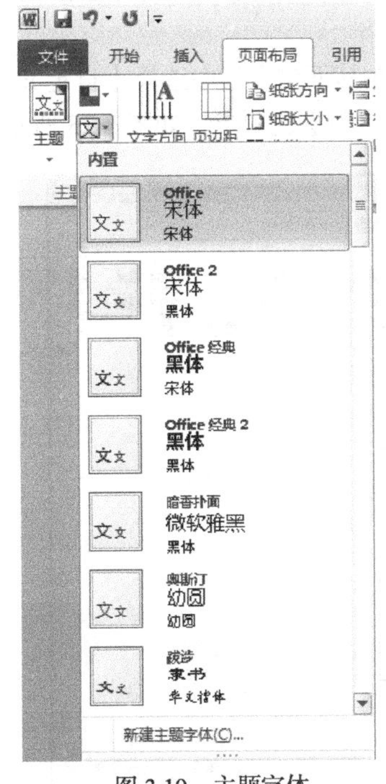

图 3.19　主题字体

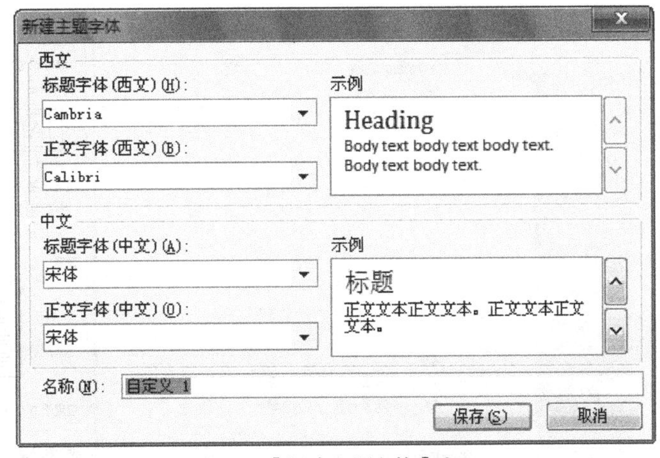

图 3.20 【新建主题字体】窗口

（3）选择一组主题效果。主题效果是线条和填充效果的组合。

单击主题【效果】按钮后，用户会看到许多效果组，其中第一组效果为当前主题使用的效果，如图 3.21 所示。可以在与主题【效果】名称一起显示的图形中看到用于每组主题效果的线条和填充效果。用户虽然无法创建自己的一组主题效果，但是可以选择想要在自己的文档主题中使用的主题效果。

在【页面布局】选项卡的【主题】组中单击【效果】按钮，选择要使用的效果。

（4）保存文档主题。可以将对文档主题的颜色、字体或线条及填充效果所做的更改保存为可应用于其他文档的自定义文档主题。

打开【页面布局】选项卡，单击【主题】→【保存当前主题】。在【文件名】文本框中，为该主题输入适当的名称，然后单击【保存】按钮。

自定义文档主题保存在【文档主题】文件夹中，并且将自动添加到可用自定义主题列表中。

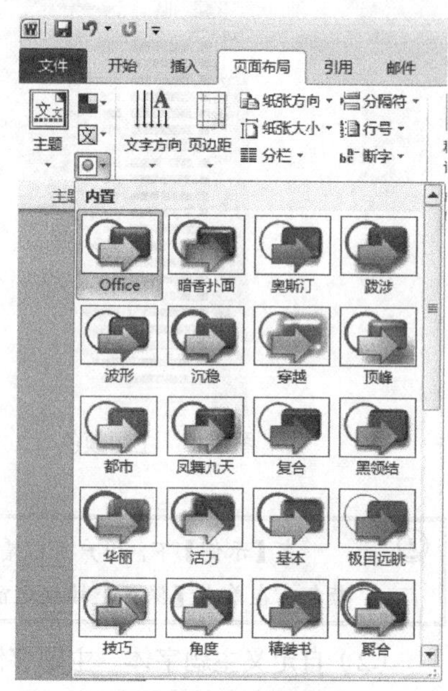

图 3.21 主题效果

3.1.5 页面设置

在建立新的文档时，Word 已经自动设置了默认的页边距、纸型、纸张方向等页面属性。用户可根据需要对页面属性进行设置。

1. 设置页边距

页边距是页面周围的空白区域。设置页边距能够控制文本的长度和宽度，还可以留出装订边。具体操作步骤如下。

（1）打开【页面布局】选项卡，单击【页边距】下拉按钮，在其下拉列表中选择【自定义边距】选项，如图 3.22 所示，弹出【页面设置】对话框，打开【页边距】选项卡，如图 3.23 所示。

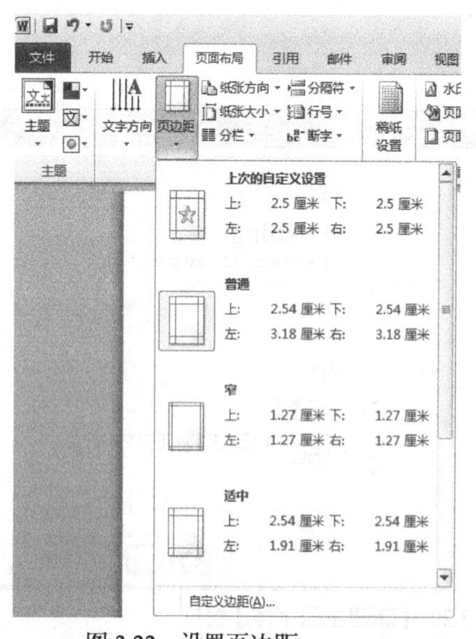

图 3.22 设置页边距

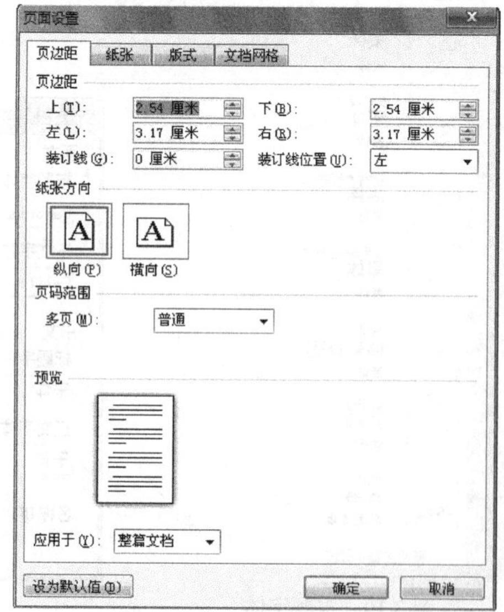

图 3.23 【页面设置】对话框

（2）在该选项卡的【页边距】选区中的【上】、【下】、【左】、【右】微调框中分别输入页边距的数值；在【装订线】微调框中输入装订线的宽度值；在【装订线位置】下拉列表中选择【左】或【上】选项。

（3）设置完成后，单击【确定】按钮即可。

> 【页面设置】对话框也可通过单击【页面设置】对话框启动器调出。

2. 设置纸张方向

打开【页面布局】选项卡，单击【纸张方向】下拉按钮，在其下拉列表中选择【纵向】或【横向】选项，如图 3.24 所示。

也可通过在【页面设置】对话框【页边距】选项卡的【纸张方向】选区中选择【纵向】或【横向】选项来设置文档在页面中的方向。

3. 设置纸张大小

Word 2010 默认的打印纸张为 A4，其宽度为 210 毫米，高度为 297 毫米，且页面方向为纵向。如果实际需要的纸型与默认设置不一致，就会造成分页错误，此时就必须重新设置纸张类型。

在【页面布局】选项卡的【纸张大小】下拉列表中选择所需的纸张，如图 3.25 所示。

图 3.24　设置纸张方向

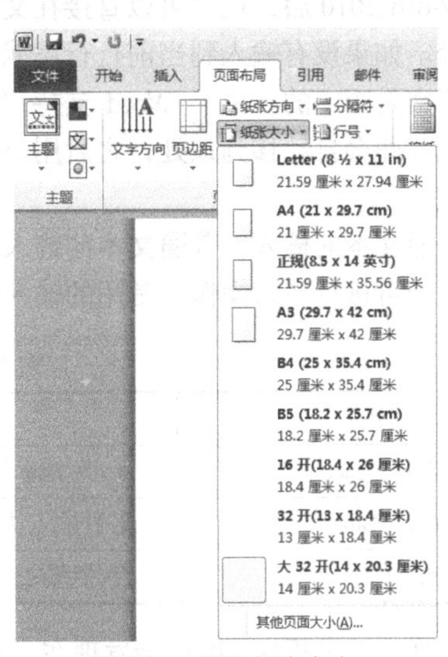

图 3.25　设置纸张大小

也可以通过单击【其他页面大小】选项，弹出【页面设置】对话框，打开【纸张】选项卡。在该选项卡中单击【纸张大小】右侧的下拉列表按钮，在打开的下拉列表中选择一种纸型。用户还可在【宽度】和【高度】微调框中设置具体的数值，自定义纸张的大小。

3.1.6　文档编辑

1. 移动插入点

（1）使用鼠标移动插入点。把“I”形指针移动到要设置插入点的位置，然后单击鼠标左键即可。

> 用鼠标在屏幕上移动“I”形指针时，插入点不随鼠标指针移动，仅当在单击左键时，插入点才移动到鼠标指针所在位置。

（2）使用键盘移动插入点。使用键盘移动插入点时，插入点总是随着用户的操作在文档中移动。下面列举移动插入点的一些常用键的功能，如表3.1所示。

表3.1 键盘移动插入点常用键

常用键	功　能
←→	使插入点向左/右移动一个字符
↑↓	使插入点向上/下移动一行
Home	移动插入点到行首
End	移动插入点到行尾
Page Up	移动插入点到上一屏
Page Down	移动插入点到下一屏
Ctrl+Home	移动插入点到文首
Ctrl+End	移动插入点到文尾

2. 输入文本

打开Word 2010后，用户可以直接在文本编辑区中进行输入操作，输入的内容显示在光标所在插入点处。如果没有输入到当前行行尾就想在下一行或下几行输入，是否只能通过回车换行才可以呢？答案是否定的。由于Word支持“即点即输”功能，用户只需在想要输入文本的地方双击鼠标，光标即会自动移到该处，之后用户就可以直接输入。下面就不同类型的内容输入分别进行介绍。

（1）普通文本的输入。普通文本的输入非常简单，用户只需将光标移到指定位置，选择合适的输入法后即可进行录入操作。常用的输入法切换快捷键如表3.2所示。

表3.2 输入法切换快捷键

快捷键	功　能
Ctrl+ Space	中/英文输入法切换
Ctrl+ Shift	各种输入法之间的切换
Shift + Space	全/半角之间的切换

在输入文本的过程中，用户会发现在文本的下方有时会出现红色或绿色的波浪线，这是Word 2010所提供的拼写和语法检查功能。用户在输入过程中如果出现拼写错误，在文本下方即会出现红色波浪线；如果是语法错误，则显示为绿色波浪线。当出现拼写错误时，如误将“Computer”输入为“Computre”，则“Computre”下会显示出红色波浪线，用户只需在其上单击鼠标右键，在之后弹出的修改建议菜单中单击想要替换的单词选项就可以将错误的单词替换。

（2）特殊符号的输入。在输入过程中常会遇到一些使用键盘无法录入的特殊符号。此时，可以单击【插入】选项卡【符号】组中的【符号】命令按钮，在其下拉框中录入相应的符号。如果要录入的符号未在【符号】命令按钮的下拉框中显示，则可以单击下拉框中的【其他符号】选项，在弹出的【符号】对话框中选择所要录入的符号后单击【插入】按钮即可。

（3）日期和时间的输入。在Word 2010中，可以直接插入系统的当前日期和时间，操作步骤如下。

① 将插入点定位到要插入日期或时间的位置。

② 单击【插入】选项卡【文本】组中的【日期和时间】命令，弹出【日期和时间】对话框。

③ 在对话框中选择语言后在【可用格式】列表中选择需要的格式，如果要使插入的时间能随

系统时间自动更新，则选中对话框中的【自动更新】复选框，单击【确定】按钮即可。

3. 文档的选择

在文档中对文字和图片的选择是一切操作的前提，有种说法叫“先选择，后操作”，这也说明了选择计算机操作对象的重要性。计算机操作对象的选择方法有很多，也可组合使用，选定的内容可大可小，小到一个字符、一个图形，大到整个文档。下面对文字选取的方法进行说明。

（1）使用鼠标选择。鼠标选择的方法如表 3.3 所示。

表 3.3　鼠标选择的方法

选择区域	方　法
一行文本	单击该行行选区
一个句子	按住“Ctrl”键，然后单击该句中的任何位置
一个段落	双击该段的行选区或三击该段中任意位置
整篇文档	三击行选区或按住“Ctrl”键的同时单击行选区
连续文本	单击要选定内容的起始处，按住“Shift”键的同时再单击要选定内容的结尾处
一块矩形区域	按住“Alt”键，然后将鼠标拖过要选定的文本
一个图形	单击该图形

① 拖动方式：在要选择的文字块的开始位置，按下鼠标左键不放，移动鼠标到文字块尾部时释放鼠标左键。或将插入点放置到文字块头部，按住“Shift”键在文字块尾部单击鼠标左键。此方法只对选取连续的对象适用。

② 在光标所在位置双击鼠标左键可选择光标所在的一个单词或词组，三击鼠标左键可选择光标所在的整个段落。

③ 在页面选择区中选择：将鼠标指针移动到页面左边距处，页面左边距称为行选区，此时指针变成↗形状，单击鼠标左键选中一行，双击鼠标左键选中一个段落，三击鼠标左键选中全文档。

④ 用快捷键选取：按“Ctrl+A”组合键选中全文档，或按住“Ctrl”键在选择区中单击鼠标左键选中全文档。

⑤ 在选择区中双击选中一段文字后按住“Shift”键在最后一个段落中单击鼠标左键，则选中多个段落。在选择长篇文档中的大段内容时，这个方法非常有效。

⑥ 按住“Alt”键后使用鼠标左键拖动，可以选中矩形块。

⑦ 按住“Ctrl”键：可以在一篇 Word 文档中选择不连续的选区，这样就可以同时对多个选区进行操作。

⑧ 对于选择文中多处具有类似格式的文本，可以通过选中其中的一部分文本，然后单击鼠标右键，选择【样式】→【选择格式相似的文本】来实现。Word 2010 能够自动将格式相似的文本选中，方便同时进行操作。

> 可在所选文字位置添加背景色以指示选择范围。

（2）使用键盘选择。键盘选择的方法如表 3.4 所示。

4. 插入与删除文本

在文档编辑过程中，会经常进行修改操作来对输入的内容进行更正。当遗漏某些内容时，可以通过单击鼠标将插入点定位到需要补充录入的地方后进行输入。如果要删除某些已经输入的内容，则可以选中该内容后按“Delete”键或“Backspace”键直接删除。在不选择内容的情况下，按"Backspace"键可以删除光标左侧的字符，按"Delete"键可以删除光标右侧的字符。

表 3.4　　　　键盘选择的方法

选择区域	方　法
右侧的一个字符	按"Shift+→"组合键
左侧的一个字符	按"Shift+←"组合键
下一行	按"Shift+↓"组合键
上一行	按"Shift+↑"组合键
行首	按"Shift+Home"组合键
行尾	按"Shift+End"组合键
段首	按"Ctrl+Shift+↑"组合键
段尾	按"Ctrl+Shift+↓"组合键
文档开始处	按"Ctrl+Shift+Home"组合键
文档结尾处	按"Ctrl+Shift+End"组合键
整篇文档	按"Ctrl+A"组合键
矩形文本块	按"Ctrl+Shift+F8"组合键，然后使用箭头键上、下、左、右选定；按"Esc"键取消选定

5. 复制与移动文本

当需要重复录入文档中已有的内容或者要移动文档中某些文本的位置时，可以通过复制与移动操作来快速地完成。复制与移动操作的方法类似，选中文本后，在所选取的文本块上单击鼠标右键则出现弹出菜单，执行复制操作选择"复制"项，执行移动操作则选择"剪切"项，然后将鼠标指针移到目标位置，再单击鼠标右键，选择"粘贴选项"中的合适选项即可。

6. 查找与替换文本

（1）查找文本。利用查找功能可以方便、快速地在文档中找到指定的文本，选择【开始】选项卡，单击【编辑】下拉框中的【查找】按钮，在文本编辑区的左侧会显示图 3.26 所示的【导航】窗格，在显示"搜索文档"的文本框内输入查找关键字后按回车键，即可列出整篇文档中所有包含该关键字的匹配结果项，并在文档中高亮显示相匹配的关键词，单击某个搜索结果能快速定位到正文中的相应位置。

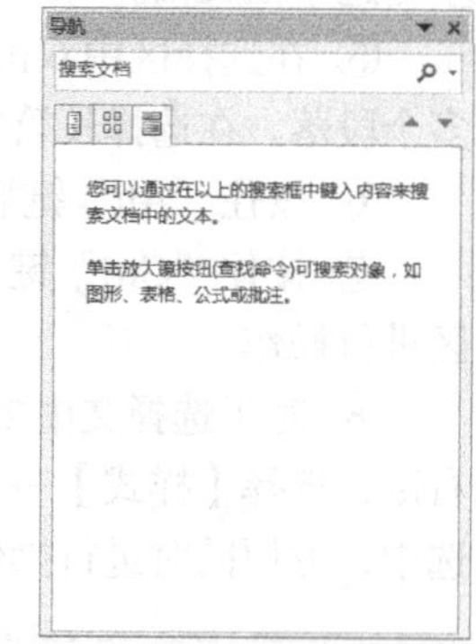

图 3.26 【导航】窗格

也可以选择【查找】下拉框中的【高级查找】选项，在弹出的【查找和替换】对话框中的【查找内容】文本框内输入查找关键字，如"Word 2010"，然后单击【查找下一处】按钮即能定位到正文中匹配该关键字的位置，如图 3.27 所示。通过该对话框中的【更多】按钮，能看到更多的查找功能选项，如是否区分大小写、是否全字匹配以及是否使用通配符等，利用这些选项能完成更高功能的查找操作。

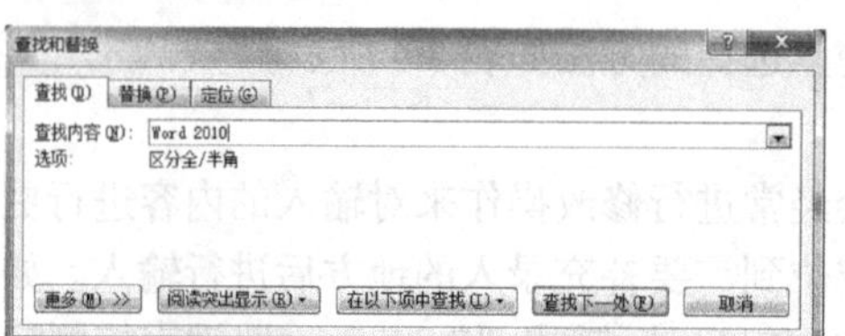

图 3.27 【查找和替换】对话框

（2）替换文本。替换操作是在查找的基础上进行的，单击图 3.27 中的【替换】选项卡，在【替换为】文本框中输入要替换的内容，根据情况选择【替换】还是【全部替换】按钮即可。

7. 撤销和重复

Word 2010 的快速访问工具栏中提供的【撤销】按钮，可以帮助用户撤销前一步或前几步的错误操作；而【重复】按钮则可以用来重复执行上一步被撤销的操作。

如果是撤销前一步操作，可以直接单击【撤销】按钮，若要撤销前几步操作，则可以单击【撤销】按钮旁的下拉按钮，在弹出的下拉框中选择要撤销的操作即可。

3.1.7　文档视图

Word 2010 中有 5 种视图显示方式，如图 3.28 所示。

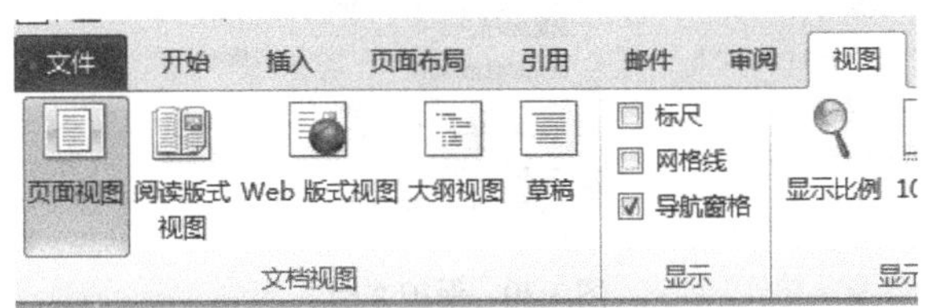

图 3.28　文档视图

① 页面视图：最接近显示文本、图形及其他元素在最终打印文档中的真实效果。

② 阅读版式视图：默认以双页形式显示当前文档，隐藏【文件】按钮、功能区等窗口元素，便于用户阅读。

③ Web 版式视图：以网页的形式显示文档，适用于发送电子邮件和创建网页。

④ 大纲视图：可以显示和更改标题的层级结构，并能折叠、展开各种层级的文档内容，适用于长文档的快速浏览和设置。

⑤ 草稿：仅显示标题和正文，是最节省计算机系统硬件资源的视图模式。

可以通过状态栏右侧的视图模式按钮在这 5 种视图显示模式间进行切换。

3.1.8　随意缩放版面或文字

Word 2010 中采用了一种新的页面缩放模式，不再像先前的版本，需要手工调整缩放比例“50%”“75%”或“200%”来调整页面缩放。在 Word 2010 界面右下角，通过显示比例工具调节滑动按钮能够轻松地调整页面缩放比例，可调节范围为 10%～500%，如图 3.29 所示。

图 3.29　显示比例工具

如果使用者只是希望调整文字内容的大小，而不是页面的显示比例，则除了调整字号下拉菜单中的数值以外，还可以选中文字，通过“Ctrl+［”组合键即可缩小字体，按“Ctrl+］”组合键即可增大字体。这时字体会“无级缩放”，而且放大和缩小的范围会远远超过字号下拉菜单中的限制。此方法在 Excel 和 PowerPoint 中也适用。

3.1.9　使用密码、权限和其他限制保护文档

Word 2010 可以使用密码阻止其他人打开或修改文档。

在打开的文档中，单击【文件】选项卡中的【信息】命令，在【权限】窗口中单击【保护文

档】按钮，如图 3.30 所示，此时将显示以下命令。

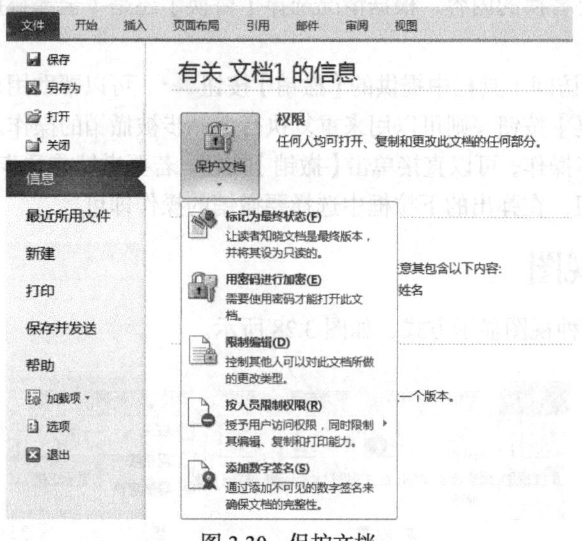

图 3.30　保护文档

1. 标记为最终状态

【标记为最终状态】命令用来将文档设为只读。将文档标记为最终状态后，将禁用或关闭输入、编辑命令和校对标记，并且文档将变为只读。【标记为最终状态】命令有助于用户了解文档的内容，防止审阅者或读者无意中更改文档。

2. 用密码进行加密

【用密码进行加密】命令用来为文档设置密码。如果选择【用密码进行加密】，将显示【加密文档】对话框，在【密码】文本框中输入密码。要强调的是，Microsoft 不能取回丢失或忘记的密码，因此用户创建密码时应熟记密码或将密码保存。

3. 限制编辑

【限制编辑】命令用来控制可对文档进行哪些类型的更改。如果选择【限制编辑】命令，将显示以下 3 个选项。

（1）【格式设置限制】选项。此选项用于减少格式设置选项，同时保持统一的外观，单击【设置】选择允许的样式。

（2）【编辑限制】选项。该选项用于控制编辑文件的方式，也可以用来进行禁用编辑的操作，单击【例外项】或【其他用户】可控制由哪个用户进行编辑。

（3）【启动强制保护】选项。单击【是，启动强制保护】可选择密码保护或用户身份验证。此外，还可以单击【限制权限】添加或删除具有受限权限的编辑人员。

4. 按人员限制权限

【按人员限制权限】命令可以通过 Windows Live ID 或 Windows 用账户限制 Office 文档的权限。我们可选择使用一组由企业颁发的管理凭据或手动设置【限制访问】对 Office 文档进行保护。此功能同样需要信息权限管理（Information Rights Management，IRM）的支持。如果使用 IRM，我们必须首先配置 Windows Rights Management Services 客户端程序。此程序已经包含于 Windows 7/Vista 系统，Windows XP 系统需要单独下载安装。

5. 添加数字签名

【添加数字签名】命令用于添加可见或不可见的数字签名。

3.2 文档格式排版

文档编辑完成之后，就要对整篇文档进行排版使文档具有美观的视觉效果。本节将介绍 Word 2010 中常用的排版技术，包括字符、段落格式设置、边框与底纹设置以及分栏设置等。

3.2.1 字体设置

打开【开始】选项卡，然后从【字体】组中可以选择大部分文字格式设置工具，如图 3.31 所示。

1. 为文字添加效果

为文字添加效果，如图 3.32 所示。

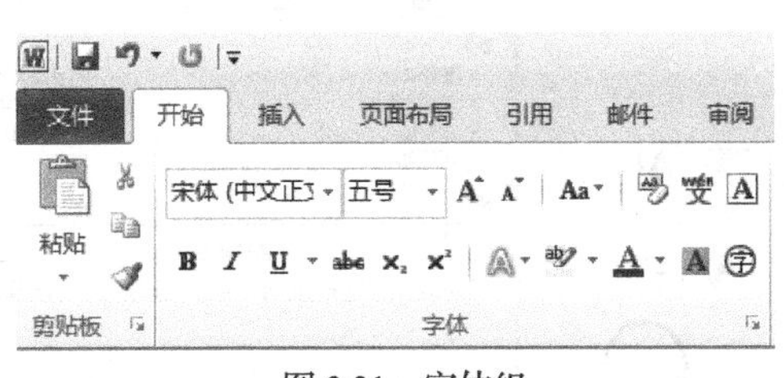

图 3.31 字体组

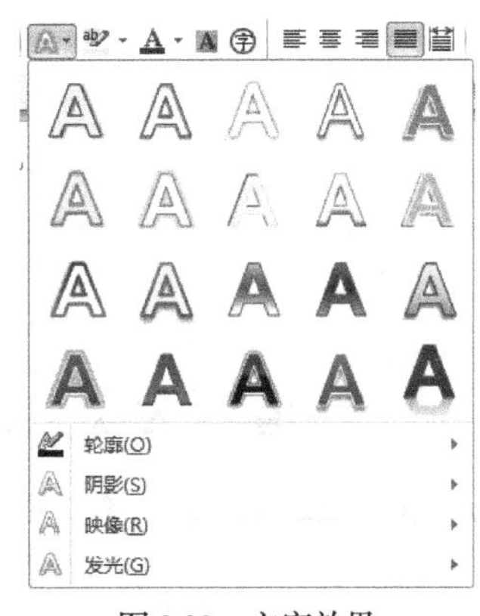

图 3.32 文字效果

选择要为其添加效果的文字。在【开始】选项卡的【字体】组中单击【文字效果】，在文字效果库中选择所需的效果。

若需其他选项，指向【轮廓】【阴影】【映像】或【发光】，然后单击要添加的效果。

若要删除文字效果，选择要删除效果的文字。在【开始】选项卡的【字体】组中单击【文字效果】，然后单击【清除文字效果】。

2. 将文字设为上标、下标或添加删除线

选择要设置为上标、下标或删除线的文字，在【开始】选项卡的【字体】组中单击【上标】【下标】或【删除线】，如图 3.33 所示。

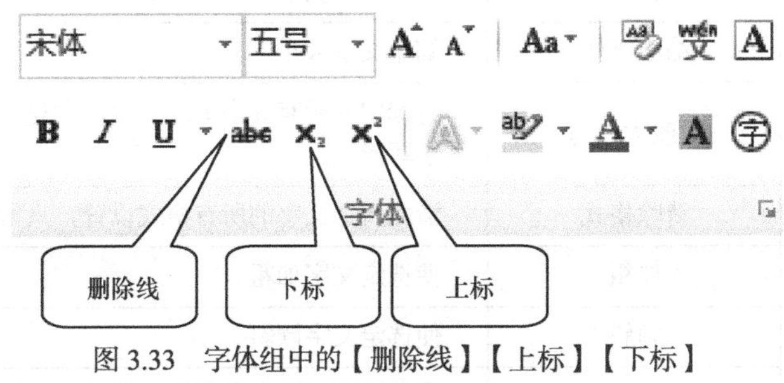

图 3.33 字体组中的【删除线】【上标】【下标】

3. 设置默认字体

设置默认字体后，用户打开的每个新文档都会使用用户选定的字体设置，并将其设为默认设置。默认字体的应用基于活动模板（模板是指一个或多个文件，其中所包含的结构和工具构成了已完成文件的样式和页面布局等元素）的新文档（通常为 Normal.dotm）。用户可以创建不同的模板以使用不同的默认字体设置。

设置默认字体时从空白文档开始，如果文档包含已被格式化为所要使用的属性的文本，须选定该文本。

在【开始】选项卡中单击【字体】对话框启动器，如图 3.34 所示。打开【字体】对话框，然后单击【字体】选项卡，如图 3.35 所示，还可针对字体的字号、字形、字体样式、字体颜色等进行设置；打开【高级】选项卡可对字体的间距、位置等进行高级设定。选择要应用于默认字体的选项，如字体样式和字体大小，单击【设为默认值】按钮，然后单击【确定】按钮。

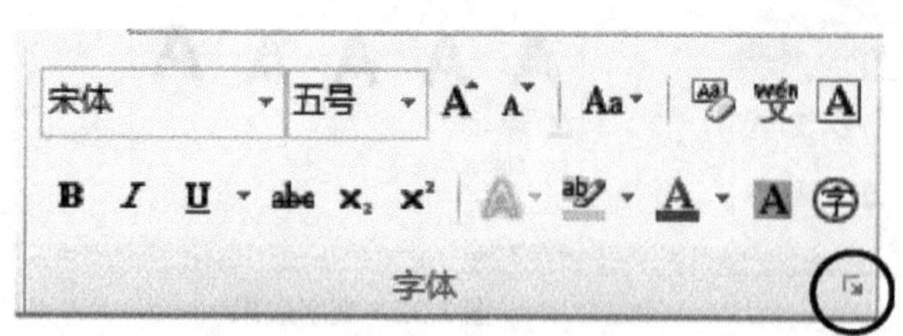

图 3.34 【字体】对话框启动器

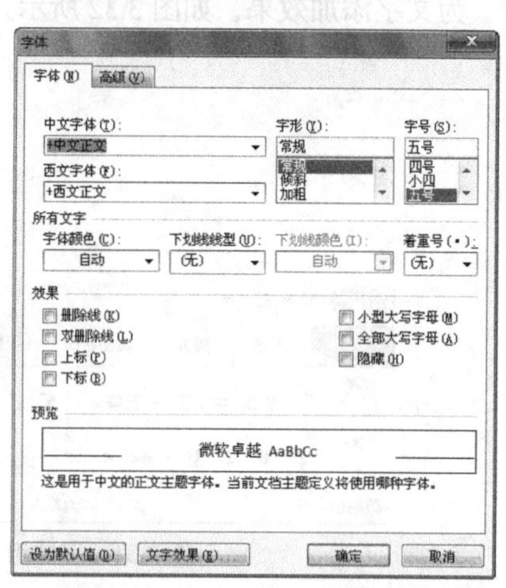

图 3.35 【字体】对话框

关于【字体】组中的其他用法不再一一列举，有关【字体】组中所有按钮的名称和功能，如表 3.5 所示。

表 3.5 【字体】组中各按钮的名称和功能

按　钮	名　称	功　能
宋体 (中文正文 ▾	字体	更改字体
五号 ▾	字号	更改文字的大小
A˄	增大字体	增大文字大小
A˅	缩小字体	缩小文字大小
Aa ▾	更改大小写	将选中的所有文字更改为全部大写、全部小写或其他常见的大小写形式
	清除格式	清除所选文字的所有格式设置，只留下纯文本
B	加粗	使选定文字加粗
I	倾斜	使选定文字倾斜
U ▾	下划线	在选定文字的下方绘制一条线。单击下拉箭头可选择下划线的类型

续表

按　钮	名　称	功　能
abc	删除线	绘制一条穿过选定文字中间的线
x_2	下标	创建下标字符
x^2	上标	创建上标字符
A	文字效果	对选定文字应用视觉效果，如阴影、发光或映像
ab	文字突出显示颜色	使文本看起来好像是用荧光表标记的
A	字体颜色	更改文字颜色

当选中字符并将鼠标指针指向其后时，在选中字符的右上角会出现图 3.36 所示的浮动工具栏，利用它进行设置的方法与通过功能区的命令按钮进行设置的方法相同，这里不再详述。

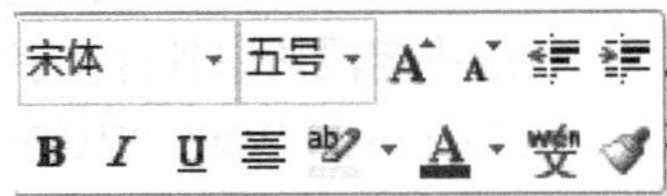

图 3.36　浮动工具栏

3.2.2　段落设置

在 Word 中，通常把两个回车换行符之间的部分称为一个段落。单击【开始】选项卡，从【段落】组中可以选择大部分的段落格式设置工具，如图 3.37 所示。

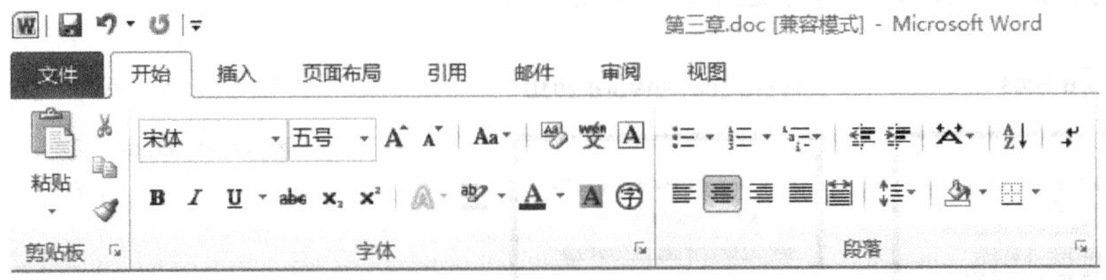

图 3.37 【段落】组

单击【段落】组右下角的【对话框启动器】按钮，可调出【段落】对话框，如图 3.38 所示。

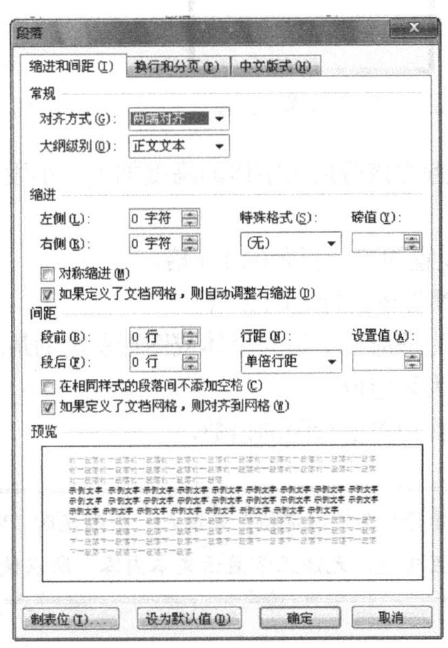

图 3.38 【段落】对话框

1. 段落对齐方式

段落的对齐方式分为以下 5 种。

（1）左对齐：段落所有行以页面左侧页边距为基准对齐。

（2）右对齐：段落所有行以页面右侧页边距为基准对齐。

（3）居中对齐：段落所有行以页面中心为基准对齐。

（4）两端对齐：段落除最后一行外，其他行均匀分布在页面左右页边距之间。

（5）分散对齐：段落所有行均匀分布在页面左右页边距之间。

单击功能区【开始】选项卡【段落】组右下角的【对话框启动器】按钮，打开图 3.38 所示的【段落】对话框，选择【对齐方式】下拉框中的选项即可进行段落对齐方式的设置，或者单击【段落】组中的 5 种对齐方式按钮进行设置。

2. Word 2010 中的默认行距

行距决定段落中各行文字之间的垂直距离。

在 Microsoft Word 2010 中，大多数样式集的默认间距是行之间为 1.15 行，段落间有一个空白行；Word 2003 文档中的默认间距是行之间为 1.0 行，段落间无空白行，如图 3.39 所示。

3. 更改行距

选中要更改行距的段落，在【开始】选项卡的【段落】组中单击【行距】按钮。单击所需的行距对应的数字，或单击【行距选项】命令，如图 3.40 所示，然后在【段落】对话框中的【间距】下选择所需的选项，共有 6 个选项供用户选择。

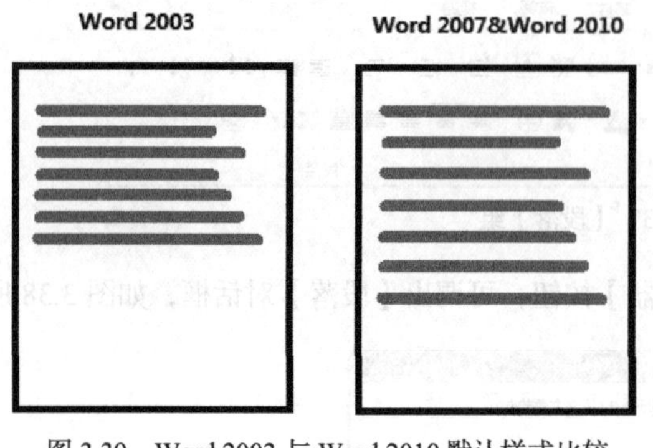

图 3.39 Word 2003 与 Word 2010 默认样式比较

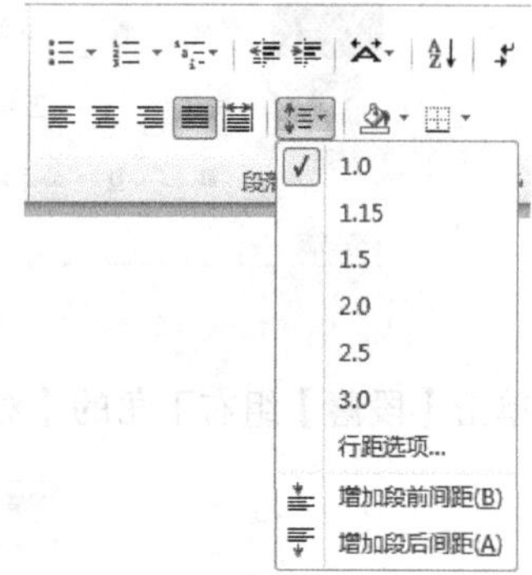

图 3.40 【行距】按钮及其下拉菜单

（1）单倍行距：将行距设置为该行最大字体的高度加上一小段额外间距，额外间距的大小取决于所用的字体。

（2）1.5 倍行距：将行距设置为单倍行距的 1.5 倍。

（3）2 倍行距：将行距设置为单倍行距的 2 倍。

（4）最小值：将行距设置为适应行上最大字体或图形所需的最小行距。

（5）固定值：将行距设置为固定值。

（6）多倍行距：将行距设置为单倍行距的倍数。

> 需要注意的是，当选择行距为“固定值”并键入一个磅值时，Word 将不管字体或图形的大小，这可能导致行与行之间相互重叠，无法正常显示文本内容，所以使用该选项时要小心。

4. 更改所选段落前后的间距

段落间距决定段落上方或下方的距离。

默认情况下，段落后面跟有一个空白行，标题上方具有额外的间距。更改段落前后的间距，方法有以下两种。

方法一：选中要更改前后间距的段落，在【段落】对话框的【间距】组中单击【段前】或【段后】微调按钮，或直接输入数字设置所选段落前或后的间距，如图 3.41 所示。

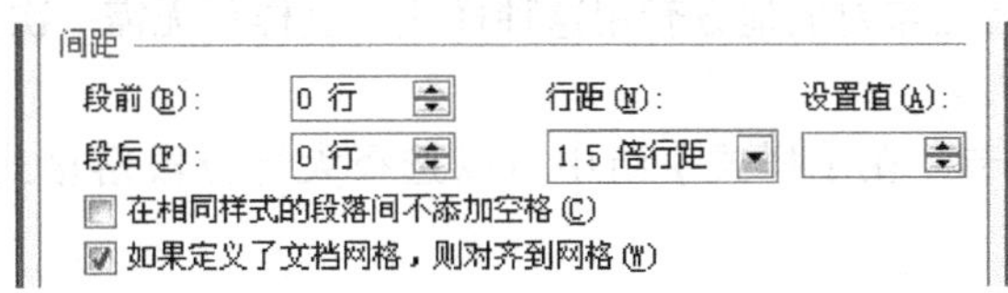

图 3.41 【段落】对话框中的【间距】组

方法二：选择要更改其前后间距的段落，在【页面布局】选项卡【段落】组中的【间距】下单击【段前】或【段后】微调按钮，或者直接在文本框内输入所需的间距，如图 3.42 所示。

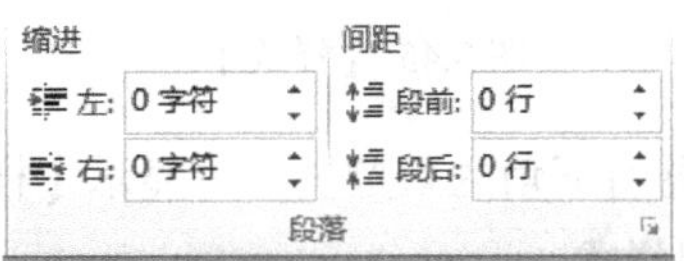

图 3.42 【页面布局】选项卡【段落】组中的【间距】选项

5. 更改所选段落的左右缩进、首行缩进和悬挂缩进

默认情况下，段落顶格，而中文习惯为首行空两个字符。调整段落的左右缩进、首行缩进和悬挂缩进有以下两种方法。

方法一：选择要更改的段落，在【段落】对话框的【缩进】组中单击【左侧】或【右侧】微调按钮，或直接输入数字设置所选段落左右的缩进量，在【特殊格式】中设置【首行缩进】或【悬挂缩进】，在【磅值】中设置缩进的值，如图 3.43 所示。

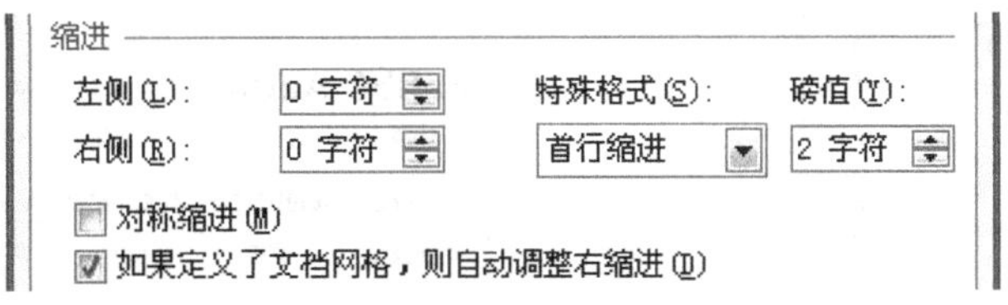

图 3.43 【缩进】组中的设置

方法二：用【标尺】栏中的标尺进行设置。用鼠标拖动相应的标尺也可以调整所选段落的左右缩进、首行缩进，但此方法不如方法一设置得精确，如图 3.44 所示。

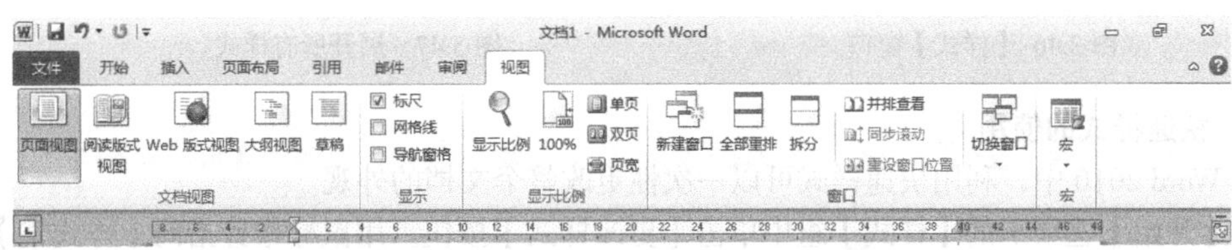

图 3.44 用【标尺栏】中的标尺进行设置

> Word 2010 在默认情况下是不显示【标尺】栏的，显示【标尺】栏的设置如下：选择【视图】选项卡，在【显示】组的【标尺】复选框中打“√”，如图 3.44 所示。

3.2.3 样式设置

样式是指用有意义的名称保存的字符格式和段落格式的集合。在编排重复格式时，先创建一个该格式的样式，然后在需要的地方套用这种样式，这样就无需一次次地对它们进行重复的操作了。

单击【开始】选项卡，在【样式】组中可以选择大部分段落格式设置工具，如图 3.45 所示。

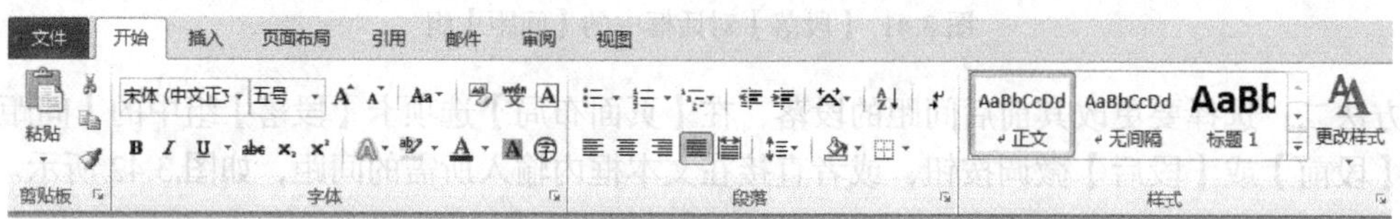

图 3.45 【样式】组

单击【样式】组对话框启动器右下角的按钮，可显示【样式】窗口，如图 3.46 所示。

1. 文档中的文字或段落应用样式

选中要更改的文字或段落，在【开始】选项卡的【样式】组中单击按钮展开所有样式，将鼠标指针停留在任意样式上均可以直接在文档中实时预览，如图 3.47 所示。然后，直接在所有样式中单击选择所需的样式即可。

图 3.46 【样式】窗口

图 3.47 展开所有样式

2. 快速样式的使用

在 Word 2010 中，利用快速样式可以一次性更改整个文档的外观。

在【开始】选项卡的【样式】组中单击【更改样式】按钮。用鼠标指针指向【样式集】以查找预定义的样式。将鼠标指针停留在任意样式集上时可以直接在文档中实时预览，如图 3.48 所示。单击所需的快速样式即可实现样式的更改。

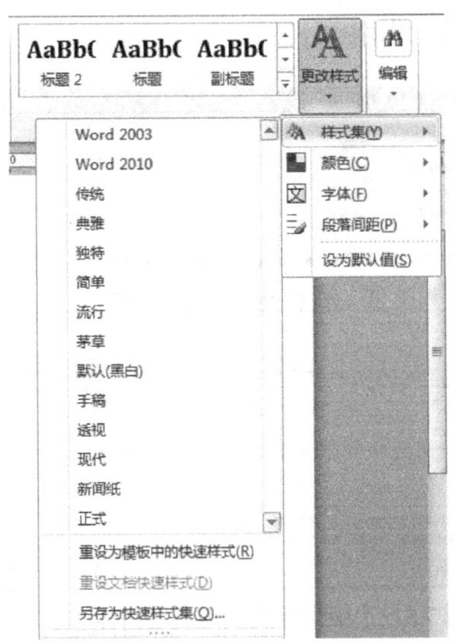

图 3.48 快速样式

> 若希望文档应用 Word 2003 样式的间距，最快速的方式是应用 Word 2003 样式集。在【开始】选项卡的【样式】组中单击【更改样式】按钮，将鼠标指针指向【样式集】，然后单击【Word 2003】命令。

3. 使用样式集更改整篇文档的段落间距

在【开始】选项卡的【样式】组中单击【更改样式】按钮，将鼠标指针指向【段落间距】，然后单击【内置】中所需的段落间距样式，如图 3.49 所示。

当提供的段落间距样式不能满足需求时，单击【自定义段落间距】，弹出【管理样式】窗口，在【段落间距】中设置所需的值，单击【确定】按钮保存，如图 3.50 所示。

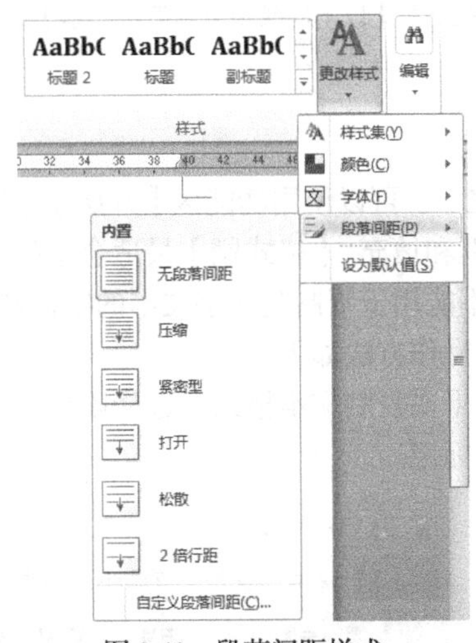

图 3.49 段落间距样式

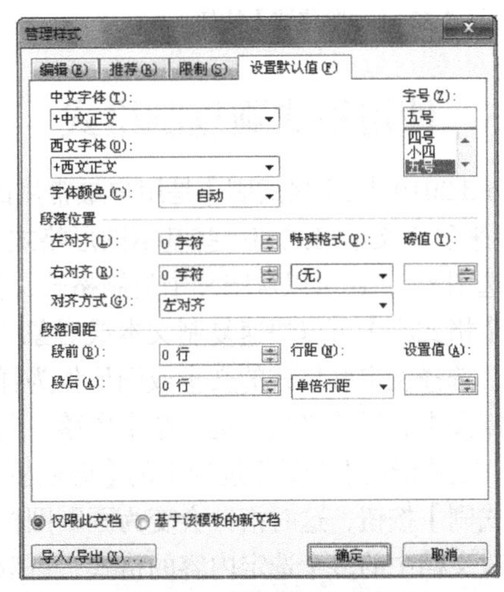

图 3.50 【管理样式】窗口

4. 创建新样式

调出【样式】窗口，如图 3.46 所示，单击【新建样式】按钮，弹出【根据格式设置创建新样式】窗口，如图 3.51 所示。根据需要设置新样式的属性和格式，设置完成后单击【确定】按钮保存，这时新样式就保存在样式集中了。

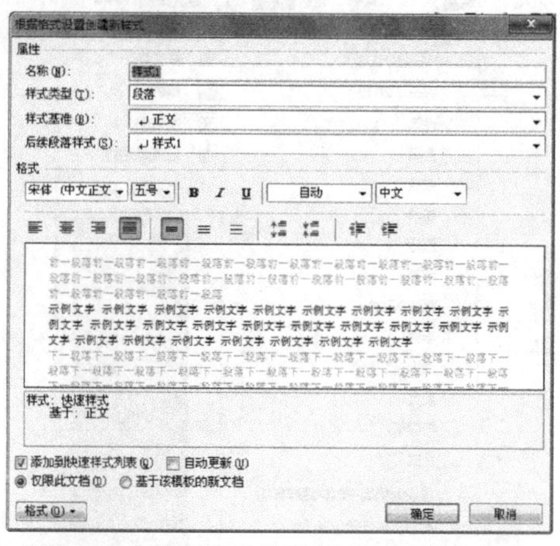

图 3.51 【根据格式设置创建新样式】窗口

3.2.4 清除格式

若要清除文档中的所有样式、文本效果和字体格式，应执行下列操作：选择要清除其格式的文本，在【开始】选项卡的【字体】组中单击【清除格式】按钮，如图 3.52 所示。

> 执行【清除格式】命令不会清除文本的突出显示。若要清除突出显示，应选择突出显示的文本，然后单击【以不同颜色突出显示文本】下拉按钮，再单击【无颜色】按钮，如图 3.53 所示。

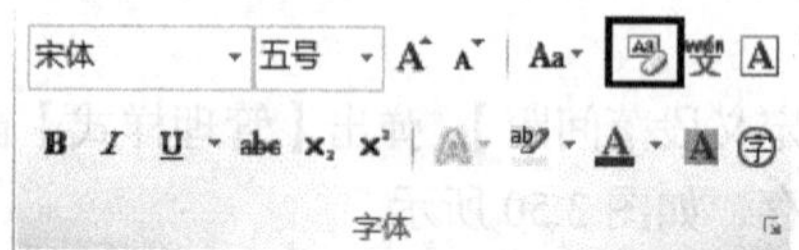

图 3.52 【清除格式】按钮

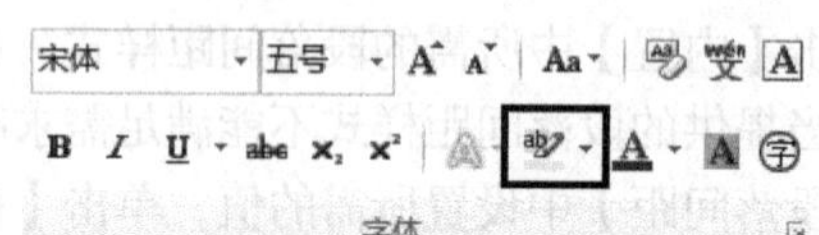

图 3.53 【以不同颜色突出显示文本】下拉按钮

3.2.5 使用格式刷复制格式

在 Word 2010 中，【格式刷】是用户最常用的工具之一。可以使用功能区【开始】选项卡中的【格式刷】来复制文本格式和一些基本图形格式，如边框和填充。【格式刷】最适合于处理图形对象（如自选图形），还可以从图片中复制格式，但是它不能用于复制艺术字文本的字体和字号。

使用【格式刷】可以快速复制文本或对象的格式，操作方法如下。

首先，选择设定好格式的文本或图形作为样本。如果要复制文本格式，选择段落的一部分；如果要复制文本和段落格式，选择整个段落，包括段落标记。

然后，在功能区【开始】选项卡的【剪贴板】组中，单击【格式刷】按钮，这时指针会变为画刷图标。如果用户想更改文档中的多个选定内容的格式，可双击【格式刷】按钮，如图 3.54 所示。

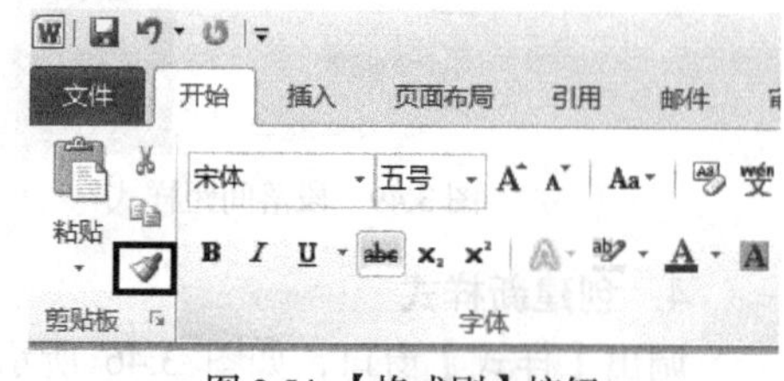

图 3.54 【格式刷】按钮

最后，选择要设置格式的文本或图形的区域，此时文本或图形的格式会自动设置成和样本一致。如要停止应用样本格式，则按“Esc”键。

3.2.6　边框和底纹设置

边框和底纹能增加读者对文档内容的兴趣和关注程度，并对文档起到一定的美化效果。

1. 添加边框

选中要设置边框的文字或段落后，在功能区的【开始】选项卡中单击【段落】组中的【下框线】按钮，在弹出的下拉框中选择【边框和底纹】选项，弹出如图 3.55 所示的对话框，在此对话框的【边框】选项卡中可以进行边框设置。

图 3.55 【边框和底纹】对话框

用户可以设置边框的类型有【方框】、【阴影】、【三维】和【自定义】，若要取消边框可选择【无】。选择好边框类型后，还可以选择边框的线型、颜色和宽度，只要打开相应的下拉列表框进行选择即可。若是给文字加边框，则要在【应用于】下拉列表框中选择【文字】选项，文字的四周都必须有边框。若是给段落加边框，则要在【应用于】下拉列表框中选择【段落】选项，对段落加边框时可根据需要有选择地添加上、下、左、右 4 个方向的边框，可以利用【预览】区域中的【上边框】、【下边框】、【左边框】和【右边框】4 个按钮来为所选段落添加或删除相应方向上的边框，设置完成后单击【确定】按钮。

2. 添加页面边框

为文档添加页面边框可通过图 3.55 所示的【页面边框】选项卡来完成，页面边框的设置方法与为段落添加边框的方法基本相同。除了可以添加线型页面边框外，用户还可以添加艺术型页面边框。打开【页面边框】选项卡中的【艺术型】下拉列表框，选择喜欢的边框类型，再单击【确定】按钮即可。

3. 添加底纹

单击图 3.55 所示的【边框和底纹】对话框中的【底纹】选项卡，在其中的相应选项中选择填充色、图案样式和颜色以及应用的范围后单击【确定】按钮即可；也可通过【段落】组中的【底纹】按钮为所选内容设置底纹。

3.2.7　项目符号列表及编号列表

在 Word 2010 中可以快速地给现有文本行添加项目符号或编号；也可在输入文本时自动创建列表。

默认情况下，如果段落以星号或“1.”开始，Word 会认为用户在尝试开始进行项目符号列表或编号列表。如果不想将文本转换为列表，可以单击出现的【自动更正选项】按钮。

1. 创建列表

创建项目符号列表或编号列表时，可以执行以下操作之一。

（1）使用方便的项目符号和编号库。使用列表的默认项目符号和编号格式，自定义列表，或从项目符号和编号库中选择其他格式，如图 3.56 所示。

（2）设置项目符号或编号格式。将项目符号或编号设为与列表中的文本不同的格式。例如，单击编号并更改整个列表的编号颜色，但不更改列表中的文本颜色，如图 3.57 所示。

项目符号库
无
更改列表级别(C)
定义新项目符号(D)...

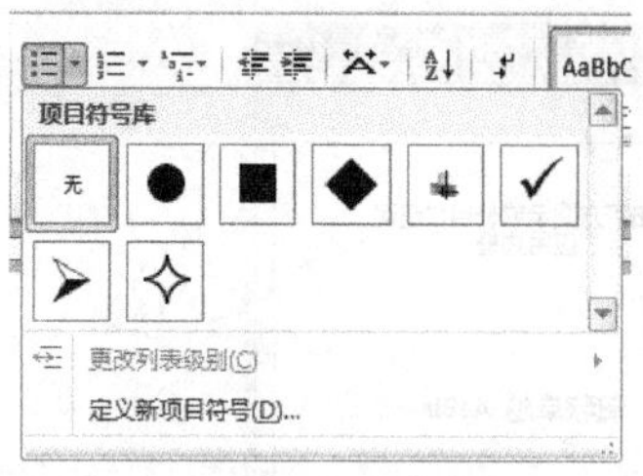

图 3.56　项目符号库

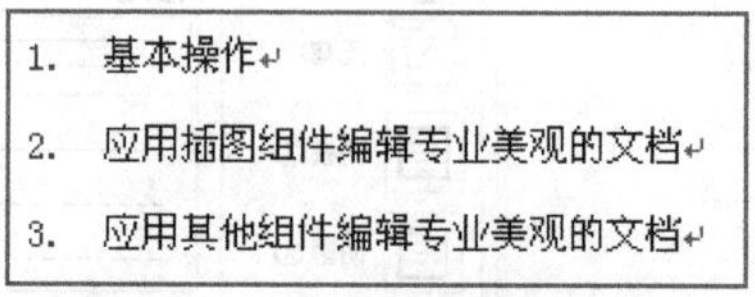

1. 基本操作
2. 应用插图组件编辑专业美观的文档
3. 应用其他组件编辑专业美观的文档

图 3.57　设置项目符号或编号格式

（3）使用图片或符号。创建图片项目符号列表可为文档或网页添加视觉效果，如图 3.58 所示。

定义新项目符号
项目符号字符
符号(S)...
图片(P)...
字体(F)...
对齐方式(M):
左对齐
预览
确定
取消

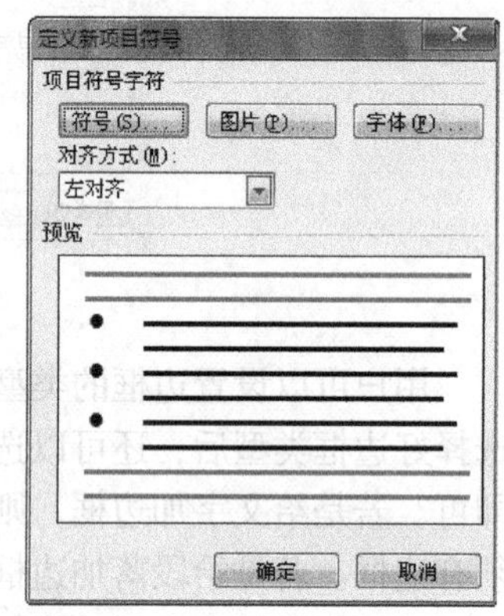

图 3.58　使用图片或符号

2. 输入项目符号列表或编号列表

开始进行项目符号列表或编号列表后，输入所需文本，然后按“Enter”键添加下一个列表项，Word 会自动插入下一个项目符号或编号。

若要结束列表，则按两次“Enter”键或按“Backspace”键删除列表中的最后一个项目符号或编号。

3. 在列表中添加项目符号或编号

选择要添加项目符号或编号的项目，然后在【开始】选项卡的【段落】组中单击【项目符号】或【编号】命令，如图 3.59 所示。

4. 左移或右移整个列表

单击列表中的项目符号或编号以突出显示列表。将列表拖动到新位置，整个列表将在拖动时相应地移动，编号级别不会更改，如图 3.60 所示。

【编号】命令
【项目符号】命令
段落

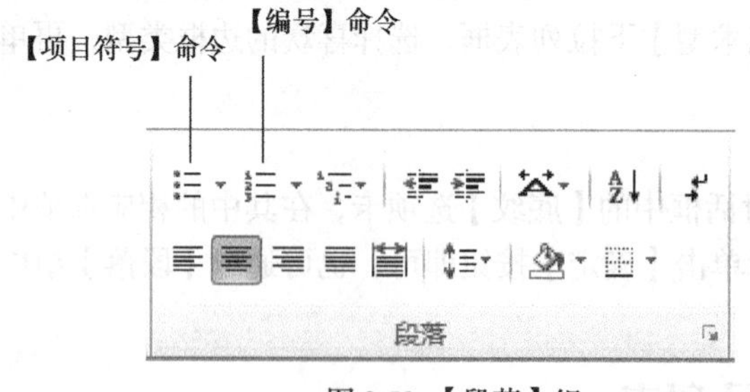

图 3.59 【段落】组

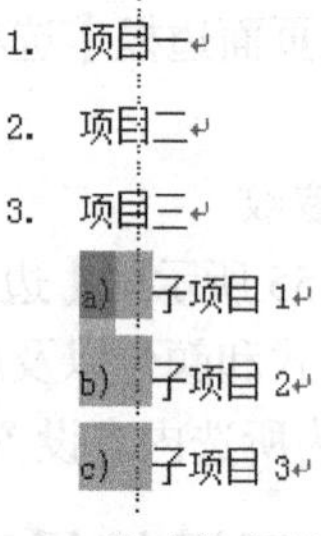

1. 项目一
2. 项目二
3. 项目三
a) 子项目 1
b) 子项目 2
c) 子项目 3

图 3.60　移动整个列表

5. 将单级列表转换为多级列表

通过更改列表项的分层级别，可将现有列表转换为多级列表。单击要移到其他级别的项目，在【开始】选项卡的【段落】组中单击【项目符号】或【编号】下拉按钮，在其下拉列表中单击

【更改列表级别】，然后选中所需的级别，如图 3.61 所示。

6. 从库中选择多级列表样式

可以给任何多级列表应用库中的样式。单击列表中的项，在【开始】选项卡的【段落】组中单击【多级列表】下拉按钮，在其下拉列表中选中所需的多级列表样式，如图 3.62 所示。

图 3.61　将单级列表转换为多级列表

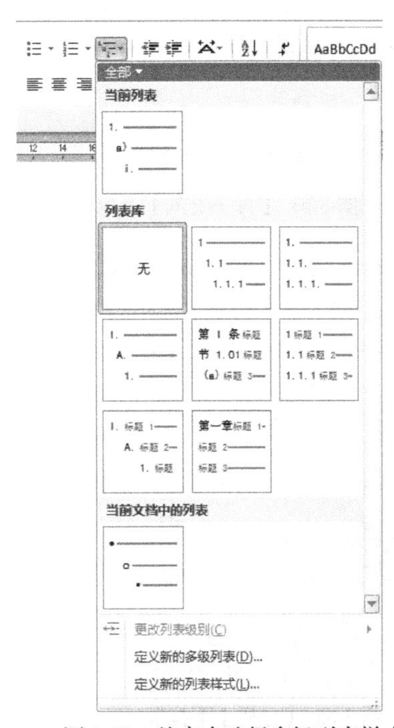

图 3.62　从库中选择多级列表样式

3.2.8 特殊格式设置

1. 首字下沉

首字下沉是在章节的开头显示大型字符。首字下沉的本质是将段落的第一个字符转化为图形。创建首字下沉后，可以像修改任何其他图形元素一样修改下沉的首字，步骤如下。

（1）将光标定位到要设置首字下沉的段落。

（2）单击功能区【插入】选项卡【文本】组中的【首字下沉】命令按钮，弹出图 3.63 所示的下拉框。

（3）在该下拉框中选择【下沉】选项，也可选择【悬挂】选项。

（4）若要对下沉的文字进行字体以及下沉行数等的设定，可单击【首字下沉选项】，在弹出的【首字下沉】对话框中进行设置，如图 3.64 所示。

2. 分栏设置

分栏排版可以将文字分成几栏排列，是一种常见于报纸、杂志的排版形式。先选择需要分栏排版的文字（若不选择，则系统默认对整篇文档进行分栏排版），再单击【页面布局】选项卡【页面设置】组中的【分栏】按钮，在弹出的下拉框中选择某个选项即可将所选内容进行相应的分栏设置，如图 3.65 所示。

如果想对文档进行其他形式的分栏，选择【分栏】下拉框中的【更多分栏】选项，在弹出的图 3.66 所示的【分栏】对话框中可以进行详细的分栏设置，包括设置更多的栏数、每一栏的宽度以及栏与栏的间距等。若要撤销分栏，选定文本后设置一栏即可。

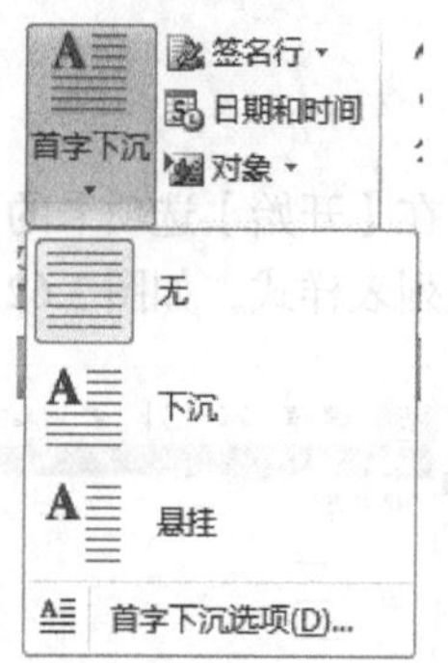

图 3.63 【首字下沉】下拉框

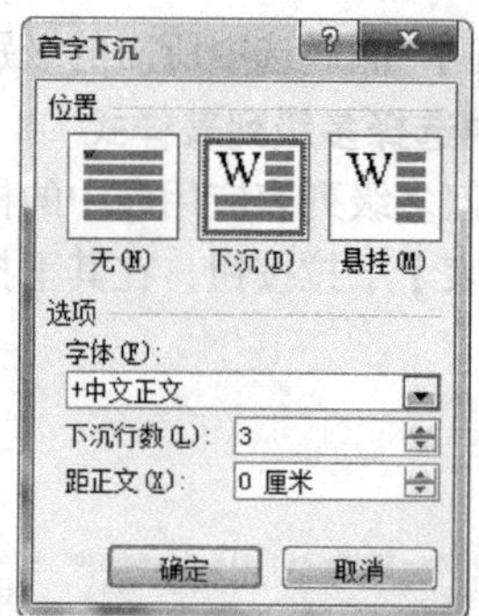

图 3.64 【首字下沉】对话框

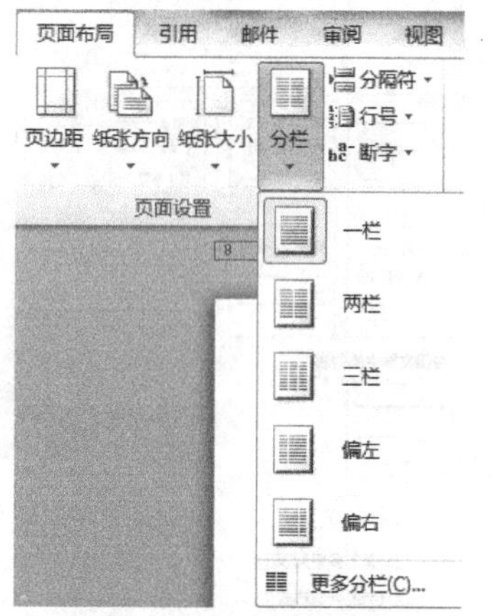

图 3.65 【分栏】下拉框

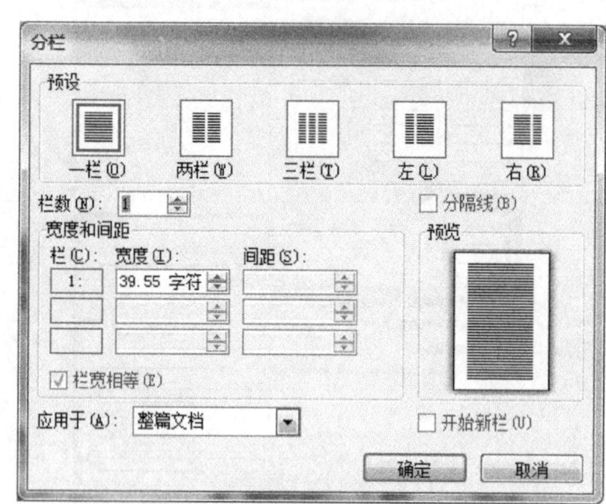

图 3.66 【分栏】对话框

需要注意的是，分栏排版只有在页面视图下才能够显示出来。

> 如果某段文本需要同时完成首字下沉和分栏的效果，则需要先进行分栏，再设置首字下沉。

3. 给中文加拼音

在中文排版时如果需要给中文加拼音，要先选中需加拼音的文字，再单击【开始】功能选项卡【字体】组中的【拼音指南】按钮，弹出图 3.67 所示的对话框。

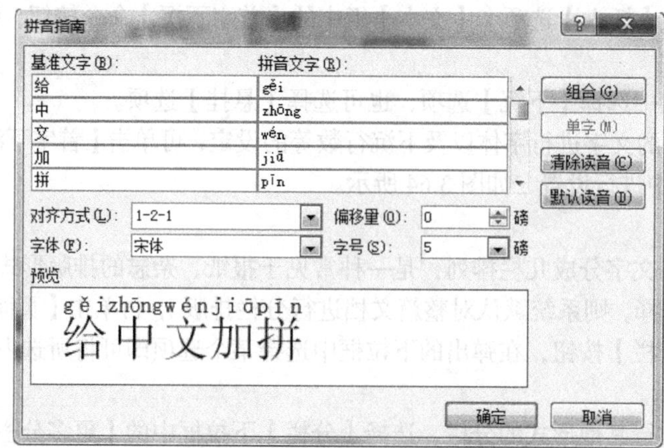

图 3.67 【拼音指南】对话框

在【基准文字】文本框中显示的是文中需要加拼音的文字，在【拼音文字】文本框中显示的是基准文字的拼音，设置后的效果显示在对话框的预览框中。若不符合要求，可以通过【对齐方式】【字体】【偏移量】和【字号】选择框进行调整。

3.3 表格及图文混排

Word 2010 中引入了很多新的对象和部件，这些文档对象和部件能够有效地帮助用户更好地进行信息的展现，更快速、更专业地完成文档的制作。

3.3.1 表格

1. 插入表格

在 Word 2010 中，可以通过以下 3 种方式来插入表格。

（1）使用【表格】菜单插入表格。在【插入】选项卡的【表格】组中单击【表格】，然后在【插入表格】下拖拽鼠标以选择需要的行数和列数，如图 3.68 所示。

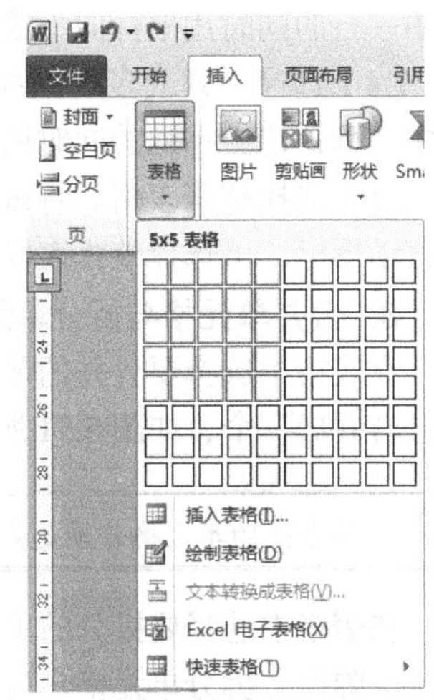

图 3.68 使用【表格】菜单插入表格

（2）使用【插入表格】窗口插入表格。【插入表格】命令可以让用户在将表格插入文档之前，选择表格尺寸和格式。在【插入】选项卡的【表格】组中，单击【表格】→【插入表格】。在弹出的【插入表格】窗口的【表格尺寸】中输入列数和行数。在【“自动调整”操作】中选择相应的选项以调整表格尺寸，如图 3.69 所示。

（3）使用表格模板插入表格。可以使用表格模板并基于一组预先设好格式的表格来插入。表格模板包含示例数据，可以帮助设计添加数据时表格的外观。在【插入】选项卡的【表格】组中单击【表格】，将鼠标指针指向【快速表格】，再单击需要的模板，使用新数据替换模板中的数据，如图 3.70 所示。

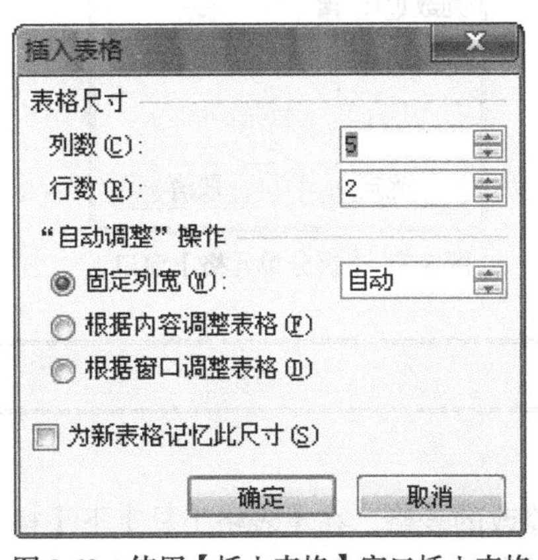

图 3.69 使用【插入表格】窗口插入表格

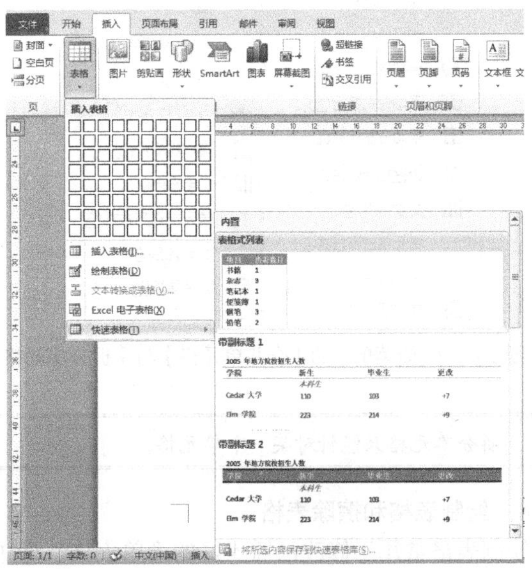

图 3.70 使用表格模版插入表格

2. 表格的选择

与文字和图片的操作一样，选择表格是一切表格操作的前提，下面我们就对表格选取的方法进行说明。

（1）选择一个单元格。将鼠标移动至单元格的左边缘，当指针变为↗时单击鼠标，即选中一个单元格。

（2）选择多个单元格。在选中一个单元格的基础上拖动鼠标，可选择连续的多个单元格；选中一个单元格后，按住“Ctrl”键的同时，选择其他单元格，可选择不连续的多个单元格。

（3）选择一行或多行。将鼠标移动至表格的左侧，当指针变为↗时单击鼠标，即选中一行；选中一行的同时用鼠标向上或向下拖动，可选中多行。

（4）选择一列或多列。将鼠标移动至表格的顶部网格线边缘，当指针变为⬇时单击鼠标，即选中一列；选中一列的同时用鼠标向左或向右拖动，可选中多列。

（5）选择整张表格。将鼠标指针停留在表格上，表格左上角会显示表格移动图标⊞，单击表格移动图标，可选择整张表格。

3. 合并单元格与拆分单元格

在表格中选择要合并的单元格，右击弹出快捷菜单，选择【合并单元格】，则连续的几个单元格会合并成一个，如图 3.71 所示。

> ⓘ 要合并的单元格必须是多个可以组成一个矩形的单元格区域，否则不能合并。

在表格中选择要拆分的单元格。单击鼠标右键弹出快捷菜单，选择【拆分单元格】，如图 3.71 所示，弹出【拆分单元格】窗口，选择要拆分单元格的列数或行数，如图 3.72 所示。

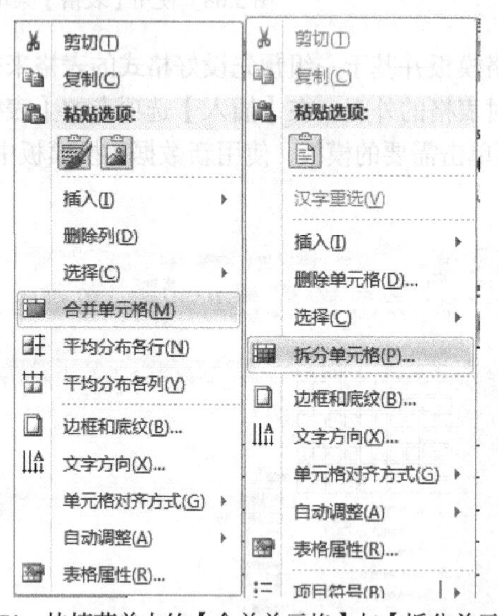

图 3.71 快捷菜单中的【合并单元格】与【拆分单元格】

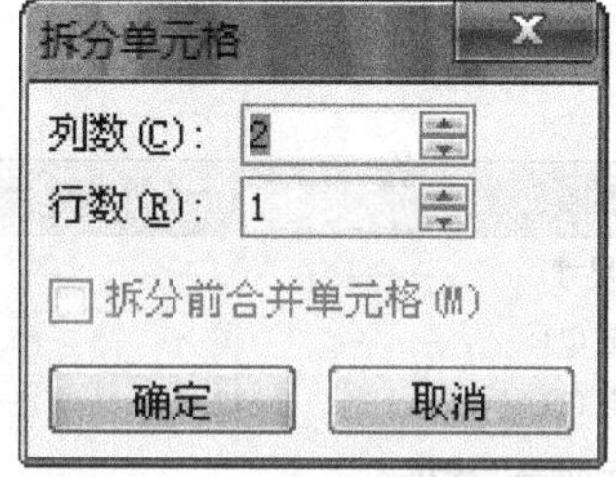

图 3.72 【拆分单元格】窗口

> ⓘ 拆分单元格只能针对某一个单元格。

4. 绘制表格和擦除表格

绘制表格常用于修改已插入好的简单表格。选中要修改的表格，在【表格工具】下【格式】选项卡的【绘图边框】组中单击【绘制表格】，当指针变为铅笔状时，用鼠标拖动，可在表格中手工添加斜线、竖线和横线，画线方法如图 3.73 所示。

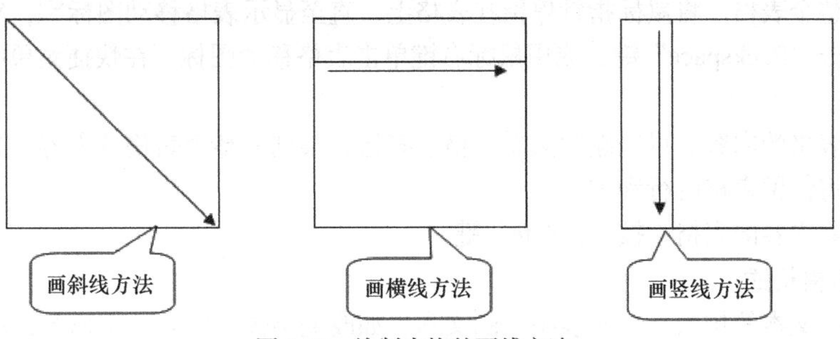

图 3.73　绘制表格的画线方法

要擦除一条线或多条线，可在【表格工具】下【格式】选项卡的【绘图边框】组中单击【擦除】，指针会变为橡皮状，单击要擦除的线条即可。

5. 添加或删除行或列

（1）在上方或下方添加一行。在要添加行处的上方或下方的单元格内右键单击，在快捷菜单中将鼠标指针指向【插入】，然后单击【在上方插入行】或【在下方插入行】，如图 3.74 所示。

（2）在左侧或右侧添加一列。在要添加列的左侧或右侧的单元格内右键单击，在快捷菜单中将鼠标指针指向【插入】，然后单击【在左侧插入列】或【在右侧插入列】，如图 3.74 所示。

（3）删除行。选择要删除的行，右键单击，然后在快捷菜单中单击【删除行】。

（4）删除列。选择要删除的列，右键单击，然后在快捷菜单中单击【删除列】。

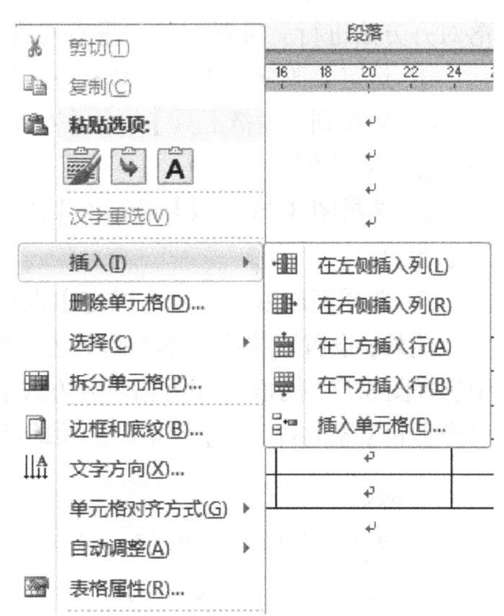

图 3.74　插入整行或整列

6. 调整行高和列宽

选定想要调整列宽的单元格，将鼠标指针移到单元格的边框线上，当鼠标指针变成⇹时，按住鼠标左键，出现一条垂直的虚线表示改变单元格的大小，再按住鼠标左键向左或向右拖动，即可改变表格的列宽，效果如图 3.75 所示。

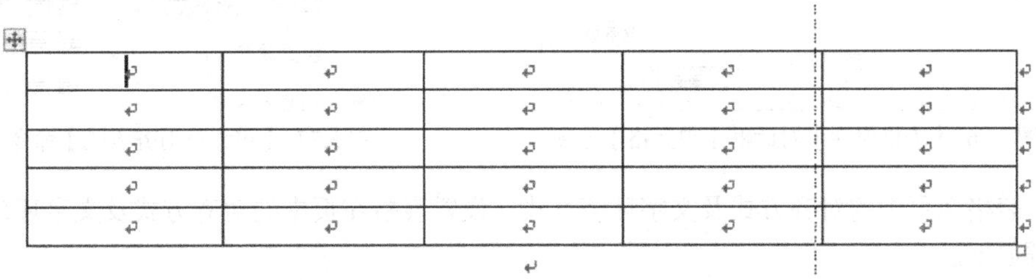

图 3.75　调整选定单元格的列宽

选定想要调整行高的单元格，将鼠标指针移到单元格的边框线上，当鼠标指针变成÷时，按住鼠标左键，出现一条水平的虚线表示改变单元格的大小，再按住鼠标左键向上或向下拖动，即可改变表格的行高。

7. 删除表格

（1）删除整个表格。将鼠标指针停留在表格上，直至显示表格移动图标⊞，然后单击表格移动图标，再单击“Backspace”键，或用鼠标右键单击表格移动图标，在快捷菜单中选择【删除表格】。

（2）删除表格的内容。可以删除某单元格、某行、某列或整个表格的内容。当删除表格的内容时，文档中将保留表格的行和列。

选择要清除内容的表格，按“Delete”键。

8. 设置表格格式

（1）表格中文本的排版。编排表格中的文本，如改变字体、字号、字形等，均可按照一般字符格式化的方法进行。

表格中文本的对齐方式分为水平对齐方式和垂直对齐方式两种。设置水平对齐方式可按照段落对齐方法进行。设置表格的垂直对齐方式，操作步骤如下。

① 选定要改变文本垂直对齐方式的单元格。

② 切换到【表格工具】中的【布局】选项卡，在【表】组中单击【表格属性】按钮，弹出【表格属性】对话框。

③ 选择图3.76所示【单元格】选项卡，在【垂直对齐方式】框中选择【靠上】【居中】或【靠下】选项。

④ 选择完成后，单击【确定】按钮。

此外，设置表格中文本的对齐方式的方法还有：用鼠标右键单击已选定的单元格，从快捷菜单中选择图3.77所示的【单元格对齐方式】命令，再从其级联菜单中选择【靠上两端对齐】【靠上居中对齐】和【靠上右对齐】等所需选项即可。

图3.76 【表格属性】对话框【单元格】选项卡

图3.77 【单元格对齐方式】命令

（2）表格在页中的对齐方式及文字环绕方式。设置表格在页中的对齐方式及文字环绕方式，操作步骤如下。

① 将插入点移到表格中任意位置（以此来选定表格）。

② 切换到【表格工具】中的【布局】选项卡，在【表】组中单击【表格属性】按钮，弹出【表格属性】对话框。

③ 选择图3.78所示【表格】选项卡，在【对齐方式】框中选择一种对齐方式，如【左对齐】【居中】或【右对齐】；若为【左对齐】方式，则可在【左缩进】组合框中选择或键入一个数字，

用来设置表格从正文区左边界缩进的距离；在【文字环绕】框中选择所需的环绕方式。

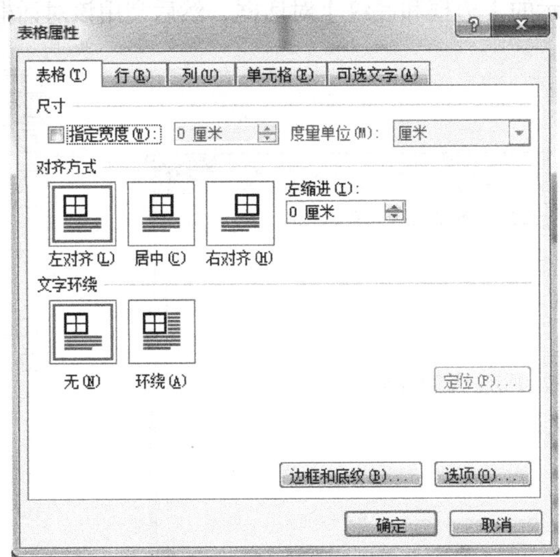

图 3.78 【表格属性】对话框【表格】选项卡

④ 单击【确定】按钮。

（3）表格的自动套用格式。创建一个表格之后，可以利用【表格工具】下【设计】选项卡【表格样式】组中的样式进行快速排版，它可以把某些预定义格式自动应用于表格，包括字体、边框、底纹、颜色、表格大小等。操作步骤如下。

① 将插入点移到表格中任意位置。

② 切换到【表格工具】下【设计】选项卡的【表格样式】组，如图 3.79 所示，在展开的库中选择需要的表格样式即可。

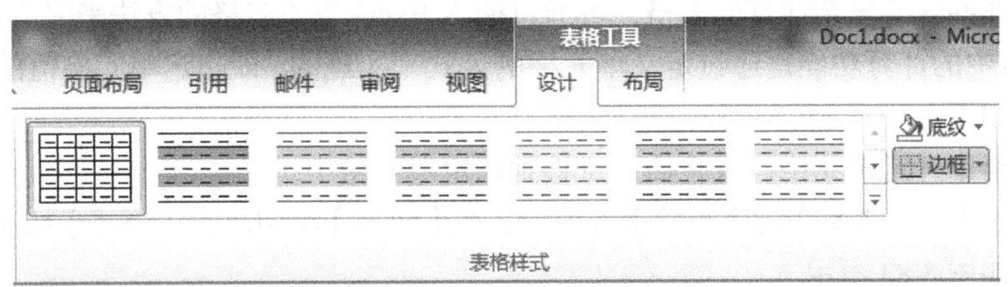

图 3.79 【表格样式】组

（4）重复表格标题。若一个表格很长，跨越了多页，往往需要在后续的页上重复表格的标题，操作方法如下。

① 选定要作为表格标题的一行或多行文字，其中应包括表格的第一行。

② 用鼠标右键单击表格，在快捷菜单中选择【表格属性】命令，打开【表格属性】对话框。

③ 切换至【行】选项卡，勾选【在各页顶端以标题行形式重复出现】复选框，如图 3.80 所示。

④ 单击【确定】按钮。

（5）设置斜线表头。用户将插入点移到表头位置，切换至【表格工具】的【设计】选项卡中，单击【表格样式】组中的【边框】下拉按钮，在图 3.81 所示的下拉列表中选择【斜下框线】来设置斜线表头。

（6）表格边框的设置。有时要求表格有不同的边框，例如，有的外边框加粗，有的内部加网格等。除了可利用【表格样式】库中的内置样式外，还可以在【表格属性】对话框中单击【边框和底纹】，打开图3.82所示的【边框和底纹】对话框，然后利用该对话框来直接改变边框。

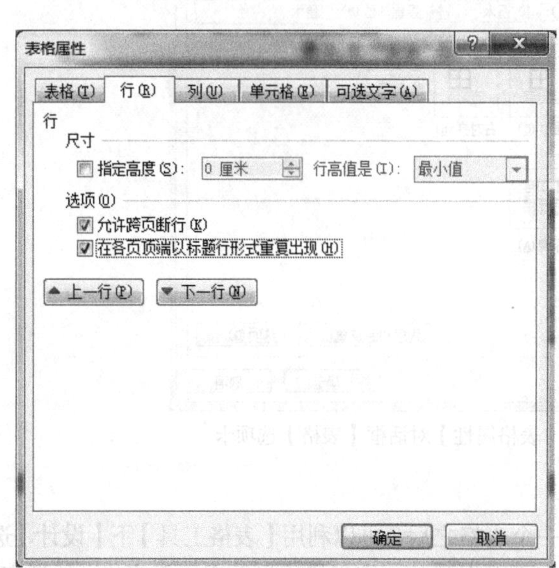

图3.80 【表格属性】对话框【行】选项卡

图3.81 【边框】下拉列表

9. 公式计算

Word的表格具有计算功能。对于有些需要统计后填写的数据，可以直接把计算公式输入到单元格中，由Word计算出结果。但Word毕竟是一个文字处理软件，所以在这里只能进行少量的简单计算，而对那些含有复杂计算的表格，可通过插入Excel电子表格的方法来完成。

Word表格中的计算功能是通过定义单元格的公式来实现的，即指定单元格值的计算公式。输入公式的方法如下。

（1）在表格中选定单元格，或将插入点移到指定单元格中。

（2）切换到【表格工具】的【布局】选项卡，在【数据】组中单击【公式】按钮，弹出【公式】对话框，如图3.83所示。

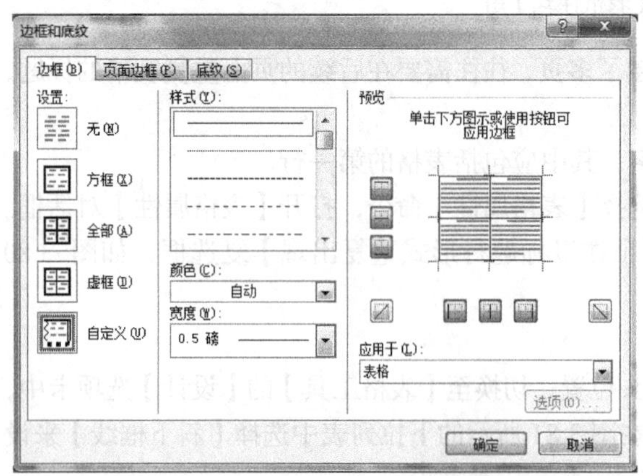

图3.82 【边框和底纹】对话框

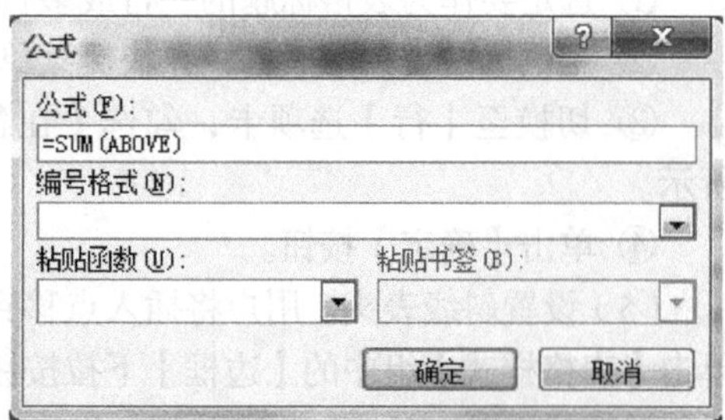

图3.83 【公式】对话框

（3）该对话框中除了有一个【公式】输入行用来输入公式外，还有两个下拉框：一个是【编号格式】框，用来确定计算结果的显示格式；另一个是【粘贴函数】框，可以用来将其中的函数直接插入到公式中。

输入公式时必须以等号“=”开头，后跟公式的式子。公式中要用到单元格的编号，单元格的列用字母表示（从 A 开始），行用数字表示（从 1 开始），因此第 1 行第 1 列的单元格编号为 A1，第 2 行第 3 列的单元格编号为 C2。对于一组相邻的单元格（矩形区域），可用左上角与右下角的单元格编号来表示，如 A1:C3、B2:B7 等。Word 还采用 LEFT、RIGHT 和 ABOVE 来分别表示插入点左边、右边和上边的所有单元格。

Word 提供了一系列计算函数，包括求和函数 SUM、求平均值函数 AVERAGE、求最大值函数 MAX 等。例如，把插入点左边所有单元格的数值累加，采用的公式为“=SUM(LEFT)”。

Word 还能够对整个表格或所选定的若干行进行排序，例如按成绩从高到低对表格中学生的资料重新排序，排序的依据可以是字母、数字和日期。排序的方法是：选定要排序的行，切换到【表格工具】的【布局】选项卡，在【数据】组中单击【排序】按钮，在弹出的【排序】对话框中按要求进行设置即可，如图 3.84 所示。

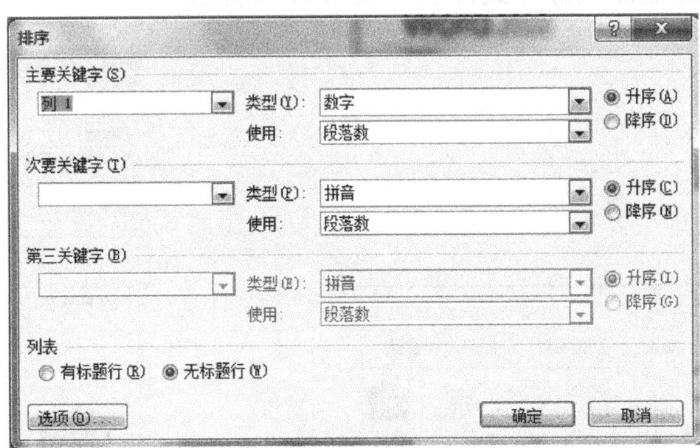

图 3.84 【排序】对话框

3.3.2 图片或剪贴画

1. 插入来自文件的图片

选择在文档中要插入图片的位置，在【插入】选项卡的【插图】组中单击【图片】，如图 3.85 所示，弹出【插入图片】窗口，如图 3.86 所示。

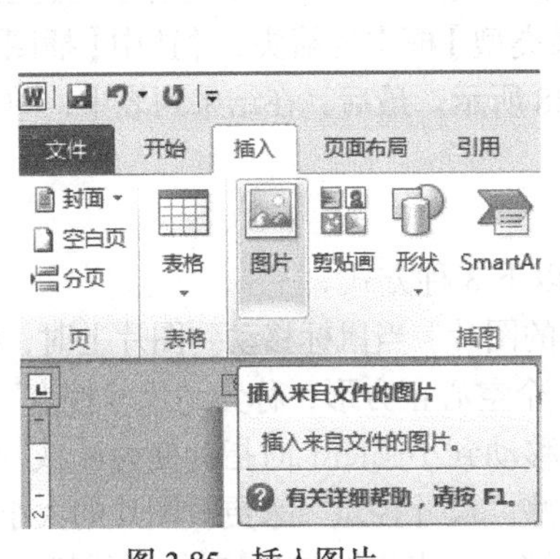

图 3.85　插入图片

图 3.86 【插入图片】窗口

找到要插入的图片并选中，单击【插入】按钮或双击要插入的图片。

> 另外两种方法，一是复制对象图片，在文档中需要插入图片的位置粘贴图片；二是选中对象图片后用鼠标将其拖到文档中需要插入图片的位置。

2. 插入网页中的图片

打开 Word 文档，在网页上右键单击要插入的图片，然后在快捷菜单中选择【复制】，再在 Word 文档中右键单击要插入图片的位置，然后单击【粘贴】命令。

3. 插入剪贴画

默认情况下，Word 2010 中的剪贴画不能全部显示出来，需要用户使用相关的关键字进行搜索。用户可以在本地磁盘和 http://office.microsoft.com/网站中进行搜索，其中 http:// office. microsoft. com/中提供了大量剪贴画，用户可以在联网状态下搜索并使用这些剪贴画。

在 Word 2010 文档中插入剪贴画的步骤如下：在【插入】选项卡的【插图】组中单击【剪贴画】，如图 3.87 所示。在【剪贴画】任务窗口的【搜索】文本框中，输入描述剪贴画的单词或词组，或输入剪贴画文件的全部或部分文件名，如图 3.88 所示。

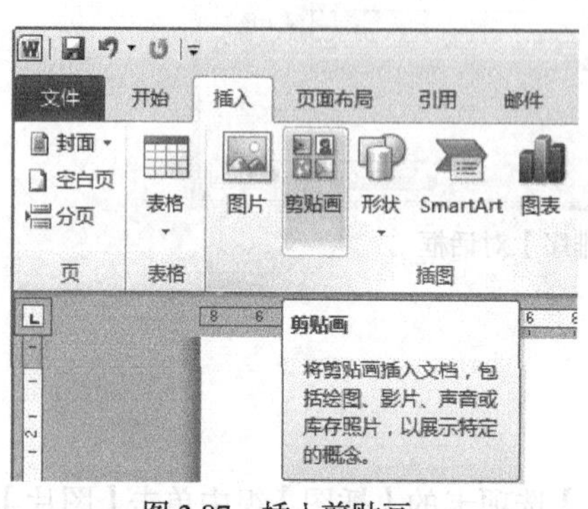

图 3.87 插入剪贴画

图 3.88 【剪贴画】任务窗口

若要修改搜索范围，可执行下列两项操作或其中之一。

（1）若要将搜索范围扩展为包括 Web 上的剪贴画，可单击【包括 Office.com 内容】复选框。

（2）若要将搜索结果限制于特定媒体类型，可单击【结果类型】框中的箭头，并选中【插图】、【照片】、【视频】或【音频】复选框，单击【搜索】，如图 3.88 所示。最后，在结果列表中，单击剪贴画将其插入。

4. 编辑图片或剪贴画

（1）调整大小及旋转。调整图片大小或旋转图片可采用以下 3 种方式。

① 鼠标拖动方式。若要调整图片尺寸，首先选中文档中的图片。当鼠标移动到图片上时，鼠标指针变为✥，单击图片，其边缘会显示 4 个空心圆圈和 4 个空心正方形，称为“尺寸控点”，如图 3.89 所示，这表示图片被选中，是可编辑状态。当鼠标移动到小圆圈上时指针变为⤢或⤡，当鼠标移动到小方框上时指针变为↕或↔。可以通过拖动这些“尺寸控点”来更改图片的大小。当指针变为⤢或⤡时拖动鼠标，图片被锁定为成比例变大或缩小；当指针变为↕时拖动鼠标，可

调整图片的高；当指针变为↔时拖动鼠标，可调整图片的宽度。需调整图片的旋转角度时，选中目标图片，图片上边框的小方框上会出现绿色的小圆点，当鼠标移动到绿色的小圆点上时指针变为，这时拖动鼠标就可旋转图片。

图 3.89　选中图片后四周出现的空心圆圈和正方形

> 当选中照片之外的任何项目时，“尺寸控点”就会消失。

② 用【布局】窗口设置。选择【图片工具】选项卡中的【格式】，在【大小】组中单击右下角的对话框启动器，如图 3.90 所示，弹出【布局】窗口，在窗口的【大小】选项卡中设置高度、宽度及旋转角度，单击【确定】按钮保存，如图 3.91 所示。

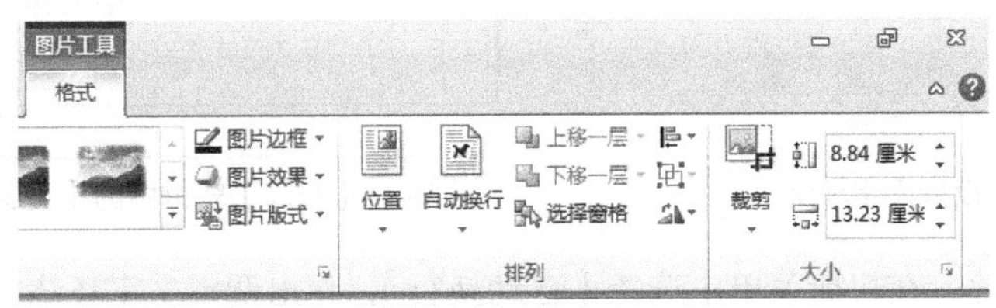

图 3.90　大小设置组

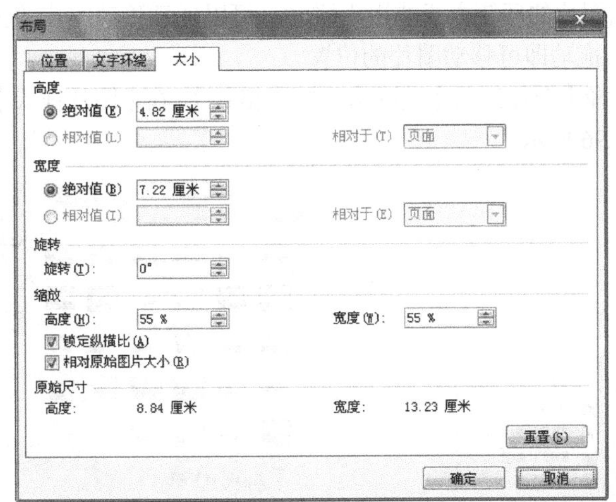

图 3.91　【布局】窗口

> 在【布局】窗口中可精确设置图片的大小及旋转角度，若要求调整后的图片纵横比不一致，要将【锁定纵横比（A）】前的“✓”去掉，再进行高度和宽度的设置。

③ 右键单击图片，弹出调整大小的快捷窗口，在其中也可以进行高度和宽度的设置，如图 3.92 所示。

（2）设置文字环绕样式。默认情况下，Word 插入图片以嵌入型方式排列，嵌入到文档中，和文本是对齐的，且无法自由移动该照片。在此种情况下，图片段前、段后与文本一致，针对文字的段落设置针对图片同样有效。

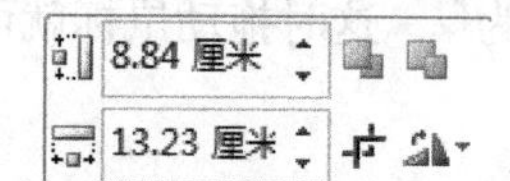

图 3.92　图片大小设置快捷窗口

更改文字环绕样式的方法如下。

① 在【格式】选项卡中单击【排列】设置组中的【位置】，然后单击所需的排列方式，如图 3.93 所示。弹出的 9 个文字环绕样式其实都是四周型文字环绕的表现形式。除嵌入型和四周型外还有紧密型、穿越型、上下型、衬于文字上方和衬于文字下方几种环绕样式。使用其他几种文字环绕样式，可通过单击图 3.93 下方的【其他布局选项】按钮打开【布局】窗口，在【文字环绕】选项卡中选择所需的排列方式，如图 3.94 所示。

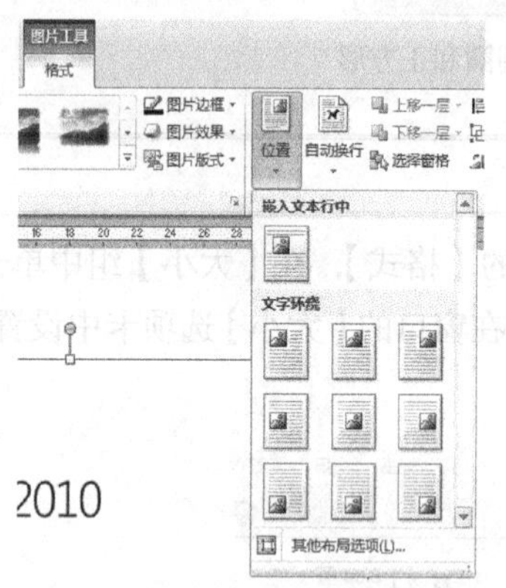

图 3.93　设置文字环绕

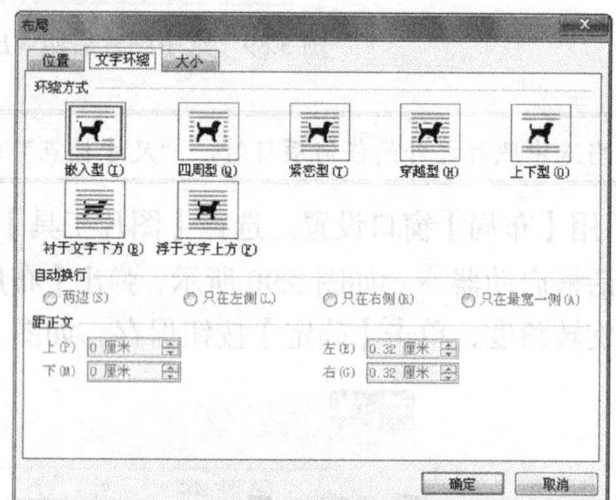

图 3.94　【布局】窗口中的【文字环绕】选项卡

② 右键单击图片，在快捷菜单中选择【自动换行】，弹出调整文字环绕方式的快捷窗口，选择需要的环绕方式，如图 3.95 所示。

（3）移动位置。当图片的环绕方式非嵌入式时，可以任意移动图片的位置。单击图片，鼠标指针会变为✥，用鼠标拖动即可移动图片的位置。

（4）设置样式。选择【图片工具】选项卡中的【格式】，在【图片样式】设置组中可以设置图片的显示样式，如图 3.96 所示。

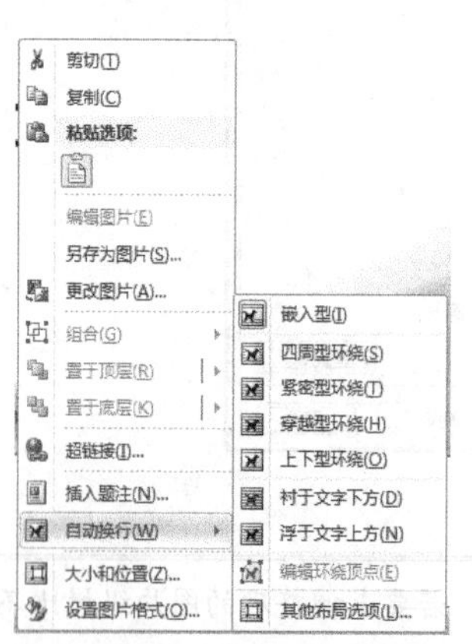

图 3.95　文字环绕方式快捷窗口

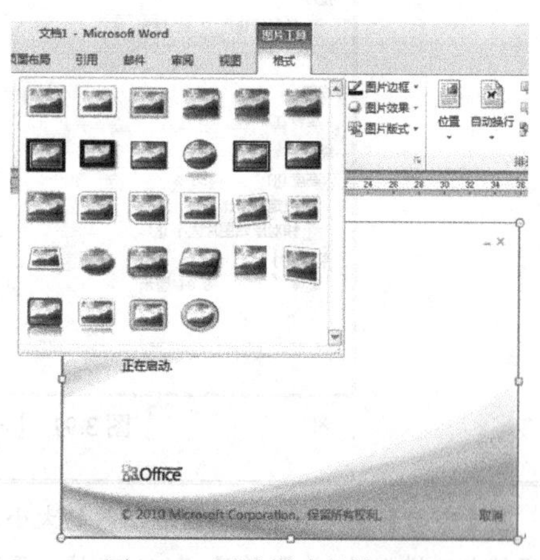

图 3.96　图片样式的设置

（5）设置艺术效果。选择【图片工具】选项卡中的【格式】，在【艺术效果】设置组中即可对图片进行各种效果的设定，如图 3.97 所示。

（6）设置图片效果。选择【图片工具】选项卡中的【格式】，在【图片效果】设置组中即可对图片进行各种效果的设定，如图 3.98 所示。

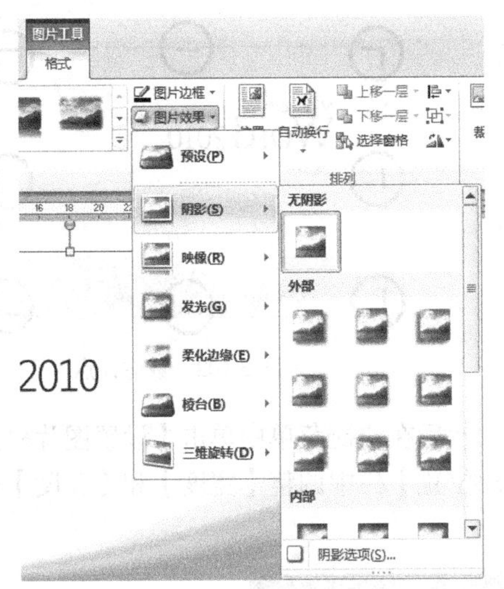

图 3.97　图片艺术效果的设置

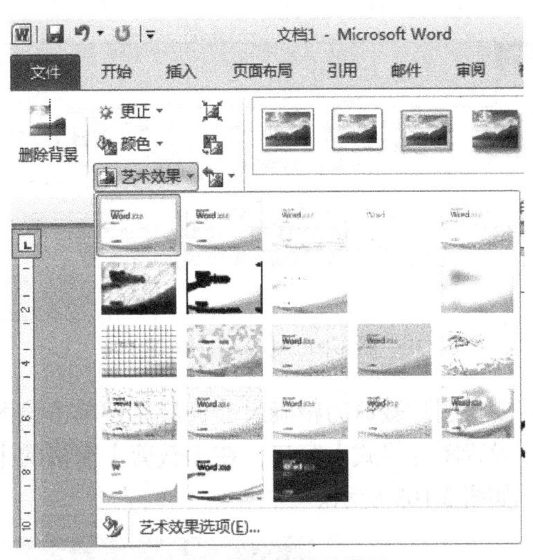

图 3.98　图片效果的设置

5. 插入屏幕截图

屏幕截图是 Word 2010 新增的内置功能，在 Word 2010 中，无需退出正在使用的程序，就可以快速地进行屏幕截图并将图片插入 Word 文件。此功能可以用来捕获在计算机上打开的全部或部分窗口的图片。

> 一次只能添加一个屏幕截图。

选择要添加屏幕截图的文档。在【插入】选项卡的【插图】组中单击【屏幕截图】按钮，如图 3.99 所示，执行下列操作之一：若要添加整个窗口，可单击【可用视窗】库中的缩略图，如图 3.100 所示；若要添加窗口的一部分，则单击图 3.100 中的【屏幕剪辑】按钮，当指针变成“十”字形时，按住鼠标左键以选择要捕获的屏幕区域；如果有多个窗口打开，可单击要剪辑的窗口，然后再单击【屏幕剪辑】按钮。当单击【屏幕剪辑】按钮时，正在使用的程序将最小化，只显示它后面的可剪辑窗口。

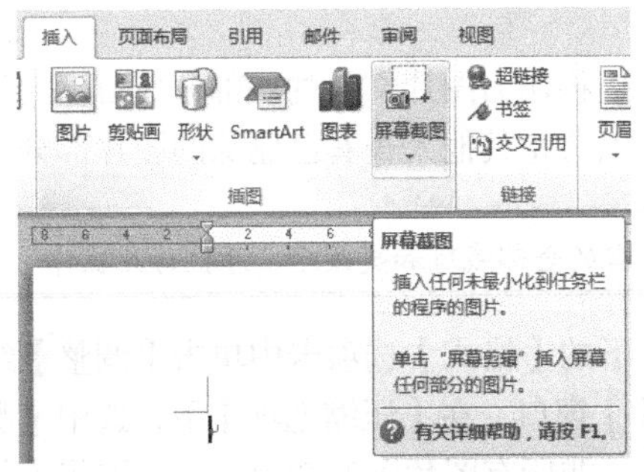

图 3.99 【屏幕截图】按钮

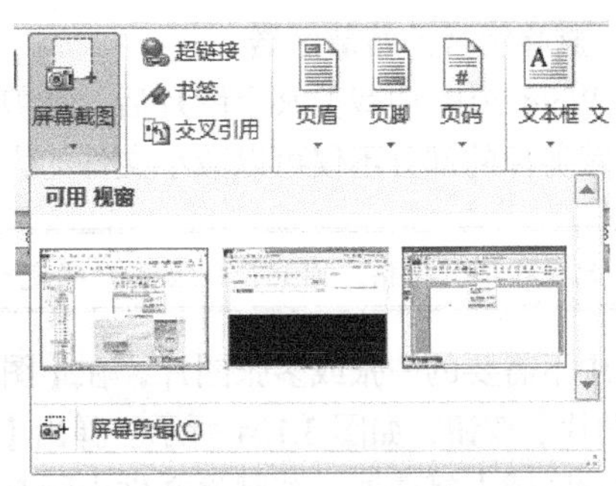

图 3.100 【可用视窗】库

6. 裁剪图片

选择要裁剪的图片。在【图片工具】标签下【格式】选项卡的【大小】组中，单击【裁剪】按钮，如图 3.101 所示。此时，图片四周出现 8 个“裁剪控点”，如图 3.102 所示。通过拖动“裁剪控点”来进行裁剪。裁剪完成后单击其他区域，或按“Esc”键退出。

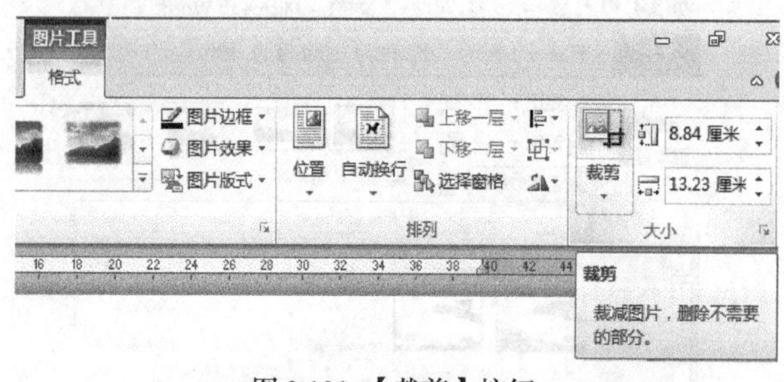

图 3.101 【裁剪】按钮

图 3.102 裁剪控点

若要将图片裁剪为精确尺寸，应右键单击该图片，然后在快捷菜单中单击【设置图片格式】，弹出【设置图片格式】窗口，在【裁剪】窗格的【图片位置】栏中调整【宽度】和【高度】微调按钮，如图 3.103 所示。

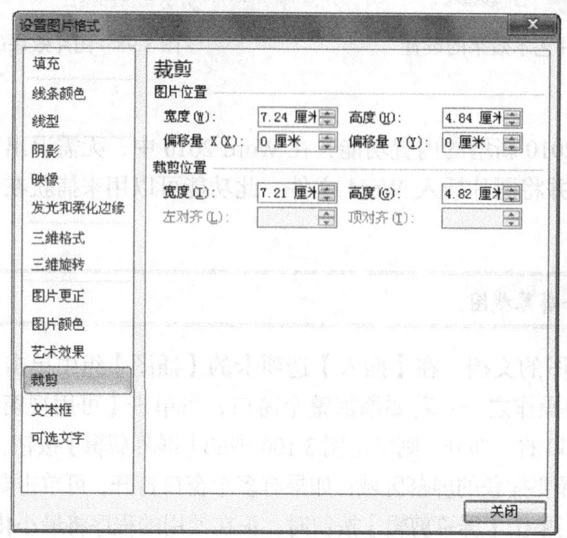

图 3.103 【设置图片格式】窗口

7. 删除图片的裁剪区域

在 Word 2010 中裁剪某个图片后，裁剪掉的部分仍将作为图片文件的一部分保留。删除图片文件中裁剪掉的部分不仅可以减小文件的大小，还可以防止其他人查看已删除的图片部分。

> ⓘ 此操作不可撤销。因此，仅当用户确定已经进行所需的全部裁剪和更改后，才执行此操作。

选中不需要的一张或多张图片，在【图片工具】下的【格式】选项卡中单击【调整】组中的【压缩图片】按钮，如图 3.104 所示。弹出【压缩图片】窗口，在【压缩选项】下，选中【删除图片的剪裁区域】复选框。若删除文件中所有选定图片（非所有图片）的裁剪部分，需将【仅应用于此图片】复选框中的“√”去掉，如图 3.105 所示。

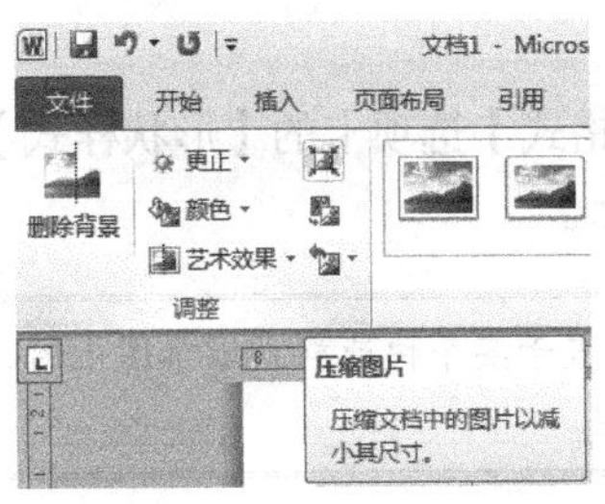

图 3.104 【压缩图片】按钮

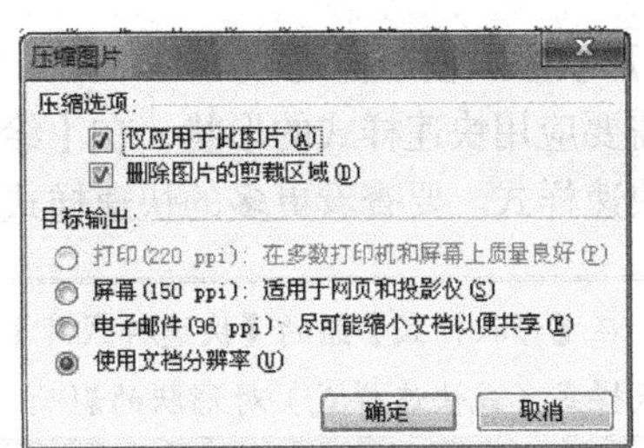

图 3.105 【压缩图片】窗口

3.3.3 形状

可以在 Word 2010 文件中添加一个形状，或者合并多个形状以生成一个绘图或一个更为复杂的形状，并且可以在形状中添加文字、项目符号、编号和快速样式。

1. 在文件中添加形状

在【插入】选项卡的【插图】组中单击【形状】，在弹出的形状集中选择所需形状，如图 3.106 所示，接着单击文档中的任意位置，然后拖动鼠标以放置形状。

> 要创建规范的正方形或圆形（或限制其他形状的尺寸），则在拖动鼠标的同时按住“Shift”键。

若添加多个形状则重复上一步操作。

2. 给形状添加文字

右键单击要添加文字的形状，在快捷菜单中选择【添加文字】，形状中会出现一个光标，然后输入文字，如图 3.107 所示。

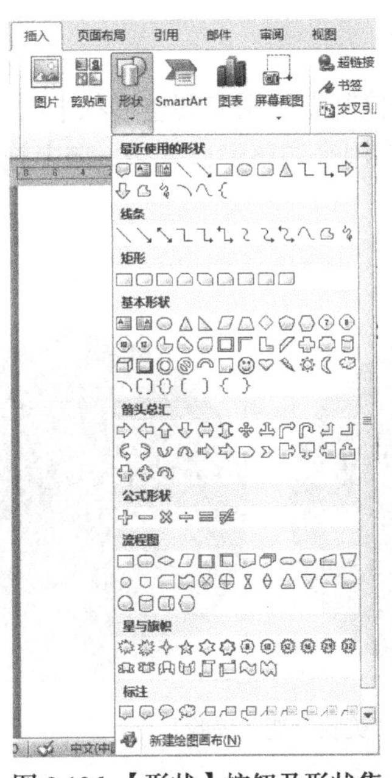

图 3.106 【形状】按钮及形状集

图 3.107 【形状】快捷菜单

> 添加的文字将成为形状的一部分，如果用户旋转或翻转形状，文字也会随之旋转或翻转。

3. 向形状添加快速样式

单击需要应用快速样式的形状，在【绘图工具】下【格式】选项卡的【形状样式】库中，单击所需的快速样式。要查看更多的快速样式，可单击按钮 。

> 在【形状样式】组的【快速样式库】中，将鼠标指针置于某个快速样式缩略图上时，可以看到形状样式（或快速样式）对形状的影响，如图 3.108 所示。

图 3.108　将鼠标指针置于快速样式缩略图上时形状发生的相应变化

如果在【快速样式】库中提供的样式不能满足用户需求，则在【绘图工具】下【格式】选项卡的【形状样式】组中，选择【形状填充】设置形状的内部颜色，选择【形状轮廓】设置形状的边框颜色，选择【形状效果】设置形状的效果。

4. 线条控制点

在每个形状中都有一个或多个黄色菱形的“线条控制点”用来调整形状中的线条。

例如，在“笑脸”形状上面有一个“线条控制点”用来调整嘴巴线条，向上拖动线条控制点，“笑脸”就变成了“哭脸”，如图 3.109 所示。

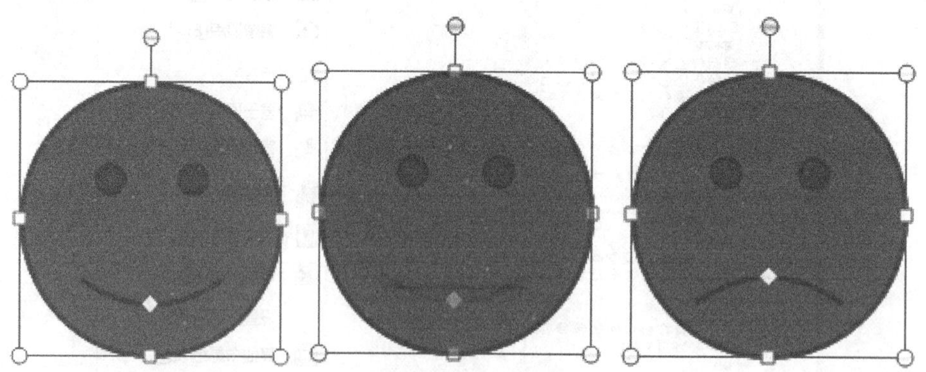

图 3.109　用“线条控制点”将“笑脸”变“哭脸”

5. 从一种形状改为另一种形状

单击需要更改的形状（若要更改多个形状，可在按住“Ctrl”键的同时单击要更改的形状）。在【绘图工具】下【格式】选项卡的【插入形状】组中，单击【编辑形状】按钮，将鼠标指针指向【改变形状】，然后单击所需的新形状。

6. 对图形进行组合

在 Word 2010 中可以将多个图形组织在一起。通过对形状进行组合，可以将多个图形作为一个图形进行处理。

选中第一个图形后，按住“Ctrl”键的同时选中其他要组合的图形，右键单击图形，弹出【图形】快捷菜单，选择【组合】→【组合图形】。这时选定的几个图形就组合在一起了。

如果要将组合的图形分开，右击图形，弹出【图形】快捷菜单，选择【组合】→【取消组合】。这时组合的图形分开了。

7. 从文件中删除形状

选中要删除的形状，然后按“Delete”键。

若要删除多个形状，可在按住“Ctrl”键（或“Shift”键）的同时选中要删除的多个形状，然后按“Delete”键。

3.3.4 SmartArt 图形

SmartArt 图形是信息的可视表示形式，用来有效地传达信息或观点。SmartArt 图形是从 Word 2007 开始引入的新元素，使用 SmartArt 对象能够更加方便、直观地呈现信息。Word 2010 提供了近 200 种不同的 SmartArt 形状。

1. 创建 SmartArt 图形并向其中添加文字

在【插入】选项卡的【插图】组中选择【SmartArt】，如图 3.110 所示。在【选择 SmartArt 图形】对话框中，单击所需的类型和布局，并单击【确定】按钮，如图 3.111 所示。在弹出的对话窗格中可以根据要表达的内容，选择某一类别下的某种 SmartArt 形状。

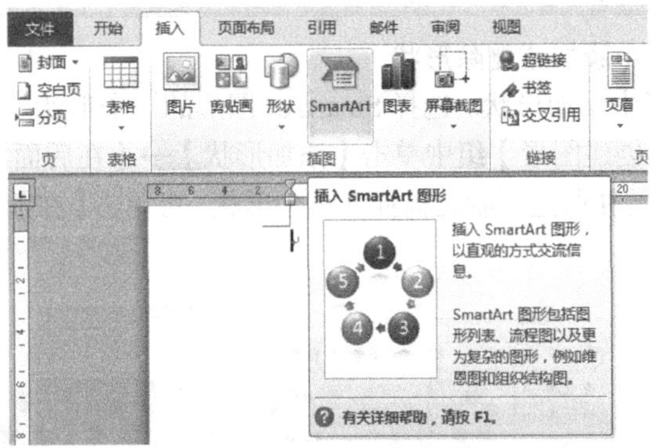

图 3.110　插入 SmartArt 图形

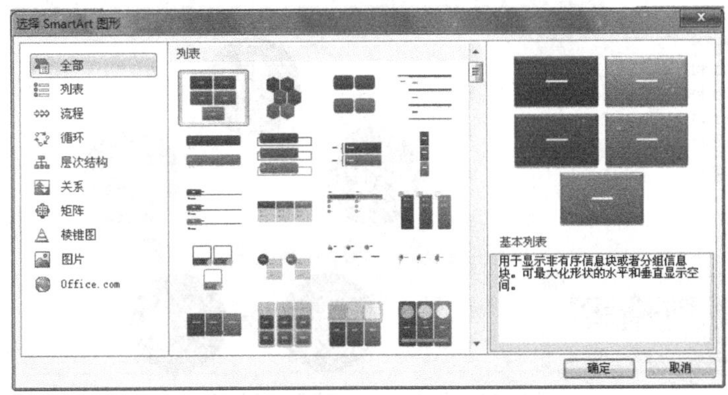

图 3.111　选择 SmartArt 图表

单击 SmartArt 左侧的【展开编辑】按钮，或者直接在【文本】上单击，即可对 SmartArt 中的文本进行编辑，如图 3.112 所示。

> 如果看不到【文本】窗格，可单击图 3.113 所示的控件。

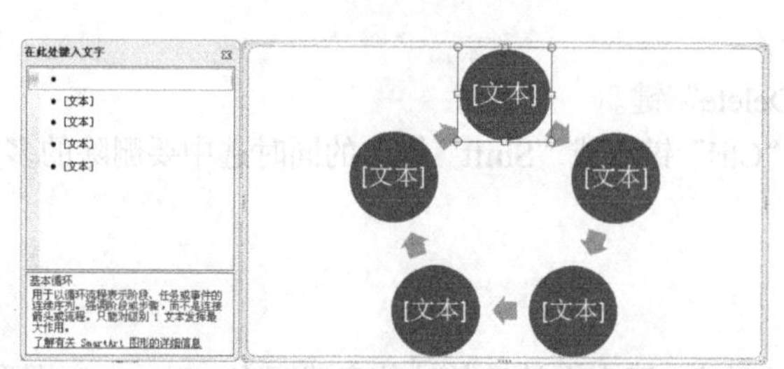

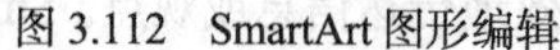

图 3.112　SmartArt 图形编辑

图 3.113　显示文本的控件

若要在靠近 SmartArt 图形或该图形顶部的任意位置添加文本，可在【插入】选项卡的【文本】组中单击【文本框】，插入文本框（文本框是一种可移动、可调大小的文字或图形容器。使用文本框，可以在一页上放置数个文字块，或使该文字与文档中其他文字按不同的方向排列）。

> 选择一个布局后，就会出现占位符文本（如【文本】），打印或预览期间不会显示占位符文本，但 SmartArt 图形的形状会显示且打印出来。

2. 在 SmartArt 图形中添加或删除形状

（1）向 SmartArt 图形中添加形状。选择 SmartArt 图形的一个形状。单击【SmartArt 工具】下的【设计】选项卡，在【创建图形】组中单击【添加形状】→【在后面添加形状】即可在所选形状之后插入一个形状；若要在所选形状之前插入一个形状，可单击【在前面添加形状】，如图 3.114 所示。

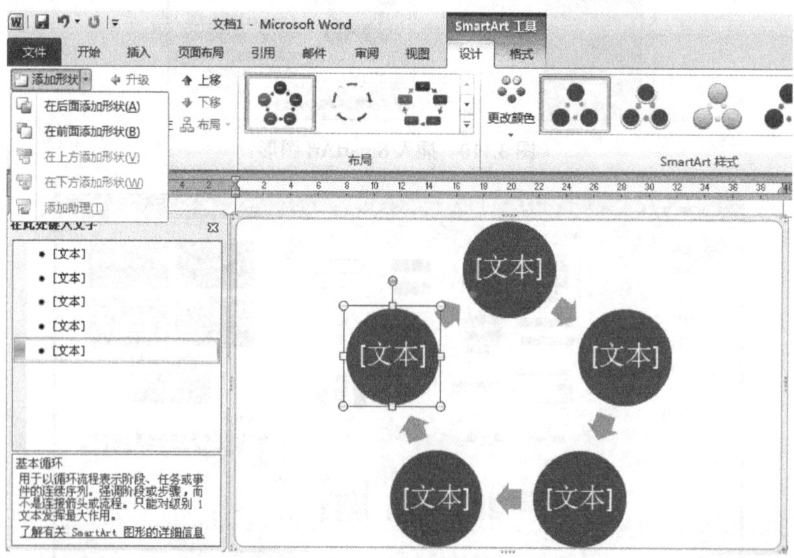

图 3.114　向 SmartArt 图形中添加形状

（2）从 SmartArt 图形中删除形状。单击要删除的形状，然后按“Delete”键。若要删除整个 SmartArt 图形，可单击 SmartArt 图形的边框，然后按“Delete”键。

> 如果看不到【SmartArt 工具】或【设计】选项卡，则双击 SmartArt 图形打开。
>
> 某些 SmartArt 图形布局包含的形状个数是固定的。例如，【关系】类型中的【反向箭头】布局用于显示两个对立的观点或概念。只有两个形状可与文字对应，并且不能将该布局改为显示多个观点或概念，所以不能增加形状。

3. 更改整个 SmartArt 图形的样式

单击 SmartArt 图形，在【SmartArt 工具】下【设计】选项卡的【SmartArt 样式】库中选择所需的样式，如图 3.115 所示。

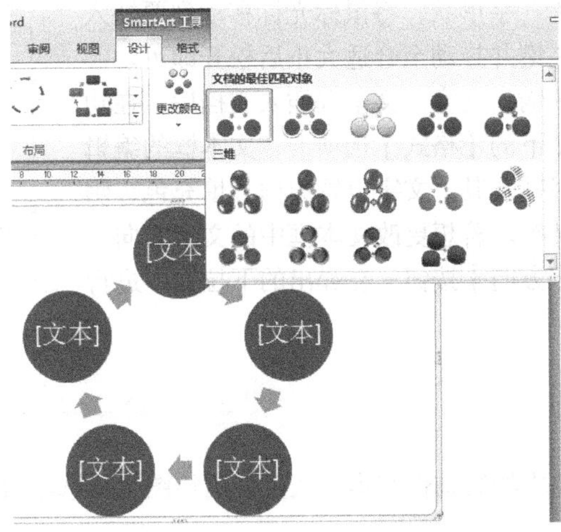

图 3.115　SmartArt 图形样式设计

4. 更改整个 SmartArt 图形的颜色

单击 SmartArt 图形，在【SmartArt 工具】下【设计】选项卡的【SmartArt 样式】组中单击【更改颜色】按钮，在其下拉列表中选择所需的颜色变体，如图 3.116 所示。

这样，一组富有展现力的 SmartArt 形状就呈现在用户面前了，如图 3.117 所示。

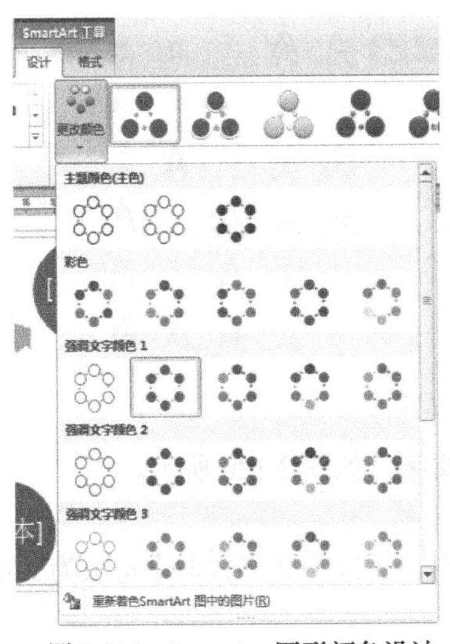

图 3.116　SmartArt 图形颜色设计

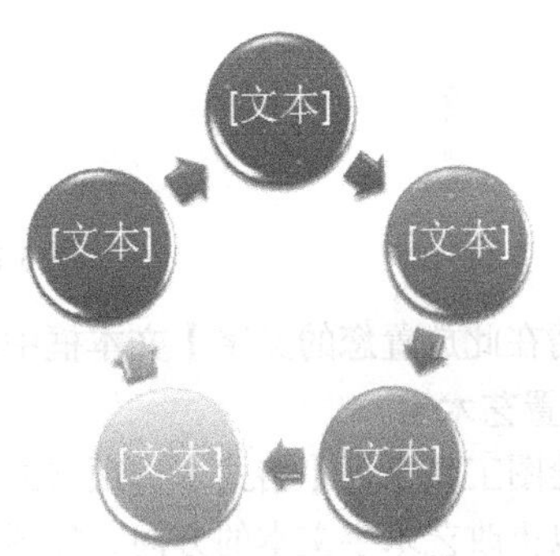

图 3.117　SmartArt 效果

3.3.5 文本框

文本框是存放文本的容器，也是一种特殊的图形对象。插入文本框的步骤如下。

（1）单击功能区【插入】选项卡的【文本】组中的【文本框】按钮，将弹出图 3.118 所示的下拉框。

（2）如果要使用已有的文本框样式，可直接在【内置】栏中选择所需的文本框样式即可。

（3）如果要手动绘制文本框，选择【绘制文本框】项；如果要使用竖排文本框，选择【绘制竖排文本框】项；进行选择后，鼠标光标在文档中变成“十”字形状，将鼠标光标移动到要插入文本框的位置，按住鼠标左键并拖动至合适大小后松开即可。

（4）在插入的文本框中输入文字。文本框插入文档后，在功能区中显示出【绘图工具】下的【格式】选项卡，文本框的编辑方法与艺术字类似，可以对其及其上文字设置边框、填充色、阴影、按钮、发光、三维旋转等。若想更改文本框中的文字方向，单击【文本】组中的【文字方向】按钮，在弹出的下拉框中进行选择即可。

图 3.118 【文本框】下拉框

3.3.6 艺术字

艺术字是可添加到文档中的装饰性文本。通过使用绘图工具选项可以在诸如字体大小和文本颜色等方面更改艺术字。

1. 插入艺术字

在【插入】选项卡的【文本】组中单击【艺术字】，选择需要的艺术字样式，如图 3.119 所示。

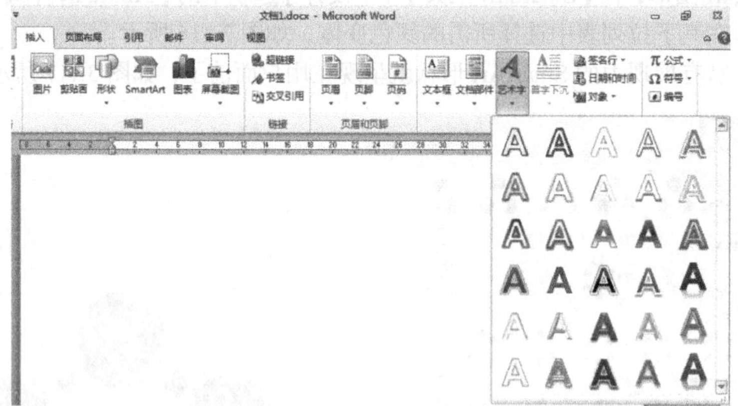

图 3.119 选择艺术字样式

在【请在此放置您的文字】文本框中输入需要的文字，如图 3.120 所示。

2. 设置艺术字

在【绘图工具】下【格式】选项卡的【文本】组中，通过【文字方向】选项为文本选择新方向，也可以更改艺术字文本的方向，如图 3.121 所示。

艺术字的字体、字号的设置与普通文字的设置相同。

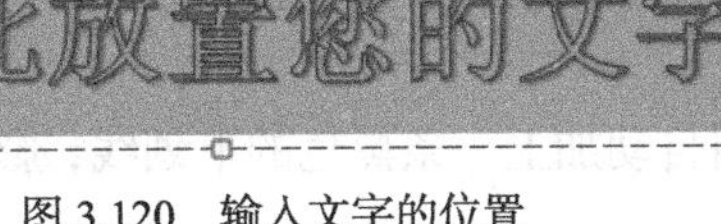

图 3.120　输入文字的位置

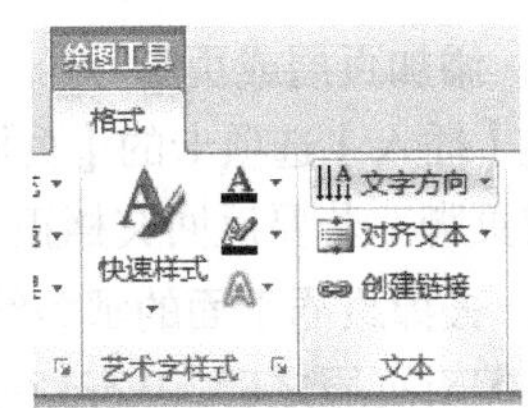

图 3.121　设置文字方向

3.4　高级操作

3.4.1　页眉、页脚和页码

1. 添加页码

在【插入】选项卡的【页眉和页脚】组中，单击【页码】，选择所需的页码位置，滚动浏览库中的选项，选择页码格式，如图 3.122 所示。

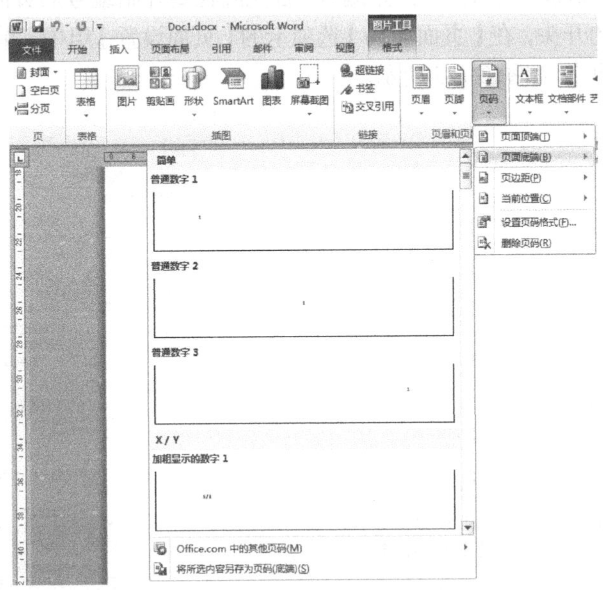

图 3.122　插入页码

若要返回文档正文，单击【页眉和页脚工具】下【设计】选项卡中的【关闭页眉和页脚】，如图 3.123 所示，或者双击正文部分退出。

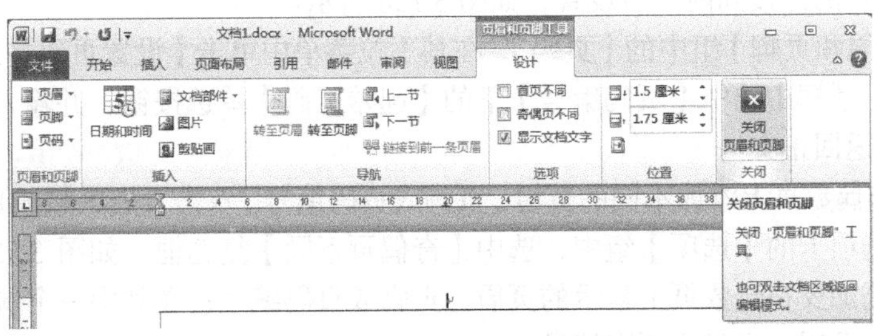

图 3.123　关闭页眉和页脚

2. 添加页眉或页脚

在【插入】选项卡的【页眉和页脚】组中，单击【页眉】或【页脚】，选择要添加到文档中的页眉或页脚。若要返回文档正文，单击【设计】选项卡中的【关闭页眉和页脚】按钮。

3. 去掉页眉下面的那条线

在编辑页眉之后，Word 往往会给页眉自动加上一条黑色的下划线，影响美观。其实去掉它并不难，用以下 3 种方法都能够轻松地实现。

方法 1，选中页眉中的文字，在【开始】选项卡的【字体】组中选择【清除格式】按钮即可。

方法 2，选中页眉中的文字，在【开始】选项卡的【段落边框】下拉列表中选择【无框线】。

方法 3，页眉下面的黑线是由于默认的页眉样式造成的，所以还可以将设置好的页眉保存到页眉库，以便以后直接调用。

4. 在其他页面重新编页码

（1）首页不同。双击页码，打开【页眉和页脚工具】下的【设计】选项卡。在【设计】选项卡的【选项】组中，选中【首页不同】复选框，如图 3.124 所示，此时首页的页眉、页脚都可以设置成与其他页不同，这种方式常用于首页不显示页码的文件上。

（2）在其他页面上开始编号。

① 若要从其他页面而非文档首页开始编号，首先应在要开始编号的页面之前添加分节符。单击要开始编号的页面的开头，在【页面布局】选项卡的【页面设置】组中，单击【分隔符】，在【分节符】下单击【下一页】，如图 3.125 所示。

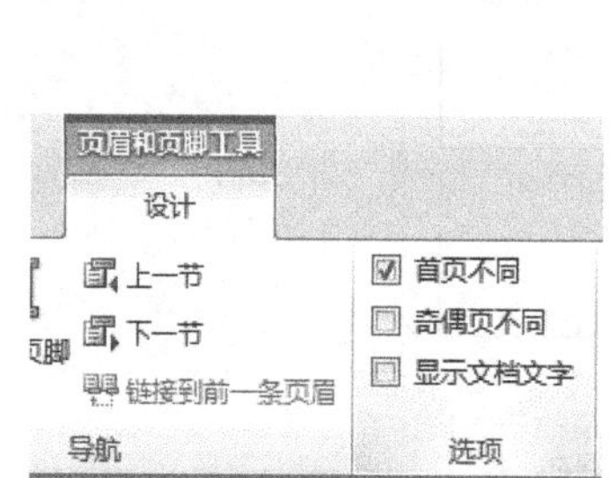

图 3.124 【首页不同】复选框

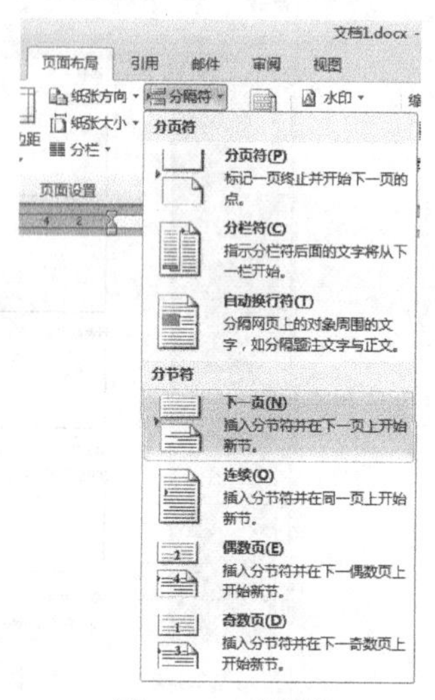

图 3.125 分隔符

② 双击页眉区域或页脚区域，在【页眉和页脚工具】选项卡的【导航】组中，单击【链接到前一条】，取消默认的链接到前一节设置，如图 3.126 所示。

③ 单击【页眉和页脚】组中的【页码】，在其下拉菜单中单击【设置页码格式】，然后在弹出的【页码格式】对话框中选中【页码编号】下的【起始页码】单选按钮，并输入起始数值，如图 3.127 所示，双击返回正文。

（3）在奇数和偶数页上添加不同的页眉、页脚或页码编号。双击页眉区域或页脚区域，在【页眉和页脚工具】选项卡的【选项】组中，选中【奇偶页不同】复选框，如图 3.124 所示。在其中一个奇数页上，添加要在奇数页上显示的页眉、页脚或页码编号；在其中一个偶数页上，添加要在偶数页上显示的页眉、页脚或页码编号。

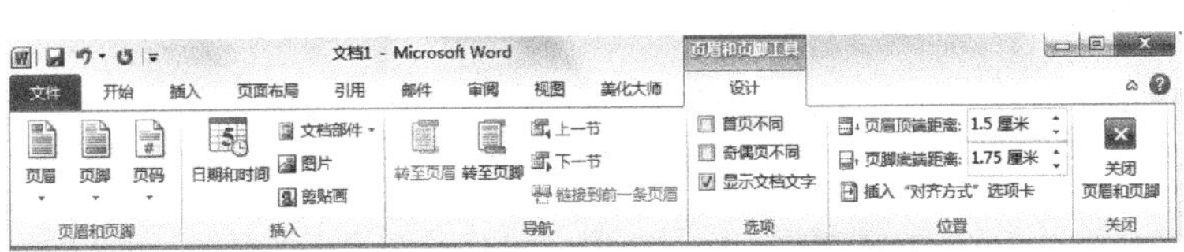

图 3.126 【页眉页脚工具】选项卡

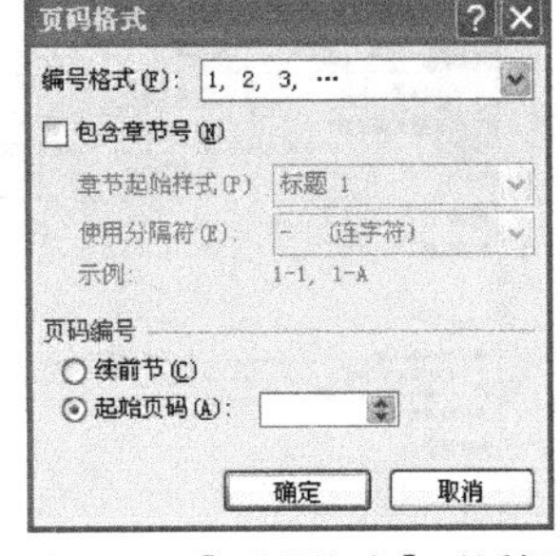

图 3.127 【页码格式】对话框

（4）删除页眉、页脚或页码。双击【页眉】、【页脚】或【页码】，选择页眉、页脚或页码，按“Delete”键。

3.4.2 封面

Word 2010 提供了一个封面库，其中包含预先设计的各种封面，使用起来很方便。选择一种封面，并用自己的文本替换示例文本。

不管光标显示在文档中的什么位置，总是在文档的开始处插入封面。

在【插入】选项卡的【页】组中单击【封面】，单击选项库中的封面布局，如图 3.128 所示。

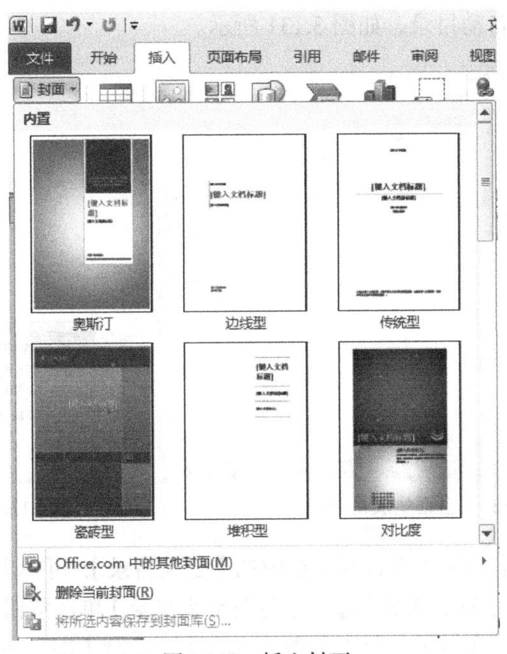

图 3.128　插入封面

插入封面后，通过单击选择封面区域（如标题和输入的文本）可以使用自己的文本替换示例文本。

3.4.3 目录

如果需要给文档插入一个目录，可以选择【引用】选项卡中的【目录】，再选择【手动目录】，如图 3.129 所示。然后，在弹出的目录表格中手工编辑目录，如图 3.130 所示。

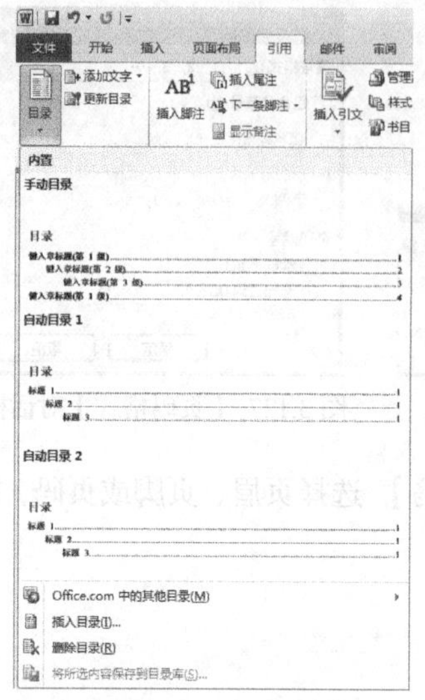

图 3.129　编制目录

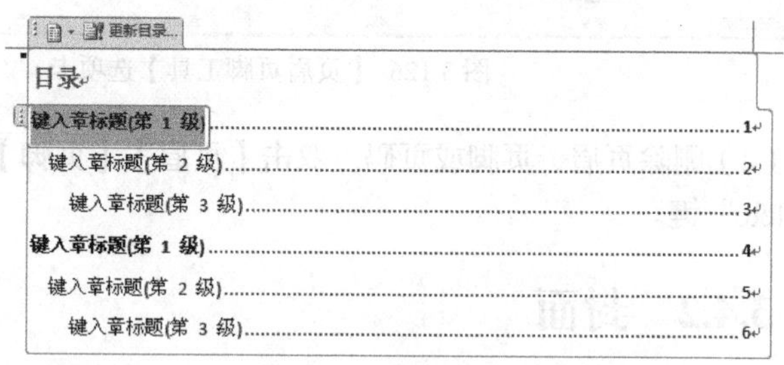

图 3.130　手动编辑目录

如果已经用样式对文档的层次结构进行了设定，那么 Word 就能够自动根据这些标题的层次生成目录结构。

选择【引用】选项卡中的【目录】，再选择【自动目录 1】或【自动目录 2】，如图 3.129 所示，即可生成一个非常规整的自动目录，如图 3.131 所示。

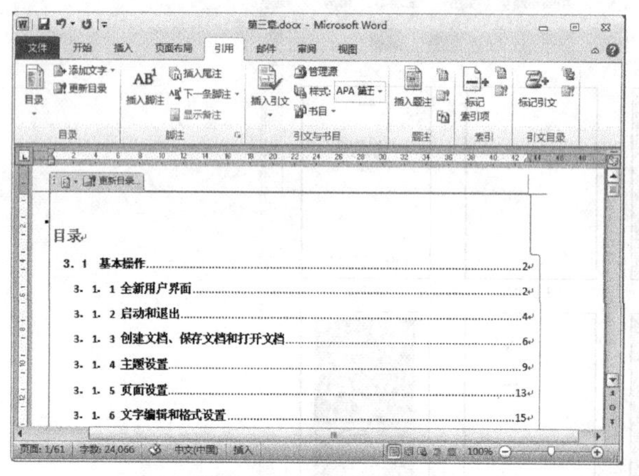

图 3.131　自动生成目录

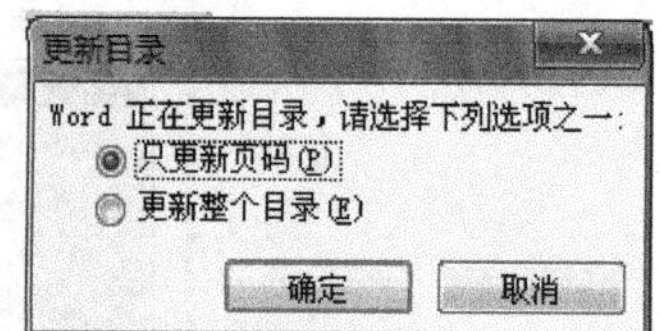

图 3.132 【更新目录】窗口

当文档增加或减少内容后单击【目录】组中的【更新目录】，可弹出【更新目录】窗口，如图 3.132 所示，根据情况选择【只更新页码】或【更新整个目录】单选按钮，然后单击【确定】按钮，让目录随时保持最新状态；在目录上单击右键，选择【更新域】即可快速更新目录。

3.4.4　设置标题样式和层次

在 Word 文档中，经常需要编辑具有很多级别标题的文档，如果针对每个段落标题都进行字体、字号、加粗等设置会很耽误时间，可以使用 Word 中的样式对文档进行快速设置。

利用前面介绍过的技巧，按住“Ctrl”键选中所有的一级标题，选择完成以后，单击【开始】选项卡【样式】组中的【标题 1】样式，这时，所有被选中的标题都会应用【标题 1】这种样式，如图 3.133 所示。也可以设置好一个一级标题后，用格式刷复制格式，再应用到其他一级标题中。

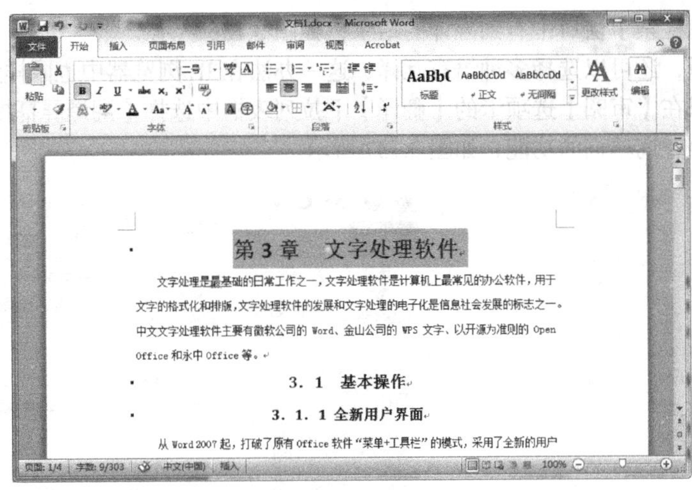

图 3.133　设置标题样式

进行同样的操作，选中所有的二级标题，应用【标题 2】样式；选中三级标题，应用【标题 3】样式。

如果希望修改某一样式的显示格式，则不必修改文字上的格式，只需要在相应的样式名称上单击鼠标右键，在弹出的快捷菜单中选择【修改】，即可对默认样式进行修改。设置后，多级别标题的文档更方便管理和查阅，在【导航】窗格（调出【导航】窗格的方式：在【视图】选项卡的【显示】组中选中【导航窗格】）中可看到树状的各级标题，如图 3.134 所示，通过单击各级标题可快速浏览该标题下的内容；在大纲视图（调出大纲视图的方式为：单击【按钮】组中的【大纲视图】）中可看到各级标题前都有一个"+"号，通过双击鼠标，选择打开、关闭该级标题下的内容，如图 3.135 所示。

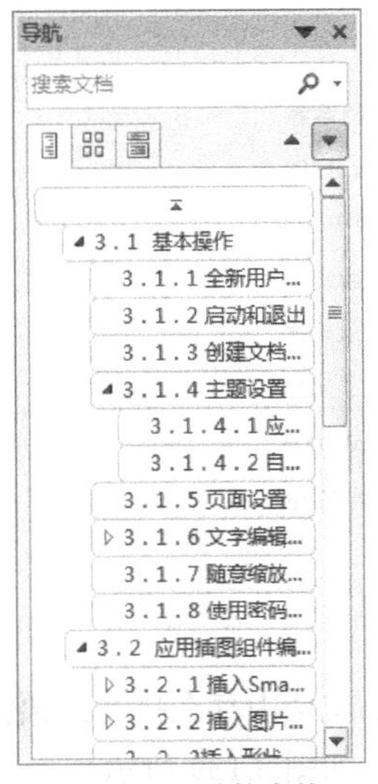

图 3.134　导航窗格

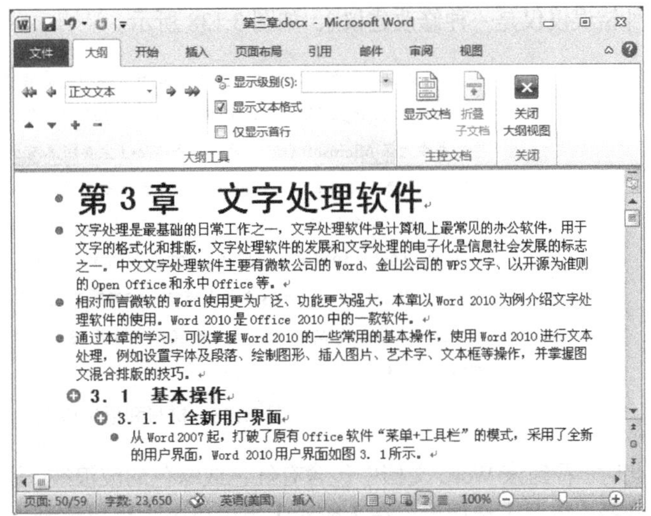

图 3.135　大纲视图

3.4.5　翻译

我们在处理公文时，往往会遇到不认识的单词，或者需要将某一单词翻译成其他语言。在 Word 中，只要按住"Alt"键，再用鼠标单击这个单词，或在这个词上单击右键选择【翻译】，即可在右侧的【信息检索】窗口中看到翻译的结果，如图 3.136 所示。

除了中英互译，还可以选择多种语言互译，这一办法在 IE 浏览器中也同样适用。

另外，还可以在【审阅】选项卡的【翻译】下拉列表框中选择【翻译屏幕提示】选项，这样即可实现鼠标悬停查询单词的功能，如图 3.137 所示。

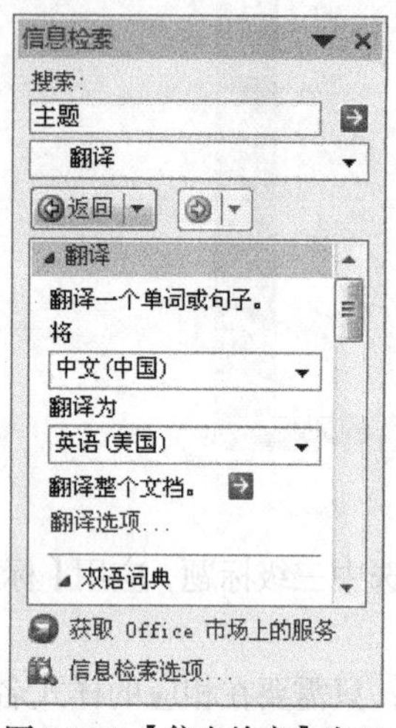

图 3.136 【信息检索】窗口

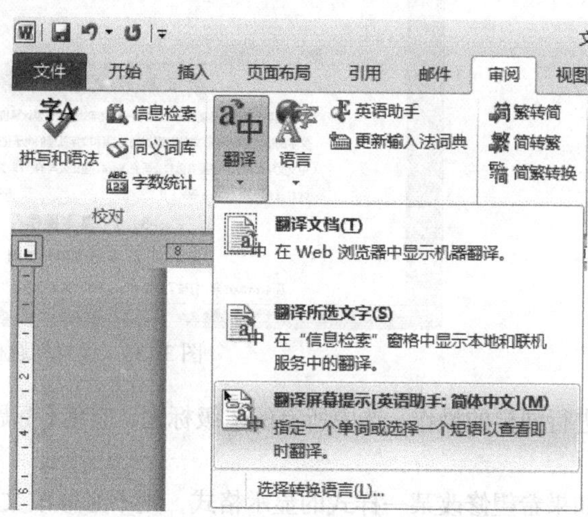

图 3.137 【屏幕翻译提示】选项

3.4.6 拼写和语法检查

在 Word 文档中，经常会看到在某些单词或短语的下方标有红色、蓝色或绿色的波浪线，这是由 Word 中提供的【拼写和语法】检查工具根据 Word 的内置字典标示出的含有拼写或语法错误的单词或短语。其中，红色波浪线表示单词或短语含有拼写错误，而绿色波浪线表示语法错误（当然这种错误仅仅是一种修改建议），如图 3.138 所示。

Word 2010 是 Microsoft 公司开发的 Offiec 2010 办公組依好件之一，随后的版本可运行于 Apple Macintosh (1984 年), SCO UNIX, 和 Microsoft Windows (1989 年), 并成为了 Microsoft Office 的一部分。Word 主要版本有：1989 年推出的 Word 1.0 版、1992 年推出的 Word 2.0 版、1994 年推出的 Word 6.0 版、1995 年推出的 Word 95 版（又称作 Word7.0，因为是包含于 Microsoft Office 95 中的，所以习惯称作 Word 95）、1997 年推出的 Word 97 版、2000 年推出的 Word 2000 版、2002 年推出的 Word XP 版、2003 年推出的 Word 2003 版、2007 年推出的 Word 2007 版、2010 年推出的 Word 2010 版（于 2010 年 6 月 18 日上市）（最新版为 Word 2013 版）。

图 3.138 拼写和语法检查

此时，看到该 Word 文档中包含有红色或绿色的波浪线，说明 Word 文档中存在拼写或语法错误。选择【审阅】选项卡，在【校对】组中单击【拼写和语法】按钮，如图 3.139 所示。

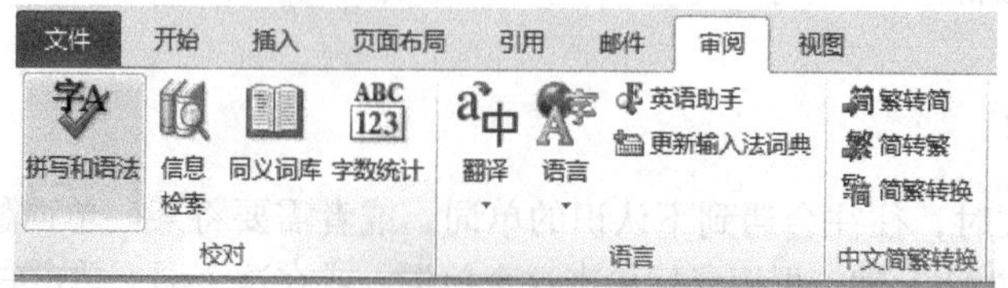

图 3.139 【拼写和语法】按钮

打开【拼写和语法】对话框，如图 3.140 所示，保证【检查语法】复选框的选中状态，确认标示出的单词或短语是否确实存在拼写或语法错误。如果确实存在错误，在【不在词典中】文本框中进行更改并单击【更改】按钮即可。如果标示出的单词或短语没有错误，可以单击【忽略一次】或【全部忽略】按钮忽略关于此单词或词组的修改建议，也可以单击【添加到词典】按钮将标示出的单词或词组加入到 Word 内置的词典中。

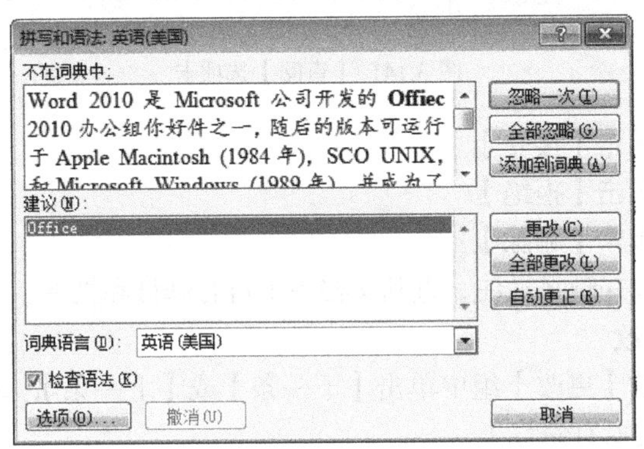

图 3.140 【拼写和语法】对话框

完成拼写和语法检查后，在【拼写和语法】对话框中单击【关闭】或【取消】按钮即可。

> Word 中如不需要显示文档中红色或绿色波浪线，可单击【文件】选项卡中的【选项】按钮，在弹出的【Word 选项】对话框中选择【校对】。在【在 Word 中更正拼写和语法时】选项栏中取消所有项的选中状态，即可禁用 Word 的自动拼写检查功能。当需要拼写/语法检查的时候，再次单击【审阅】选项卡中的【拼写和语法】按钮即可。

3.4.7 文档审阅修订

为了防止用户不经意地分发包含修订和批注的文档，在默认情况下，Word 显示修订和批注。【显示标记的最终状态】是默认选项。

在 Word 2010 中，可以跟踪每个插入、删除、移动、格式更改或批注操作，以便在以后审阅所有这些更改。【审阅窗格】中显示了文档中当前出现的所有更改、更改的总数以及每类更改的数目。

当审阅修订和批注时，可以接受或拒绝每一项更改。在接受或拒绝文档中的所有修订和批注之前，即使是用户发送或显示的文档中的隐藏更改，审阅者也能够看到。

1. 审阅修订摘要

【审阅窗格】顶部的摘要部分显示了文档中仍然存在的可见修订和批注的确切数目。通过【审阅窗格】，还可以读取在批注气泡中容纳不下的长批注。

在【审阅】选项卡的【修订】组中单击【审阅窗格】，在屏幕侧边查看摘要。若要在屏幕底部而不是侧边查看摘要，可单击【审阅窗格】下拉按钮，然后单击【水平审阅窗格】。若要查看每类更改的数目，可单击【显示详细汇总】。

2. 按顺序审阅每一项修订和批注

（1）在【审阅】选项卡的【更改】组中单击【下一条】或【上一条】，如图 3.141 所示，并执行下列操作之一。

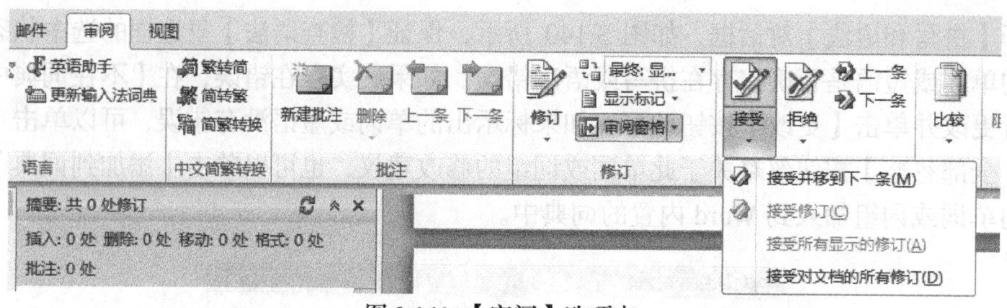

图 3.141 【审阅】选项卡

- 在【更改】组中单击【接受】。
- 在【更改】组中单击【拒绝】。
- 在【批注】组中单击【删除】。

（2）接受或拒绝更改并删除批注，直到文档中不再有修订和批注。

3. 同时接受所有更改

在【审阅】选项卡的【更改】组中单击【下一条】或【上一条】，单击【接受】下拉按钮，然后单击【接受对文档的所有修订】。

4. 同时拒绝所有更改

在【审阅】选项卡的【更改】组中单击【下一条】或【上一条】，单击【拒绝】下拉按钮，然后单击【拒绝对文档的所有修订】。

> 【审阅窗格】与文档或批注气泡不同，它不是修改文档的最佳工具。这种情况下应在文档中进行所有编辑修改，而不是在【审阅窗格】中删除文本、批注或进行其他修改。这些修改随后将显示在【审阅窗格】中。

3.4.8 邮件合并

【邮件合并向导】用于帮助用户在Word文档中完成信函、电子邮件、信封、标签或目录的邮件合并工作，采用分步完成的方式进行，因此更适用于邮件合并功能的普通用户。下面，以使用【邮件合并向导】创建邮件合并信函为例，操作步骤如下。

（1）打开 Word 文档窗口，切换到【邮件】组。在【开始邮件合并】组中单击【开始邮件合并】按钮，并在打开的菜单中选择【邮件合并分步向导】命令，如图3.142所示。

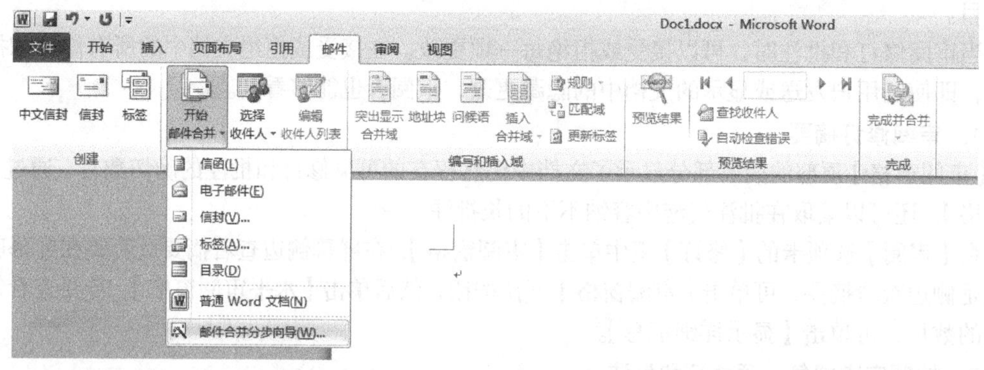

图 3.142 选择【邮件合并分步向导】命令

（2）打开【邮件合并】任务窗格，在【选择文档类型】向导页中选中【信函】单选框，并单击【下一步：正在启动文档】超链接，如图 3.143 所示。

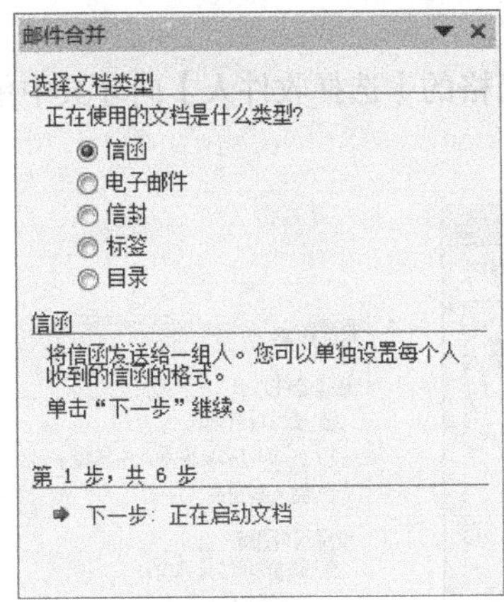

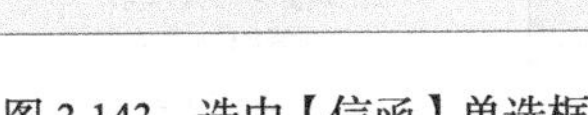

图 3.143　选中【信函】单选框

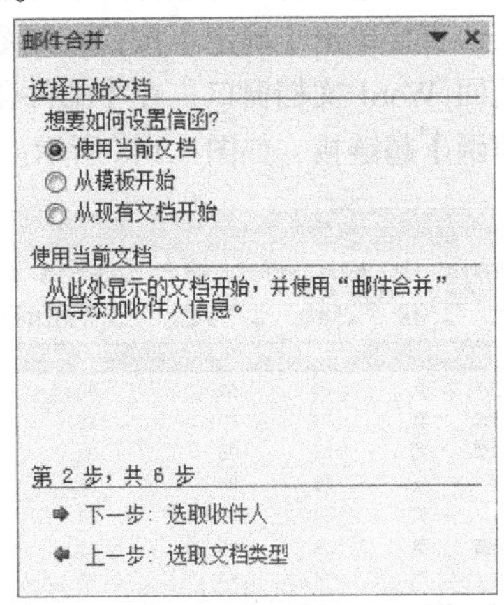

图 3.144　选中【使用当前文档】单选框

（3）在打开的【选择开始文档】向导页中，选中【使用当前文档】单选框，并单击【下一步：选取收件人】超链接，如图 3.144 所示。

（4）打开【选择收件人】向导页，选中【使用现有列表】单选框，并单击【浏览…】超链接，如图 3.145 所示。

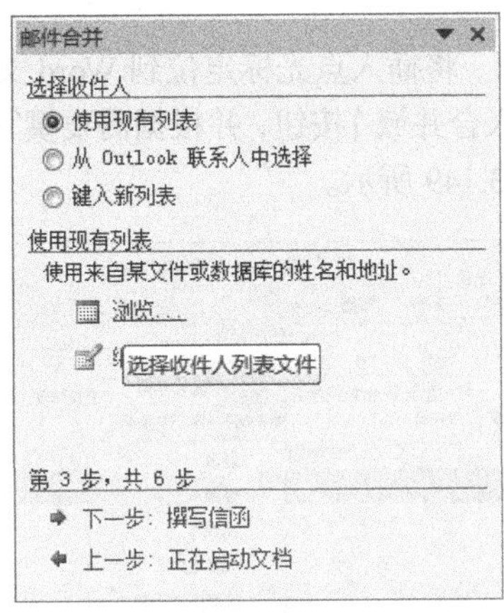

图 3.145　单击【浏览…】超链接

（5）在打开的【选择数据源】对话框中选择事先保存的 Excel 文件，然后单击【打开】按钮。打开【选择表格】对话框，选中要导入的工作表文件，单击【确定】按钮，如图 3.146 所示。

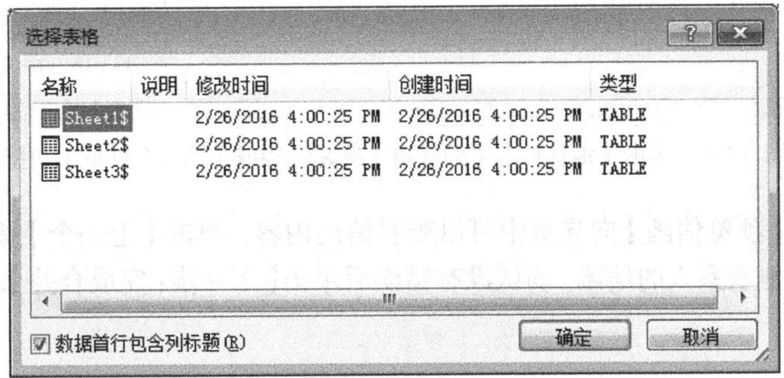

图 3.146　【选择表格】对话框

（6）在打开的【邮件合并收件人】对话框中，可以根据需要取消选中联系人。如果需要合并所有收件人，直接单击【确定】按钮，如图 3.147 所示。

（7）返回 Word 文档窗口，在【邮件合并】任务窗格的【选择收件人】向导页中单击【下一步：撰写信函】超链接，如图 3.148 所示。

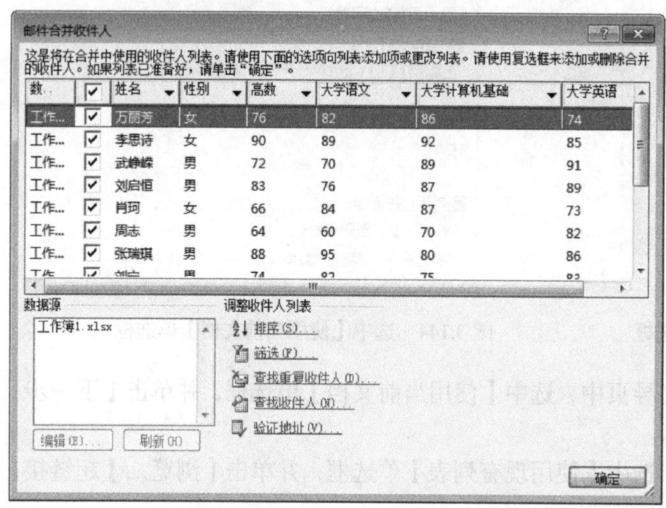

图 3.147 【邮件合并收件人】对话框

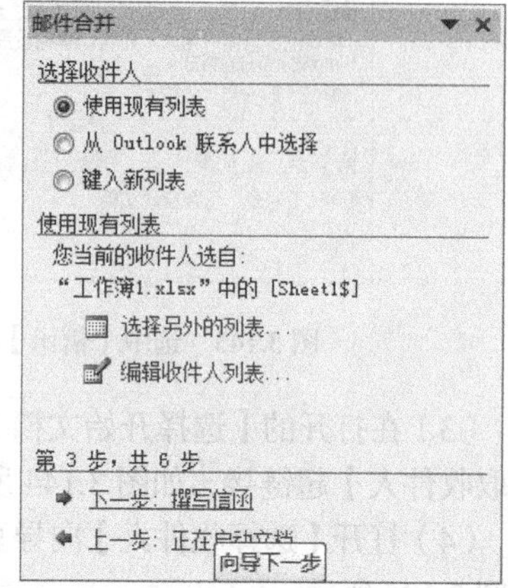

图 3.148 单击【下一步：撰写信函】超链接

（8）打开【撰写信函】向导页，将插入点光标定位到 Word 文档顶部，然后根据需要单击【地址块】【问候语】等超链接或【插入合并域】按钮，并根据需要撰写信函内容。撰写完成后单击【下一步：预览信函】超链接，如图 3.149 所示。

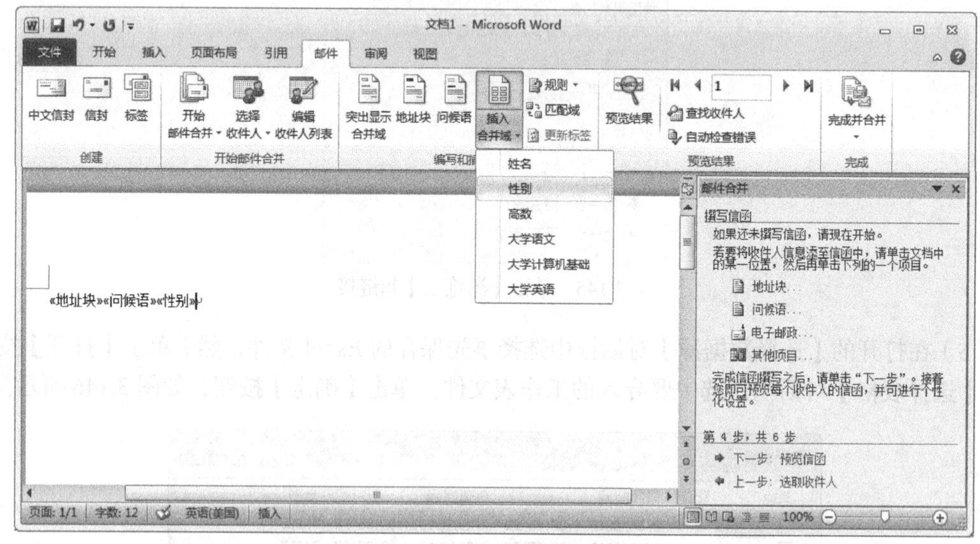

图 3.149 单击【地址块】【问候语】等超链接或【插入合并域】按钮

（9）在打开的【预览信函】向导页中可以查看信函内容，单击【上一个】按钮«或【下一个】按钮»可以预览其他联系人的信函。确认没有错误后单击【下一步：完成合并】超链接，如图 3.150 所示。

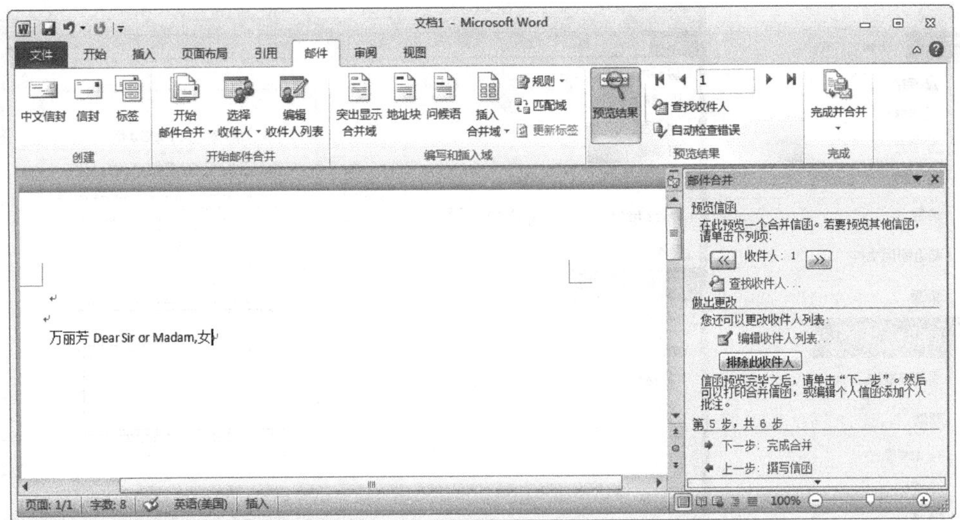

图 3.150　预览信函

（10）打开【完成合并】向导页，用户既可以单击【打印…】超链接开始打印信函，也可以单击【编辑单个信函】超链接针对个别信函进行再编辑，如图 3.151 所示。

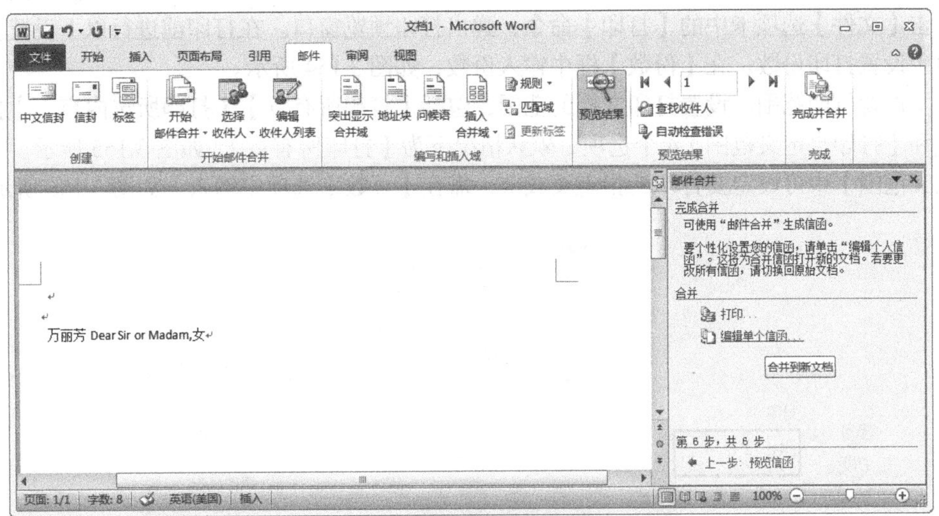

图 3.151 【完成合并】向导页

3.5　打印文档与共享文档

3.5.1　打印文档

1. 预览页面视图

在 Word 2010 中不需要实际打印文档，也可以方便地预览文档在打印时的布局效果。

单击【文件】选项卡中的【打印】命令，如图 3.152 所示，页面中即可显示文档的打印预览效果，如图 3.153 所示。

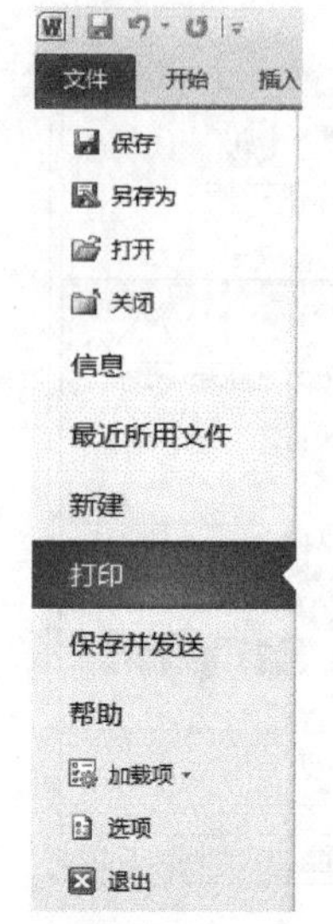

图 3.152 【打印】命令

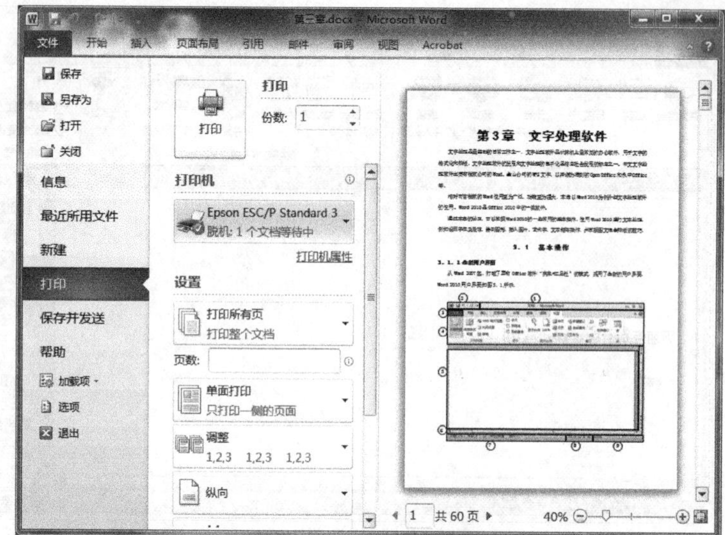

图 3.153 打印预览效果

2. 打印文档

对于设置好的文档，在打印预览中看到满意效果后，即可以开始打印，具体设置方法如下。

单击【文件】选项卡中的【打印】命令，弹出打印预览窗口。在打印前进行以下设置。

（1）设置打印份数。在【份数】框中输入份数，如图 3.154 所示。

（2）设置打印范围。设置打印文档的范围，包括【打印所有页】、【打印所选内容】、【打印当前页】和【打印自定义范围】4 个选项，默认情况下为【打印所有页】，如图 3.155 所示。在【打印自定义范围】中可设定要打印的指定页或节，需在【页数】选项中输入，如图 3.156 所示。

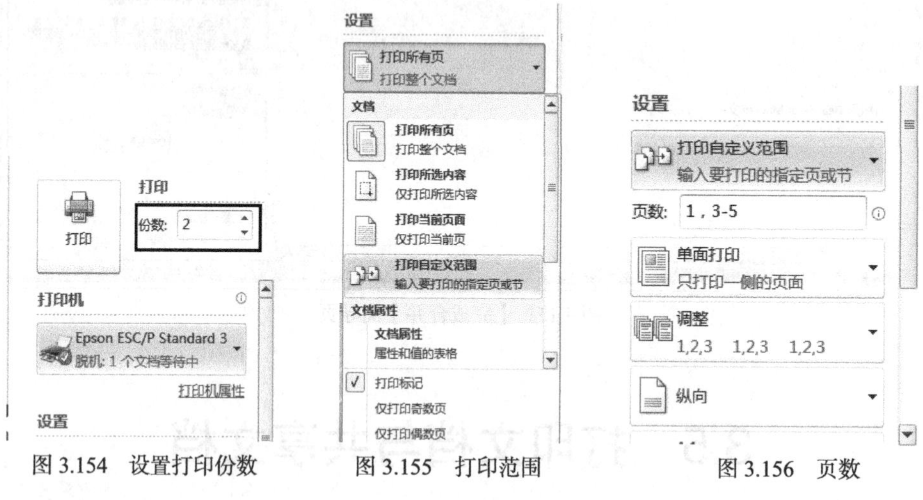

图 3.154 设置打印份数　　图 3.155 打印范围　　图 3.156 页数

> 有多种方法可用于指定要打印的页面，输入页码范围（用半角的逗号表示分隔，用半角的“-”表示连续），如 1，3，5-12 表示打印第 1 页、第 3 页和第 5～12 页。

（3）设置纸张大小、页边距及纸张方向，参照 3.1.5 中的内容。

（4）设置打印机。在【打印机】选项下单击选择所需的打印机，如图 3.157 所示。

（5）单击【打印】按钮即可打印文档，如图 3.158 所示。

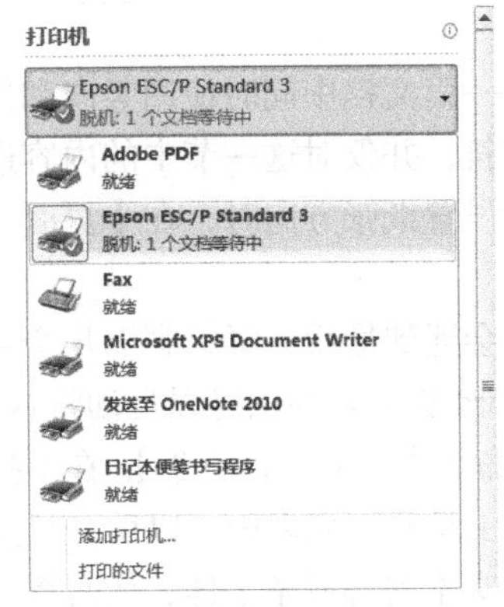

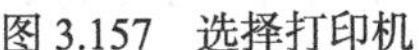

图 3.157　选择打印机

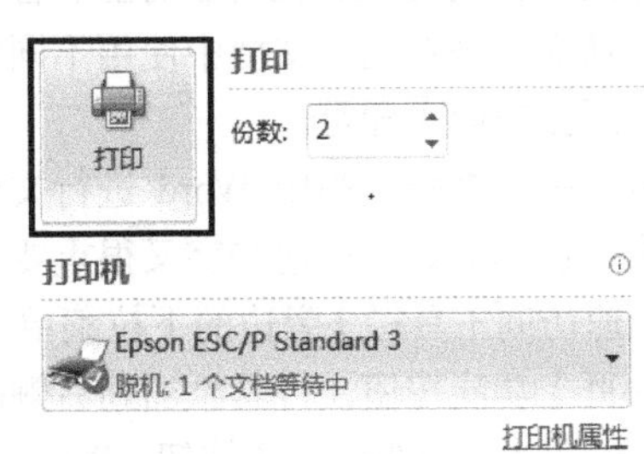

图 3.158 【打印】按钮

3. 设置双面打印

首先了解打印机是否支持自动双面打印。

如果打印机支持自动双面打印，则在打印预览窗口的【设置】中单击【打印设置】，选择【双面打印】，将打印机设置为双面打印。

如果打印机不支持自动双面打印，用户有两种选择：使用手动双面打印，或分别打印奇数页面和偶数页面。

（1）使用手动双面打印。在打印预览窗口的【设置】中单击【单面打印】→【手动双面打印】。打印时，Word 将提示用户将纸张翻过来然后再重新装入打印机。

（2）分别打印奇数页和偶数页。在打印预览窗口的【设置】中单击【打印所有页】，在弹出的下拉菜单中选择【仅打印奇数页】，再单击【打印】按钮，这时将打印出所有的奇数页。打印完奇数页后，将纸张翻转过来，放入打印机，同上选择【仅打印偶数页】，再单击【打印】按钮，即可打印出所有的偶数页。

打印完奇数页后，翻转打印纸时奇数页的页码大数在上、小数在下，按照 Word 中的默认设置总是从第一页打印到最后一页，所以打印偶数页时需进行逆序打印设置。其实，在打印前只要先在【文件】选项卡【Word 选项】→【高级】中选中【逆序打印页面】，即可在打印时按逆序从最后一页打印到第一页，这样设置才能保证完成后所有的页码是顺序排列的，如图 3.159 所示。

图 3.159　设置逆序打印

4. 打印技巧

（1）打印同一文档时使用不同的页面方向。如果要在一篇文档中同时使用竖向和横向两种不同的页面方向，我们可在所选内容的前后各插入一个分节符，并仅对这一节中的内容进行页面方向的更改，从而实现在同一文档中使用不同的页面方向。设置纸张方向时，在【页面布局】选项卡中选择【纸张方向】即可。

（2）节省一页纸张。利用 Word 进行文档编辑时经常会遇到最后一页只剩下几个字的情况，既浪费纸张，也不美观，但这些字又很重要不能删掉。Word 有个好办法可以自动将这一页省掉，只需在【快速访问工具栏】旁边的下拉菜单中选择【其他命令】→【所有命令】，在下拉菜单中找到【减少一页】功能按钮，将其添加到右侧的【快速访问工具栏】列表中。以后，只要遇到这种情况，就可以单击【减少一页】按钮，Word 就会自动根据文本内容调整字体，从而将多余出来的几个字收纳到前面一页，既节省纸张又美观！

3.5.2 共享文档

1. 由 Word 文档快速导入 PowerPoint

当使用 Word 编辑好文档以后，可以轻松地将其发送到 PowerPoint 中进行展示，只需简单地单击鼠标，避免了复杂的复制、粘贴的操作。在 Word 的【文件】选项卡中选择【Word 选项】，在【快速访问工具栏】选项的【所有命令】中找到【发送到 Microsoft PowerPoint】，将其添加到自定义工具栏中，以后单击这个命令按钮，就可以将 Word 中的文档发送到 PowerPoint 的幻灯片上了，如图 3.160 ~ 图 3.162 所示。

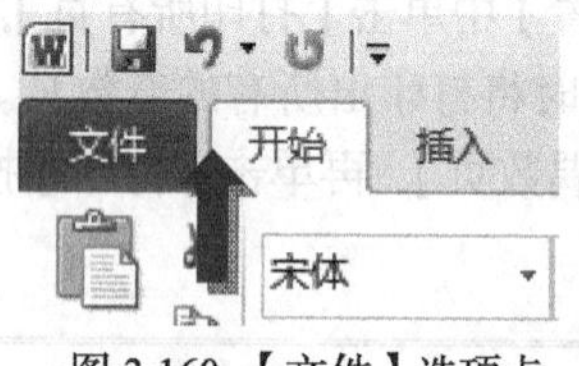

图 3.160 【文件】选项卡

图 3.161 【发送到 Microsoft PowerPoint】按钮

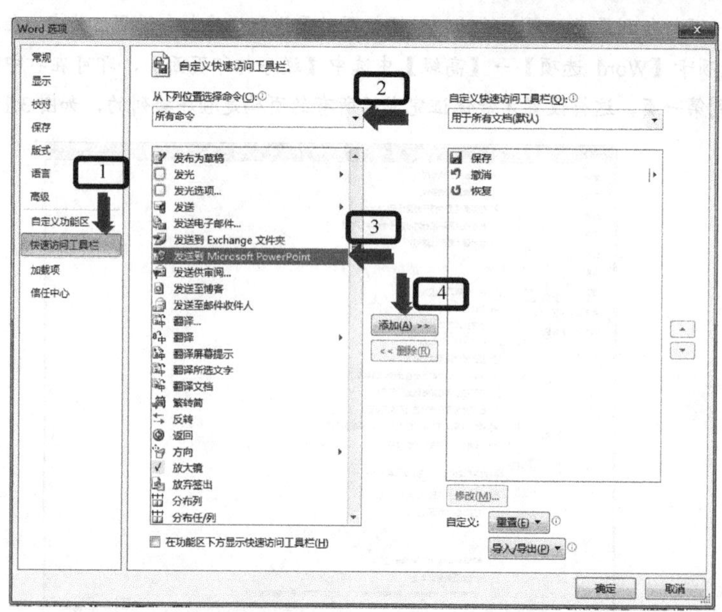

图 3.162 设置【发送到 Microsoft PowerPoint】按钮的步骤

> 发送有个前提，就是 Word 中的文档要通过样式设置好标题的层次结构，否则发送过去的内容很有可能是层次混乱的。

2. 另存为 PDF 或 XPS

有的文件我们希望他人能查看、保存、打印，但要防止他人修改，如简历、法律文档、新闻稿、仅用于阅读和打印的文件以及用于专业打印的文档。借助 Word 2010 程序，用户可以将这类文件转换为 PDF 或 XPS 格式。单击【文件】→【另存为】按钮，在【保存类型】列表中选择【PDF(*.pdf)】或【XPS 文档(*.xps)】，然后单击【保存】按钮。要查看 PDF 文件，必须在计算机上安装 PDF 读取器，如“Adobe Acrobat Reader”。

> 将文档另存为 PDF 或 XPS 文件后，就无法将其转换回 Microsoft Office 文件格式了，除非使用专业软件或第三方加载项。

(1) PDf 格式。可移植文档格式 PDF 可以保留文档格式并允许文件共享。联机查看或打印 PDF 格式的文件时，该文件可保留预期的格式。他人无法轻易更改文件中的数据，并且用户可以将这些数据显示设置为禁止编辑。此外，PDF 格式对于要使用专业印刷方法进行复制的文档十分有用。与 XPS 相比，PDF 支持各种平台，并已作为一种有效格式被众多代理机构、组织和审阅者接受。

(2) XPS 格式。XPS(XML 纸张规格)是一种平台独立技术，该技术也可以保留文档格式并支持文件共享。联机查看或打印 XPS 文件时，该文件可保留预期的格式并且他人无法轻易更改文件中的数据。XPS 可以在不考虑指定字体能否用于接收人的计算机的情况下，嵌入文件中的所有字体，从而使这些字体能按预期显示；同时，与 PDF 格式相比，XPS 格式能够在接收人的计算机上呈现出更加精确的图像和颜色。

3.6 文件格式及其兼容性

3.6.1 全新的文件格式

在 Microsoft Office 2010 中，Word、Excel 和 PowerPoint 都采用了全新的文件格式，最显著的特征就是文件扩展名后面多了一个“x”，这是基于 Open XML 的一种全新的文件格式，可使 Office 文件变得更小、更可靠，并能与信息系统和外部数据源深入集成。它与原来的 doc 文档格式相比有以下几个优点。

(1) 缩小文件大小并增强损坏恢复能力。

(2) 新的文件格式是经过压缩、分段的文件格式，可极大地缩减文件体积，并有助于确保损坏的文件能够轻松恢复。

(3) 将文档与业务信息连接在业务中，需要创建文档来沟通重要的业务数据。可通过自动完成该沟通过程来节省时间并降低出错风险。使用新的文档控件和数据绑定连接到后端系统，即可创建能自我更新的动态智能文档。

3.6.2 文件格式的兼容性

因为 Word 2010 默认采用了全新的 OOXML 文件格式，所以需要注意文档格式之间的互相兼容性。

1. 使用 Word 2010 打开 Word 2003 或更早版本的文档

Word 2010 提供了良好的向下兼容能力，能支持打开或保存先前版本的文档，无需额外设置。

2. 使用 Word 2003 或更早版本打开 Word 2007、Word 2010 格式的文档

如果希望使用 Word 2003 或更早版本的 Word 打开基于 Word 2007 或 Word 2010 创建的文档，可以选择以下两条途径。

第一，使用 Word 2010 的【另存为】功能，将文档保存成【Word 97-2003 文档】，这样，生成的文档在更早版本的 Word 中可以直接被打开。

第二，安装兼容包，可以从 http://office.microsoft.com/下载适用于 OOXML 文件格式的 MicrosoftOffice 兼容包。通过该兼容包，可以使用某些早期版本的 Word 打开以 docx 和 docm 格式保存的 Word 2010 文档。

习　题

一、选择题

1. Word 2010 是一种（　　）软件。

A. 文字处理软件　B. 系统软件　C. 网络加速软件　D. 分析系统

2. 在 Word 2010 编辑状态下，要统计文档的字数，需要使用的选项卡是（　　）。

A.【开始】　B.【插入】　C.【页面布局】　D.【审阅】

3. 在 Word 2010 编辑状态下，移动鼠标指针至文档左边框空白处（文本选定区）连击左键三下，会选择文档的（　　）。

A. 一句话　B. 一行　C. 一段　D. 全文

4. 在 Word 2010 的表格操作中，改变表格的行高与列宽可用鼠标操作，方法是（　　）。

A. 当鼠标指针在表格线上变为双箭头形状时拖动鼠标

B. 双击表格线

C. 单击表格线

D. 单击【拆分单元格】按钮

5. 当前已打开一个 Word 文档，若想打开另一个 Word 文档（　　）。

A. 首先关闭原来的文件，才能打开新文件

B. 打开新文件时，系统会自动关闭原文件

C. 两个文件同时打开

D. 新文件的内容将会加入原来打开的文件

二、填空题

1. Word 2010 默认的文件扩展名是__________。

2. Word 2010 在打印文档之前，常常要用__________选项卡中的__________选项对文档进行预览。

3. Word 2010 在编辑状态下，设置显示或隐藏标尺，可在__________选项卡的__________组中选择或取消该选项。

4. Word 2010 默认的纸张大小是__________。

5. 当执行了误操作后，可以单击__________按钮撤销当前操作。

三、简答题

1. 段落的对齐方式有哪几种。
2. Word 2010 的视图方式有几种？试述其功能？
3. 列出在 Word 2010 中执行剪切命令的几种方法。
4. 简述在 Word 2010 文档中全文查找“计算机”，并全部替换为“微型计算机”的操作步骤。
5. 简述 Word 2010 文档中图片与文字环绕方式有哪几种。

第4章 电子表格处理软件

电子表格可以输入/输出和显示数据，可以帮助用户制作各种复杂的表格文档，进行繁琐数据计算，并能对输入的数据进行各种复杂统计运算后显示为可视性极佳的表格；同时，它还能形象地将大量枯燥无味的数据变为多种漂亮的彩色商业图表展示出来，极大地增强了数据的可视性。另外，电子表格还能将各种统计报告和统计图打印出来。

常用的电子表格软件有微软 Excel 和金山 WPS 表格等。

本章以微软 Excel 2010 为例介绍电子表格软。Excel 2010 是 Microsoft 公司出品的 Office 2010 系列办公软件中的一个组件，可以用来制作电子表格、完成许多复杂的数据运算、进行数据的统计和分析等，并且具有强大的制作图表的功能。

Excel 2010 的基本操作包括用户界面的启动和退出、创建工作簿、保存和打开工作簿、主题设置、页面设置、文字编辑和格式设置、随意缩放版面或文字、使用密码、权限和其他限制保护工作簿、Excel 2010 的 SmartArt 图形、图片或剪贴画、形状、艺术字等对象的插入、Excel 2010 的实时翻译、工作簿的打印、设置文件格式和兼容性等功能；这些都可参照第 3 章 Microsoft Word 2010 详细介绍的操作进行。

通过本章的学习，可以掌握 Excel 2010 一些常用的基本操作，能够使用 Excel 2010 进行数据处理，如数据的整理和分析、公式和函数的应用和图表制作等。

4.1 基本操作

4.1.1 Excel 2010 工作界面

Excel 2010 的工作界面如图 4.1 所示。

1. 标题栏

标题栏用来显示正在编辑的工作表的文件名以及编辑软件的名称信息。

2. 快速访问工具栏

快速访问工具栏主要用来显示用户日常工作中频繁使用的命令按钮，其默认显示【保存】【撤销】和【恢复】命令按钮。

3. 【文件】选项卡

在【文件】选项卡中可以查找对文档本身而非对文档内容进行操作的命令，如【新建】【打开】【另存为】【打印】和【关闭】等常用命令。

4. 功能区

功能区由选项卡、组和命令 3 类基本组件组成。当用户单击选项卡时，即可打开相应的功能区选项。

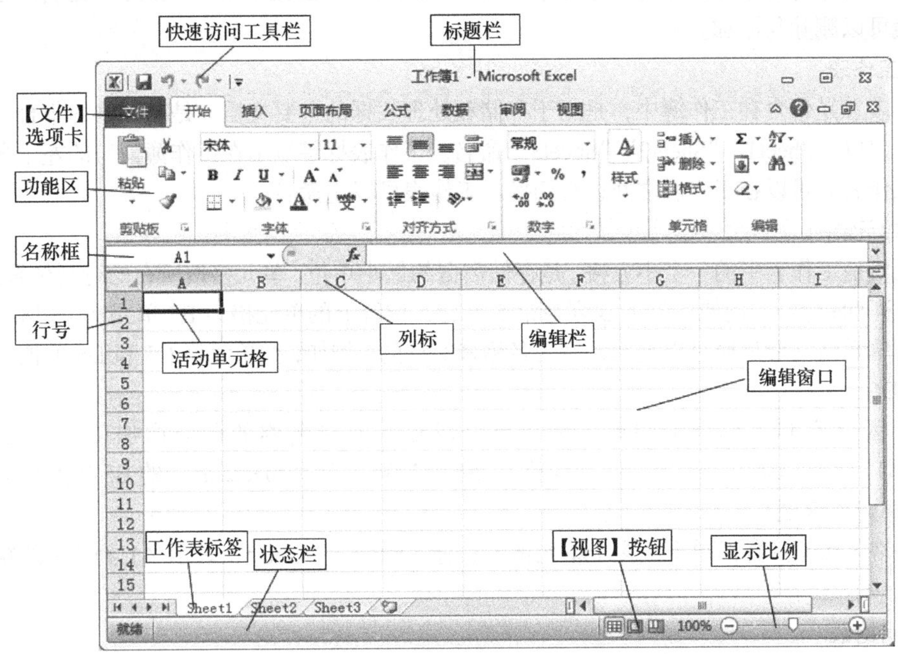

图 4.1　Excel 2010 的工作界面

5. 名称框

名称框用来显示当前所在单元格或单元格区域的名称或引用。

6. 编辑栏

可在编辑栏中向当前所在单元格输入数据内容，在单元格中直接输入数据时也会同时在此显示。

7. 编辑窗口

编辑窗口用来显示正在编辑的工作表内容。在编辑窗口中，通常显示的是工作簿中的一个工作表，工作表是由网格构成的表格。当鼠标指针处于编辑窗口时形状变为✚。

8. 工作表标签

单击相应的工作表标签即可切换到工作簿中的该工作表下，默认情况下一个工作簿中含有 3 个工作表。

9. 状态栏

状态栏用来显示正在编辑的文档的相关信息，如文档共几页、当前是第几页和字数等信息。

10.【视图】按钮

【普通】【页面】和【分页预览】3 种视图模式的切换按钮，可用于更改相应的显示模式，以便于对工作表进行查看。

11.【显示比例】区域

【显示比例】区域用于设置工作表区域的显示比例。

4.1.2　工作簿、工作表和单元格

1. 工作簿

新建的 Excel 文件就是一个工作簿，工作簿是用来管理工作表的文件，后缀为“xlsx”。默认

情况下一个工作簿有 3 张工作表，并且分别以“Sheet1”“Sheet2”和“Sheet3”命名。工作簿中的工作表可以删除与添加。

2. 工作表

工作表总是包含在工作簿中，是用于存储和处理数据的主要文档，是单元格的集合。默认情况下工作表以“Sheet1”“Sheet2”“Sheet3”命名，工作表标签显示在工作簿窗口的左下角，单击不同的工作表名可以在工作表之间进行切换。工作表可以重命名。

3. 单元格

单元格是工作表中的一个小方格，是存储数据的最小单位。单元格按所在的行列位置来命名，表示为：列标+行号。例如，位于 B 列与第 5 行交叉位置上的单元格为 B5 单元格，以此类推。

引用单元格一般是通过指定单元格的名称来实现的。例如，把单元格 C5 和 D6 的值相加表示为：C5+D6。

为了区分不同工作表中的单元格，还可以在单元格名称的前面增加工作表名称，如“Sheet1!A1”表示 sheet1 表中的 A1 单元格，“Sheet2!B5”表示 sheet2 表中的 B5 单元格等。

4. 单元格区域

单元格区域是选择的单个或多个单元格的总称。例如，“A1:D3”表示 A1 到 D3 的矩形单元格区域。

5. 网格线

网格线是在编辑区显示的单元格边框参考线，即网格线是一种辅助线条。

4.1.3 工作簿的创建、保存和打开

1. 新建工作簿

启动 Excel 2010 时，系统将自动打开名为“工作簿 1”的新工作簿，用户可以直接在此工作簿的当前工作表中输入或编辑数据。如果用户还需要创建其他新的工作簿，可以单击【文件】→【新建】命令，或单击快速访问工具栏上的【新建】按钮。

2. 打开工作簿

单击【文件】→【打开】命令，或单击快速访问工具栏上的【打开】按钮，在出现的对话框中选择要打开的文件，单击【打开】按钮。

3. 保存工作簿

工作簿创建或修改完毕后，可将文件保存起来，步骤如下。

（1）单击【文件】→【保存】命令，或单击快速访问工具栏上的【保存】按钮，若该文件已经保存过，可直接将工作簿保存起来。

（2）若该工作簿为一个新文件，将会弹出一个【另存为】对话框，在【文件名】框中输入一个新的名字来保存当前的工作簿；如果需要将工作簿保存在其他位置，可以在【保存位置】列表框中选择其他路径；如果需要选择以其他文件格式保存，可以在【保存类型】列表框中选择其他的文件格式，单击【保存】按钮。

（3）设置安全性选项。单击【另存为】对话框中的【工具】，选定【常规选项】后，弹出【常规选项】对话框，在此可以进行打开权限密码与修改权限密码的设置。

4. 关闭工作簿

单击【文件】→【关闭】命令，或直接单击应用程序窗口右上角的按钮，如果当前工作簿的所有编辑工作已经保存过，则直接关闭工作簿；如果关闭进行了编辑工作但没有执行保存命令的工作表，就会弹出一个警告对话框，可单击对话框中的【保存】按钮来保存文件，单击【不

保存】按钮则不保存文件，单击【取消】按钮则返回到编辑状态。

4.1.4　工作表的基本操作

1. 工作表操作

（1）插入工作表。选定工作表插入位置之前的一个工作表标签，单击鼠标右键，弹出图 4.2 所示的【工作表】快捷菜单，选择【插入】→【工作表】命令；或直接单击工作表标签右侧的【插入工作表】按钮。

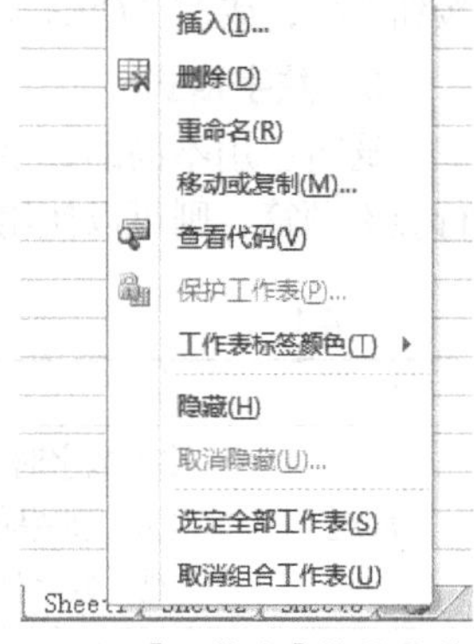

图 4.2 【工作表】快捷菜单

（2）删除工作表。选定要删除的工作表标签，单击鼠标右键选定【删除】命令，进一步确认要删除的工作表操作。

（3）工作表重命名。在创建新的工作簿时，所有的工作表以“Sheet1”或“Sheet2”等命名，在实际操作中，为了更有效地进行管理，可对工作表进行重命名操作：选定要重命名的工作表标签，单击鼠标右键选择【重命名】命令；或者直接双击要重命名的工作表标签，输入新名字后按回车键即可。

（4）移动工作表。单击要移动的工作表标签，拖动到需要移动的目标位置释放鼠标左键即可。

（5）复制工作表。在需要复制的工作表标签上单击鼠标右键，弹出图 4.2 所示的【工作表】快捷菜单，选择【移动或复制】选项，弹出【移动或复制工作表】对话框，如图 4.3 所示。首先勾选【建立副本】复选框，再在【下列选定工作表之前】列表框中单击需要移动到其位置之前的选项，单击【确定】按钮即可；或单击需要复制的工作表标签，按住【Ctrl】键再移动到新位置完成工作表的复制，拖动时标签上方出现一个黑色小三角形，如图 4.4 所示，指示当前工作表将要插入的新位置。

图 4.3 【移动或复制工作表】对话框

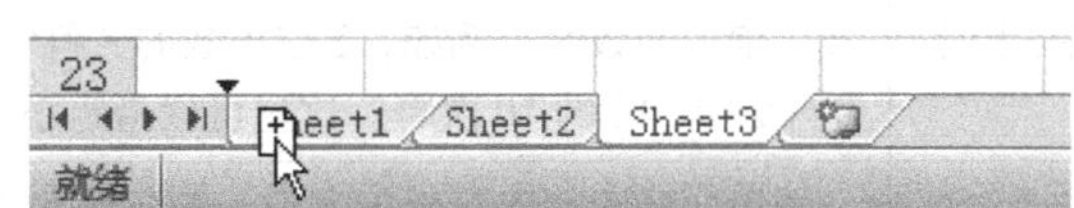

图 4.4　工作表的复制

2. 单元格区域的选择

（1）选中一个单元格。打开一个 Excel 工作表将鼠标指针移动到选中的单元格上，当鼠标指针变为✚形状时单击鼠标左键即可选中该单元格，被选中的单元格四周出现黑框，并且单元格的地址出现在名称框中，内容显示在编辑栏中。

（2）选中相邻的单元格区域。打开 Excel 工作表，选中单元格区域中的第一个单元格，然后按住鼠标左键并拖动到单元格区域的最后一个单元格后释放鼠标左键，即可选中相邻的单元格区域。

（3）选中不相邻的单元格区域。打开 Excel 工作表，选中一个单元格区域，然后按住“Ctrl”键不放再选择其他的单元格，即可选中不相邻的单元格区域。

（4）选中整行或整列。选中整行的方法：打开 Excel 文件，将鼠标指针移动到要选中行的行号处，单击鼠标左键即可选中整行；选中整列的方法：打开 Excel 工作表，将鼠标指针移动到要选中列的列标处，单击鼠标左键即可选中整列。

（5）选中所有单元格。打开 Excel 工作表，单击工作表左上角的行号与列标交叉处的【全选】按钮，或按“Ctrl+A”组合键，都可选中整张工作表。

3. 数字格式

通过应用不同的数字格式，可将数字显示为文本、数值、百分比、日期或货币等。例如，进行金额预算，则可以使用【货币】数字格式来显示货币值，如表 4.1 所示。

表 4.1 常用的数字格式

格　式	说　明
常规	输入数字时 Excel 所应用的默认数字格式。多数情况下，采用“常规”格式的数字以键入的方式显示。如果单元格的宽度不够显示整个数字，则“常规”格式会用小数点对数字进行四舍五入。“常规”数字格式还对较大的数字（12 位或更多位）使用科学计数（指数）表示法
数值	用于数字的一般表示。通常可以指定要使用的小数位数、是否使用千位分隔符以及如何显示负数
货币	用于一般货币值并显示带有数字的默认货币符号。用户可以指定要使用的小数位数、是否使用千位分隔符以及如何显示负数
会计专用	也用于货币值，它会在一列中对齐货币符号和数字的小数点
日期	根据用户指定的类型和区域设置（国家/地区），将日期和时间序列号显示为日期值。以星号（*）开头的日期格式受在控制面板中指定的区域日期和时间设置的更改的影响。不带星号的格式不受控制面板设置的影响
时间	根据指定的类型和区域设置（国家/地区），将日期和时间序列号显示为时间值。以星号（*）开头的时间格式受在控制面板中指定的区域日期和时间设置的更改的影响。不带星号的格式不受控制面板设置的影响
百分比	将单元格值乘以 100，并用百分号（%）显示结果。这里可以指定要使用的小数位数
分数	根据所指定的分数类型显示数字
科学记数	以指数表示法显示数字，用 E+*n* 替代数字的一部分，其中用 10 的 *n* 次幂乘以 E（代表指数）前面的数字。例如，2 位小数的“科学记数”格式将 12345678901 显示为 1.23E+10，即用 1.23 乘 10 的 10 次幂。这里可以指定小数位数
文本	将单元格中的内容视为文本，并在键入时准确显示内容（即使单元格中键入的是数字，也视该内容为文本）
特殊	将数字显示为邮政编码、电话号码或社会保险号码
自定义	允许修改现有数字格式代码的副本。使用此格式可以创建自定义数字格式并将其添加到数字格式代码的列表中。用户可以添加 200～250 个自定义数字格式，具体取决于计算机上安装的 Excel 的语言版本

【开始】选项卡的【数字】组中包含了可用的数字格式。若要查看所有可用的数字格式，则单击【数字】组右下角的对话框启动器。

4.2　简单表格的创建

下面，通过制作一个实例介绍制作 Excel 2010 表格的方法。实例的内容是用 Excel 2010 制作一个“工资统计表”，如图 4.5 所示。

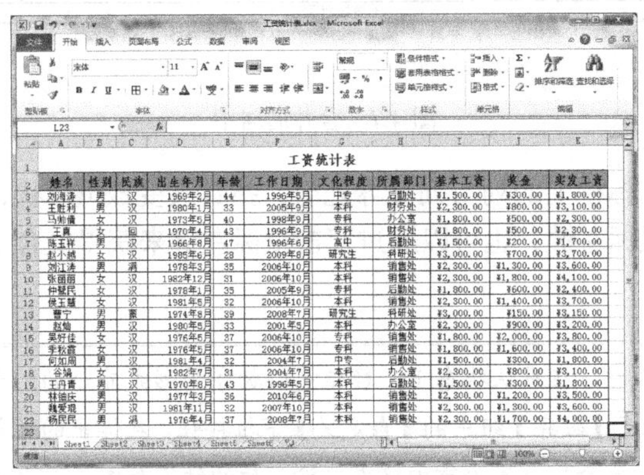

工资统计表

姓名	性别	民族	出生年月	年龄	工作日期	文化程度	所属部门	基本工资	奖金	实发工资
刘海涛	男	汉	1969年2月	44	1996年5月	中专	后勤处	¥1,500.00	¥300.00	¥1,800.00
王胜利	男	汉	1980年1月	33	2005年9月	本科	财务处	¥2,300.00	¥800.00	¥3,100.00
马帅倩	女	汉	1973年5月	40	1998年9月	专科	办公室	¥1,800.00	¥500.00	¥2,300.00
王真	女	回	1970年4月	43	1996年9月	专科	财务处	¥1,800.00	¥500.00	¥2,300.00
陈玉祥	男	汉	1966年8月	47	1996年6月	高中	后勤处	¥1,500.00	¥200.00	¥1,700.00
赵小越	女	汉	1985年6月	28	2009年8月	研究生	科研处	¥3,000.00	¥700.00	¥3,700.00
刘江涛	男	满	1978年3月	35	2006年10月	本科	销售处	¥2,300.00	¥1,300.00	¥3,600.00
张丽丽	女	汉	1982年12月	31	2006年10月	本科	销售处	¥2,300.00	¥1,800.00	¥4,100.00
仲慧民	女	汉	1978年1月	35	2005年9月	专科	后勤处	¥1,800.00	¥600.00	¥2,400.00
侯玉慧	女	汉	1981年5月	32	2006年10月	本科	销售处	¥2,300.00	¥1,400.00	¥3,700.00
曹宁	男	蒙	1974年8月	39	2008年7月	研究生	科研处	¥3,000.00	¥150.00	¥3,150.00
赵灿	男	汉	1980年5月	33	2001年5月	本科	办公室	¥2,300.00	¥900.00	¥3,200.00
吴好佳	女	汉	1976年5月	37	2006年10月	专科	销售处	¥1,800.00	¥2,000.00	¥3,800.00
季秋霞	女	汉	1976年5月	37	2006年10月	专科	销售处	¥1,800.00	¥1,600.00	¥3,400.00
何如周	男	汉	1981年4月	32	2004年7月	中专	后勤处	¥1,500.00	¥300.00	¥1,800.00
谷娟	女	汉	1982年7月	31	2004年7月	本科	办公室	¥2,300.00	¥800.00	¥3,100.00
王丹青	男	汉	1970年8月	43	1996年5月	本科	后勤处	¥1,500.00	¥300.00	¥1,800.00
林铀庆	男	汉	1977年3月	36	2010年6月	本科	销售处	¥2,300.00	¥1,200.00	¥3,500.00
魏爱琨	男	汉	1981年11月	32	2007年10月	本科	销售处	¥2,300.00	¥1,300.00	¥3,600.00
杨民民	男	满	1976年4月	37	2008年7月	本科	销售处	¥2,300.00	¥1,700.00	¥4,000.00

图 4.5　Excel 数据表格

4.2.1　向工作表中输入数据

建立工作表后，首先要向表格中输入文本、数字等内容，然后才能进行计算、汇总和分析等数据处理工作。下面，结合实例介绍向工作表中输入数据的方法。

在一个单元格中输入数据时，首先要单击该单元格选中它。选中 A1 单元格，使其成为活动单元格。在单元格内输入工作表的标题“工资统计表”，如图 4.6 所示。然后，按“Enter”键确认，当前单元格变成 A2。

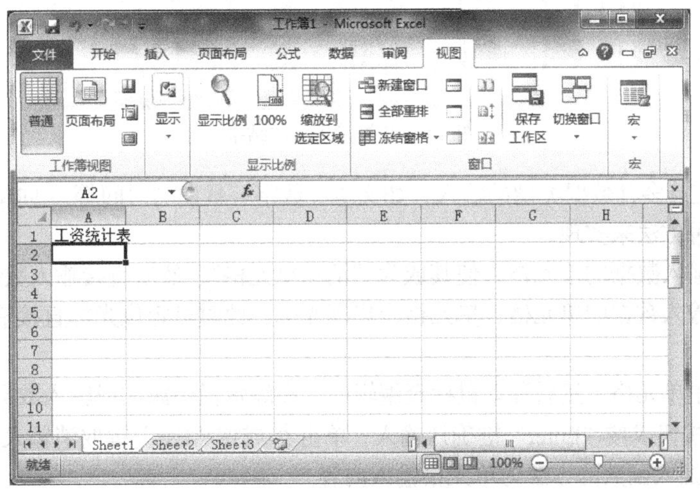

图 4.6　输入数据

在 A2～K2 单元格中分别输入“姓名”“性别”“民族”“出生年月”“年龄”“工作日期”和“文化程度”等项目。

拖动鼠标选中 A1～K1 单元格区域，在【开始】选项卡的【对齐方式】组中单击【合并后居中】按钮，将 A1～K1 单元格合并为一个单元格，如图 4.7 所示。

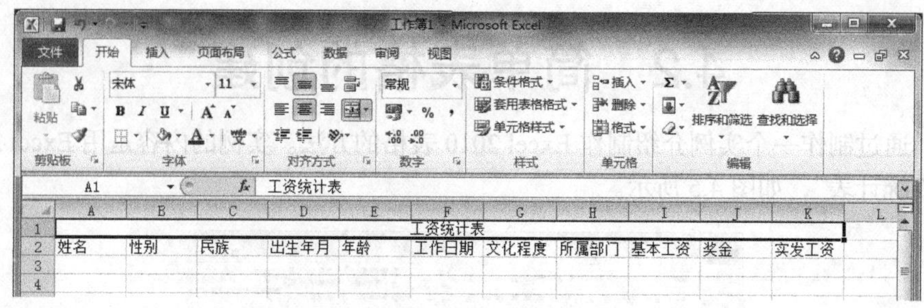

图 4.7　合并后居中

将鼠标指针移动到列标栏上的列与列交界处时，指针会变成+形状，按住鼠标左键拖动，调整到合适的宽度时释放鼠标左键，也可以通过双击鼠标左键来获得最合适的列宽，然后向表格中输入其他数据。

> 设置数据的格式时，在默认状态下，数值是以数字的形式显示的。如果需要以其他形式显示，则单击【开始】选项卡【数字】组中的【自定义】下拉按钮，在弹出的菜单中选择需要的数据格式。将“基本工资”和“资金”设置为货币格式。输入后的结果如图 4.8 所示。

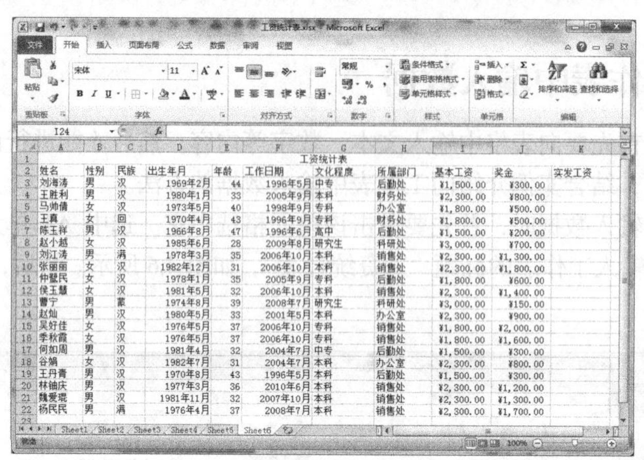

图 4.8　数据输入后的结果

Excel 2010 支持多种数据类型的输入，如文本、数字、日期与时间等。向单元格中输入数据可以通过以下 3 种方法来实现。

（1）单击要输入数据的单元格，使其成为“活动单元格”，然后直接输入数据。

（2）双击要输入数据的单元格，单元格内出现光标，此时可定位光标直接输入数据或修改已有的数据信息。

（3）单击选中单元格，然后移动鼠标至编辑栏，在编辑栏中添加或输入数据。数据输入后，单击编辑栏上✔按钮或按“Enter”键确认输入，单击✘或按“Esc”键取消输入。选中单元格后，单击 fx 也可以用插入函数的方法为单元格输入内容。

> 如果要在一个单元格内输入两行数据，可按“Alt+Enter”组合键来实现换行。

1．输入文本

如要在单元格中输入文本，单击需要输入文本文字的单元格直接输入即可，输入的文字会在单元格中自动以左对齐的方式显示。

若需将纯数字作为文本输入，如图 4.9 所示，可以在其前面加上单引号，如“'03”，然后按“Enter”键，也可以先输入一个等号，再在数字前后加上双引号，如“="03"”。

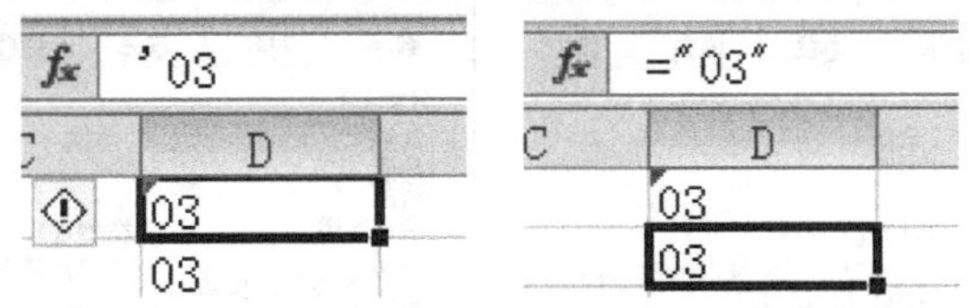

图 4.9　将纯数字作为文本输入

2. 输入数值

数值是指能用来计算的数据，可向单元格中输入整数、小数和分数或科学计数法，输入到单元格中的数值将自动右对齐显示。

在 Excel 中能用来表示数值的字符有 0~9 、+、-、( )、/、$、%、,、.、E、e。

在输入分数时应注意，要先输入 0 和空格。例如，输入“3/4”，正确的输入是“0 空格 3/4”，按“Enter”键后在编辑栏中可以看到其分数形式，否则会将分数当成日期，按“Enter”键后单元格中将显示“Jul-56”，在编辑栏中可以看到“2016-3-4”；再如，要输入“5 又 6/7”，正确的输入是“5 空格 6/7”，若不加空格按“Enter”键后单元格中将显示“7 月 1 日”，在编辑栏中可以看到“1956/7/1”，单元格内容被转换成了日期。如图 4.10 所示。

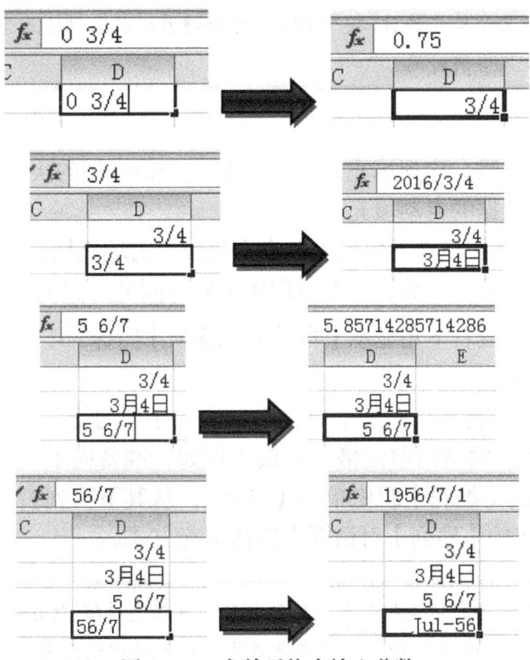

图 4.10　在单元格内输入分数

输入负数时可直接输入负号和数据，也可以不加负号而为数据加上小括号。

3. 输入日期与时间

在工作表中可以输入各种形式的日期和时间格式的数据内容。在【开始】选项卡【数字】组的【数字格式】框中单击【日期】或【时间】选项，也可以在【设置单元格格式】对话框中对日期和时间格式进行设置，如图 4.11 所示。

输入日期时，其格式最好采用 YYYY-MM-DD 的形式，可在年、月、日之间用“/”或“-”

连接，如“2016/9/1”或“2016-9-1”。

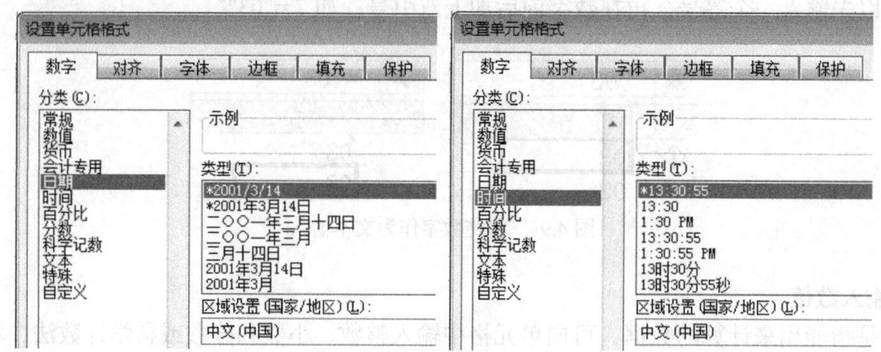

图 4.11　设置日期和时间格式

时间数据由时、分、秒组成。输入时，时、分、秒之间用冒号分隔，如“1:23:45”表示“1点 23 分 45 秒”。时间是以 24 小时制表示的，若要以 12 小时制输入时间，可在时间后加一空格并输入“AM”或“PM”（或“A”及“P”），分别表示上午和下午。

如果要在单元格中同时输入日期和时间，应先输入日期后输入时间，中间以空格隔开。例如，输入 2016 年 9 月 1 日下午 1 点 23 分，则可用“2016-9-1 1:23 PM”或“2016-9-1 13:23”表示。

> 在工作表中选择某个单元格后，按“Ctrl+: ”组合键系统将自动输入当前日期；按“Ctrl+Shift+: ”组合键系统将自动输入当前时间。

4. 自动填充数据

（1）序列填充的基本方法。序列填充是 Excel 提供的最常用的快速输入技术之一。在 Excel 中可以通过下述途径进行数据的自动填充。

① 拖动填充柄。活动单元格右下角的黑色小方块被称为填充柄，如图 4.12（a）所示。首先，在活动单元格中输入序列的第一个数据，然后用鼠标向不同的方向上拖动该单元格的填充柄，放开鼠标完成填充，所填充区域右下角显示【自动填充选项】图标，单击该图标，可从下拉列表中更改选定区域的填充方式。

② 使用【填充】命令。首先，在某个单元格中输入序列的第一个数据，从该单元格开始向某一方向选择与该数据相邻的空白单元格或区域（例如，准备向下填充，则选择其下方的单元格），在【开始】选项卡的【编辑】组中单击【填充】，从其下拉列表中选择【序列】命令，如图 4.12（b）所示，在弹出的【序列】对话框中选择填充方式。

> 若要快速地在单元格中填充相邻单元格的内容，可以通过按“Ctrl+D”组合键填充来自上方单元格中的内容，或按“Ctrl+R”组合键填充来自左侧单元格中的内容。

③ 利用鼠标右键快捷菜单。用鼠标右键拖动含有第一个数据的活动单元格右下角的填充柄到最末一个单元格后放开鼠标右键，从弹出的快捷菜单中选择【填充序列】命令，如图 4.12（c）所示。

（2）可以填充的内置序列。在 Excel 中，可以运用不同的方法自动填充下列数据。

① 数字序列，如 1、2、3…2、4、6…在前两个单元格中分别输入第一个、第二个数字，然后同时选中这两个单元格，再拖动填充柄即可完成不同步长的数字序列的填充。

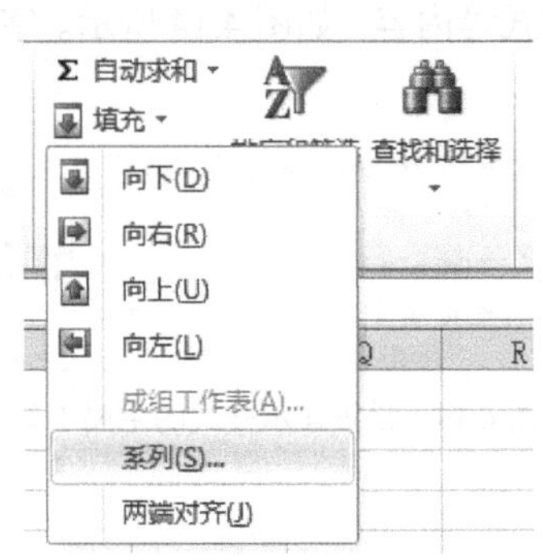

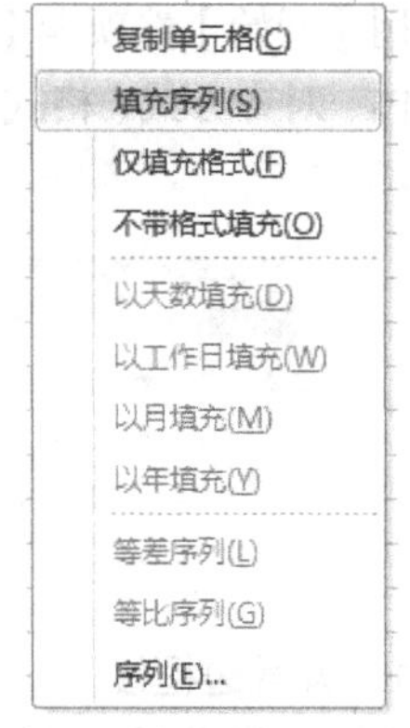

（a）活动单元格右下角填充柄　　（b）【填充】列表　　（c）【填充序列】命令

图 4.12　可以通过不同方法实现自动填充

② 日期序列，如 2011 年、2012 年、2013 年……1 月、2 月、3 月……1 日、2 日、3 日……

③ 文本序列：如 01、02、03……一、二、三……

④ 其他 Excel 内置序列：如英文日期 JAN、FEB、MAR…星期序列星期日、星期一、星期二…时辰序列子、丑、寅、卯……

（3）填充公式。将公式填充到相邻单元格中：首先在第一个单元格中输入某个公式，然后拖动该单元格的填充柄，即可填充公式本身而不仅仅是填充公式的计算结果。

4.2.2　简单的计算

数据计算是 Excel 的基本功能。在工作表中输入数据之后，需要对基本数据进行计算才能获得新数据，如已知“基本工资”和“资金”，求“实发工资”。

单击 K3 单元格，然后在【开始】选项卡的【编辑】组中单击【求和】按钮 Σ ，求和公式会自动出现，如图 4.13 所示。其中，函数“=SUM（I3:J3）”中反向显示的地址表示求和的区域，如与实际求和区域不符，可以用鼠标选定 I3～J3 单元格，按“Enter”键确认，K3 单元格的求和计算完成。

图 4.13　简单计算

单击 K3 单元格，然后将鼠标指针移动到 K3 单元格的右下角，当指针变成+形状时按住鼠标左键向下拖动至 K22，则自动完成求和公式的复制。

4.2.3　对表格进行修饰

工作表不仅要让制作者本人使用方便，还要让别人也能方便地使用和理解。因此，应适当地对工作表进行修饰，如将工作表的显示格式做一些颜色、字体处理，加入一些边框、图案等，从而使工作表显示更加清晰、流畅，同时还可以美化工作表，让人在使用工作表时更赏心悦目、轻松愉快。

用【开始】选项卡【字体】组和【对齐方式】组中的工具可以方便地设置表格的显示样式，如字体、对齐方式、格式、边框样式等内容，如图4.14所示。字体、对齐方式的设置可参照Word 2010。

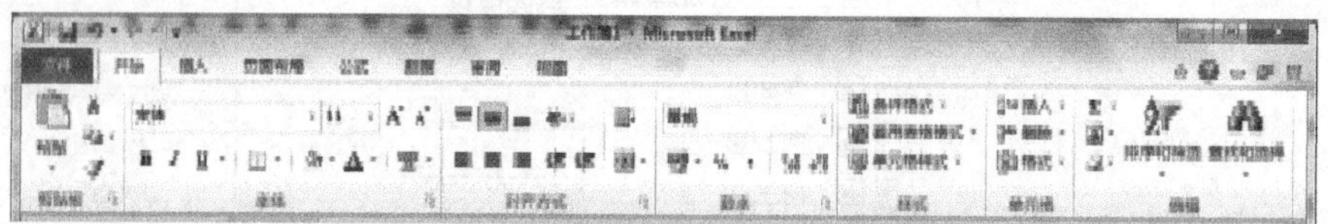

图4.14　设置显示样式的主要工具

1．设置边框线

在默认状况下，工作表中的表格线是灰色的，而灰色的表格线是不能打印出来的，如果想打印表格线或者美化表格，就需要为表格设置边框线。首先选取要设置的区域A2～K22，然后单击【字体】组中的【边框】下拉按钮，在其下拉列表中选取一种边框样式即可，在此选择【所有框线】，如图4.15所示。

图4.15　【边框】下拉列表

2．填充颜色

通过填充颜色功能，可以为表格的背景填充颜色，使表格显得更加醒目。首先选取要填充的区域A2～K2，然后单击【字体】组中的【填充颜色】下拉按钮，在【主题颜色】菜单中选取需要的颜色即可，如图4.16所示。

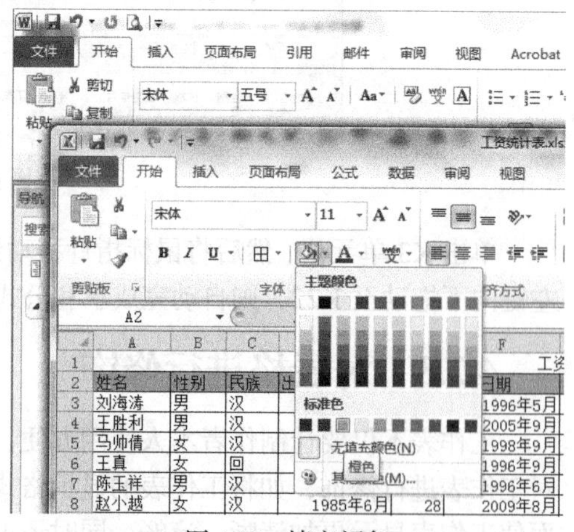

图4.16　填充颜色

此时，一个简单的数据表格已创建完毕。

4.2.4　编辑单元格

实际操作中，经常需要对表格进行编辑，下面介绍一些常用的单元格编辑方式。

删除单元格内容：选定要删除内容的单元格，按“Delete”键。此方法也适合于删除区域内的所有内容。

修改单元格内容：双击单元格或选定单元格后，单击编辑栏（或直接按“F2”功能键）。

删除单元格：先选定要删除的单元格，然后单击鼠标右键，在弹出的快捷菜单中选择【删除】命令，打开【删除】对话框，如图 4.17 所示。在【删除】对话框中进行相应的设置后单击【确定】按钮，即可删除单元格。

插入单元格：先选定要插入单元格的位置，然后单击鼠标右键，在弹出的快捷菜单中选择【插入】命令，会弹出【插入】对话框，如图 4.18 所示。在对话框中进行相应的设置后单击【确定】按钮，即可按刚才的设置插入空白单元格。

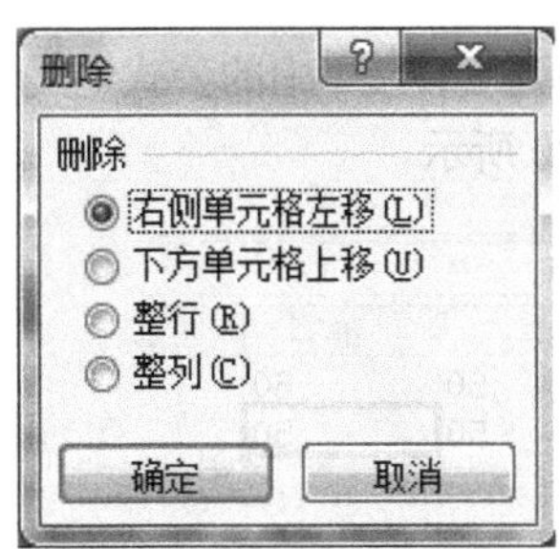

图 4.17　【删除】对话框

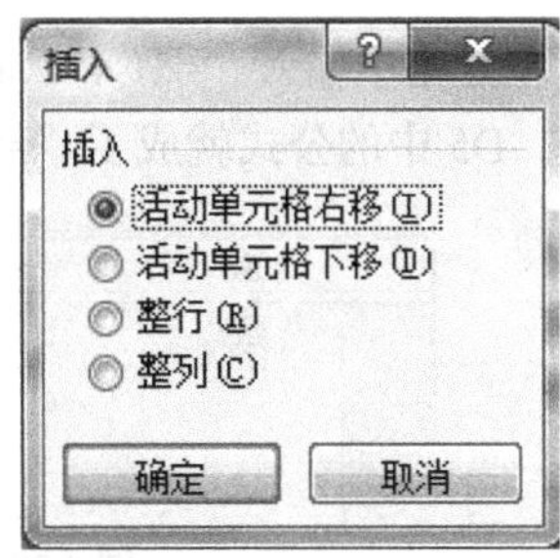

图 4.18　【插入】对话框

插入（删除）行或列：先用鼠标选中要插入（删除）行或列的行号或列标，然后单击鼠标右键，在弹出的快捷菜单中选择【插入】或【删除】命令，即可增加（删除）一个空行或空列。

合并单元格：选中要合并的单元格区域，然后在【开始】选项卡的【对齐方式】组中单击【合并后居中】按钮即可。

4.2.5　为工作表命名

建立工作簿文件时，系统会自动产生 3 个工作表，分别为 Sheet1、Sheet2 和 Sheet3，要为工作表命名，只需双击当前工作表标签，或在工作表标签上单击鼠标右键，在弹出的快捷菜单中选择【重命名】命令，在输入新的工作表名后单击其他位置或按回车键即可。在实例中，工作表被重新命名为“工资统计表”。

4.2.6　插入或删除工作表

在工作表标签上单击鼠标右键，在弹出的快捷菜单中选择【插入】命令，或单击最后一个工作表标签右侧的【插入工作表】按钮，即可插入一个空白的工作表。

将鼠标指针移动到要删除的工作表标签上，单击鼠标右键，在弹出的快捷菜单中选择【删除】命令，在弹出的提示对话框中单击【删除】按钮，即可删除工作表。

4.3　公式和函数

4.3.1　相对引用与绝对引用

随着公式位置的变化，所引用单元格位置也在变化就是相对引用；随着公式位置的变化，所引用单元格位置不变化就是绝对引用。

以单元格 C4 为例，介绍“C4”“$C4”“C$4”和“$C$4”之间的区别。

在一个工作表中，单元格 C4、C5 中的数据分别是 60、50。如果在 D4 单元格中输入“=C4”，那么将 D4 向下拖动到 D5 时，D5 中的内容变成 50，里面的公式变成“=C5”，如果将 D4 向右拖动到 E4，E4 中的内容是 60，里面的公式变成“=D4”，如图 4.19 所示。

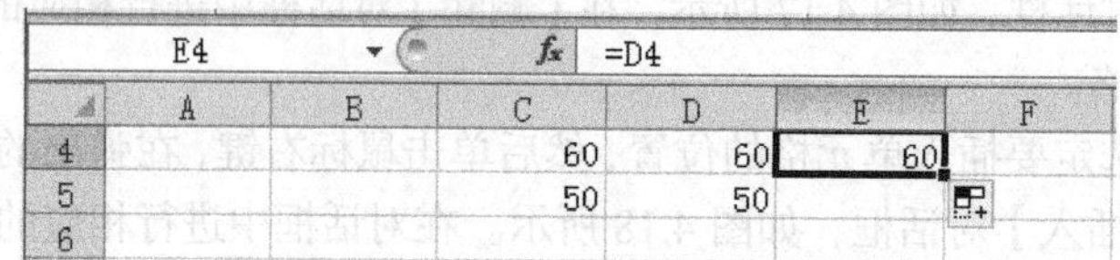

图 4.19　相对引用和绝对引用 1

如果在 D4 单元格中输入“=$C4”，将 D4 向右拖动到 E4，E4 中的公式还是“=$C4”，而向下拖动到 D5 时，D5 中的公式就成了“=$C5”，如图 4.20 所示。

图 4.20　相对引用和绝对引用 2

如果在 D4 单元格中输入“=C$4”，那么将 D4 向右拖动到 E4 时，E4 中的公式变为“=D$4”，将 D4 向下拖动到 D5 时，D5 中的公式还是“=C$4”，如图 4.21 所示。

图 4.21　相对引用和绝对引用 3

如果在 D4 单元格中输入“=$C$4”，那么不论将 D4 向哪个方向拖动，自动填充的公式都是“=$C$4”。谁前面带上了“$”号，在进行拖动时谁就不变。如果都带上了“$”号，则在拖动时两个位置都不变，如图 4.22 所示。

图 4.22　相对引用和绝对引用 4

4.3.2　公式的创建

公式是由用户自行设计并结合常量数据、单元格引用和运算符等元素进行数据处理和计算的算式。用户使用公式是为了有目的地计算结果，因此 Excel 的公式必须（且只能）返回值，如“=（A2+A3）*5”。

从公式的结构来看，构成公式的元素通常包括等号、常量、引用和运算符等。其中，等号是不可或缺的，向单元格中输入公式时，必须以等号（“=”）开头。在实际应用中，公式还可以使用数组、Excel 函数或名称（命名公式）来进行运算。

在构造公式时，经常要使用各种运算符，常用的运算符有 4 类，如表 4.2 所示。

表 4.2　运算符及其优先级

优先级别	类　别	运算符
高 ↓ 低	引用运算	:（冒号）、,（逗号）、　（空格）
	算术运算	-（负号）、%（百分号）、^（乘方）、* 和 / 、+ 和 -
	字符运算	&（字符串连接符）
	比较运算	=、<、<=、>、>=、<>（不等于）

（1）冒号（:）：引用运算符，是指由两对角的单元格围起来的单元格区域，例如，“A2:B4”，指定的是 A2、B2、A3、B3、A4、B4 这 6 个单元格。

（2）逗号（,）：联合运算符，表示前后单元格都要同时引用，例如，“A2,B4,C5”指定的是 A2、B4、C5 这 3 个单元格。

（3）空格（ ）：交叉运算符，引用两个或两个以上单元格区域的重叠部分，例如，“B3:C5 C3:D5”指定的是 C3、C4、C5 这 3 个单元格，如果单元格区域没有重叠部分，就会出现错误信息“#NULL!”。

（4）字符串连接符（&）：将两串字符连接为一串字符，如果要在公式中直接输入文本，文本需要用英文双引号（""）括起来，例如“="计算机"&"电脑"”输出结果是“计算机电脑”。

Excel 2010 中，计算并非简单地从左到右执行，运算符的计算顺序如下：冒号、逗号、空格、负号、百分号、乘方、乘除、加减、&、比较。使用括号可以改变运算符执行的顺序。

如果在某个区域使用相同的计算方法，用户不必逐个编辑函数公式，这是因为公式具有可复制性。如果希望在连续的区域中使用相同算法的公式，可以通过“双击”或“拖动”单元格右下角的填充柄进行公式的复制。如果公式所在单元格区域并不连续，还可以借助“复制”和“粘贴”功能来实现公式的复制。

例如，在“工资统计表”中，实发工资=基本工资+资金，通过使用公式计算实发工资。在 K3 单元格中输入“=I3+J3”并按回车键即可算出陈玉祥的实发工资金额。使用填充的方式可以将其他人的实发工资也计算出来，如图 4.23 所示。

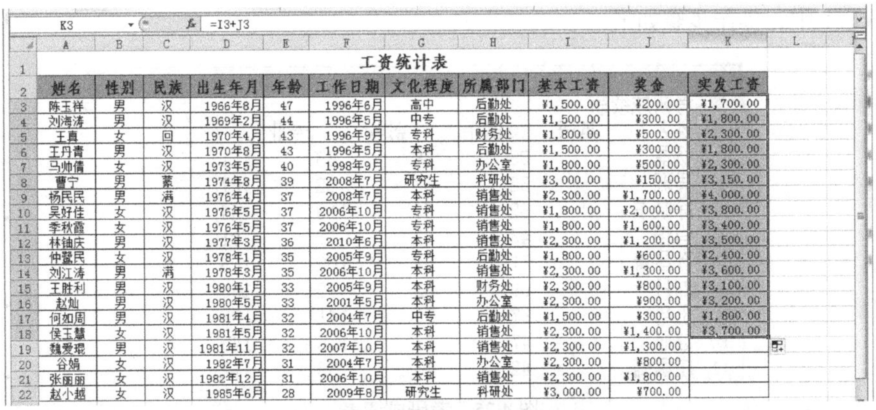

K3　=I3+J3

工资统计表

姓名	性别	民族	出生年月	年龄	工作日期	文化程度	所属部门	基本工资	奖金	实发工资
陈玉祥	男	汉	1966年8月	47	1996年6月	高中	后勤处	¥1,500.00	¥200.00	¥1,700.00
刘海涛	男	汉	1969年2月	44	1996年5月	中专	后勤处	¥1,500.00	¥300.00	¥1,800.00
王真	女	回	1970年4月	43	1996年9月	专科	财务处	¥1,800.00	¥500.00	¥2,300.00
王丹青	男	汉	1970年8月	43	1996年5月	本科	后勤处	¥1,500.00	¥300.00	¥1,800.00
马帅倩	女	汉	1973年5月	40	1998年9月	专科	办公室	¥1,800.00	¥500.00	¥2,300.00
曹宁	男	蒙	1974年8月	39	2008年7月	研究生	科研处	¥3,000.00	¥150.00	¥3,150.00
杨民民	男	满	1976年4月	37	2008年7月	本科	销售处	¥2,300.00	¥1,700.00	¥4,000.00
吴好佳	女	汉	1976年5月	37	2006年10月	专科	销售处	¥1,800.00	¥2,000.00	¥3,800.00
季秋霞	女	汉	1976年5月	37	2006年10月	专科	销售处	¥1,800.00	¥1,600.00	¥3,400.00
林铀庆	男	汉	1977年3月	36	2010年6月	本科	销售处	¥2,300.00	¥1,200.00	¥3,500.00
仲鹫民	女	汉	1978年1月	35	2005年9月	专科	后勤处	¥1,800.00	¥600.00	¥2,400.00
刘江涛	男	满	1978年3月	35	2006年10月	本科	销售处	¥2,300.00	¥1,300.00	¥3,600.00
王胜利	男	汉	1980年1月	33	2005年9月	本科	财务处	¥2,300.00	¥800.00	¥3,100.00
赵灿	男	汉	1980年5月	33	2001年5月	本科	办公室	¥2,300.00	¥900.00	¥3,200.00
何如周	男	汉	1981年4月	32	2004年7月	中专	后勤处	¥1,500.00	¥300.00	¥1,800.00
侯玉慧	女	汉	1981年5月	32	2006年10月	本科	销售处	¥2,300.00	¥1,400.00	¥3,700.00
魏爱琨	男	汉	1981年11月	32	2007年10月	本科	销售处	¥2,300.00	¥1,300.00	
谷娟	女	汉	1982年7月	31	2004年7月	本科	办公室	¥2,300.00	¥800.00	
张丽丽	女	汉	1982年12月	31	2006年10月	本科	销售处	¥2,300.00	¥1,800.00	
赵小越	女	汉	1985年6月	28	2009年8月	研究生	科研处	¥3,000.00	¥700.00	

图 4.23　应用公式计算实发工资

4.3.3　函数的使用

Excel 的工作表函数通常被简称为 Excel 函数，它是由 Excel 内部预先定义并按照特定的顺序和结构来执行计算、分析等数据处理任务的功能模块。因此，Excel 函数也常被人们称为“特殊公式”。与公式一样，Excel 函数的最终返回结果为值。

Excel 函数名称唯一且不区分大小写，它决定了函数的功能和用途。

Excel 函数通常是由函数名称、左括号、参数、半角逗号和右括号构成。例如，SUM（B1:B10,C1:C10）表示求 B1 至 B10 与 C1 至 C10 所有单元格的和。另外，有些函数比较特殊，它们仅由函数名和成对的括号构成，因为这类函数没有参数，如 NOW 函数和 RAND 函数。

在 Excel 2010【公式】选项卡的【函数库】组中，将函数分成了不同的类型，当进行函数输入的时候，可以从中快速查找，如图 4.24 所示。

Excel 2010 提供了多类函数库，包括数学与三角函数、统计函数、数据库函数、财务函数、日期与时间函数、逻辑处理函数和文本处理函数等。用户使用时只需按规定格式写出函数及所需的参数（number）即可。函数的一般格式如下。

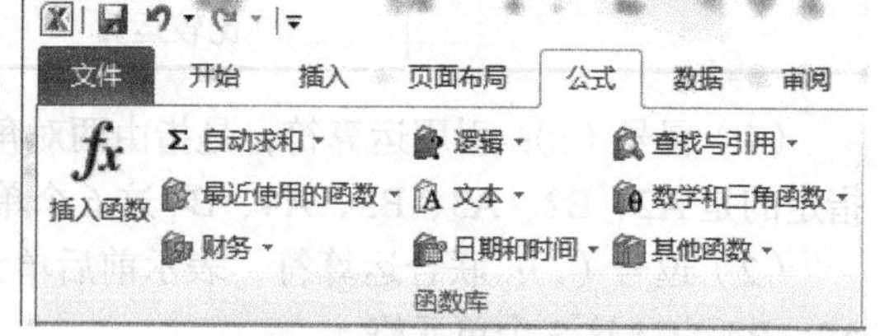

图 4.24 【函数库】组

```
函数名（参数 1,参数 2,…）
```

函数的输入有两种方法。

（1）手工输入，就像键入公式那样直接键入函数，当用户对某函数使用格式很熟悉时可以采用手工输入的方法。

（2）利用函数向导输入，通过单击【公式】选项卡中的【插入函数】按钮，或单击【编辑】工具栏上的【插入函数】按钮，打开【插入函数】对话框，然后在函数向导的指引下输入函数，这样可避免输入过程中产生的错误。

下面重点介绍几个常用函数及其使用方法。

1. 求和函数 SUM

格式：SUM(number1, number2,···)

功能：计算单元格区域中所有数值的和。

说明：此函数的参数是必不可少的，每个参数可以是数值、单元格引用地址、单元格区域或函数。

例如，在图 4.25 所示的“考研成绩表”中，要求计算每个同学的“总分”，并将结果存放在单元格 F3:F11 中，操作步骤如下。

	A	B	C	D	E	F
1	考研成绩表					
2	姓名	英语	政治	数学	专业	
3	杨磊	35	56	83	121	
4	吴珊	52	53	92	107	
5	徐晓东	62	53	119	144	
6	肖恒	43	48	77	91	
7	孙昌青	71	58	102	103	
8	刘丹	69	62	72	150	
9	王巧	57	50	141	131	
10	赵旭	47	63	135	143	
11	庄璐璐	42	43	53	72	

图 4.25 考研成绩表

（1）单击单元格 F3，使之成为活动单元格。

（2）键入公式“=SUM(B3:E3)”，并按回车键。

（3）在 F3:F11 单元格中使用自动填充，完成总分的输出，执行结果如图 4.26 所示。

F3　　f_x　=SUM(B3:E3)

	A	B	C	D	E	F
1	考研成绩表					
2	姓名	英语	政治	数学	专业	总分
3	杨磊	35	56	83	121	295
4	吴珊	52	53	92	107	304
5	徐晓东	62	53	119	144	378
6	肖恒	43	48	77	91	259
7	孙昌青	71	58	102	103	334
8	刘丹	69	62	72	150	353
9	王巧	57	50	141	131	379
10	赵旭	47	63	135	143	388
11	庄璐璐	42	43	53	72	210
12						

图 4.26　求和函数的执行结果

2. 求平均值函数 AVERAGE

格式：AVERAGE(number1, number2,…)

功能：计算单元格中数值的平均值。

说明：对于所有参数进行累加并计算，再用总和除以计数结果。

例如，在图 4.26 的基础上，要求计算各门课程的平均分，并将结果存放在“B12:F12”中，操作步骤如下。

（1）单击单元格 B12，使之成为活动单元格。

（2）单击【公式】选项卡中的【插入函数】按钮，或单击【编辑栏】中的【插入函数】按钮，系统弹出【插入函数】对话框。

（3）从【或选择类别】框中选择“常用函数”，从【选择函数】框中选择“AVERAGE”。

（4）单击【确定】按钮，系统弹出图 4.27 所示的【函数参数】对话框。

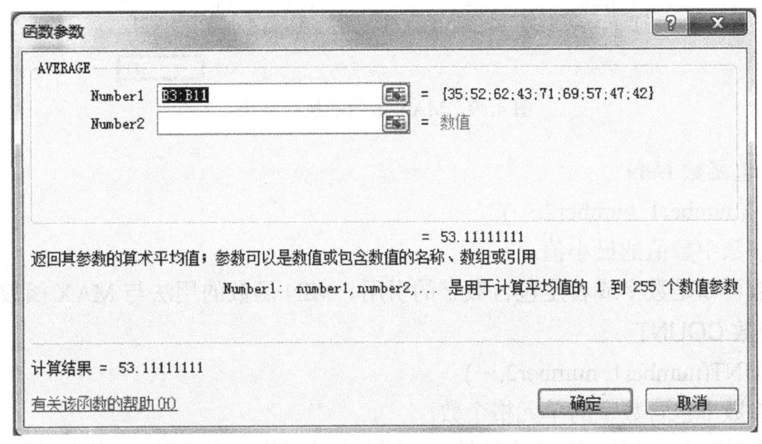

图 4.27　【函数参数】对话框

（5）在【Number1】文本框中键入“B3:B11”（或通过鼠标拖放来选定单元格区域），单击【确定】按钮。

（6）在 B12:F12 单元格中使用自动填充，完成平均分的输出，执行结果如图 4.28 所示。

3. 求最大值函数 MAX

格式：MAX(number1, number2,…)

功能：求参数中数值的最大值。

说明：参数可以是数字或者是包含数字的引用。

B12 =AVERAGE(B3:B11)

	A	B	C	D	E	F
1	考研成绩表					
2	姓名	英语	政治	数学	专业	总分
3	杨磊	35	56	83	121	295
4	吴珊	52	53	92	107	304
5	徐晓东	62	53	119	144	378
6	肖恒	43	48	77	91	259
7	孙昌青	71	58	102	103	334
8	刘丹	69	62	72	150	353
9	王巧	57	50	141	131	379
10	赵旭	47	63	135	143	388
11	庄璐璐	42	43	53	72	210
12	平均分	53.11111	54	97.11111	118	322.2222
13						

图 4.28　平均分函数的执行结果

例如，在图 4.28 的基础上，利用 MAX 函数求出总分的最大值，并将结果存放在单元格 F13 中，操作步骤如下。

（1）单击单元格 F13，使之成为活动单元格。

（2）键入公式“=MAX(F3:F11)”，并按回车键，执行结果如图 4.29 所示。

F13 =MAX(F3:F11)

	A	B	C	D	E	F
1	考研成绩表					
2	姓名	英语	政治	数学	专业	总分
3	杨磊	35	56	83	121	295
4	吴珊	52	53	92	107	304
5	徐晓东	62	53	119	144	378
6	肖恒	43	48	77	91	259
7	孙昌青	71	58	102	103	334
8	刘丹	69	62	72	150	353
9	王巧	57	50	141	131	379
10	赵旭	47	63	135	143	388
11	庄璐璐	42	43	53	72	210
12	平均分	53.11111	54	97.11111	118	322.2222
13	最高分					388

图 4.29　MAX 函数的执行结果

4. 求最小值函数 MIN

格式：MIN(number1, number2,…)

功能：求参数中数值的最小值。

说明：参数可以是数字或者是包含数字的引用。MIN 函数的用法与 MAX 函数类似。

5. 计数函数 COUNT

格式：COUNT(number1, number2,…)

功能：求参数中包含数字的单元格个数。

说明：只有引用中的数字或日期会被计数，而空白单元格、逻辑值、文字和错误值都将被忽略。

例如，在 A6 单元格中插入计数函数 COUNT(A1:A5)的执行结果如图 4.30 所示。

A6 =COUNT(A1:A5)

	A	B	C	D
1	1			
2	2			
3				
4	ABC			
5	2013/4/6			
6	3			

图 4.30　COUNT 函数的执行结果

6. 条件计数函数 COUNTIF

格式：COUNTIF (range, criteria)

功能：计算区域 range 中符合条件 criteria 的单元格个数。

说明：range 为单元格区域，在此区域中进行条件测试，criteria 为用双引号引用起来的比较条件式。

例如，在图 4.29 的基础上，利用 COUNTIF 函数求出总分大于等于 300 的人数，并将结果存放在单元格 F14 中，操作步骤如下。

（1）单击单元格 F14，使之成为活动单元格。

（2）键入公式“=COUNTIF(F3:F11,”>=300”)”，并按回车键，执行结果如图 4.31 所示。

F14　　fx　=COUNTIF(F3:F11,">=300")

	A	B	C	D	E	F
1	考研成绩表					
2	姓名	英语	政治	数学	专业	总分
3	杨磊	35	56	83	121	295
4	吴珊	52	53	92	107	304
5	徐晓东	62	53	119	144	378
6	肖恒	43	48	77	91	259
7	孙昌青	71	58	102	103	334
8	刘丹	69	62	72	150	353
9	王巧	57	50	141	131	379
10	赵旭	47	63	135	143	388
11	庄璐璐	42	43	53	72	210
12	平均分	53.11111	54	97.11111	118	322.2222
13	最高分					388
14						6

图 4.31　COUNTIF 函数的执行结果

7. 条件函数 IF

格式：IF(logical_test,value_if_true,value_if_false)

功能：根据逻辑值 logical_test 进行判断，若为 true，返回 value_if_true，否则，返回 value_if_false。

说明：IF 函数可嵌套使用，最多可嵌套 7 层。

例如，在图 4.31 的基础上，利用 IF 函数判断总分成绩是否合格，判断条件为“总分>=300”，并将结果存放在单元格 G3:G11 中，操作步骤如下。

（1）单击单元格 G3，使之成为活动单元格。

（2）键入公式“=IF(F3>=300,"合格","不合格")”，并按回车键。

（3）在 G3:G11 单元格中使用自动填充，执行结果如图 4.32 所示。

G3　　fx　=IF(F3>=300,"合格","不合格")

	A	B	C	D	E	F	G
1	考研成绩表						
2	姓名	英语	政治	数学	专业	总分	是否合格
3	杨磊	35	56	83	121	295	不合格
4	吴珊	52	53	92	107	304	合格
5	徐晓东	62	53	119	144	378	合格
6	肖恒	43	48	77	91	259	不合格
7	孙昌青	71	58	102	103	334	合格
8	刘丹	69	62	72	150	353	合格
9	王巧	57	50	141	131	379	合格
10	赵旭	47	63	135	143	388	合格
11	庄璐璐	42	43	53	72	210	不合格
12	平均分	53.11111	54	97.11111	118	322.2222	
13	最高分					388	
14						6	

图 4.32　IF 函数的执行结果

例如，在图 4.31 的基础上，利用 IF 函数判断成绩等级，成绩等级与总分有如下关系：总分<300 为不合格；300≤总分<360 为合格；总分≥360 为优良。插入条件函数“=IF(F3<300,"不合格",

IFF3<360,"合格","优良")"，并将结果存放在单元格 G3:G11 中，操作步骤如下。

（1）单击单元格 G3，使之成为活动单元格。

（2）键入公式 "=IF(F3<300,"不合格",IF(F3<360,"合格","优良"))"，并按回车键。

（3）在 G3:G11 单元格中使用自动填充，执行结果如图 4.33 所示。

G3 =IF(F3<300,"不合格",IF(F3<360,"合格","优良"))

	A	B	C	D	E	F	G	H
1	考研成绩表							
2	姓名	英语	政治	数学	专业	总分	成绩等级	
3	杨磊	35	56	83	121	295	不合格	
4	吴珊	52	53	92	107	304	合格	
5	徐晓东	62	53	119	144	378	优良	
6	肖恒	43	48	77	91	259	不合格	
7	孙昌青	71	58	102	103	334	合格	
8	刘丹	69	62	72	150	353	合格	
9	王巧	57	50	141	131	379	优良	
10	赵旭	47	63	135	143	388	优良	
11	庄璐璐	42	43	53	72	210	不合格	
12	平均分	53.11111	54	97.11111	118	322.2222		
13	最高分					388		
14						6		

图 4.33　IF 函数嵌套的执行结果

8. 排名函数 RANK

格式：RANK(number,ref,order)

功能：返回某数字 number 在一列数字 ref 中相较于其他数值的大小排名。

说明：number 为要查找排名的数字，ref 为数字列表数组或对数字列表的引用，order 为一数字，指明排位的方式。如果 order 为 0 或忽略，则降序；如果 order 为非零值，则升序。函数 RANK 对重复数的排位相同，但重复数的存在将影响后续数值的排位。

例如，在图 4.33 的基础上，利用 RANK 函数实现自动排名，插入排名函数 "=RANK(F3,F$3:F$11,0)"，并将结果存放在单元格 H3:H11 中，执行结果如图 4.34 所示。

H3 =RANK(F3,F$3:F$11,0)

	A	B	C	D	E	F	G	H
1	考研成绩表							
2	姓名	英语	政治	数学	专业	总分	成绩等级	排名
3	杨磊	35	56	83	121	295	不合格	7
4	吴珊	52	53	92	107	304	合格	6
5	徐晓东	62	53	119	144	378	优良	3
6	肖恒	43	48	77	91	259	不合格	8
7	孙昌青	71	58	102	103	334	合格	5
8	刘丹	69	62	72	150	353	合格	4
9	王巧	57	50	141	131	379	优良	2
10	赵旭	47	63	135	143	388	优良	1
11	庄璐璐	42	43	53	72	210	不合格	9
12	平均分	53.11111	54	97.11111	118	322.2222		
13	最高分					388		
14						6		

图 4.34　RANK 函数的执行结果

9. 频率分布统计函数 FREQUENCY

格式：FREQUENCY (data_array, bins_array)

功能：以一列垂直数组 data_array 返回某个区域 bins_array 中数据的频率分布。

说明：data_array 为一数组或对一组数值的引用，用来计算频率。如果 data_array 中不包含任何数值，则函数 FREQUENCY 返回零数组。bins_array 为间隔的数组或对间隔的引用，该间隔用于对 data_array 中的数值进行分组。如果 bins_array 中不包含任何数值，函数 FREQUENCY 返回 data_array 中元素的个数。

例如，在图 4.34 的基础上，利用 FREQUENCY 函数统计出总分<300、300≤总分<360 和总分≥360 的学生各有多少，操作步骤如下。

（1）在一个空区域（如 I5:I6）中建立统计的间距数组（299，359）。

（2）选定作为统计结果的数组输出区域 J5:J7。

（3）键入函数“=FREQUENCY(F3:F11,I5:I6)”（或使用【插入函数】对话框来设置）。

（4）按“Ctrl+Shift+Enter”组合键，执行结果如图 4.35 所示。

J5　{=FREQUENCY(F3:F11,I5:I6)}

	A	B	C	D	E	F	G	H	I	J
1	考研成绩表									
2	姓名	英语	政治	数学	专业	总分	成绩等级	排名		
3	杨磊	35	56	83	121	295	不合格	7		
4	吴珊	52	53	92	107	304	合格	6		
5	徐晓东	62	53	119	144	378	优良	3	299	3
6	肖恒	43	48	77	91	259	不合格	8	359	3
7	孙昌青	71	58	102	103	334	合格	5		3
8	刘丹	69	62	72	150	353	合格	4		
9	王巧	57	50	141	131	379	优良	2		
10	赵旭	47	63	135	143	388	优良	1		
11	庄璐璐	42	43	53	72	210	不合格	9		
12	平均分	53.11111	54	97.11111	118	322.2222				
13	最高分					388				
14						6				

图 4.35　FREQUENCY 函数的执行结果

回到“工资统计表”，使用 AVERAGE 函数求所有员工实发工资的平均数，如图 4.36 所示，弹出【函数参数】对话框，设置好求平均值和范围后，单击【确定】按钮即可求出实发工资的平均数为 3 002.5 元，如图 4.37 所示。

图 4.36　选择 AVERAGE 函数

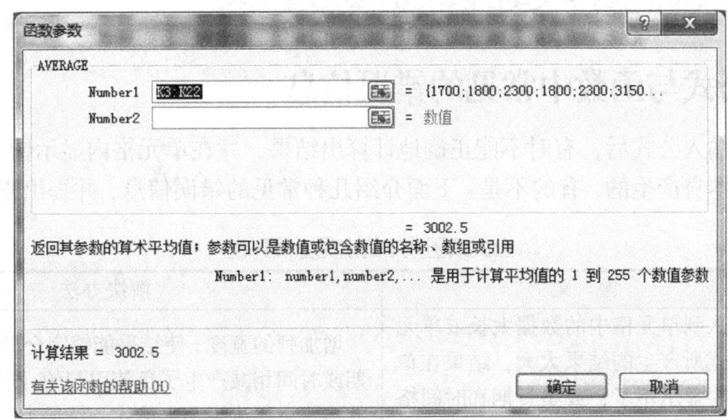

图 4.37　【函数参数】对话框

4.3.4 绝对引用的应用

例如，要在单元格 L3:L22 中求出每个人“实发工资占平均实发工资的百分比”。把 L3:L22 数据格式设置为百分比，在 L3 中输入“=K3/K23”后按回车键，可以看到张越实发工资占平均实发工资的 56.62%，如图 4.38 所示。这时，应用填充的方式计算其他人实发工资占平均实发工资的百分比，除刚设置好的正确外，其他人的都不正确，如图 4.39 所示。

L3 　 =K3/K23

	H	I	J	K	L
2	所属部门	基本工资	奖金	实发工资	实发工资占平均实发工资的百分比
3	后勤处	¥1,500.00	¥200.00	¥1,700.00	56.62%
4	后勤处	¥1,500.00	¥300.00	¥1,800.00	
5	财务处	¥1,800.00	¥500.00	¥2,300.00	

图 4.38　应用公式计算实发工资占平均实发工资的百分比

L3 　 =K3/K23

	H	I	J	K	L
2	所属部门	基本工资	奖金	实发工资	实发工资占平均实发工资的百分比
3	后勤处	¥1,500.00	¥200.00	¥1,700.00	56.62%
4	后勤处	¥1,500.00	¥300.00	¥1,800.00	#DIV/0!
5	财务处	¥1,800.00	¥500.00	¥2,300.00	#DIV/0!
6	后勤处	¥1,500.00	¥300.00	¥1,800.00	#DIV/0!
7	办公室	¥1,800.00	¥500.00	¥2,300.00	#DIV/0!
8	科研处	¥3,000.00	¥150.00	¥3,150.00	#DIV/0!
9	销售处	¥2,300.00	¥1,700.00	¥4,000.00	#DIV/0!
10	销售处	¥1,800.00	¥2,000.00	¥3,800.00	#DIV/0!
11	销售处	¥1,800.00	¥1,600.00	¥3,400.00	#DIV/0!
12	销售处	¥2,300.00	¥1,200.00	¥3,500.00	#DIV/0!
13	后勤处	¥1,800.00	¥600.00	¥2,400.00	#DIV/0!
14	销售处	¥2,300.00	¥1,300.00	¥3,600.00	#DIV/0!
15	财务处	¥2,300.00	¥800.00	¥3,100.00	#DIV/0!
16	办公室	¥2,300.00	¥900.00	¥3,200.00	#DIV/0!
17	后勤处	¥1,500.00	¥300.00	¥1,800.00	#DIV/0!
18	销售处	¥2,300.00	¥1,400.00	¥3,700.00	#DIV/0!
19	销售处	¥2,300.00	¥1,300.00	¥3,600.00	#DIV/0!
20	办公室	¥2,300.00	¥800.00	¥3,100.00	#DIV/0!
21	销售处	¥2,300.00	¥1,800.00	¥4,100.00	#DIV/0!
22	科研处	¥3,000.00	¥700.00	¥3,700.00	#DIV/0!
23				¥3,002.50	

图 4.39　运用填充公式后出现错误

造成这个错误的原因是，公式中“平均实发工资”单元格 K23 位置应不发生变化，由于开始设置的是相对引用，在填充公式时它的位置已发生变化。所以，解决办法是将单元格设置为绝对引用，将 L3 中的公式改为“=K3/$K$23”，然后按回车键，再运用填充公式填充其他单元格。

> ⓘ　在运用公式填充后，一定要检查填充后的公式是否正确。

4.3.5 公式与函数中常见的错误信息

在 Excel 中输入公式后，有时不能正确地计算出结果，并在单元格内显示错误信息。这些错误有的是因公式本身产生的，有的不是。下面介绍几种常见的错误信息，并提出避免出错的办法。

表 4.3　公式或函数中的常见错误列表

错误值	含　义	解决办法
####	输入到单元格中的数据太长或单元格公式所产生的结果太大，结果在单元格中显示不了；或是日期和时间格式的单元格做减法，出现了负值	增加列的宽度，使结果能够完全显示。如果是由日期或时间相减产生了负值引起的，则可以改变单元格的格式，如改为文本格式，结果为负的时间

续表

错误值	含 义	解决办法
#DIV/0!	试图除以 0。这个错误的产生通常有下面几种情况：除数为 0，在公式中除数使用了空单元格或是包含零值单元格的单元格引用	修改单元格引用，或者在用来作为除数的单元格中输入不为零的值
#VALUE!	输入引用文本项的数学公式。如果使用了不正确的参数或运算符，或者当执行自动更正公式功能时不能更正公式，都将产生该错误信息	这时应确认公式或函数所需的运算符或者参数正确与否，并且公式引用的单元格中包含有效的数值。例如，单元格 C4 中有一个数字或逻辑值，而单元格 D4 包含文本，则在计算公式“=C4+D4”时，系统不能将文本转换为正确的数据类型，因而返回错误值“#VALUE!”
#REF!	删除了被公式引用的单元格范围	恢复被引用的单元格范围，或是重新设定引用范围
#N/A	无信息可用于所要执行的计算。在建立模型时，用户可以在单元格中输入“#N/A”，以表明正在等待数据。任何引用含有#N/A 值的单元格都将返回“#N/A”	在等待数据的单元格内填充数据
#NAME?	在公式中使用了 Excel 所不能识别的文本，如输错了名称，或是输入了一个已删除的名称，如果没有将文字串括在双引号中，也会产生此错误值	如果是使用了不存在的名称，应确认使用的名称确实存在；如果是函数名拼写错误应改正过来。确保将文字串括在双引号中，确认公式中使用的所有区域引用都使用了冒号（:）
#NUM !	提供了无效的参数给工作表函数，或是公式的结果太大或太小而无法在工作表中显示	确认函数中使用的参数类型正确。如果公式结果太大或太小，就要修改公式，使其结果在-1×10307 和 1×10307 之间
#NULL!	在公式中的两个范围之间插入一个空格以表示交叉点，但这两个范围没有公共单元格，如输入“=SUM（A1:A10 C1:C10）”，就会出现这种情况	取消两个范围之间的空格。上式可改为“=SUM（A1:A10,C1:C10）”

4.4 数据的整理和分析

Excel 数据库又称数据清单，它是按行和列来组织数据的。其中，除了标题行外，每行都表示一组数据，称为记录；每列称为一个字段，标题行上列名称为字段名。每一列的数据类型必须一致，例如，一整列为文字（如编号、姓名等），或者一整列为数字（如基本工资、某科成绩等）。数据清单建立后，就可以利用 Excel 所提供的工具对数据清单中的记录进行增、删、改、检索、排序和汇总等操作，也可以用其中的数据生成图表。

4.4.1 数据的排序

1. 快速排序

Excel 提供了多种方法对工作表区域进行排序，可以根据需要按行或列、按升序或降序排序。当按行进行排序时，数据列表中的列将被重新排列，但行保持不变；如果按列进行排序，行将被重新排列而列保持不变。

没有经过排序的数据列表看上去杂乱无章，不利于对数据进行查找和分析，所以此时需要对数据表进行整理。

例如，将“工资统计表”按“出生年月”进行排序，操作步骤如下。

（1）单击数据列表中的任意一个单元格。

（2）单击【开始】选项卡【编辑】组中的【排序和筛选】按钮，在下拉菜单中选择【自定义排序】命令，如图4.40所示，会弹出【排序】对话框，如图4.41所示（单击【数据】选项卡【排序和筛选】组中的【排序】按钮同样可以打开【排序】对话框）。

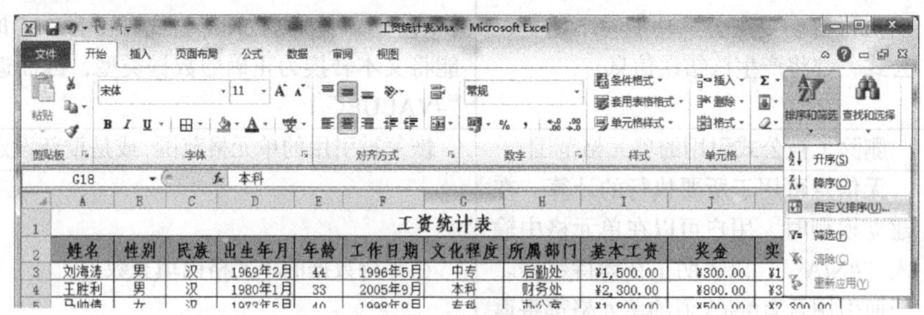

图4.40　自定义排序

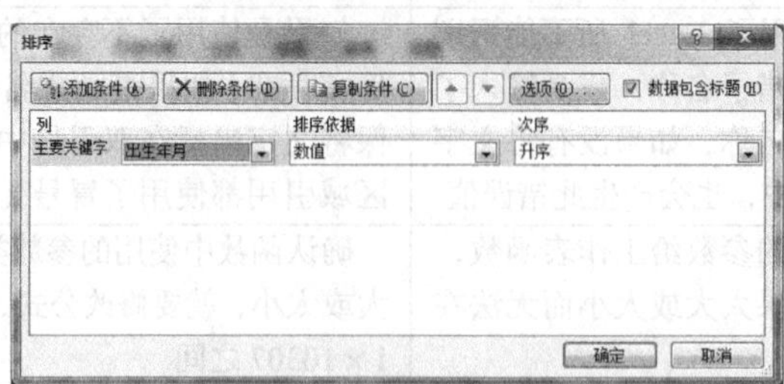

图4.41　【排序】对话框

（3）在【排序】对话框的【主要关键字】下拉列表中选择【出生年月】命令，设置主要关键字以及排序依据，如数值、单元格颜色、字体颜色、单元格图标，在此选择默认的数据作为排序依据。可以对数据排序次序进行设置，在【次序】下拉列表中选择【升序】、【降序】或【自定义排序】命令，在此选择【升序】命令。

（4）设置完成后单击【确定】按钮，即可完成将数据列表按“出生年月”进行排序。

2. 自定义排序

除了对数据表以某个字段为主要关键字进行排序之外，也可以以多个字段为关键字进行排序。

例如，如果希望对“工资统计表”中的数据按“出生年月”升序排序，出生年月相同的数据按“文化程度”升序排序，“出生年月”和“文化程度”都相同的数据按“基本工资”从小到大的顺序排序，此时就要以3个不同的字段为关键字进行排序，操作步骤如下。

（1）在【排序】对话框的【主要关键字】下拉列表中选择【出生年月】命令，设置好主要关键字。

（2）单击【添加条件(A)】按钮，在【排序】对话框中增加了【次要关键字】，在下拉菜单中选择【文化程度】。

（3）再次单击【添加条件(A)】按钮，添加第3个排序条件【基本工资】，如图4.42所示。

（4）在设置好多列排序依据后，单击【确定】按钮即可看到多列排序后的数据表，如图4.43所示。

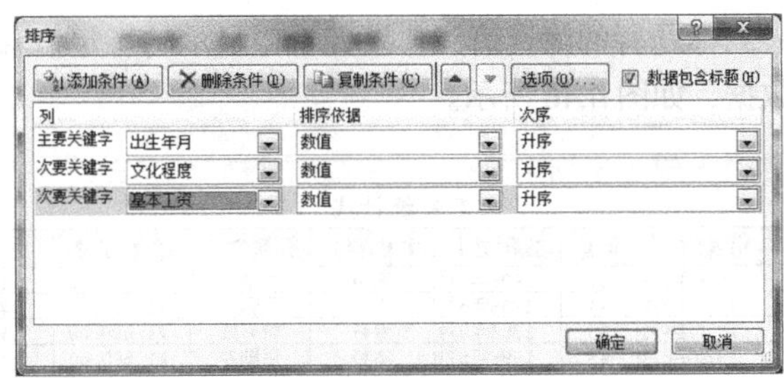

图 4.42 以多个字段为关键字排序

工资统计表

姓名	性别	民族	出生年月	年龄	工作日期	文化程度	所属部门	基本工资	奖金	实发工资
陈玉祥	男	汉	1966年8月	47	1996年6月	高中	后勤处	¥1,500.00	¥200.00	¥1,700.00
刘海涛	男	汉	1969年2月	44	1996年5月	中专	后勤处	¥1,500.00	¥300.00	¥1,800.00
王真	女	回	1970年4月	43	1996年9月	专科	财务处	¥1,800.00	¥500.00	¥2,300.00
王丹青	男	汉	1970年8月	43	1996年5月	本科	后勤处	¥1,500.00	¥300.00	¥1,800.00
马帅倩	女	汉	1973年5月	40	1998年9月	专科	办公室	¥1,800.00	¥500.00	¥2,300.00
曹宁	男	蒙	1974年8月	39	2008年7月	研究生	科研处	¥3,000.00	¥150.00	¥3,150.00
杨民民	男	满	1976年4月	37	2008年7月	本科	销售处	¥2,300.00	¥1,700.00	¥4,000.00
吴好佳	女	汉	1976年5月	37	2006年10月	专科	销售处	¥1,800.00	¥2,000.00	¥3,800.00
季秋霞	女	汉	1976年5月	37	2006年10月	专科	销售处	¥1,800.00	¥1,600.00	¥3,400.00
林铀庆	男	汉	1977年3月	36	2010年6月	本科	销售处	¥2,300.00	¥1,200.00	¥3,500.00
仲蠶民	女	汉	1978年1月	35	2005年9月	专科	后勤处	¥1,800.00	¥600.00	¥2,400.00
刘江涛	男	满	1978年3月	35	2006年10月	本科	销售处	¥2,300.00	¥1,300.00	¥3,600.00
王胜利	男	汉	1980年1月	33	2005年9月	本科	财务处	¥2,300.00	¥800.00	¥3,100.00
赵灿	男	汉	1980年5月	33	2001年5月	本科	办公室	¥2,300.00	¥900.00	¥3,200.00
何如周	男	汉	1981年4月	32	2004年7月	中专	后勤处	¥1,500.00	¥300.00	¥1,800.00
侯玉慧	女	汉	1981年5月	32	2006年10月	本科	销售处	¥2,300.00	¥1,400.00	¥3,700.00
魏爱琨	男	汉	1981年11月	32	2007年10月	本科	销售处	¥2,300.00	¥1,300.00	¥3,600.00
谷娟	女	汉	1982年7月	31	2004年7月	本科	办公室	¥2,300.00	¥800.00	¥3,100.00
张丽丽	女	汉	1982年12月	31	2006年10月	本科	销售处	¥2,300.00	¥1,800.00	¥4,100.00
赵小越	女	汉	1985年6月	28	2009年8月	研究生	科研处	¥3,000.00	¥700.00	¥3,700.00

图 4.43 排序后显得井然有序的表格

在 Excel 2010 中，排序依据最多可以支持 64 个关键字。

4.4.2 数据的筛选

筛选数据列表就是将不符合特定条件的行隐藏起来，可以更方便地对数据进行查看。Excel 提供了两种筛选数据的命令：自动筛选和高级筛选。

1. 自动筛选

自动筛选适用于简单的筛选条件。

首先单击数据列表中的任意一个单元格，然后单击【开始】选项卡【编辑】组中的【排序和筛选】按钮，在下拉列表框中选择【筛选】命令，如图 4.44 所示。此时，在表格的所有字段中都有一个向下的筛选箭头，如图 4.45 所示。

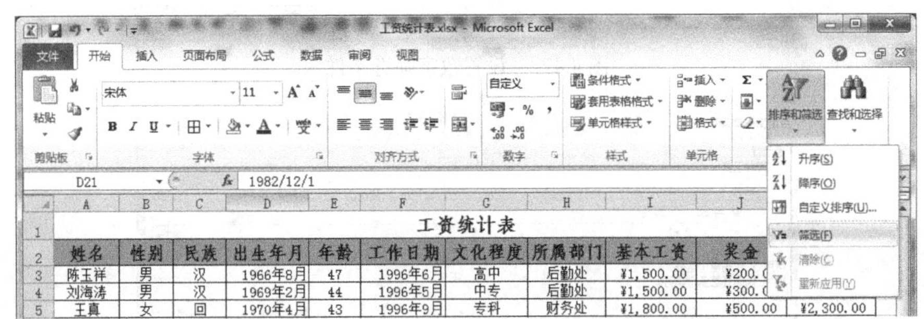

图 4.44 设置自动筛选

【数据】选项卡【排序和筛选】组中的【筛选】按钮的功能与上面的描述相同。

单击数据表中任何一列标题行的筛选箭头，设置希望显示的特定信息，Excel 将自动筛选出包含特定行信息的全部数据，如图 4.46 所示。

	A	B	C	D	E	F	G	H	I	J	K
1	工资统计表										
2	姓名	性别	民族	出生年月	年龄	工作日期	文化程度	所属部门	基本工资	奖金	实发工资
3	陈玉祥	男	汉	1966年8月	47	1996年6月	高中	后勤处	¥1,500.00	¥200.00	¥1,700.00
4	刘海涛	男	汉	1969年2月	44	1996年5月	中专	后勤处	¥1,500.00	¥300.00	¥1,800.00
5	王真	女	回	1970年4月	43	1996年9月	专科	财务处	¥1,800.00	¥500.00	¥2,300.00
6	王丹青	男	汉	1970年8月	43	1996年5月	本科	后勤处	¥1,500.00	¥300.00	¥1,800.00

图 4.45　自动筛选后字段中增加了一个箭头

图 4.46　筛选箭头下的筛选选项

例如，想要把表中性别为“男”、实发工资大于 3 000 的人显示出来，可进行如下操作。

（1）单击数据表中【性别】右侧的筛选箭头，选择“男”。

（2）单击数据表中【实发工资】右侧的筛选箭头，选择【数字筛选】→【大于】命令，如图 4.47 所示，弹出【自定义自动筛选方式】对话框，设置“实发工资”大于 3 000，如图 4.48 所示。

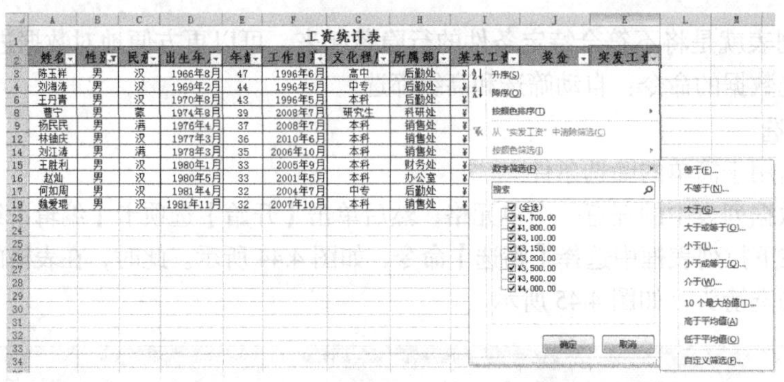

图 4.47　设置数字筛选条件

图 4.48 【自定义自动筛选方式】对话框

（3）单击【确定】按钮，筛选结果如图 4.49 所示。

	A	B	C	D	E	F	G	H	I	J	K
1	工资统计表										
2	姓名	性别	民族	出生年月	年龄	工作日期	文化程度	所属部门	基本工资	奖金	实发工资
8	曹宁	男	蒙	1974年8月	39	2008年7月	研究生	科研处	¥3,000.00	¥150.00	¥3,150.00
9	杨民民	男	满	1976年4月	37	2008年7月	本科	销售处	¥2,300.00	¥1,700.00	¥4,000.00
12	林铀庆	男	汉	1977年3月	36	2010年6月	本科	销售处	¥2,300.00	¥1,200.00	¥3,500.00
14	刘江涛	男	满	1978年3月	35	2006年10月	本科	销售处	¥2,300.00	¥1,300.00	¥3,600.00
15	王胜利	男	汉	1980年1月	33	2005年9月	本科	财务处	¥2,300.00	¥800.00	¥3,100.00
16	赵灿	男	汉	1980年5月	33	2001年5月	本科	办公室	¥2,300.00	¥900.00	¥3,200.00
19	魏爱琨	男	汉	1981年11月	32	2007年10月	本科	销售处	¥2,300.00	¥1,300.00	¥3,600.00
23											

图 4.49 【数字筛选】结果

在数据表中，如果单元格填充了颜色，也可以按照颜色进行筛选。

2. 高级筛选

高级筛选适用于复杂的筛选条件。

如果条件比较多，可以使用高级筛选功能把想要看到的数据都找出来。

例如，想要把表中年龄小于 35、实发工资大于 3 000 的人显示出来，可按如下操作进行。

（1）在表格空白处建立一个条件区域，在第一行输入排序的字段名称，在第二行输入条件，从而建立一个条件区域，如图 4.50 所示。

	A	B	C	D	E	F	G	H	I	J	K
18	侯玉慧	女	汉	1981年5月	32	2006年10月	本科	销售处	¥2,300.00	¥1,400.00	¥3,700.00
19	魏爱琨	男	汉	1981年11月	32	2007年10月	本科	销售处	¥2,300.00	¥1,300.00	¥3,600.00
20	谷娟	女	汉	1982年7月	31	2004年7月	本科	办公室	¥2,300.00	¥800.00	¥3,100.00
21	张丽丽	女	汉	1982年12月	31	2006年10月	本科	销售处	¥2,300.00	¥1,800.00	¥4,100.00
22	赵小越	女	汉	1985年6月	28	2009年8月	研究生	科研处	¥3,000.00	¥700.00	¥3,700.00
23											
24											
25			年龄	实发工资							
26			<35	>3000							

图 4.50　条件选区的建立

（2）选中数据区域中的任意单元格，单击【数据】选项卡【排序和筛选】组中的【高级】按钮，如图 4.51 所示。

图 4.51　单击【高级】按钮

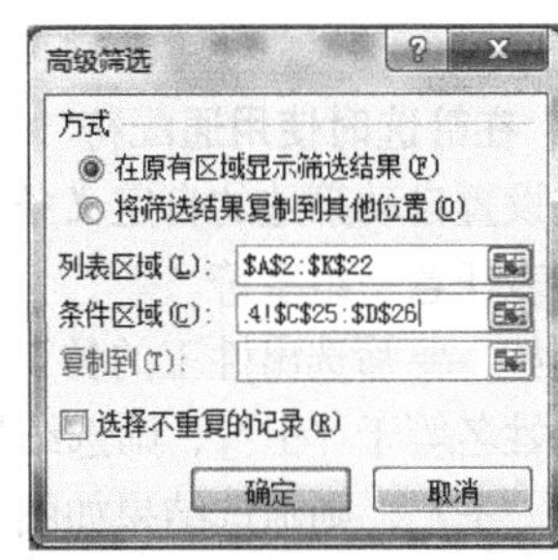

图 4.52 【高级筛选】对话框

（3）此时弹出【高级筛选】对话框。Excel 自动选择好了筛选的区域，单击【条件区域】框右侧的【拾取】按钮，选中刚才设置的条件区域，再次单击【拾取】按钮返回【高级筛选】对话框，如图 4.52 所示。

（4）单击【确定】按钮，高级筛选结果如图 4.53 所示。

	A	B	C	D	E	F	G	H	I	J	K
1	工资统计表										
2	姓名	性别	民族	出生年月	年龄	工作日期	文化程度	所属部门	基本工资	奖金	实发工资
15	王胜利	男	汉	1980年1月	33	2005年9月	本科	财务处	¥2,300.00	¥800.00	¥3,100.00
16	赵灿	男	汉	1980年5月	33	2001年5月	本科	办公室	¥2,300.00	¥900.00	¥3,200.00
18	侯玉慧	女	汉	1981年5月	32	2006年10月	本科	销售处	¥2,300.00	¥1,400.00	¥3,700.00
19	魏爱琨	男	汉	1981年11月	32	2007年10月	本科	销售处	¥2,300.00	¥1,300.00	¥3,600.00
20	谷娟	女	汉	1982年7月	31	2004年7月	本科	办公室	¥2,300.00	¥800.00	¥3,100.00
21	张丽丽	女	汉	1982年12月	31	2006年10月	本科	销售处	¥2,300.00	¥1,800.00	¥4,100.00
22	赵小越	女	汉	1985年6月	28	2009年8月	研究生	科研处	¥3,000.00	¥700.00	¥3,700.00
23											
24											
25			年龄	实发工资							
26			<35	>3000							

图 4.53　高级筛选结果

高级筛选可以用来设置行与行之间的“或”关系条件，也可以对一个特定的列指定 3 个以上的条件，还可以指定计算条件，这些都是比自动筛选优越之处。

高级筛选的条件区域应该至少有两行，第一行用来放置列标题，下面的行则用来放置筛选条件。需要注意的是，这里的列标题一定要与数据清单中的列标题完全一样。在条件区域的筛选条件设置中，同一行上的条件默认是“与”条件，而不同行上的条件默认是“或”条件。

例如，想要把表中年龄小于 35 或者实发工资大于 3 000 的人都显示出来，需要在条件区域的筛选条件设置中将条件置于不同行，如图 4.54 所示，然后按上述方法进行【高级筛选】命令，此时，“或”条件高级筛选结果如图 4.55 所示。

18	侯玉慧	女	汉	1981年5月	32	2006年10月	本科	销售处	¥2,300.00	¥1,400.00	¥3,700.00
19	魏爱琨	男	汉	1981年11月	32	2007年10月	本科	销售处	¥2,300.00	¥1,300.00	¥3,600.00
20	谷娟	女	汉	1982年7月	31	2004年7月	本科	办公室	¥2,300.00	¥800.00	¥3,100.00
21	张丽丽	女	汉	1982年12月	31	2006年10月	本科	销售处	¥2,300.00	¥1,800.00	¥4,100.00
22	赵小越	女	汉	1985年6月	28	2009年8月	研究生	科研处	¥3,000.00	¥700.00	¥3,700.00
23											
24											
25			年龄	实发工资							
26			<35								
27				>3000							

图 4.54 “或”条件选区的建立

	A	B	C	D	E	F	G	H	I	J	K
1	工资统计表										
2	姓名	性别	民族	出生年月	年龄	工作日期	文化程度	所属部门	基本工资	奖金	实发工资
8	曹宁	男	蒙	1974年8月	39	2008年7月	研究生	科研处	¥3,000.00	¥150.00	¥3,150.00
9	杨民民	男	满	1976年4月	37	2008年7月	本科	销售处	¥2,300.00	¥1,700.00	¥4,000.00
10	吴好佳	女	汉	1976年5月	37	2006年10月	专科	销售处	¥1,800.00	¥2,000.00	¥3,800.00
11	季秋霞	女	汉	1976年5月	37	2006年10月	专科	销售处	¥1,800.00	¥1,600.00	¥3,400.00
12	林铀庆	男	汉	1977年3月	36	2010年6月	本科	销售处	¥2,300.00	¥1,200.00	¥3,500.00
14	刘江涛	男	满	1978年3月	35	2006年10月	本科	销售处	¥2,300.00	¥1,300.00	¥3,600.00
15	王胜利	男	汉	1980年1月	33	2005年9月	本科	财务处	¥2,300.00	¥800.00	¥3,100.00
16	赵灿	男	汉	1980年5月	33	2001年5月	本科	办公室	¥2,300.00	¥900.00	¥3,200.00
17	何如周	男	汉	1981年4月	32	2004年7月	中专	后勤处	¥1,500.00	¥300.00	¥1,800.00
18	侯玉慧	女	汉	1981年5月	32	2006年10月	本科	销售处	¥2,300.00	¥1,400.00	¥3,700.00
19	魏爱琨	男	汉	1981年11月	32	2007年10月	本科	销售处	¥2,300.00	¥1,300.00	¥3,600.00
20	谷娟	女	汉	1982年7月	31	2004年7月	本科	办公室	¥2,300.00	¥800.00	¥3,100.00
21	张丽丽	女	汉	1982年12月	31	2006年10月	本科	销售处	¥2,300.00	¥1,800.00	¥4,100.00
22	赵小越	女	汉	1985年6月	28	2009年8月	研究生	科研处	¥3,000.00	¥700.00	¥3,700.00
23											
24											
25			年龄	实发工资							
26			<35								
27				>3000							

图 4.55 “或”条件高级筛选结果

3. 在筛选时使用通配符

在设置自动筛选的自定义条件时，可以使用通配符，其中问号（?）代表任意单个字符，星号（*）代表任意一组字符。

例如，要筛选出姓王的员工工资，可在表格“姓名”字段的【自定义自动筛选方式】对话框中设置姓名等于“王*”，筛选结果如图 4.56 所示；若在【自定义自动筛选方式】对话框中设置姓名等于“王?”，则筛选结果如图 4.57 所示。

	A	B	C	D	E	F	G	H	I	J	K
1	工资统计表										
2	姓名	性别	民族	出生年月	年龄	工作日期	文化程度	所属部门	基本工资	奖金	实发工资
5	王真	女	回	1970年4月	43	1996年9月	专科	财务处	¥1,800.00	¥500.00	¥2,300.00
6	王丹青	男	汉	1970年8月	43	1996年5月	本科	后勤处	¥1,500.00	¥300.00	¥1,800.00
15	王胜利	男	汉	1980年1月	33	2005年9月	本科	财务处	¥2,300.00	¥800.00	¥3,100.00
23											

图 4.56 姓名等于“王*”的筛选结果

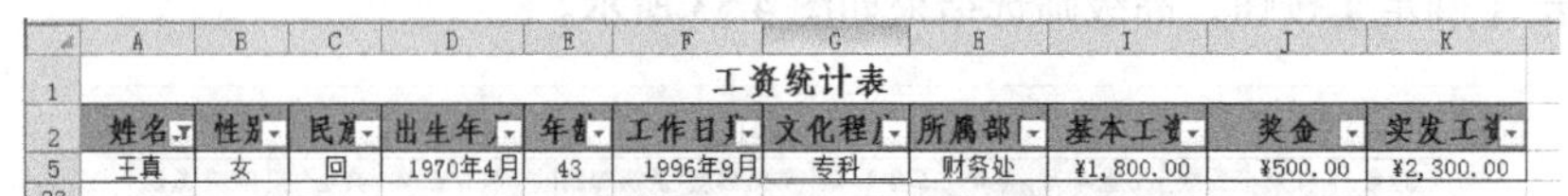

	A	B	C	D	E	F	G	H	I	J	K
1	工资统计表										
2	姓名	性别	民族	出生年月	年龄	工作日期	文化程度	所属部门	基本工资	奖金	实发工资
5	王真	女	回	1970年4月	43	1996年9月	专科	财务处	¥1,800.00	¥500.00	¥2,300.00
23											

图 4.57 姓名等于“王?”的筛选结果

4.4.3 数据的分类汇总与分级显示

分类汇总是 Excel 中最常用的功能之一，它能够快速地以某一个字段为分类项，对数据列表中的数值字段进行各种统计计算，如求和、计数、平均值、最大值、最小值或乘积等。

为了得到正确的汇总结果，该数据清单要先对分类字段进行排序，使相同的记录集中在一起，否则分类汇总毫无意义。

例如，在“工资统计表”中希望可以得出每个部门员工的实发工资之和，操作步骤如下。

（1）将数据表按照“所属部门”进行排序。

（2）在【数据】选项卡的【分级显示】组中单击【分类汇总】按钮，如图 4.58 所示。

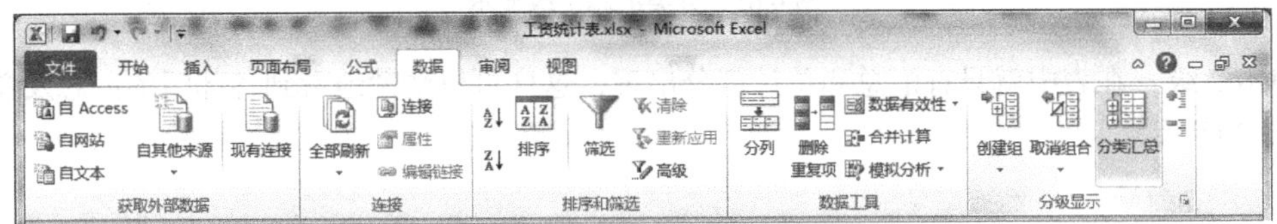

图 4.58 【分类汇总】按钮

（3）弹出【分类汇总】对话框，在【分类字段】下拉列表框中选择【所属部门】，选择汇总方式为【求和】，选定汇总项勾选【实发工资】，如图 4.59 所示。

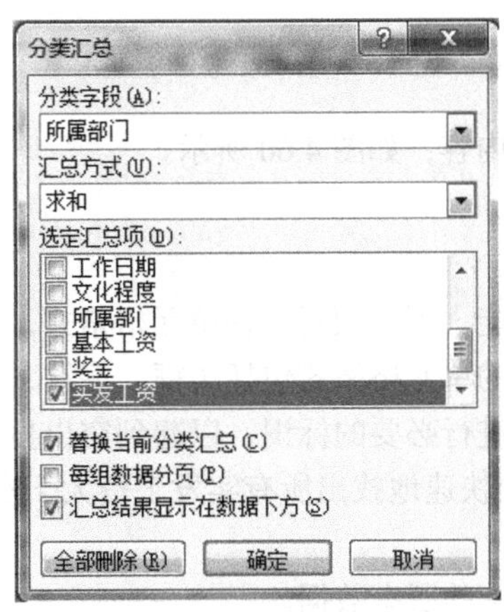

图 4.59 【分类汇总】对话框

（4）单击【确定】按钮，分类汇总效果如图 4.60 所示。

工资统计表

姓名	性别	民族	出生年月	年龄	工作日期	文化程度	所属部门	基本工资	奖金	实发工资
马帅倩	女	汉	1973年5月	40	1998年9月	专科	办公室	¥1,800.00	¥500.00	¥2,300.00
赵灿	男	汉	1980年5月	33	2001年5月	本科	办公室	¥2,300.00	¥900.00	¥3,200.00
谷娟	女	汉	1982年7月	31	2004年7月	本科	办公室	¥2,300.00	¥800.00	¥3,100.00
							办公室 汇总			¥8,600.00
王真	女	回	1970年4月	43	1996年9月	专科	财务处	¥1,800.00	¥500.00	¥2,300.00
王胜利	男	汉	1980年1月	33	2005年9月	本科	财务处	¥2,300.00	¥800.00	¥3,100.00
							财务处 汇总			¥5,400.00
陈玉祥	男	汉	1966年8月	47	1996年6月	高中	后勤处	¥1,500.00	¥200.00	¥1,700.00
刘海涛	男	汉	1969年2月	44	1996年5月	中专	后勤处	¥1,500.00	¥300.00	¥1,800.00
王丹青	男	汉	1970年8月	43	1996年5月	本科	后勤处	¥1,500.00	¥300.00	¥1,800.00
仲鹭民	女	汉	1978年1月	35	2005年9月	专科	后勤处	¥1,800.00	¥600.00	¥2,400.00
何如周	男	汉	1981年4月	32	2004年7月	中专	后勤处	¥1,500.00	¥300.00	¥1,800.00
							后勤处 汇总			¥9,500.00
曹宁	男	蒙	1974年8月	39	2008年7月	研究生	科研处	¥3,000.00	¥150.00	¥3,150.00
赵小越	女	汉	1985年6月	28	2009年8月	研究生	科研处	¥3,000.00	¥700.00	¥3,700.00
							科研处 汇总			¥6,850.00
杨民民	男	满	1976年4月	37	2008年7月	本科	销售处	¥2,300.00	¥1,700.00	¥4,000.00
吴好佳	女	汉	1976年5月	37	2006年10月	专科	销售处	¥1,800.00	¥2,000.00	¥3,800.00
季秋霞	女	汉	1976年5月	37	2006年10月	专科	销售处	¥1,800.00	¥1,600.00	¥3,400.00
林铀庆	男	汉	1977年3月	36	2010年6月	本科	销售处	¥2,300.00	¥1,200.00	¥3,500.00
刘江涛	男	满	1978年3月	35	2006年10月	本科	销售处	¥2,300.00	¥1,300.00	¥3,600.00
侯玉慧	女	汉	1981年5月	32	2006年10月	本科	销售处	¥2,300.00	¥1,400.00	¥3,700.00
魏爱琨	男	汉	1981年11月	32	2007年10月	本科	销售处	¥2,300.00	¥1,300.00	¥3,600.00
张丽丽	女	汉	1982年12月	31	2006年10月	本科	销售处	¥2,300.00	¥1,800.00	¥4,100.00
							销售处 汇总			¥29,700.00
							总计			¥60,050.00

图 4.60 分类汇总效果

分类汇总的数据是分级显示的，在工作表的左上角分成 1 级、2 级和 3 级，单击 1 级，在表中就只有总计项出现，如图 4.61 所示。

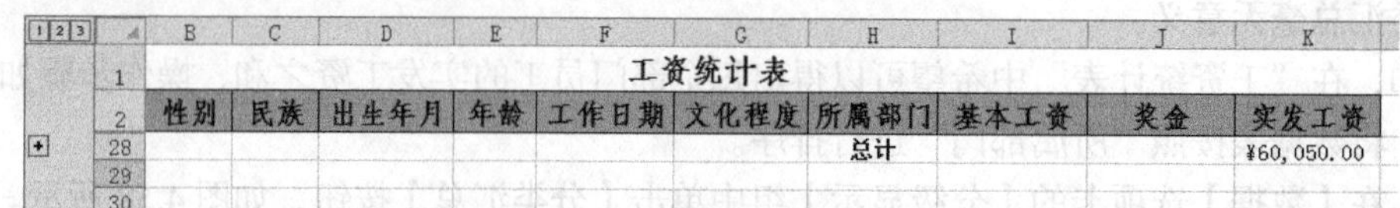

	性别	民族	出生年月	年龄	工作日期	文化程度	所属部门	基本工资	奖金	实发工资
28							总计			¥60,050.00

图 4.61　分类汇总 1 级显示

单击 2 级，在表中就只有汇总和总计部分出现，这样可以清楚地看到各部门的汇总及总计，如图 4.62 所示。

	性别	民族	出生年月	年龄	工作日期	文化程度	所属部门	基本工资	奖金	实发工资
6							办公室 汇总			¥8,600.00
9							财务处 汇总			¥5,400.00
15							后勤处 汇总			¥9,500.00
18							科研处 汇总			¥6,850.00
27							销售处 汇总			¥29,700.00
28							总计			¥60,050.00

图 4.62　分类汇总 2 级显示

单击 3 级，可以显示所有的内容，如图 4.60 所示。

4.4.4　条件格式

使用 Excel 中的条件格式功能，可以预置一种单元格格式，并在指定的某种条件被满足时自动应用于目标单元格。可以预置的单元格格式包括边框、底纹、字体颜色等。此功能可以根据用户的要求，快速地对特定单元格进行必要的标识，以起到突出显示的作用。

例如，在“工资统计表”中要快速地找出所有实发工资大于实发平均工资 3 002.5 元的相关数据，操作步骤如下。

（1）选中“实发工资”字段中的所有数据。

（2）单击【开始】选项卡【样式】组中的【条件格式】按钮，选择【突出显示单元格规则】→【大于】命令，如图 4.63 所示。

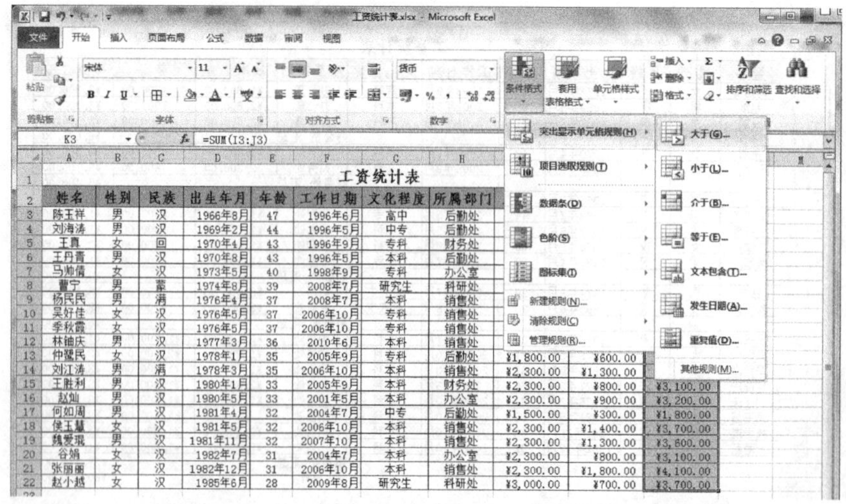

图 4.63　【突出显示单元格规则】→【大于】命令

（3）弹出【大于】对话框，将数值部分设置为“￥3002.50”，然后设置单元格显示样式为【浅红填充色深红色文本】，设置完毕后单击【确定】按钮，如图 4.64 所示。

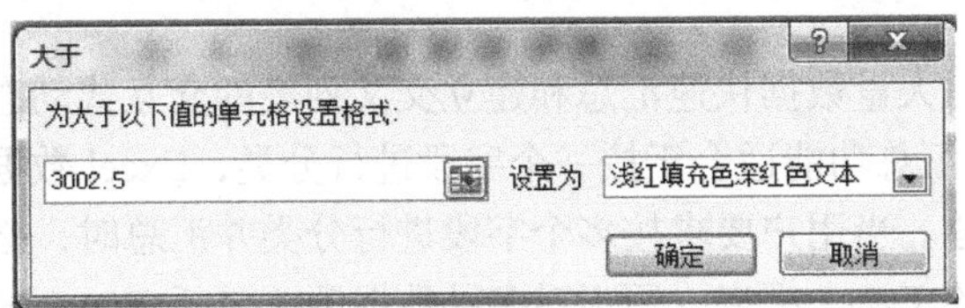

图 4.64 【大于】对话框

（4）数据表中已经显示出所有符合设置条件的信息，如图 4.65 所示。

	A	B	C	D	E	F	G	H	I	J	K
1	工资统计表										
2	姓名	性别	民族	出生年月	年龄	工作日期	文化程度	所属部门	基本工资	奖金	实发工资
3	陈玉祥	男	汉	1966年8月	47	1996年6月	高中	后勤处	¥1,500.00	¥200.00	¥1,700.00
4	刘海涛	男	汉	1969年2月	44	1996年5月	中专	后勤处	¥1,500.00	¥300.00	¥1,800.00
5	王真	女	回	1970年4月	43	1996年9月	专科	财务处	¥1,800.00	¥500.00	¥2,300.00
6	王丹青	男	汉	1970年8月	43	1996年5月	本科	后勤处	¥1,500.00	¥300.00	¥1,800.00
7	马帅倩	女	汉	1973年5月	40	1998年9月	专科	办公室	¥1,800.00	¥500.00	¥2,300.00
8	曹宁	男	蒙	1974年8月	39	2008年7月	研究生	科研处	¥3,000.00	¥150.00	¥3,150.00
9	杨民民	男	满	1976年4月	37	2008年7月	本科	销售处	¥2,300.00	¥1,700.00	¥4,000.00
10	吴好佳	女	汉	1976年5月	37	2006年10月	专科	销售处	¥1,800.00	¥2,000.00	¥3,800.00
11	季秋霞	女	汉	1976年5月	37	2006年10月	专科	销售处	¥1,800.00	¥1,600.00	¥3,400.00
12	林铀庆	男	汉	1977年3月	36	2010年6月	本科	销售处	¥2,300.00	¥1,200.00	¥3,500.00
13	仲蠶民	女	汉	1978年1月	35	2005年9月	专科	后勤处	¥1,800.00	¥600.00	¥2,400.00
14	刘江涛	男	满	1978年3月	35	2006年10月	本科	销售处	¥2,300.00	¥1,300.00	¥3,600.00
15	王胜利	男	汉	1980年1月	33	2005年9月	本科	财务处	¥2,300.00	¥800.00	¥3,100.00
16	赵灿	男	汉	1980年5月	33	2001年5月	本科	办公室	¥2,300.00	¥900.00	¥3,200.00
17	何如周	男	汉	1981年4月	32	2004年7月	中专	后勤处	¥1,500.00	¥300.00	¥1,800.00
18	侯玉慧	女	汉	1981年5月	32	2006年10月	本科	销售处	¥2,300.00	¥1,400.00	¥3,700.00
19	魏爱琨	男	汉	1981年11月	32	2007年10月	本科	销售处	¥2,300.00	¥1,300.00	¥3,600.00
20	谷娟	女	汉	1982年7月	31	2004年7月	本科	办公室	¥2,300.00	¥800.00	¥3,100.00
21	张丽丽	女	汉	1982年12月	31	2006年10月	本科	销售处	¥2,300.00	¥1,800.00	¥4,100.00
22	赵小越	女	汉	1985年6月	28	2009年8月	研究生	科研处	¥3,000.00	¥700.00	¥3,700.00

图 4.65　使用条件格式快速查找的效果

在 Excel 2010 中，使用条件格式不仅可以快速地查找相关数据，还可以通过数据条、色阶和图标显示数据大小。

例如，在“工资统计表”中将所有实发工资以数据条颜色填充突出显示，操作步骤如下。

（1）选中“实发工资”字段中的所有数据。

（2）单击【开始】选项卡【样式】组中的【条件格式】按钮，选择【数据条】，在打开的选项中选择颜色，此时可以看到数据的大小，如图 4.66 所示。

K3　=SUM(I3:J3)

	D	E	F	G	H	I	J	K
1	工资统计表							
2	出生年月	年龄	工作日期	文化程度	所属部门	基本工资	奖金	实发工资
3	1966年8月	47	1996年6月	高中	后勤处	¥1,500.00	¥200.00	¥1,700.00
4	1969年2月	44	1996年5月	中专	后勤处	¥1,500.00	¥300.00	¥1,800.00
5	1970年4月	43	1996年9月	专科	财务处	¥1,800.00	¥500.00	¥2,300.00
6	1970年8月	43	1996年5月	本科	后勤处	¥1,500.00	¥300.00	¥1,800.00
7	1973年5月	40	1998年9月	专科	办公室	¥1,800.00	¥500.00	¥2,300.00
8	1974年8月	39	2008年7月	研究生	科研处	¥3,000.00	¥150.00	¥3,150.00
9	1976年4月	37	2008年7月	本科	销售处	¥2,300.00	¥1,700.00	¥4,000.00
10	1976年5月	37	2006年10月	专科	销售处	¥1,800.00	¥2,000.00	¥3,800.00
11	1976年5月	37	2006年10月	专科	销售处	¥1,800.00	¥1,600.00	¥3,400.00
12	1977年3月	36	2010年6月	本科	销售处	¥2,300.00	¥1,200.00	¥3,500.00
13	1978年1月	35	2005年9月	专科	后勤处	¥1,800.00	¥600.00	¥2,400.00
14	1978年3月	35	2006年10月	本科	销售处	¥2,300.00	¥1,300.00	¥3,600.00
15	1980年1月	33	2005年9月	本科	财务处	¥2,300.00	¥800.00	¥3,100.00
16	1980年5月	33	2001年5月	本科	办公室	¥2,300.00	¥900.00	¥3,200.00
17	1981年4月	32	2004年7月	中专	后勤处	¥1,500.00	¥300.00	¥1,800.00
18	1981年5月	32	2006年10月	本科	销售处	¥2,300.00	¥1,400.00	¥3,700.00
19	1981年11月	32	2007年10月	本科	销售处	¥2,300.00	¥1,300.00	¥3,600.00
20	1982年7月	31	2004年7月	本科	办公室	¥2,300.00	¥800.00	¥3,100.00
21	1982年12月	31	2006年10月	本科	销售处	¥2,300.00	¥1,800.00	¥4,100.00
22	1985年6月	28	2009年8月	研究生	科研处	¥3,000.00	¥700.00	¥3,700.00

图 4.66　以数据条突出显示单元格效果

4.4.5 数据透视表和数据透视图

1. 数据透视表

数据透视表是一种对大量数据快速汇总和建立交叉列表的交互式动态表格，能帮助用户分析和组织数据。Excel 分类汇总功能适合于按一个字段进行分类，Excel 数据透视表功能则适用于对一个或多个字段进行汇总。当用户要求按多个字段进行分类并汇总时，必须采用数据透视表。数据透视表是一种交互式的 Excel 报表，用于对多种数据源（包括 Excel 的外部数据源）的记录数据进行汇总和分析，用户可以利用这一技巧，对数据进行分析和管理，如计算平均数、标准差，建立列联表、计算百分比、建立新的数据子集等。建好数据透视表后，可以对数据透视表重新安排，以便从不同的角度查看数据。数据透视表可以从大量看似无关的数据中寻找联系，从而将纷繁的数据转化为有价值的信息，以供研究者和决策者使用。

例如，在“工资统计表”，我们用数据透视表得出数据表中每个部门的员工实发工资之和，操作步骤如下。

（1）在【插入】选项卡的【表格】组中单击【数据透视表】按钮，如图 4.67 所示，打开【创建数据透视表】对话框。

（2）在该对话框中选择透视表的数据来源以及透视表放置的位置，然后单击【确定】按钮，如图 4.68 所示。

图 4.67 【数据透视表】按钮

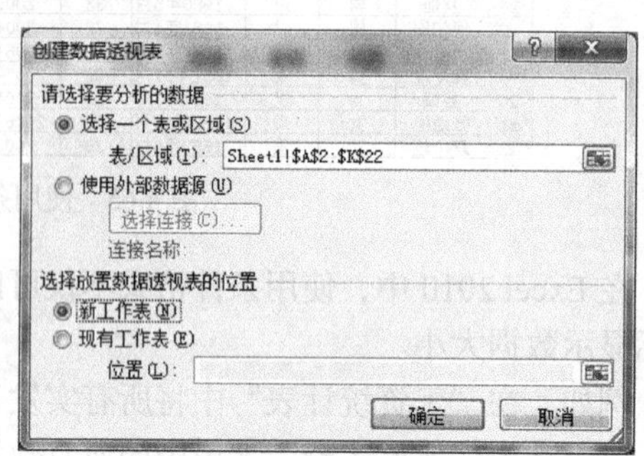

图 4.68 【创建数据透视表】对话框

（3）此时出现提示：若要生成报表，请从“数据透视表字段列表”中选择字段，同时界面右侧出现了一个数据透视表字段列表，里面列出了所有可以使用的字段，如图 4.69 所示。

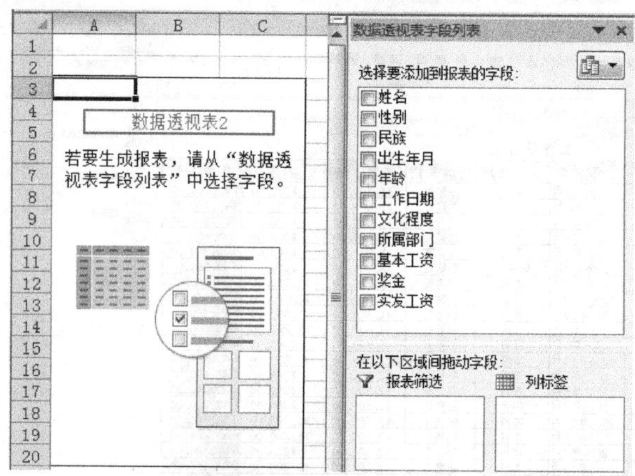

图 4.69 数据透视表报表字段

（4）选中【所属部门】和【实发工资】复选框。此时，可以看到每个部门员工实发工资之和显示在数据透视表中，如图 4.70 所示。

此时，若想更改数值的【值字段设置】，直接单击数值项，弹出数值快捷菜单，选择【值字段设置】，弹出【值字段设置】对话框，可选择汇总数据的计算类型，如图 4.71 所示。

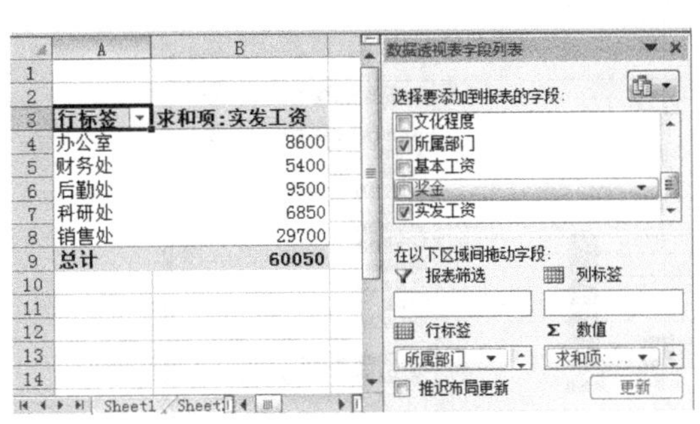

图 4.70　数据透视表效果

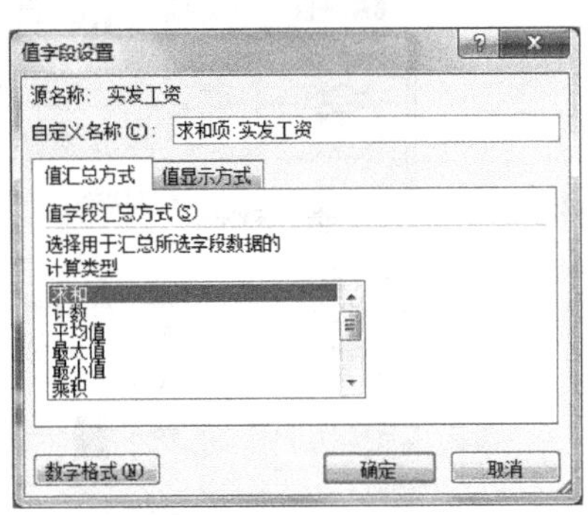

图 4.71　【值字段设置】对话框

2. 数据透视图

根据数据透视表可以直接生成图表，在【选项】选项卡的【工具】组中，单击【数据透视图】按钮，如图 4.72 所示。在弹出的【插入图表】对话框中选择图表的样式后，单击【确定】按钮，如图 4.73 所示。创建的数据透视图如图 4.74 所示。

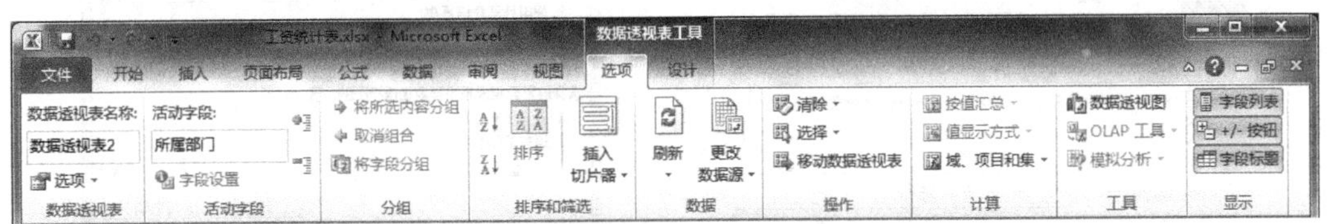

图 4.72　【数据透视图】按钮

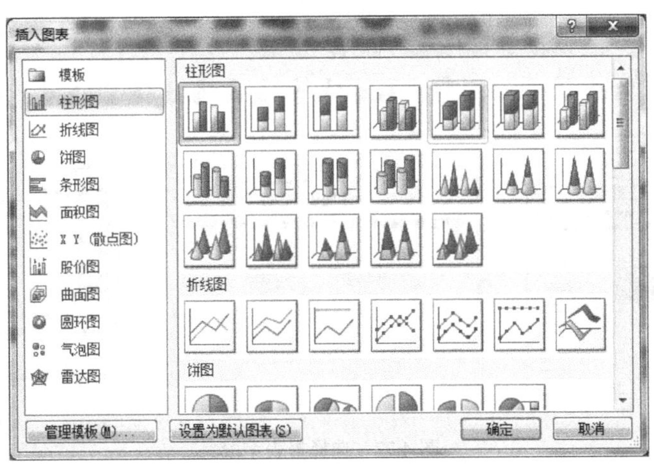

图 4.73　【插入图表】对话框

3. 直接创建数据透视表和数据透视图

在【插入】选项卡的【表格】组中，单击【数据透视表】按钮，在其下拉列表中选择【数据透视图】命令，如图 4.75 所示。在弹出的【创建数据透视表及数据透视图】对话框中，选择透视表的数据来源区域，并选择透视表放置的位置，然后单击【确定】按钮，如图 4.76 所示。出现图

4.77 所示提示，在要添加到报表的字段中选择所属部门和实发工资，即可同时创建数据透视表和数据透视图，如图 4.74 所示。

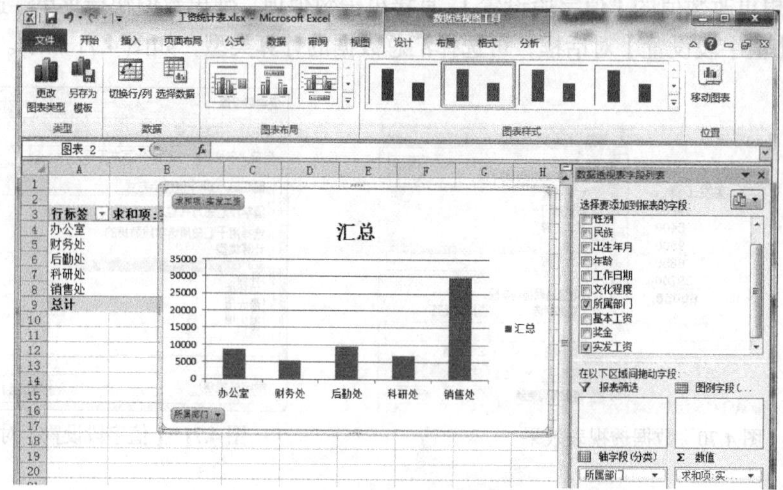

图 4.74　数据透视图效果

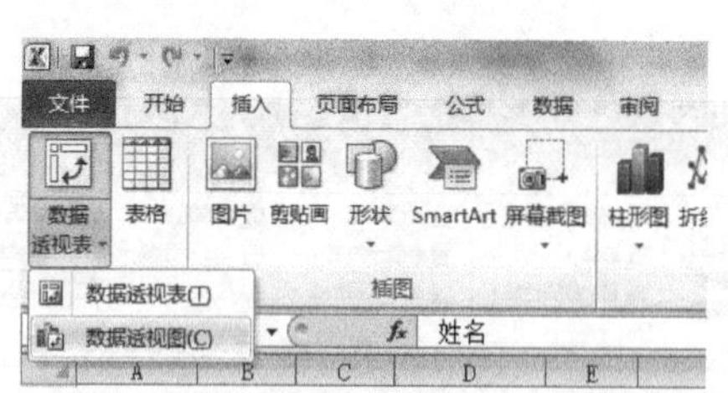

图 4.75　选择【数据透视图】命令

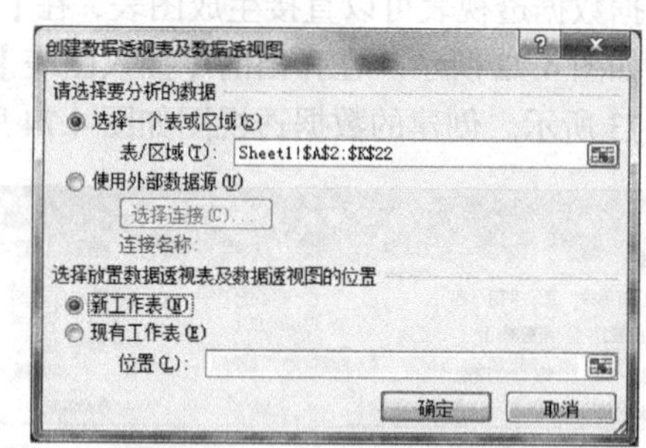

图 4.76　【创建数据透视表及数据透视图】对话框

图 4.77　选择报表字段

4.4.6　获取外部数据

Excel 可以获取外部的数据到表格中，并利用 Excel 的数据处理功能对数据进行整理和分析，而不用重复复制数据。这些数据包括 Access 数据、文本数据、网站数据、SQL Server 数据和 XML 数据等。现以获取文本数据为例进行介绍，文本文件如图 4.78 所示，操作步骤如下。

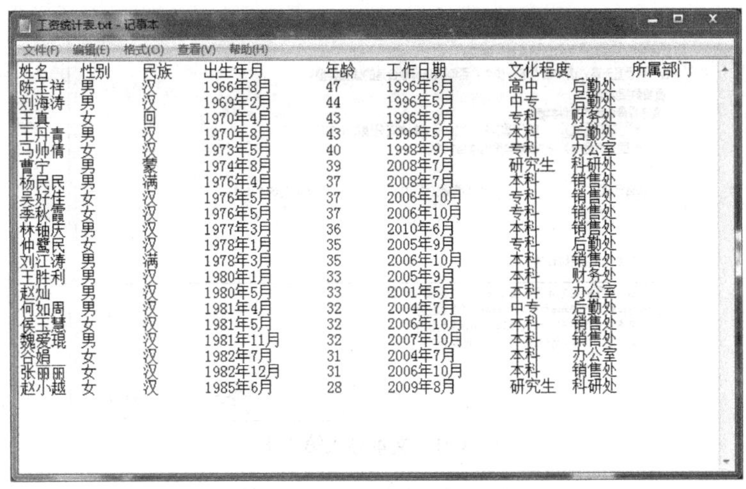

姓名	性别	民族	出生年月	年龄	工作日期	文化程度	所属部门
陈玉祥	男	汉	1966年8月	47	1996年6月	高中	后勤处
刘海涛	男	汉	1969年2月	44	1996年5月	中专	后勤处
王真	女	回	1970年4月	43	1996年9月	专科	财务处
王丹青	男	汉	1970年8月	43	1996年5月	本科	后勤处
马帅倩	女	汉	1973年5月	40	1998年9月	专科	办公室
曹宁	男	蒙	1974年8月	39	2008年7月	研究生	科研处
杨民民	男	满	1976年4月	37	2008年7月	本科	销售处
吴好佳	女	汉	1976年5月	37	2006年10月	专科	销售处
季秋霞	女	汉	1976年5月	37	2006年10月	专科	销售处
林铀庆	男	汉	1977年3月	36	2010年6月	本科	销售处
仲鹭民	女	汉	1978年1月	35	2005年9月	专科	后勤处
刘江涛	男	满	1978年3月	35	2006年10月	本科	销售处
王胜利	男	汉	1980年1月	33	2005年9月	本科	财务处
赵灿	男	汉	1980年5月	33	2001年5月	本科	办公室
何如周	男	汉	1981年4月	32	2004年7月	中专	后勤处
侯玉慧	女	汉	1981年5月	32	2006年10月	本科	销售处
魏爱琨	男	汉	1981年11月	32	2007年10月	本科	销售处
谷娟	女	汉	1982年7月	31	2004年7月	本科	办公室
张丽丽	女	汉	1982年12月	31	2006年10月	本科	销售处
赵小越	女	汉	1985年6月	28	2009年8月	研究生	科研处

图 4.78　文本文件

（1）打开 Excel，单击【数据】选项卡【获取外部数据】组中的【自文本】按钮，如图 4.79 所示。

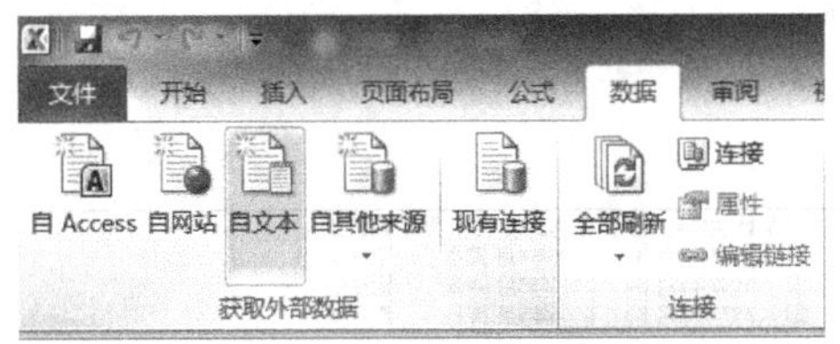

图 4.79 【自文本】按钮

（2）弹出【导入文本文件】对话框，然后选择文本文件所在的位置，选择完毕后单击【导入】按钮，如图 4.80 所示。

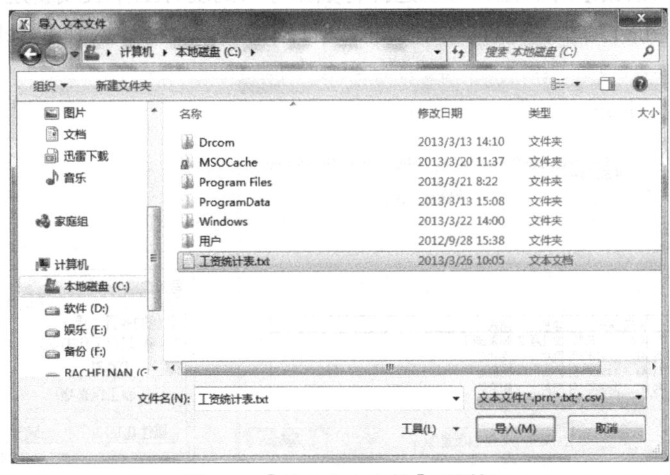

图 4.80 【导入文本文件】对话框

（3）此时会弹出【文本导入向导】对话框，设置【原始数据类型】和【导入起始行】，然后单击【下一步】按钮，如图 4.81 所示。

（4）选择文本文件的数据字段分隔符号，然后单击【下一步】按钮，如图 4.82 所示。

（5）选择导入数据的默认格式，然后单击【完成】按钮，如图 4.83 所示。

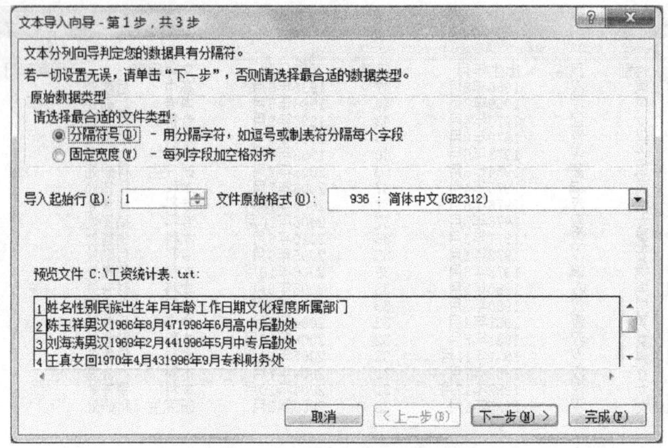

图 4.81　文本导入第 1 步

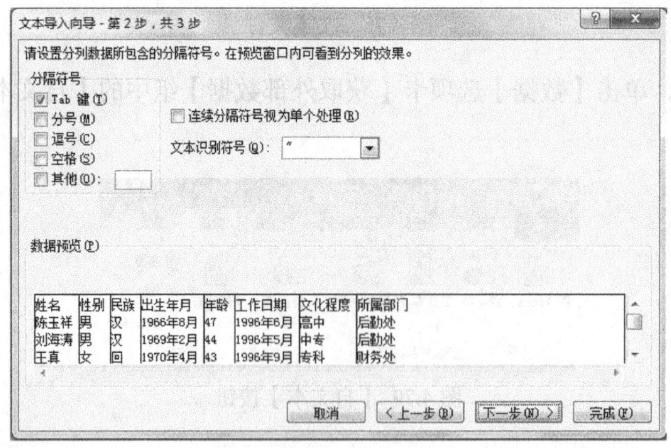

图 4.82　文本导入第 2 步

（6）弹出【导入数据】对话框，可以选择将数据导入到现有工作表或新建工作表，然后单击【确定】按钮，如图 4.84 所示。这样，就把文本文件中的数据全部导入到 Excel 中了。

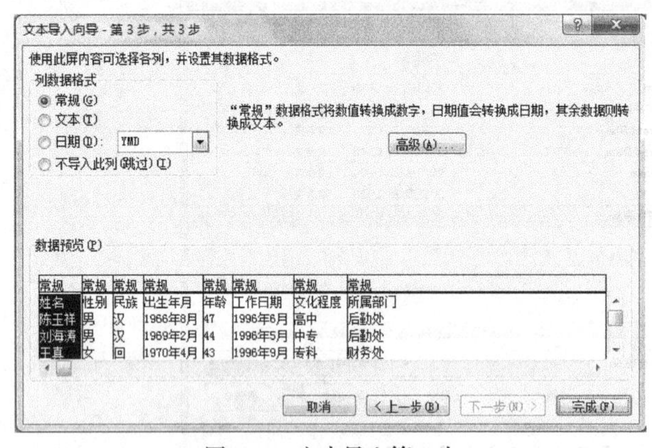

图 4.83　文本导入第 3 步

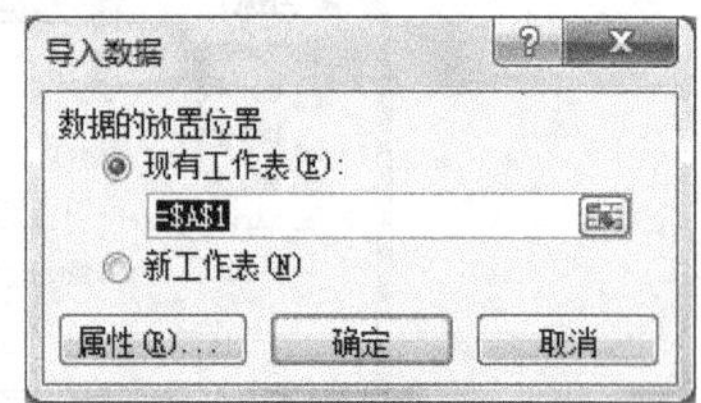

图 4.84　设置数据放置位置

4.4.7　冻结和拆分窗格

如果工作表数据比较多，在显示器中无法全部显示，查找数据比较困难，则可以利用窗格的拆分和冻结功能，使工作表的某一部分在其他部分滚动时一直可见，同时也便于查看工作表分布较远的部分。例如，在“工资统计表”中让“姓名”部分一直是可见的。

1. 拆分窗格

（1）使用【视图】选项卡【窗口】组中的【拆分】按钮来拆分窗口，如图 4.85 所示。

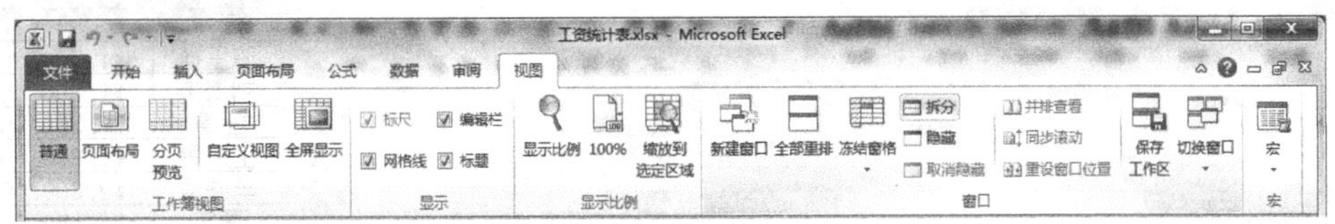

图 4.85 【拆分】按钮

（2）此时窗口被一竖一横两条线拆分成 4 个可调的窗格，如图 4.86 所示。

（3）调整窗格的水平和垂直位置，可以同时查看工作表分布较远的部分。此例需要“姓名”部分一直可见，所以要垂直拆分，拖动水平拆分线到最顶端去掉水平拆分，这时窗口被分成一左一右两个窗格，将垂直拆分线拖至“姓名”与“性别”之间，这时右侧窗格滚动时，左侧窗格姓名部分一直可见，这样可以更快地查找与姓名相关的其他数据，如图 4.87 所示。

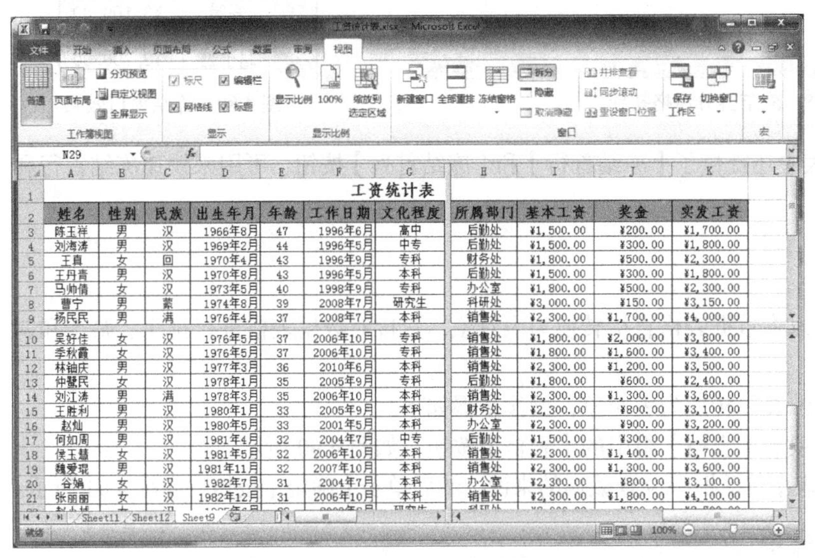

工资统计表

姓名	性别	民族	出生年月	年龄	工作日期	文化程度	所属部门	基本工资	奖金	实发工资
陈玉祥	男	汉	1966年8月	47	1996年6月	高中	后勤处	¥1,500.00	¥200.00	¥1,700.00
刘海涛	男	汉	1969年2月	44	1996年5月	中专	后勤处	¥1,500.00	¥300.00	¥1,800.00
王真	女	回	1970年4月	43	1996年9月	专科	财务处	¥1,800.00	¥500.00	¥2,300.00
王丹青	男	汉	1970年8月	43	1996年5月	本科	后勤处	¥1,500.00	¥300.00	¥1,800.00
马帅倩	女	汉	1973年5月	40	1998年9月	专科	办公室	¥1,800.00	¥500.00	¥2,300.00
曹宁	男	蒙	1974年8月	39	2008年7月	研究生	科研处	¥3,000.00	¥150.00	¥3,150.00
杨民民	男	满	1976年4月	37	2008年7月	本科	销售处	¥2,300.00	¥1,700.00	¥4,000.00
吴好佳	女	汉	1976年5月	37	2006年10月	专科	销售处	¥1,800.00	¥2,000.00	¥3,800.00
季秋霞	女	汉	1976年5月	37	2006年10月	专科	销售处	¥1,800.00	¥1,600.00	¥3,400.00
林铀庆	男	汉	1977年3月	36	2010年6月	本科	销售处	¥2,300.00	¥1,200.00	¥3,500.00
仲鬒民	女	汉	1978年1月	35	2005年9月	专科	后勤处	¥1,800.00	¥600.00	¥2,400.00
刘江涛	男	满	1978年3月	35	2006年10月	本科	销售处	¥2,300.00	¥1,300.00	¥3,600.00
王胜利	男	汉	1980年1月	33	2005年9月	本科	财务处	¥2,300.00	¥800.00	¥3,100.00
赵灿	男	汉	1980年5月	33	2001年5月	本科	办公室	¥2,300.00	¥900.00	¥3,200.00
何如周	男	汉	1981年4月	32	2004年7月	中专	后勤处	¥1,500.00	¥300.00	¥1,800.00
侯玉慧	女	汉	1981年5月	32	2006年10月	本科	销售处	¥2,300.00	¥1,400.00	¥3,700.00
魏爱琨	男	汉	1981年11月	32	2007年10月	本科	销售处	¥2,300.00	¥1,300.00	¥3,600.00
谷娟	女	汉	1982年7月	31	2004年7月	本科	办公室	¥2,300.00	¥800.00	¥3,100.00
张丽丽	女	汉	1982年12月	31	2006年10月	本科	销售处	¥2,300.00	¥1,800.00	¥4,100.00

图 4.86　窗口拆分效果

姓名	实发工资
陈玉祥	¥1,700.00
刘海涛	¥1,800.00
王真	¥2,300.00
王丹青	¥1,800.00
马帅倩	¥2,300.00
曹宁	¥3,150.00
杨民民	¥4,000.00
吴好佳	¥3,800.00
季秋霞	¥3,400.00
林铀庆	¥3,500.00
仲鬒民	¥2,400.00
刘江涛	¥3,600.00
王胜利	¥3,100.00
赵灿	¥3,200.00
何如周	¥1,800.00
侯玉慧	¥3,700.00
魏爱琨	¥3,600.00
谷娟	¥3,100.00
张丽丽	¥4,100.00
赵小越	¥3,700.00

图 4.87　调整后的窗口拆分效果

再次单击【拆分】按钮即可撤销窗口的拆分。

> 如果只需要水平拆分，可以拖动垂直拆分线到最左端，此时垂直拆分线就会消失。

2. 冻结窗格

拆分线在实际操作中可能会不小心改变位置，通过冻结窗格可以固定拆分线。

（1）单击【视图】选项卡【窗口】组中的【冻结窗格】按钮，在其下拉列表中选择【冻结拆分窗格】命令，如图 4.88 所示。

（2）此时将刚设置好的拆分窗格冻结，那条垂直拆分线也变成了一条细的竖黑线，并且不可以拖动，如图 4.89 所示。

3. 快速拆分与冻结窗口

如果想要拆分或冻结窗格第 1 行以及 A、B 两列，需要先将光标放在第一行的下面，A、B

两列的右侧，即 C2 单元格，此时单击【拆分】或【冻结窗格】即可直接拆分或冻结第 1 行以及 A、B 两列。

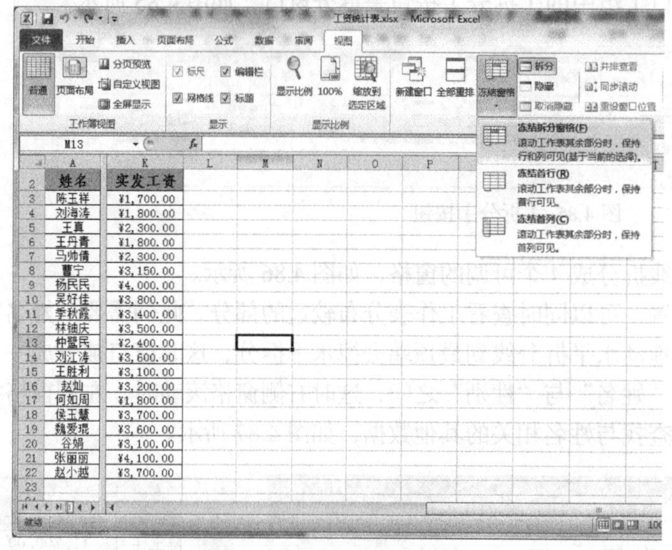

图 4.88 冻结拆分窗格按钮

	A	K
2	姓名	实发工资
3	陈玉祥	¥1,700.00
4	刘海涛	¥1,800.00
5	王真	¥2,300.00
6	王丹青	¥1,800.00
7	马帅倩	¥2,300.00
8	曹宁	¥3,150.00
9	杨民民	¥4,000.00
10	吴好佳	¥3,800.00
11	季秋霞	¥3,400.00
12	林铀庆	¥3,500.00
13	仲璧民	¥2,400.00
14	刘江涛	¥3,600.00
15	王胜利	¥3,100.00
16	赵灿	¥3,200.00
17	何如周	¥1,800.00
18	侯玉慧	¥3,700.00
19	魏爱琨	¥3,600.00
20	谷娟	¥3,100.00
21	张丽丽	¥4,100.00
22	赵小越	¥3,700.00

图 4.89 冻结窗口效果

【冻结窗格】下拉列表中还提供了【冻结首行】和【冻结首列】按钮，可用来快速冻结首行和首列。

4.4.8 表对象

在 Excel 2010 中，可以将数据表格直接转换为表对象，直接对数据表格进行排序、筛选和调整格式等操作。

例如，要将“工资统计表”转换为表对象，操作步骤如下。

（1）单击【插入】选项卡【表格】组中的【表格】按钮，如图 4.90 所示。

（2）在弹出的【创建表】对话框中设置数据的来源，然后单击【确定】按钮，如图 4.91 所示。

图 4.90 【表格】按钮

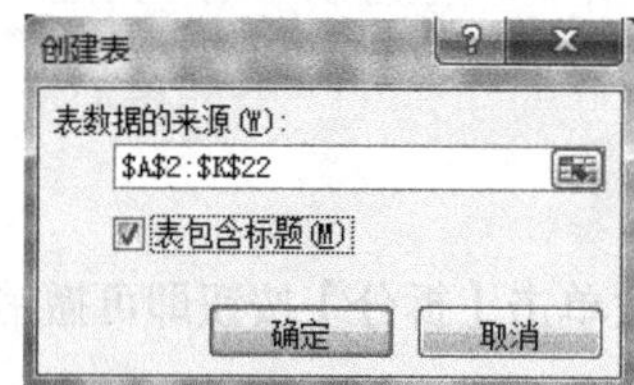

图 4.91 【创建表】对话框

此时就将数据表格转换为表对象了。如图 4.92 所示，可以看到，当把数据转换为表对象后，自动出现筛选、通过数据透视表汇总和表格样式设置等功能。

4.4.9 选择性粘贴

选择性粘贴是指把剪贴板中的内容按照一定的规则粘贴到工作表中，不是简单地复制。

例如，“工资统计表”中的【实发工资】列是使用公式计算得来的，选择这一列，如果直接复制到别的区域或别的工作表中时，显示的并不是原来的数值，这时使用选择性粘贴便可以解决问题。

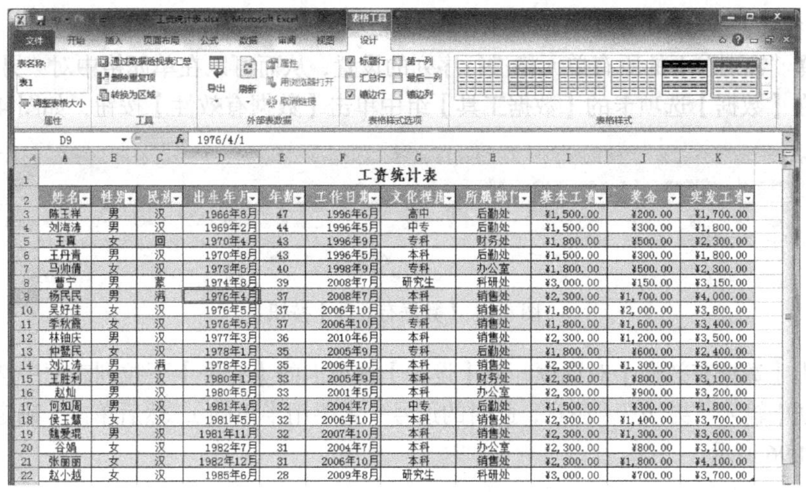

图 4.92　表对象效果

在粘贴目标位置单击鼠标右键，选择【选择性粘贴】命令，打开【选择性粘贴】对话框，如图 4.93 所示，在【粘贴】组中选中【值和数字格式】单选按钮，然后单击【确定】按钮，这样数值及货币格式被粘贴过来了。

也可以单击鼠标右键，在弹出的快捷菜单中单击【选择性粘贴】命令，在其粘贴选项中选择，如图 4.94 所示。

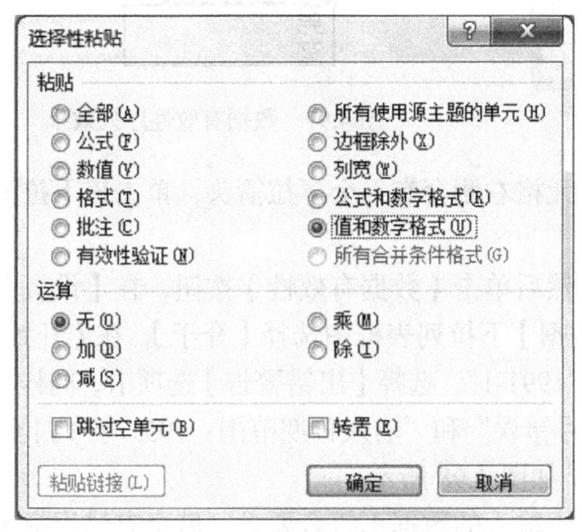

图 4.93 【选择性粘贴】对话框

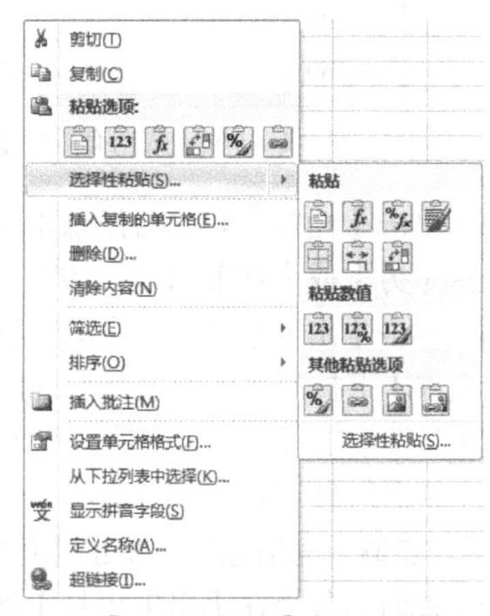

图 4.94 【选择性粘贴】命令及粘贴选项

选择性粘贴还有一个很常用的功能就是转置功能。可以将其简单地理解为把一个横排的表变成竖排的或把一个竖排的表变成横排的。在要转换的表中，用前面的方法打开【选择性粘贴】对话框，选中【转置】复选框，然后单击【确定】按钮，即可实现行和列位置的相互转换。

一些简单的计算可以用选择性粘贴来完成，此外还可以粘贴全部格式或部分格式，或只粘贴公式等。

4.4.10　数据的有效性

使用 Excel 的数据有效性功能，可以对输入单元格的数据进行必要的限制，并根据用户的设置，禁止数据输入或让用户选择是否继续输入该数据。

例如，在“工资统计表”中，“性别”中只能输入“男”和“女”；如果公司需要聘用出生年月介于 1951 年 1 月至 1991 年 1 月的员工，则实现这些数据有效性的操作步骤如下。

（1）选择“性别”下的所有单元格进行序列的设置，从而可以在单元格中对“男”“女”信息进行挑选。在【数据】选项卡的【数据工具】组中单击【数据有效性】按钮，如图 4.95 所示。

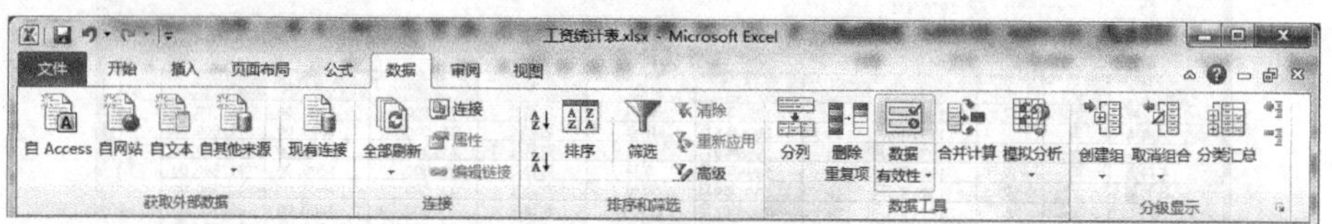

图 4.95 【数据有效性】按钮

（2）弹出【数据有效性】对话框，在【设置】选项卡的【允许】下拉列表框中选择【序列】，在【来源】框中输入“男,女”（注意，此时的逗号一定要用半角的），然后单击【确定】按钮完成设定，如图 4.96 所示。

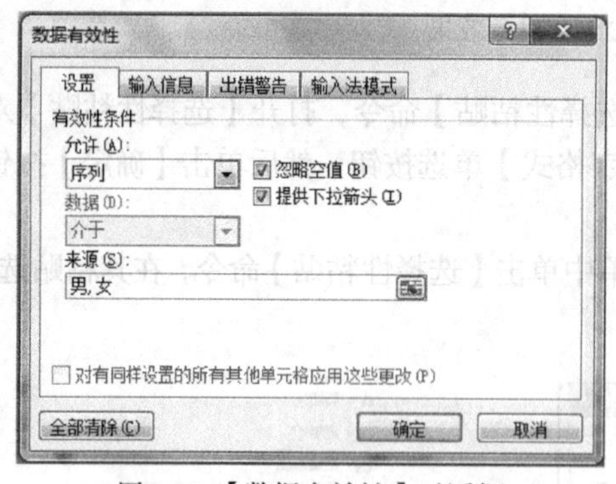

图 4.96 【数据有效性】对话框

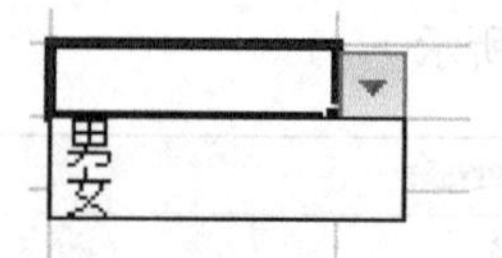

图 4.97 数据有效性序列效果

（3）单击【性别】列中的任意单元格，在单元格右侧会有一个下拉箭头，单击该下拉箭头即可以选择【男】或【女】，如图 4.97 所示。

（4）单击【出生年月】列中的任意单元格，然后单击【数据有效性】按钮，在【设置】选项卡的【允许】下拉列表框中选择【日期】，在【数据】下拉列表框中选择【介于】，在【开始日期】和【结束日期】输入框中分别输入“1951-1”和“1991-1”，选择【出错警告】选项卡，同样在【标题】和【错误信息】输入框中输入“输入出生年月错误”和“输入日期范围：1951 年 1 月至 1991 年 1 月”。在输入完信息后，单击【确定】按钮，如图 4.98 所示。

（5）此时，如果在【出生年月】列的单元格中输入的数据不符合要求，就会有错误提示，如图 4.99 所示。

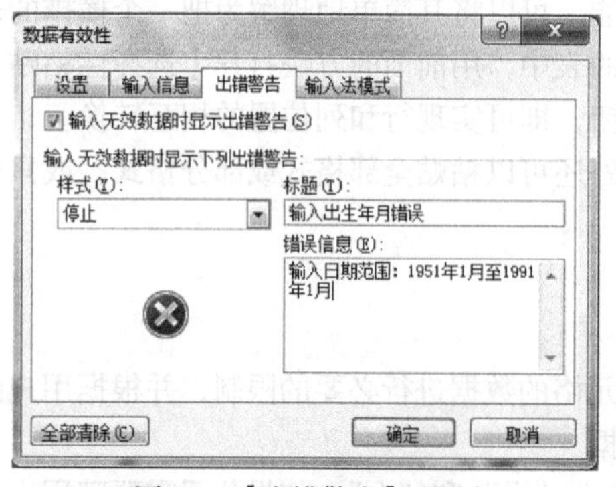

图 4.98 【出错警告】选项卡

图 4.99 错误提示

4.5　Excel 图表

4.5.1　创建并编辑迷你图

迷你图是 Excel 2010 的一个新功能，它是插入到工作表单元格中的微型图表，可提供数据的直观显示。使用迷你图可以显示一系列数值的趋势（如季节性增加或减少、经济周期），还可以突出显示最大值和最小值。

1. 迷你图的特点与作用

与 Excel 工作表中的图表不同，迷你图不是对象，它实际上是一个嵌入在单元格中的微型图表，因此可以在单元格中输入文本并使用迷你图作为其背景。

（1）输入到行或列中的数据逻辑性很强，但很难一眼看出数据的分布形态。在数据旁边插入迷你图可以通过清晰、简明的图形表示方法显示相邻数据的趋势，而且迷你图只需占用少量空间。

（2）当数据发生更改时，可以立即在迷你图中看到相应的变化，除了为一行或一列数据创建一个迷你图之外，还可以通过选择与基本数据相对应的多个单元格来同时创建若干个迷你图。

（3）通过在包含迷你图的单元格上使用填充柄，可以为以后添加的数据行创建迷你图。

（4）在打印包含迷你图的工作表时迷你图将会被同时打印。

2. 创建迷你图

表 4.4 是一个市场调查表，显示 A 品牌的商品在各个季度的销量百分比。下面，举例说明如何创建一个迷你图。

表 4.4　　各季度销售情况

品牌名称	第一季度	第二季度	第三季度	第四季度
A	25.50%	26.10%	27.70%	26.30%

（1）打开一个工作簿文件，输入相关数据。

（2）在要插入迷你图的单元格中单击，此处单击 F2 单元格。

（3）在【插入】选项卡的【迷你图】组中，单击迷你图的类型，有【折线图】、【柱形图】和【盈亏图】3 个选项，如图 4.100 所示。

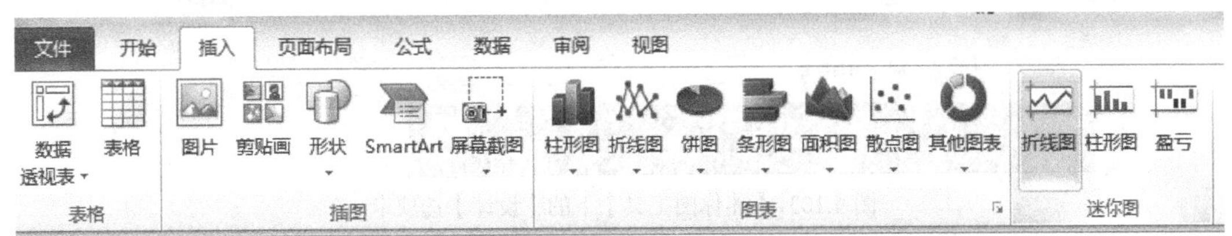

图 4.100 【迷你图】组

（4）此处单击【折线图】类型，打开【创建迷你图】对话框，如图 4.101 所示。

（5）在【数据范围】框中输入包含迷你图所基于的数据的单元格区域。此处，选择单元格区域“B2:E2”，目的是对 4 个季度的销售趋势进行反映。

（6）在【位置范围】框中指定迷你图的放置位置，默认情况下显示已选定的单元格地址，次数不做改变。

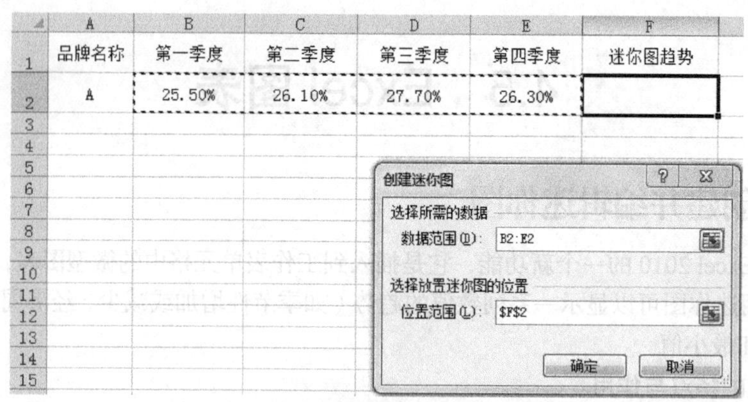

图 4.101 【创建迷你图】对话框

（7）单击【确定】按钮，可以看到迷你图已插入到指定单元格中。

（8）向迷你图中添加文本。由于迷你图是以背景方式插入到单元格中的，所以可以在含有迷你图的单元格中直接键入文本，并设置文本格式及为单元格填充背景颜色。此处，在 F2 单元格中输入文本“销售趋势图”，将其居中显示，应用一个带有背景的单元格样式，并调大字号。结果如图 4.102 所示。

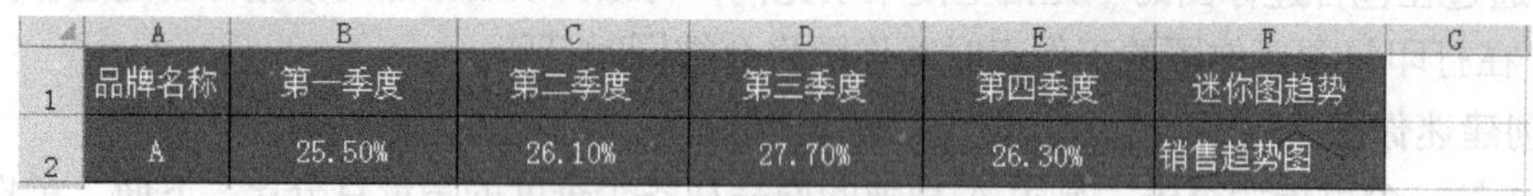

图 4.102 创建迷你图完成效果

（9）填充迷你图。如果相邻区域还有其他数据系列，那么拖动迷你图所在单元格的填充柄可以像复制公式一样填充迷你图。

3. 改变迷你图的类型

当在工作表中选择某个已创建的迷你图时，功能区中将会出现图 4.103 所示的【迷你图工具】下的【设计】选项卡。通过该选项卡，可以创建新的迷你图，更改其类型，设置其格式，显示或隐藏折线迷你图上的数据点，或者设置迷你图组中的垂直轴的格式。

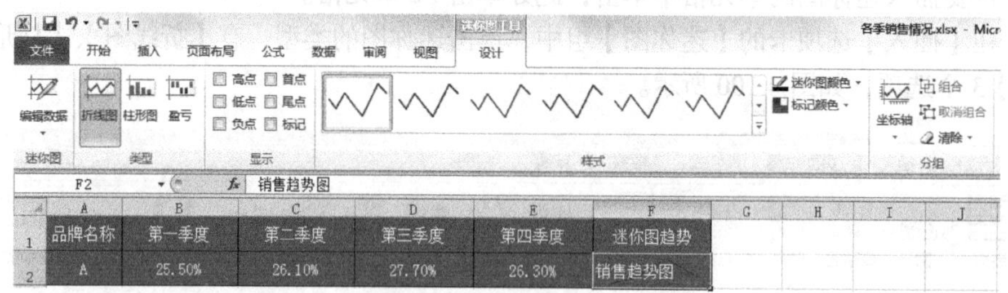

图 4.103 【迷你图工具】下的【设计】选项卡

4. 突出显示数据点

可以通过设置，来突出显示迷你的中的各个数据标记。

（1）选择需要突出显示数据点的迷你图，对迷你图进行设置。

（2）在【迷你图工具】下的【设计】选项卡的【显示】组中，按照需要进行下列设置。

① 选中【标记】复选框，显示所有数据标记。

② 选中【负点】复选框，显示负值。

③ 选中【高点】或【低点】复选框，显示最高值或最低值。

④ 选中【首点】或【尾点】复选框，显示第一个值或最后一个值。

（3）清除相应的复选框，将隐藏指定的一个或多个标记。

5. 迷你图样式和颜色设置

（1）选择要设置格式的迷你图。

（2）应用预定义的样式。在【迷你图工具】下的【设计】选项卡的【样式】组中，单击应用某个样式，通过该组右下角的【更多】按钮可查看其他样式。

（3）自定义迷你图及标记的颜色。

① 单击【样式】组中的【迷你图颜色】按钮，在其下拉列表中更改迷你图的颜色及线条粗细。

② 单击【样式】组中的【标记颜色】按钮，在其下拉列表中为不同的标记值设定不同的颜色。

6. 处理和隐藏空单元格

当迷你图所引用的数据系列中含有空单元格或被隐藏的数据时，可指定处理该单元格的规则，从而控制如何显示迷你图。具体方法如下。

选择要进行设置的迷你图，在【迷你图工具】下的【设计】选项卡的【迷你图】组中单击【编辑数据】下方的黑色箭头，从其下拉列表中选择【隐藏和清空单元格】命令，打开【隐藏和空单元格设置】对话框，如图 4.104 所示，在该对话框中按照需要进行相关设置即可。

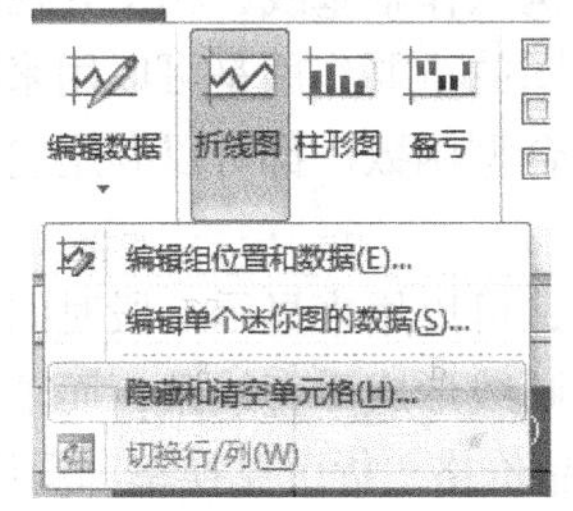

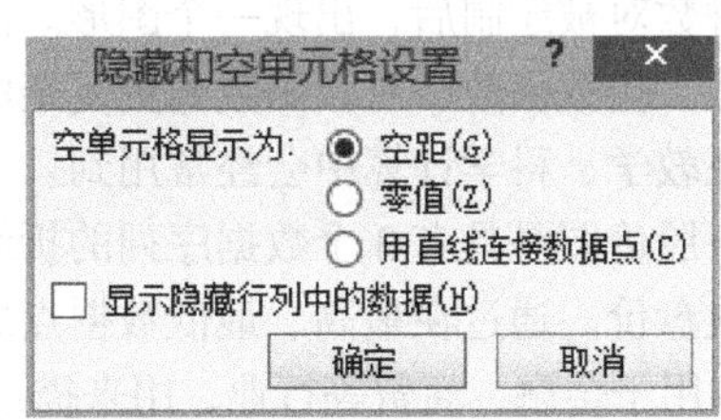

图 4.104 打开【隐藏和空单元格设置】对话框

7. 清除迷你图

选择要进行清除的迷你图，在【迷你图工具】下的【设计】选项卡的【迷你图】组中单击【清除】按钮。

4.5.2 图表的创建

图表是图形化的数据，它由点、线、面等图形与数据文件按特定的方式组合而成。图表具有较好的视觉效果，表示的数据简洁、直观，可方便地查看数据的分布、差异和预想趋势，在数据统计中具有广泛的用途。

1. Excel 图表类型

Excel 提供了 14 种标准的图表类型，每一种都具有多种组合和变换。在众多的图表类型中，根据数据的不同和使用要求的不同，可以选择不同类型的图表。图表的选择主要与数据的形式有关，其次才考虑感觉效果和美观性。下面介绍一些常见的图表类型。

（1）柱形图。柱形图由一系列相同宽度的柱形或条形组成，通常用来比较一段时间中两个或多个项目的相对数量。例如，不同产品的季度或年度销售量的对比、在几个项目中不同部门的经费分配情况、每年各类资料的数目等。柱形图是应用较广的图表类型，很多人用图表都是从它开始的。

（2）折线图。折线图用来表现事物数量发展的变化。例如，数据在一段时间内呈增长趋势，在另一段时间内处于下降趋势，通过折线图可以对将来做出预测。例如，速度-时间曲线、推力-耗油量曲线、升力系数-马赫数曲线、压力-温度曲线、疲劳强度-转数曲线、转输功率代价-传输距离曲线等，都可以利用折线图来表示。折线图一般在工程上应用得较多，若是其中一个数据有几种情况，折线图里就有几条不同的线，如5名运动员在万米赛跑中的速度变化，就由5条折线来表示，可以互相对比，也可以添加趋势线对速度进行预测。

（3）饼图。饼图在用于对比几个数据在其形成的总和中所占百分比值时最有用。整个饼代表总和，每一个数用一个楔形或薄片代表。例如，表示不同产品的销售量占总销售量的百分比、各单位的经费占总经费的比例、收集的藏书中每一类占的比例等。饼图虽然只能表达一个数据列的情况，但因为表达清楚明了，又易学好用，所以在实际工作中用得比较多。如果想表示多个系列的数据，可以用环形图。

（4）条形图。条形图由一系列水平条组成，使得对于时间轴上的某一点，两个或多个项目的相对尺寸具有可比性。例如，条形图可以用来比较每个季度3种产品中任意一种的销售数量。条形图中的每一条在工作表上是一个单独的数据点或数。

（5）面积图。面积图用来显示一段时间内变动的幅值。它可以同时用来观察各部分的变动和总体的变化。

（6）散点图。散点图用来展示成对的数和它们所代表的趋势之间的关系。对于每一数对，一个数被绘制在 x 轴上，而另一个数被绘制在 y 轴上。过两点作轴垂线，相交处在图表上有一个标记。当大量的这种数对被绘制后，出现一个图形。散点图的重要作用是可以用来绘制函数曲线，从简单的三角函数、指数函数、对数函数到更复杂的混合型函数，都可以利用它快速、准确地绘制出曲线，所以在教学、科学计算中会经常用到。

（7）股价图。股价图是具有3个数据序列的折线图，可以用来显示一段时间内一种股标的最高价、最低价和收盘价。通过在最高、最低数据点之间画线形成垂直线条，而轴上的小刻度代表收盘价。股价图多用于金融、商贸等行业，用来描述商品价格、货币兑换率和温度、压力测量等。

（8）雷达图。雷达图用来显示数据如何按中心点或其他数据变动。每个类别的坐标值从中心点辐射。来源于同一序列的数据用线条相连。用户可以采用雷达图来绘制几个内部关联的序列，很容易地做出可视的对比。例如，对于5个相同部件的机器，在雷达图上就可以绘制出每一台机器上每一部件的磨损量。

还有其他一些类型的图表，如圆柱图、圆锥图、棱锥图，只是由条形图和柱形图变化而来的，没有突出的特点，而且用得相对较少，就不一一赘述。要说明的是，以上只是图表的一般应用情况，有时一组数据可以用多种图表来表现，那时就要根据具体情况加以选择。对有些图表，如果一个数据序列绘制成柱形，而另一个则绘制成折线图或面积图，则该图表看上去会更好些。

2. 图表的基本概念

（1）图表。图表由图表区和绘图区组成。

（2）图表区。图表区是整个图表的背景区域。

（3）绘图区。绘图区用于绘制数据的区域，在二维图表中，是指通过轴来界定的区域，包括所有数据系列；在三维图表中，同样是通过轴来界定的区域，包括所有数据系列、分类名、刻度线标志和坐标轴标题。

（4）数据系列。数据系列是在图表中绘制的相关数据点，这些数据源自数据表的行或列。图表中的每个数据系列具有唯一的颜色或图案并且在图表的图例中表示。可以在图表中绘制一个或多个数据系列。饼图只有一个数据系列。

（5）坐标轴。坐标轴是用来界定图表绘图区的线条，是用来作为度量的参照框架。x 轴通常为水平坐标轴并包含分类，y 轴通常为垂直坐标轴并包含数据。

（6）图表标题。图表标题是说明性的文本，可以自动与坐标轴对齐或在图表顶部居中。

（7）图例。图例是一个方框，用于标志图表中的数据系列或分类指定的图案或颜色。

建立图表以后，可通过增加图表项，如数据标记、标题、文字等来美化图表及强调某些信息。大多数图表可被移动或调整大小，也可以用图案、颜色、对齐、字体及其他格式属性来设置这些图表项的格式。

3. 创建图表

一般情况下，用户使用 Excel 工作簿内的数据制作图表，生成的图表也存放在工作簿中。图表是 Excel 的重要组成部分，具有直观形象、双向联动、二维坐标等特点。下面举例说明如何制作图表。

表 4.5 是一个市场调查表，显示了几种品牌的饮料在各个季度的销量百分比。

表 4.5 市场调查表

品牌名称	第一季度	第二季度	第三季度	第四季度
A	25.50%	26.10%	27.70%	26.30%
B	15.10%	14.80%	15.10%	15.20%
C	10.30%	10.50%	10.90%	10.70%
D	8.90%	9%	8.10%	8.50%
E	6%	5.40%	5.70%	6%
F	4.10%	3.90%	3.80%	3.70%
G	12.40%	12.5%	12.30%	12.50%
H	8.10%	8.30%	8.30%	8.40%
I	9.60%	9.50%	9.10%	8.70%

下面来做一个表示第一季度几种商品所占比例的饼图，操作步骤如下。

（1）选择数据区域，然后单击【插入】选项卡中的【饼图】按钮，在打开的下拉菜单中选择饼图样式，如图 4.105 所示。

（2）此时已经创建了一个饼图，对图表的布局和样式进行选择，通过 Excel 2010 新的样式，可以方便地设计出漂亮的图表，如图 4.106 所示。

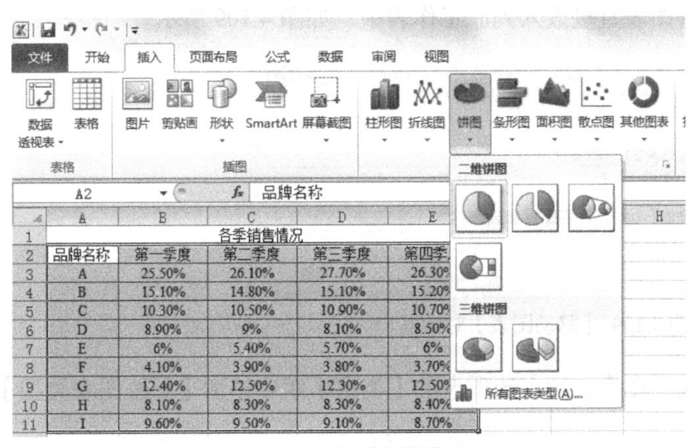

图 4.105 【饼图】按钮

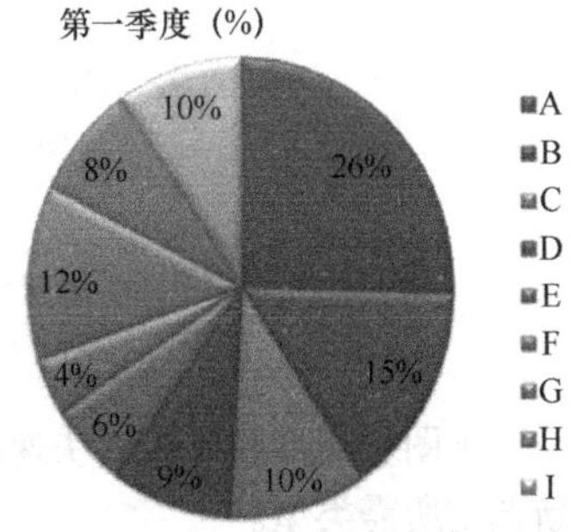

图 4.106 生成的饼图

4.5.3 图表的修改

单击选中已经创建的图表，在 Excel 2010 窗口标题右侧增加了【图表工具】，并提供了【设计】、【布局】和【格式】选项卡，以方便对图表进行更多的设置与美化。

1. 设置图表【设计】选项卡

单击图表，选择【图表工具】下的【设计】选项卡，如图 4.107 所示。

图 4.107 图表工具【设计】选择卡

（1）图表的数据编辑。在【设计】选项卡的【数据】组中单击【选择数据】，出现【选择数据源】对话框，可以实现对图表引用数据的添加、编辑和删除等操作，如图 4.108 所示。

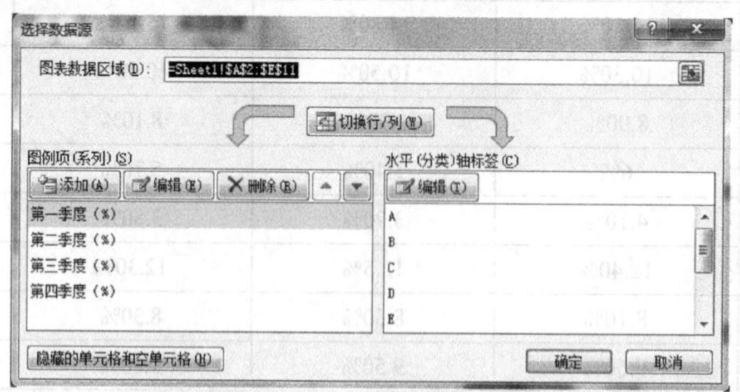

图 4.108 【选择数据源】对话框

（2）数据行、列之间的快速切换。在【设计】选项卡的【数据】组中单击【切换行/列】，则可以在工作表行或从工作表列绘制图表中的数据系列之间进行快速切换。

（3）选择放置图表的位置。在【设计】选项卡的【位置】组中单击【移动图表】，出现【移动图表】对话框，在【选择放置图表的位置】下，可以选择【新工作表】将图表重新创建于新建工作表中，也可以选择【对象位于】将图表直接嵌入到原工作表中，如图 4.109 所示。

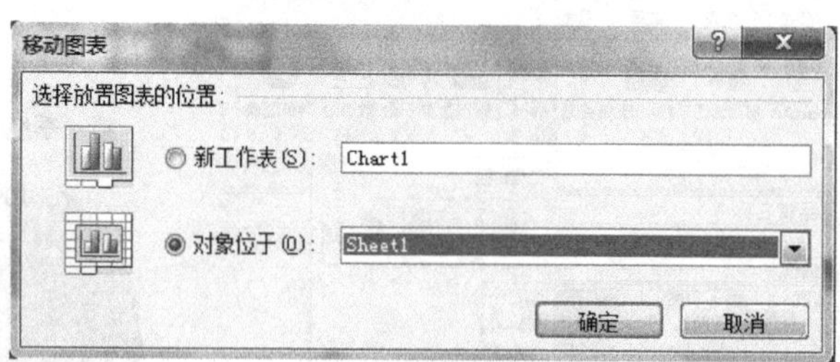

图 4.109 【移动图表】对话框

（4）图表类型和样式的快速改换。在【设计】选项卡的【类型】组中单击【更改图表类型】，重新选定所需类型。

对已经选定的图表类型，在【设计】选项卡的【图表样式】组中，可以重新选定所需的图表样式。

2. 设置图表【布局】选项卡

单击图表，选择【图表工具】下的【布局】选项卡，如图 4.110 所示。

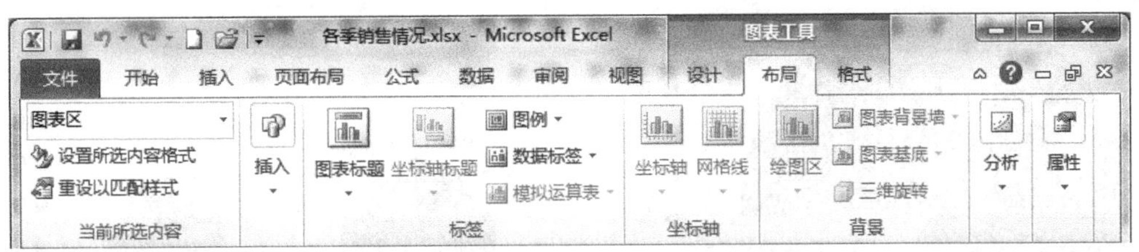

图 4.110 【图表工具】下的【布局】选择卡

（1）设置图表标题。单击选中图表，再单击【图表工具】下的【布局】选项卡【标签】组中的【图表标题】按钮，在展开的列表中单击【图表上方】选项，在图表中自动生成默认的图表标题，输入标题文本内容，再在图表位置上单击鼠标右键，在弹出的快捷菜单中选择标题字体、字号、颜色、位置等。

（2）设置坐标轴标题。单击选中图表，再单击【图表工具】下的【布局】选项卡【标签】组中的【坐标轴标题】按钮，在展开的下拉列表中对坐标轴的标题进行设置，方法和图表标题类似。

（3）在【图表工具】下的【布局】选项卡【标签】组中设置图表中添加、删除或放置图表图例、数据标签、数据表。

（4）单击【图表工具】下的【布局】选项卡【插入】组中的下拉按钮，在展开的列表中可以对图表进行插入图片、形状和文本框的相关设置。

（5）设置图表的背景、分析图和属性。

3. 设置图表【格式】选项卡

单击图表，选择【图表工具】下的【格式】选项卡，如图 4.111 所示。

图 4.111 【图表工具】下的【格式】选择卡

若要为所选图表元素的形状设置格式，可在【形状样式】组中单击需要的样式，或者单击【形状填充】、【形状轮廓】或【形状效果】，然后选择需要的格式选项。若要通过使用【艺术字】为所选图表元素中的文本设置格式，可在【艺术字样式】组中单击需要的样式，或者单击【文本轮廓】或【文本效果】，然后选择需要的格式选项。

我们经常可以看到那种有一部分同其他部分分离的饼图，这种图的做法是：单击饼图，在饼的周围会出现一些句柄，再单击其中的某一色块，句柄出现在该色块的周围，这时向外拖动此色块，就可以把这个色块拖动出来，如图 4.112 所示；用同样的方法可以把其他各个部分分离出来，或者在【插入】选项卡中直接选择【饼图】下拉列表中的分离效果。

合并饼图的方法是：先单击图表的空白区域，取消对饼图的选取，然后单击选中分离的部分，向里拖动鼠标，这样就可以把这个圆饼合并到一起了。

我们还经常见到这样的饼图，把占总量比较少的部分单独做了一个小饼图以便看清。做这种图的方法是：选中刚生成的饼图，在【插入】选项卡中选择【饼图】下拉列表，然后选择相应效果即可，设置好的效果如图 4.113 所示。

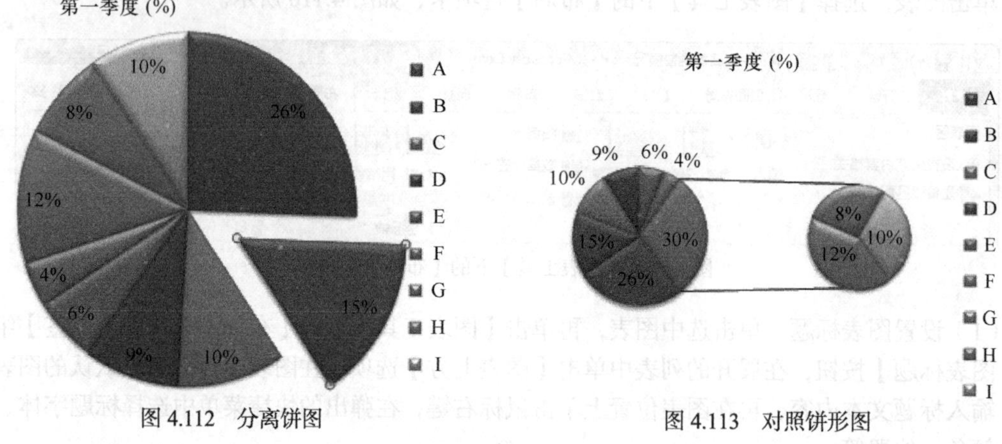

图 4.112　分离饼图

图 4.113　对照饼形图

4.6　高级技巧

4.6.1　编辑技巧

1. 分数的输入

如果直接输入“1/5”，系统会将其变为“1 月 5 日”，解决办法是：先输入“0”，然后输入空格，再输入分数“1/5”。

2. 序列“001”的输入

如果直接输入“001”，系统会自动判断 001 为数据 1，解决办法是：首先输入“'”（半角单引号），然后输入“001”。

3. 日期的输入

如果要输入“4 月 5 日”，直接输入“4/5”，再按回车键就行了。如果要输入当前日期，按“Ctrl+;”组合键。

4. 在多张工作表中输入相同的内容

在几个工作表中的同一位置输入同一数据时，可以选中一张工作表，然后按住“Ctrl”键，再单击窗口左下角的“Sheet1”“Sheet2”……可以直接选择需要输入相同内容的多个工作表，接着在其中的任意一个工作表中输入数据，这些数据就会自动出现在选中的其他工作表中。输入完毕之后，再次按“Ctrl”键，然后单击所选择的多个工作表，解除这些工作表之间的联系，否则在一张工作表中输入的数据会出现在选中的其他工作表内。

5. 不连续单元格填充同一数据

选中一个单元格，按住“Ctrl”键，用鼠标单击其他单元格，将这些单元格全部选中。然后在编辑区中输入数据，按住“Ctrl”键，同时按回车键，在所有选中的单元格中就会都出现这一数据。

6. 利用“Ctrl +*”和“Ctrl+Shift+*”组合键选取文本

当一个工作表中有很多数据表格时，可以通过选定表格中的某个单元格，然后按下“Ctrl+*”组合键选定整个表格。“Ctrl+Shift+*”组合键选定的区域为：根据选定单元格向四周辐射所涉及的有数据单元格的最大区域。这样，我们可以方便、准确地选取数据表格，并能有效避免拖动鼠标选取较大单元格区域时屏幕乱滚的现象。

7. 快速清除单元格的内容

如果要删除单元格中的内容及其格式和批注，不能简单地用选定该单元格，然后按“Delete”键的方法。要彻底清除单元格，应先选定想要清除的单元格或单元格范围，然后单击【开始】选项卡【编辑】组中的【清除】按钮，在其下拉列表中选择【全部清除】命令。

4.6.2 单元格内容的合并

根据需要，有时想把 B 列与 C 列的内容进行合并，如果行数较少，可以直接用剪切和粘贴功能来完成操作，但如果有几万行，就不能这样办。解决办法是：在 C 列后插入一个空列（如果 D 列没有内容，就直接在 D 列操作），在 D1 中输入“=B1&C1”，D1 单元格的内容就是 B1、C1 两个单元格的内容的合并。选中 D1 单元格，用鼠标指向单元格右下角的小方块，当光标变成“+”后，按住鼠标左键拖动光标到要合并的尾行，就完成了 B 列和 C 列的合并。这时先不要忙着把 B 列和 C 列删除，先要把 D 列的结果复制一下，再用【选择性粘贴】命令，选择【数值】，将数据粘贴到一个空列上。这时再删掉 B、C、D 列的数据。

合并不同单元格的内容，还有一种方法是利用 CONCATENATE 函数，此函数的作用是将若干文字串合并到一个字串中，具体格式为“=CONCATENATE（B1,C1）”。例如，在 C1 单元格中输入公式：=CONCATENATE(A1,”@”,B1,”.com”)，确认后，即可将 A1 单元格中的字符和@及 B1 单元格中的字符和.com 连接成一个整体，显示在 C1 单元格中。

> 如果参数不是引用的单元格，且为文本格式的，请给参数加上英文状态下的双引号，如果将上述公式改为：=A14&”@”&B14&”.com”，也能达到相同的目的。

4.6.3 条件显示

利用 IF 函数，可以实现按照条件显示。教师在统计学生成绩时，希望输入 60 分以下的分数时显示为“不及格”，输入 60 以上的分数时显示为“及格”。这样的效果，利用 IF 函数可以很方便地实现。假设成绩在 A2 单元格中，判断结果在 A3 单元格中，那么在 A3 单元格中输入：=IF(A2<60,"不及格","及格")，同时，在 IF 函数中还可以嵌套 IF 函数或其他函数。

例如，如果输入：=IF(A2<60, "不及格",if(A2<=90,"及格","优秀")，就把成绩分成了 3 个等级。

如果输入：=IF(A2<60,"差",if(A2<=70,"中",if(A2<90,"良","优")，就把成绩分为了 4 个等级。

又如，公式“=IF(SUM（A1:A5）>0,SUM(A1:A5)，0)”就利用了嵌套函数，当 A1 至 A5 的和大于 0 时，返回这个值；如果小于 0，就返回 0。还有一点要注意：以上的符号均为半角，而且 IF 与括号之间也不能有空格。

4.6.4 自定义格式

Excel 中预设了很多有用的数据格式，基本能够满足使用的要求，但对一些特殊的要求，如强调显示某些重要数据或信息、设置显示条件等，就要使用自定义格式功能来完成。Excel 的自定义格式使用下面的通用模型：正数格式、负数格式、零格式、文本格式。在这个通用模型中，包含 3 个数字字段和 1 个文本字段：大于零的数据使用正数格式，小于零的数据使用负数格式，等于零的数据使用零格式，输入单元格的正文使用文本格式。我们还可以通过添加描述文本，使用颜色来扩展自定义格式通用模型的应用。

（1）使用颜色要在自定义格式的某个段中设置颜色，只需在该段中增加用方括号括住的颜色名或颜色编号。Excel 识别的颜色名为[黑色]、[红色]、[白色]、[蓝色]、[绿色]、[青色]和[洋红]。Excel 也能识别按[颜色 X]指定的颜色，其中 X 是 1~56 的数字，代表 56 种颜色，如图 4.114 所示。

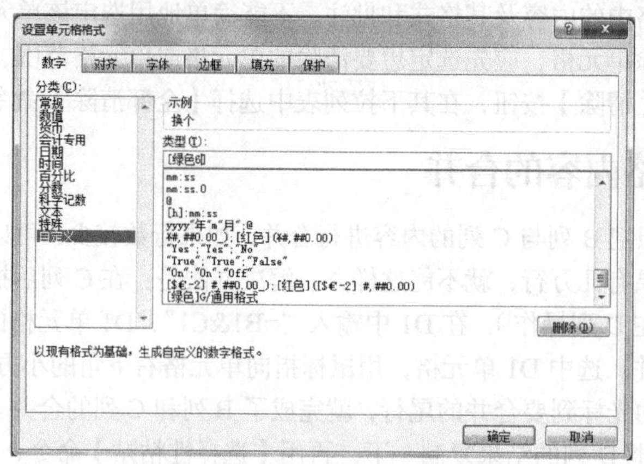

图 4.114　用颜色区分数据

（2）添加描述文本要在输入数字数据之后自动添加文本，自定义格式为“@"文本内容"”；要在输入数字数据之前自动添加文本，使用自定义格式“"文本内容"@”。@符号的位置决定了 Excel 输入的数字数据相对于添加文本的位置。

（3）条件格式可以使用 6 种逻辑符号来设计：>（大于）、>=（大于或等于）、<（小于）、<=（小于或等于）、=（等于）、<>（不等于）。

由于自定义格式中最多只有 3 个数字段，Excel 规定最多只能在前两个数字段中包括两个条件测试，满足某个测试条件的数字使用相应段中指定的格式，其余数字使用第 3 段格式。如果仅包含一个条件测试，则要根据不同的情况来具体分析。

自定义格式的通用模型相当于：

[>; 0]正数格式，[<; 0]负数格式，零格式，文本格式。

例如，在 Excel 中任意选中一列，单击鼠标右键，在弹出的快捷菜单中选择【单元格格式】命令，在弹出的对话框中选择【数字】选项卡，在【分类】列表中选择【自定义】，然后在【类型】文本框中输入："正数:" ($#,##0.00);"负数:"($#,##0.00); "零";"文本:"@,最后单击【确定】按钮，完成格式设置，如图 4.115 所示。

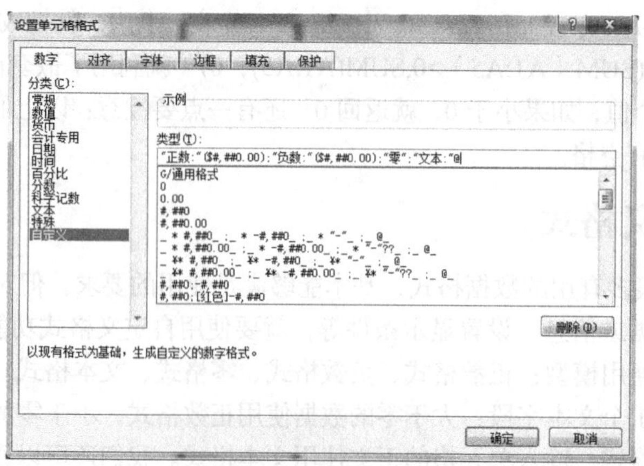

图 4.115　设置单元格格式

这时如果输入“12”，就会在单元格中显示“正数：（$12.00）”，如果输入“-0.3”，就会在单元格中显示“负数：（$0.30）”，如果输入“0”，就会在单元格中显示“零”，如果输入文本“this is a book’’，就会在单元格中显示“文本：this is a book”，如图 4.116 所示。

	A	B	C	D
1				
2				
3				正数:($12.00)
4				负数:($0.30)
5				零
6				文本:this is a book

图 4.116　自定义格式输出显现 1

如果改变自定义格式的内容为“[红色]"正数:" ($#,##0. 00);[蓝色]"负数:"($#,##0. 00);[绿色]"零";"文本:"@"，那么正数、负数、零将显示为不同的颜色，如图 4.117 所示。

	A	B	C	D
1				
2				
3				正数:($12.00)
4				负数:($0.30)
5				零
6				文本:this is a book

图 4.117　自定义格式输出显现 2

如果输入“[蓝色];[红色];[绿色];[洋红]”，那么正数、负数、零和文本将分别显示对应的颜色，如图 4.118 所示。

例如，假设在 Excel 中进行账目的结算，想要用蓝色显示结余超过$50 000 的账目，负数用红色显示在括号中，其余的值用默认颜色显示，可以创建如下的格式：“[蓝色][>50000]($#,##0.00); [红色][<0]($#,##0.00);($#,##0.00)”。使用条件运算符也可以作为缩放数值强有力的辅助方式，如图 4.119 所示。

	A	B	C	D
1				
2				
3				12
4				0.3
5				0
6				this is a book

图 4.118　自定义格式输出显现 3

	A
1	($590,000.00)
2	($20.00)
3	($450.00)

图 4.119　自定义格式输出显现 4

另外，还可以运用自定义格式来达到隐藏输入数据的目的。例如，格式“;##:0”只显示负数和零，输入的正数则不显示；格式“;;;”则隐藏所有的输入值。自定义格式只改变数据的显示外观，并不改变数据的数值，也就是说不影响数据的计算。灵活运用好自定义格式功能，将会给实际工作带来很大的方便。

4.6.5　自动切换输入法

在一张工作表中，往往是既要输入数据又要输入文字，这样就需要在中英文之间反复切换输入法，非常麻烦。如果要输入的内容很有规律，如这一列全是单词，下一列全是汉语解释，可以用以下方法实现自动切换：选中要输入英文的列，选择【数据】选项卡，在【数据工具】组中单击【数据有效性】，在弹出的【数据有效性】对话框中，选中【输入法模式】选项卡，在【模式】下拉列表框中选择【关闭（英文模式）】命令，然后单击【确定】按钮，如图 4.120 所示。

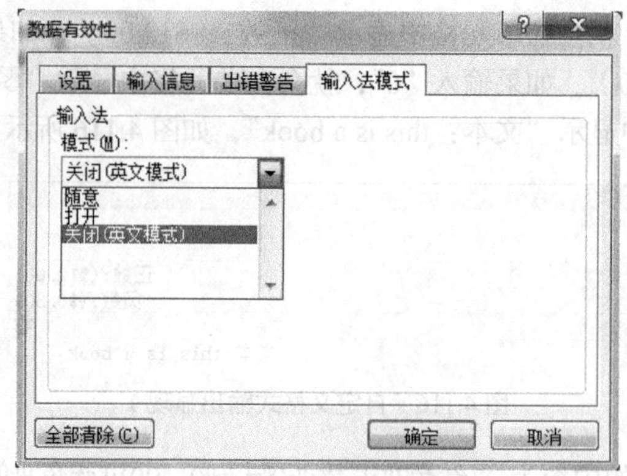

图 4.120　输入法自动切换

4.6.6　批量删除空行

有时需要删除 Excel 工作表中的空行，如果工作表的行数很多，这样做就非常不方便。这时可以利用“自动筛选”功能，把空行全部找到，然后一次性删除，做法是：先在表中插入一个空行，然后按下“Ctrl+A”组合键，选择整个工作表，在【数据】选项卡中单击【筛选】按钮。这时在每一列的顶部，都出现一个下拉列表框，在下拉列表框中选择【空白】，直到页面内已看不到数据为止。在所有数据都被选中的情况下，单击鼠标右键，选择【删除】命令。这时所有的空行都被删去，再单击【数据】选项卡【选取筛选】项中的【自动筛选】命令，工作表中的数据就全恢复了。

如果想只删除某一列中的空白单元格，而其他列的数据和空白单元格都不受影响，可以先复制此列，把它粘贴到一个空白工作表上，按上面的方法将空行全部删掉，然后再将此列复制，粘贴到原工作表的相应位置上。

4.6.7　宏的简单应用

宏是可运行任意次数的一个操作或一组操作，可以用来自动执行重复任务。如果总是需要在 Excel 中重复执行某个任务，则可以录制一个宏来自动执行这些任务。在创建一个宏后，可以编辑宏，对其工作方式进行轻微的更改。

可以在 Excel 中快速录制宏，也有许多宏都是使用 Visual Basic for Applications（VBA）创建的，并由软件开发人员负责编写。

这里以图 4.121 中“考研成绩表”为例，为其创建一个自动标识每科前 3 名的宏并运行该宏，介绍如何在 Excel 中录制并运行宏。本书暂不涉及通过 VBA 编程语言录制宏的内容。

1. 录制宏前的准备工作

（1）显示【开发工具】选项卡。录制宏需要用到【开发工具】选项卡，但是默认情况下，不会显示【开发工具】选项卡，因此需要进行下列设置。

① 在【文件】选项卡中单击【选项】，打开【Excel 选项】对话框。

② 在左侧的类别列表中单击【自定义功能区】，在右上方的【自定义功能区】下拉列表中选择【主选项卡】。

③ 在右侧的【主选项卡】列表中单击选中【开发工具】复选框，如图 4.122 所示。

考研成绩表					
姓名	英语	政治	数学	专业	总分
杨磊	35	56	83	121	295
吴珊	52	53	92	107	304
徐晓东	62	53	119	144	378
肖恒	43	48	77	91	259
孙昌青	71	58	102	103	334
刘丹	69	62	72	150	353
王巧	57	50	141	131	379
赵旭	47	63	135	143	388
庄璐璐	42	43	53	72	210

图 4.121　考研成绩表

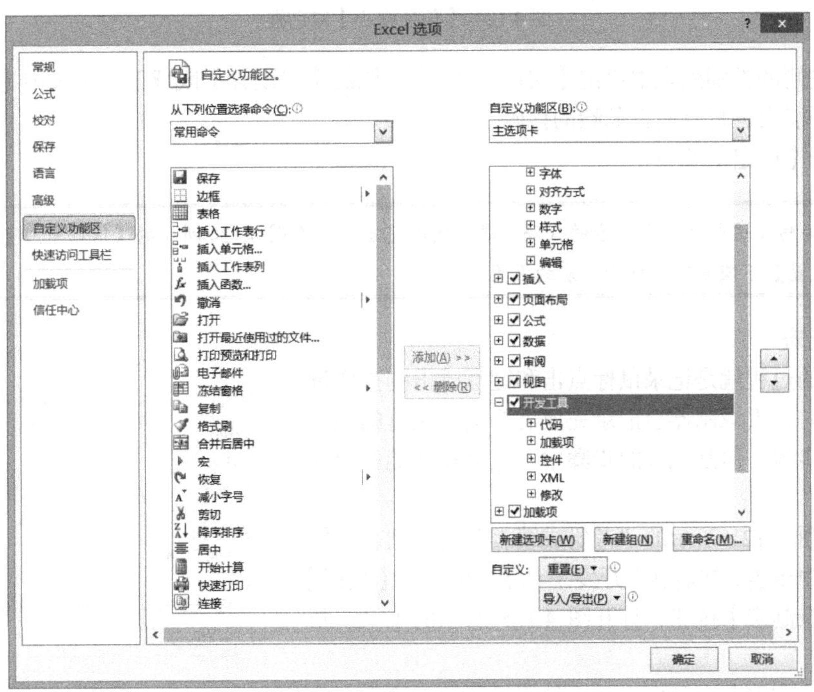

图 4.122　【Excel 选项】对话框

④ 单击【确定】按钮，【开发工具】选项卡即显示在功能区中。

（2）临时启用所有宏。由于运行某些宏可能会引发潜在的安全风险，具有恶意企图的人员（也称为黑客）可以在文件中引入破坏性的宏，从而导致在计算机或网络中传播病毒。因此，默认情况下，Excel 禁用宏。为了能够录制并运行宏，可以设置临时启用宏，方法如下。

① 在图 4.123 所示的【开发工具】选项卡的【代码】组中单击【宏安全性】按钮，打开图 4.124 所示的【信任中心】对话框。

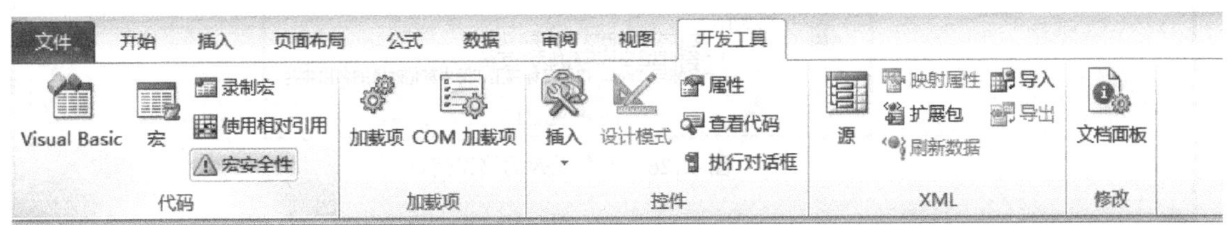

图 4.123　【开发工具】选项卡

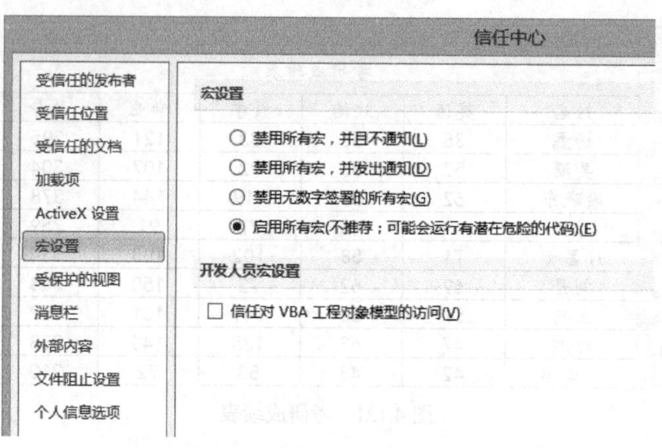

图 4.124 【信任中心】对话框

② 在左侧的类别列表中单击【宏设置】，在右侧的【宏设置】区域下单击选中【启用所有宏（不推荐；可能会运行有潜在危险的代码）】单选项。

③ 单击【确定】按钮。

> 为防止运行有潜在危险的代码，建议使用完宏之后在图 4.124 所示的【信任中心】对话框中的【宏设置】下恢复某一种禁用宏的设置。

2. 录制宏

录制宏的过程就是记录鼠标点击和键盘键击的操作过程。录制宏时，宏录制器会记录完成需要宏来执行的操作所需的一切步骤，但是记录的步骤中不包括在功能区上导航的步骤。

（1）在图 4.121 所示的“考研成绩表”数据列表外的任一单元格中单击，然后在【开发工具】选项卡的【代码】组中单击【录制宏】按钮，打开图 4.125 所示的【录制新宏】对话框。

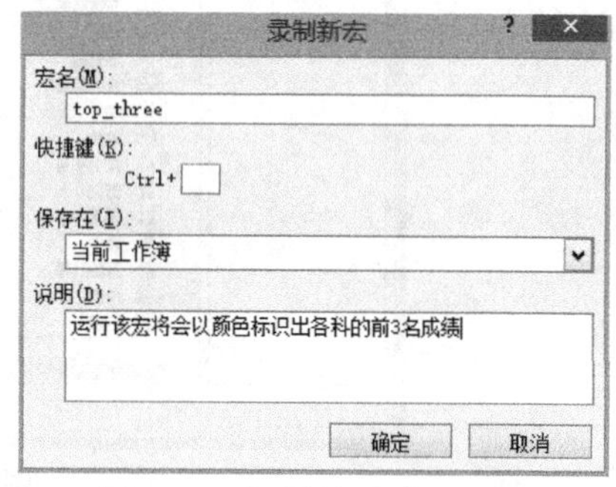

图 4.125 【录制新宏】对话框

（2）在【宏名】文本框中，为将要录制的宏输入一个名称，此处输入“top_three”，表示该宏功能为标出前 3 名。

> 宏实际上是由 Excel 自动记录的一个小程序，宏名称必须以字母或下划线开头，不能包含空格等无效字符，不能使用单元格地址等工作簿内部名称，否则将会出现图 4.126 所示的宏名无效的错误信息。
>
> 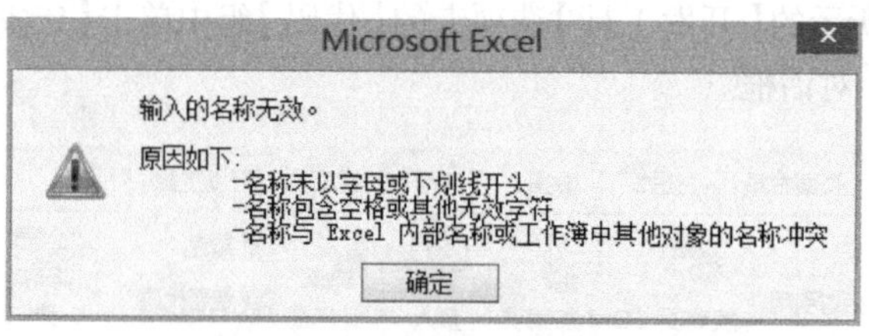
>
>
> 图 4.126 宏名无效的错误信息

（3）在【保存在】下拉列表中选择要用来保存宏的位置，此处选择【当前工作簿】。

（4）在【说明】框中可以输入对该宏的简单描述。

（5）单击【确定】按钮，退出对话框，同时进入宏录制过程。

（6）运用鼠标、键盘对工作表进行各项操作，这些操作过程均将被记录到宏中。此处，对学生成绩单进行以下操作：在【开始】选项卡的【样式】组中依次单击【条件格式】→【项目选项规则】→【值最大的 10 项】命令，在【值】框中输入“3”，格式任选一种，然后单击【确定】按钮。

（7）操作执行完毕后，在【开发工具】选项卡的【代码】组中单击【停止录制】按钮。

（8）将工作簿文件保存为可以运行宏的格式：在【开始】选项卡中单击【另存为】命令，打开【另存为】对话框，在【保存类型】下拉列表中单击选择【Excel 启用宏的工作簿（*.xlsm）】，将文件名改为“启用宏的考研成绩表”，然后单击【保存】按钮。

3. 运行宏

（1）打开包含宏的工作簿，选择运行宏的工作表。此处打开前面保存的包含宏的文档“启用宏的考研成绩表.xlsm”（注意：包含宏的文档以 xlsm 为扩展名），选择英语列中的 B3:B11 单元格区域，目的是找出英语成绩的前 3 名。

（2）如图 4.127 所示，在【开发工具】选项卡的【代码】组中单击【宏】按钮，打开【宏】对话框。在【宏名】列表框中单击要运行的宏。此处单击新录制的宏【top_three】。

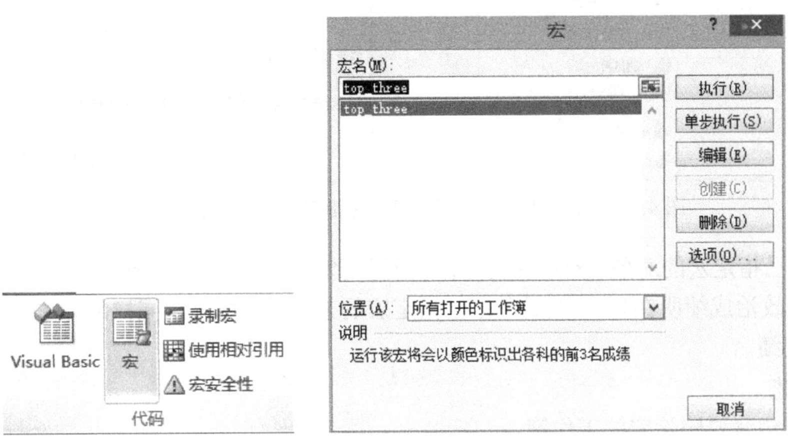

图 4.127 【宏】对话框

（3）单击【执行】按钮，Excel 将自动执行宏并显示相应的结果，如图 4.128 所示。

	A	B	C	D	E	F
1	考研成绩表					
2	姓名	英语	政治	数学	专业	总分
3	杨磊	35	56	83	121	295
4	吴珊	52	53	92	107	304
5	徐晓东	62	53	119	144	378
6	肖恒	43	48	77	91	259
7	孙昌青	71	58	102	103	334
8	刘丹	69	62	72	150	353
9	王巧	57	50	141	131	379
10	赵旭	47	63	135	143	388
11	庄璐璐	42	43	53	72	210

图 4.128　执行【宏】的结果

4. 将宏分配给对象、图形或控件

将宏指定给工作表中的某个对象、图形或控件后，单击它即可执行宏。

（1）打开包含宏的工作簿，在工作表的适当位置创建对象、图形或控件。此处，继续沿用已包含宏的工作簿“启用宏的考研成绩表.xlsm”，在其右上角位置创建一个艺术字对象，艺术字文本内容为“前3名”。

（2）用鼠标右键单击该对象、图形或控件，在弹出的快捷菜单中选择【指定宏】命令，打开【指定宏】对话框。

（3）在【指定宏】对话的【宏名】列表框中，选择要分配的宏，然后单击【确定】按钮。此处在新建的艺术字上单击右键，并指定宏“top_three”到艺术字对象上，如图4.129所示。

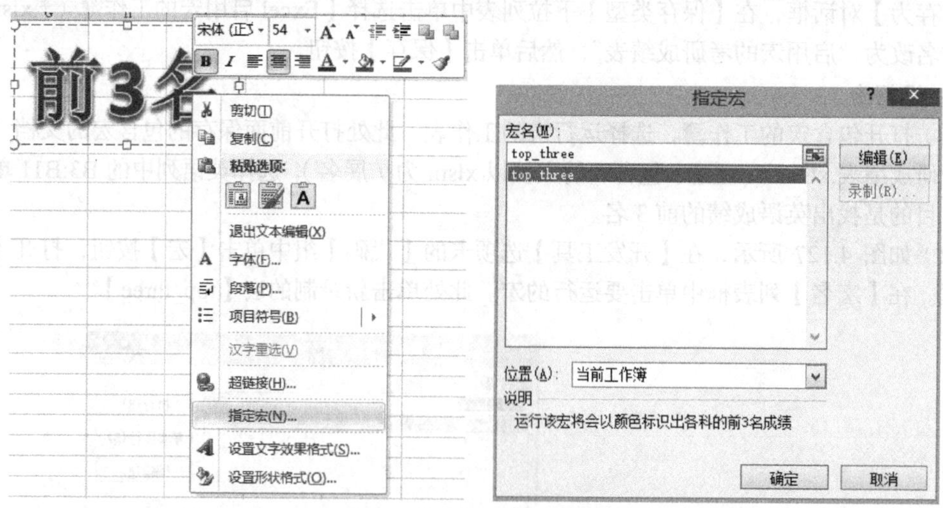

图4.129 通过右键快捷菜单打开【指定宏】对话框并分配宏

（4）单击已指定宏的对象、图形或控件，即可运行宏。此处，首先选择要应用宏的范围C3:C11单元格区域（政治成绩所在列），然后单击已指定宏的艺术字对象。用同样的方法可以标出其他几科的前3名成绩。

5. 删除宏

（1）打开包含要删除宏的工作簿。

（2）在【开发工具】选项卡的【代码】组中单击【宏】按钮，打开【宏】对话框。

（3）在【位置】下拉列表中选择含有要删除宏的工作簿。

（4）在【宏名】列表框中单击要删除的宏的名称。

（5）单击【删除】按钮，弹出一个提示对话框，单击【是】按钮，删除指定的宏。

4.7 打　　印

4.7.1 页面布局的设置

在Excel 2010用户界面中，可以通过【页面布局】选项卡的各功能组页面设置命令，对页面布局效果进行快速设置，如图4.130所示。

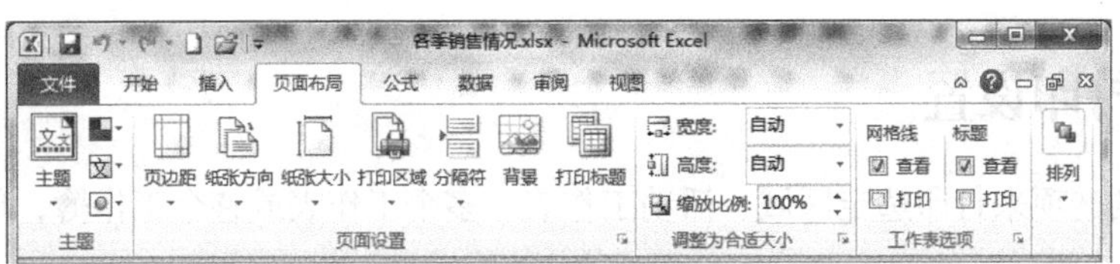

图 4.130 【页面布局】选项卡

单击【页面布局】选项卡【页面设置】区域右下角的【对话框启动器】按钮，弹出【页面设置】对话框，如图 4.131 所示。在【页面设置】对话框中可以对【页面】【页边距】【页眉/页脚】或【工作表】选项进行更详细的设置。

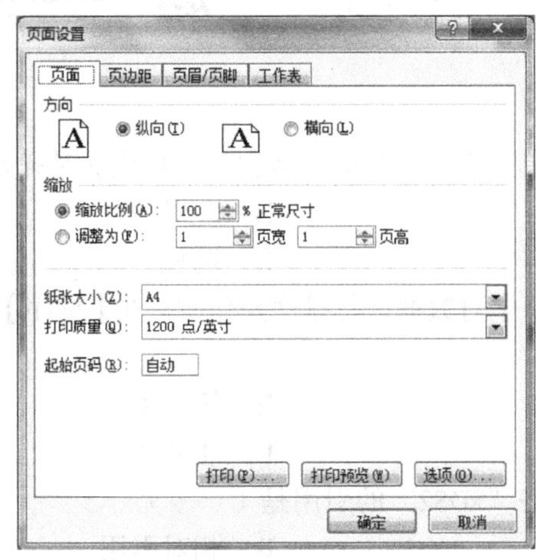

图 4.131 【页面设置】对话框

4.7.2　打印预览

打印预览有助于避免多次打印尝试和在打印输出中出现截断的数据。

1. 在打印前预览工作表页

在打印前，单击要预览的工作表。单击【文件】→【打印】，在视图右侧显示【打印预览】窗口，若选择了多个工作表，或者一个工作表含有多页数据时，要预览下一页和上一页，可在【打印预览】窗口的底部单击【下一页】和【上一页】，单击【显示边距】按钮，会在【打印预览】窗口中显示页边距，更改页边距，可将页边距拖至所需的高度和宽度，还可以通过拖动打印预览页顶部的控点来更改列宽。

2. 利用【分页预览】视图调整分页符

分页符是为了便于打印，将一张工作表分隔为多页的分隔符。在【分页预览】视图中可以轻松地实现添加、删除或移动分页符。手动插入的分页符以实线显示。虚线表示 Excel 自动分页的位置。

3. 利用【页面布局】视图对页面进行微调

打印包含大量数据或图表的 Excel 工作表之前，可以在【视图】选项卡的【工作簿视图】功能组的【页面布局】视图中快速对其进行微调，使工作表达到专业水准。在此视图中，可以如同【普通】视图中那样更改数据的布局和格式。此外，还可以使用标尺测量数据的宽度和高度，更改页面方向，添加或更改页眉和页脚，设置打印边距，隐藏或显示行标题与列标题以及将图表或形状等各种对象准确地放置在所需的位置。

4.7.3 打印设置

选择相应的选项来打印选定区域、活动工作表、多个工作表或整个工作簿，单击【文件】→【打印】命令。

若要连同其行标题和列标题一起打印的工作表，则在功能区中单击【页面布局】选项卡，在【工作表选项】组中的【标题】下选中【打印】复选框。

习　题

一、选择题

1. 在 Excel 中，给当前单元格输入数值型数据时，默认的对齐方式为（　　）。

A. 居中　　B. 左对齐
C. 右对齐　　D. 随机

2. 用户在 Excel 电子表格中对数据进行排序操作时，在【排序】对话框中必须指定排序的关键字为（　　）。

A. 第一关键字　　B. 第二关键字
C. 第三关键字　　D. 主要关键字

3. 在 Excel 中，对单元格“$D$2”的引用是（　　）。

A. 绝对引用　　B. 相对引用
C. 一般引用　　D. 混合引用

4. 已知单元格 A1、B1、C1、A2、B2、C2 中分别存放数值“1”“2”“3”“4”“5”“6”，单元格 D1 中存放着公式“= A1+$B$1+C1”，此时将单元格 D1 中的结果为（　　）。

A. 6　　B. 12
C. 15　　D. #REF

5. 在 Excel 中，进行分类汇总之前，必须对数据清单进行（　　）。

A. 筛选　　B. 排序
C. 建立数据库　　D. 有效计算

二、填空题

1. Excel 2010 中有__________、__________、__________、__________和__________等多种视图方式。

2. 一个 Excel 工作表中第 6 行第 8 列的单元格地址是__________。

3. 在 Excel 2010 中，新建工作簿后，第一张工作表的默认名称是__________。

4. 使用“Delete”键删除单元格内容时，只能删除__________，保留__________。

5. 在单元格中输入公式“=IF(1+1=2, "天才","奇才")”后，显示结果是__________。

三、简答题

1. 如何在同一个单元格中换行？

2. Excel 2010 中，用 3 种方法求出 B2:E2 区域中的平均值放入 G2 单元格。

3. 什么是 Excel 的相对引用、绝对引用和混合引用？

4. 如何将 Book1 中的 Sheet3 复制到 Book3 中的 Sheet5 之前？

5. 在 Excel 2010 中，将 A2:E5 单元格区域中的数值保留两位小数。试写出操作步骤。

第 5 章 电子演示文稿制作软件

演示文稿在工作汇报、企业宣传、产品推介、婚礼庆典、项目竞标、管理咨询中被广泛使用。电子演示文稿制作软件可以用文本、图形、图片、音频、视频、动画等元素来设计具有视觉震撼力的演示文稿，演示文稿可使用幻灯片机或投影仪播放。

电子演示文稿制作软件有微软的 PowerPoint 和金山的 WPS 演示，本章以微软的 PowerPoint 2010 软件为例介绍。

PowerPoint 2010 的基本操作，如用户界面的启动和退出，演示文稿的打开和保存，随意缩放版面或文字，使用密码、权限和其他限制保护演示文稿，SmartArt 图形、图片或剪贴画、形状、艺术字、图表等对象的插入，实时翻译、格式及兼容性等功能，这些都可参照 Word 2010 及 Excel 2010 的操作进行。

通过本章的学习，可以掌握 PowerPoint 2010 的一些基本操作，如创建演示文稿，编辑幻灯片、幻灯片的复制、移动、插入和删除的方法，创建超链接，建立动作按钮，插入声音与影像、自定义幻灯片的动画效果以及幻灯片切换的设置方法。

5.1 概　　述

PowerPoint 2010 是 Microsoft 公司推出的 Office 2010 软件包中的一个重要组成部分，是专门用来编制演示文稿的应用软件。

PowerPoint 2010 的启动、退出和文件的保存与 Word 2010、Excel 2010 的启动、退出和文件的保存方式类似，只是 PowerPoint 2010 生成的文档文件的扩展名是“pptx”。因此，这些操作的具体方法在此就不详细介绍了。

5.1.1 PowerPoint 2010 工作界面

启动 PowerPoint 2010 后，系统打开图 5.1 所示的工作界面。PowerPoint 2010 工作界面的基本元素与 Word、Excel 基本相同，只是中间的工作区略有差别。PowerPoint 中间区域是演示文稿的编辑区，该编辑区可根据需要选择在不同的视图中工作。

1. 标题栏

标题栏用来显示正在编辑的演示文稿的文件名以及编辑软件的名称信息。

2. 快速访问工具栏

快速访问工具栏主要用来显示用户日常工作中频繁使用的命令，其默认显示【保存】【撤销】和【恢复】命令按钮。

3.【文件】选项卡

在【文件】选项卡中可以查找对文档本身而非对文档内容进行操作的命令，如【新建】【打开】【另存为】【打印】和【关闭】等常用命令。

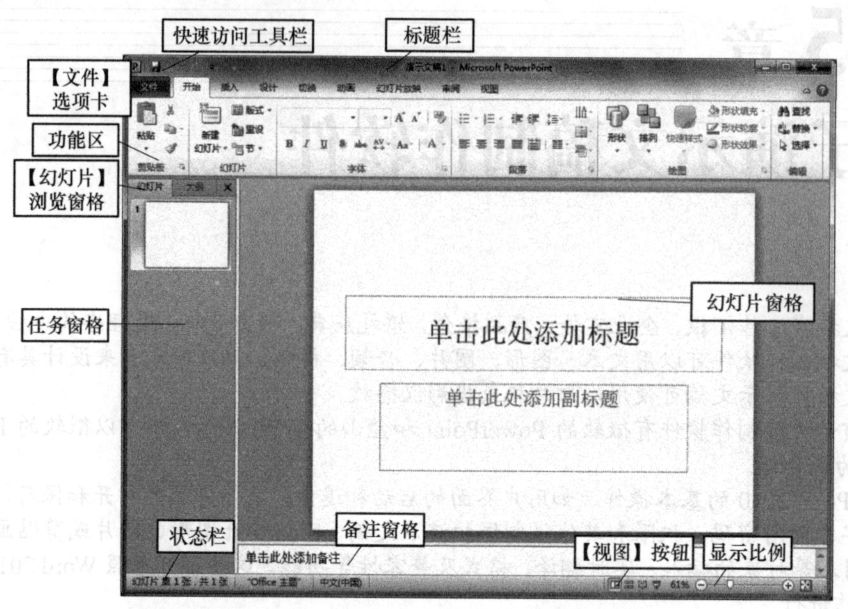

图 5.1 PowerPoint 2010 工作界面

4. 功能区

功能区由选项卡、组和命令 3 个基本组件组成。当用户单击选项卡时，即可打开相应的功能区选项。PowerPoint 2010 功能区包含【文件】【开始】【插入】【设计】【切换】【动画】【幻灯片放映】【审阅】和【视图】等选项卡。

5.【幻灯片/大纲】浏览窗格

【幻灯片/大纲】浏览窗格用来显示幻灯片文本的大纲或幻灯片的缩略图。

6. 幻灯片窗格

幻灯片窗格也叫文档窗格，用来显示正在编辑的工作区域。在本窗格中，可以进行输入文档内容、编辑图像、制定表格、设置对象方式等操作。幻灯片窗格是与 PowerPoint 交流的主要场所，幻灯片的制作和编辑都在这里完成。

7. 备注窗格

备注窗格位于幻灯片窗格的下方，在此可添加与每张幻灯片内容相关的注释内容。

8. 状态栏

状态栏位于 PowerPoint 2010 窗口的底部，用于显示当前演示文稿的编辑状态，包括视图模式、幻灯片的总页数和当前所在页等。

9.【视图】按钮

【视图】按钮用于在【普通】视图、【幻灯片浏览】视图和【幻灯片放映】视图之间进行相互切换。

初次使用 PowerPoint 2010 时，用户可能不清楚各个选项卡的选项组以及具体选项的作用，此时可以将鼠标指针停放在具体的选项或选项组右下角的斜箭头上，几秒钟后，PowerPoint 2010 将会显示该具体选项或选项组的功能和使用提示。

5.1.2 视图方式

PowerPoint 提供了 6 种不同的视图方式，它们是【普通】视图、【幻灯片浏览】视图、【备注页】视图、【幻灯片放映】视图、【阅读】视图和【母版】视图（包括幻灯片母版、讲义母版和备注母版）。

根据幻灯片编辑的需要，用户可以在不同的视图上进行演示文稿的制作。要切换视图方式，可以选择【视图】菜单命令功能区【演示文稿视图】中的相应视图命令按钮，或单击窗口底部的视图切换按钮。

1.【普通】视图

图 5.1 所示为普通视图方式，是主要的编辑视图，用于撰写和设计演示文稿。在此视图模式下可以编写或设计演示文稿，也可以同时显示幻灯片、大纲和备注内容。

【普通】视图综合了【阅读】视图、【幻灯片浏览】视图和【备注页】视图三者的优点，可使用户同时观察到演示文稿中某个幻灯片的显示效果及备注内容，并使用户的整个输入和编辑工作都集中在统一的视图中。普通视图方式是文稿编辑工作中最常用的视图方式。

【普通】视图将文稿编辑区分为 3 个窗格，即幻灯片窗格、任务窗格和备注窗格，用户可以按需选择在哪一个窗格中编辑幻灯片。拖动窗格分界线，可以调整窗格的尺寸。

（1）幻灯片窗格。在幻灯片窗格中显示的是当前幻灯片，可以进行幻灯片的编辑、文本的输入和格式化处理、对象的插入等。

（2）任务窗格。任务窗格的上方有【大纲】选项卡和【幻灯片】选项卡两个标签，通过这两个标签可以控制任务窗格的显示格式（大纲显示格式和幻灯片缩略图）。

在【大纲】选项标签下，浏览窗格中仅显示幻灯片中的文本内容，其他对象不显示出来，如表格、艺术字、图形和图片等。

（3）备注窗格。在备注窗格中可以查看和编辑当前幻灯片的演讲者备注文字。每张幻灯片都有一个备注文字页，在其中可以写入在幻灯片中未列出的其他重要内容，以便于演讲之前或演讲过程中查阅，也可以在播放幻灯片的同时展示给观众。

2.【幻灯片浏览】视图

在【幻灯片浏览】视图方式下，幻灯片缩小显示，能够看到整个演示文稿的外观，如图 5.2 所示。因此，在窗口中可同时显示多张幻灯片，同时可以重新对幻灯片进行快速排序，还可以方便地增加或删除某些幻灯片。

在该视图中可以对演示文稿进行整体编辑（但不能对单张幻灯片编辑），包括改变幻灯片的背景设计和配色方案、调整幻灯片的顺序、添加或删除幻灯片、复制幻灯片等。另外，还可以使用【幻灯片浏览】工具栏中的按钮来设置幻灯片的放映时间、选择幻灯片的动画切换方式等。

3.【备注页】视图

【备注页】视图用于显示和编辑备注页，既可以插入文本内容，又可以插入图片等对象信息。

> 在【普通】视图的备注窗格中不能显示和插入图片等对象信息。

选择【视图】选项卡中的【备注页】命令按钮，即可切换到【备注页】视图中，如图 5.3 所示。备注页方框会出现在幻灯片图片的下方，用户可以用来添加与每张幻灯片内容相关的备注。备注一般包含演讲者在讲演时所需的一些提示重点。

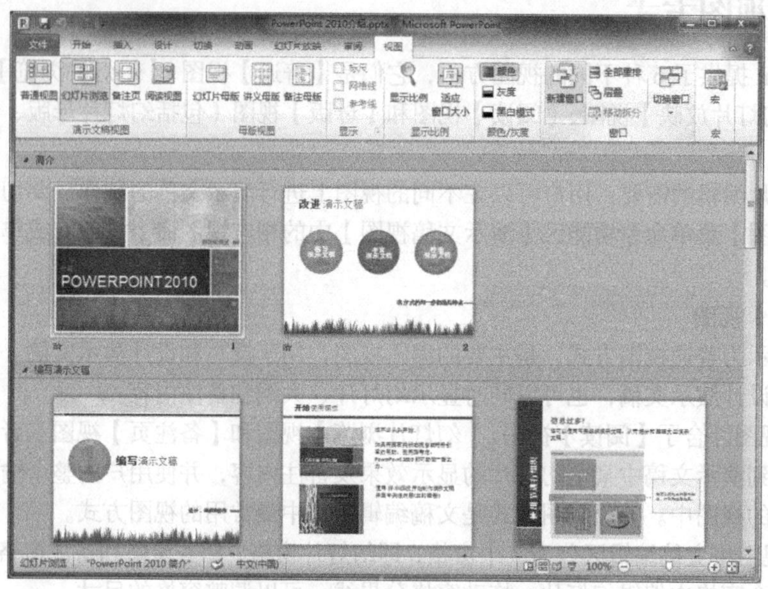

图 5.2 【幻灯片浏览】视图外观

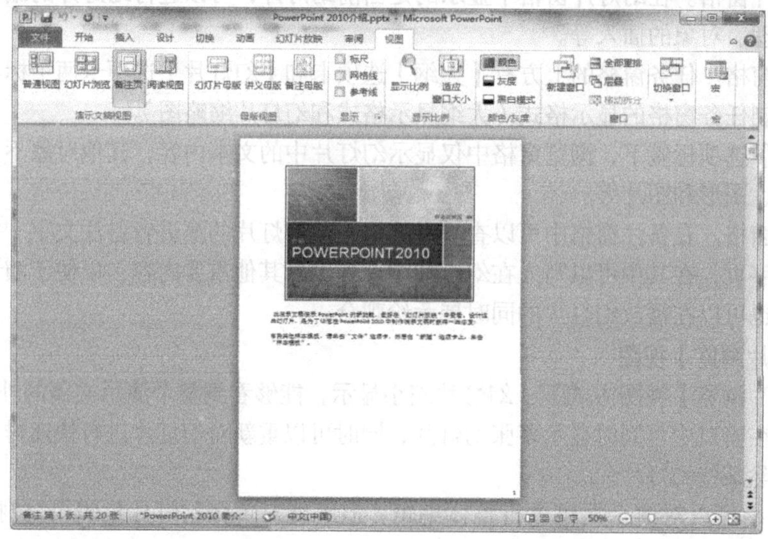

图 5.3 【备注页】视图外观

4.【阅读】视图

【阅读】视图用于方便地在审阅窗口中查看演示文稿，而不是使用全屏的【幻灯片放映】视图，如图 5.4 所示。如果要更改演示文稿，可随时从【阅读】视图切换至某个其他视图。

5.【幻灯片放映】视图

在【幻灯片放映】视图方式下，可以在计算机上播放幻灯片，并可以看到图形、计时、电影、动画效果和切换效果在实际演示中的具体效果。

如果单击了【幻灯片放映】选项卡中的【从头开始】命令按钮（或者按下“F5”键），无论当前幻灯片的位置在哪里，都将从第一张幻灯片开始播放。

如果单击了【幻灯片放映】选项卡中的【从当前幻灯片开始】命令按钮（或者单击状态栏右侧的【幻灯片放映】视图按钮），幻灯片就会从当前开始播放。

图 5.4 【阅读】视图外观

【幻灯片放映】视图将占据整个计算机屏幕。在播放的过程中，单击鼠标可以换页（单击鼠标换页适用于未设置自动换片状态，自动换片时可使用鼠标滚轮或键盘的方向键），也可以按“Enter”键、空格键等。按“Esc”键可以退出【幻灯片放映】视图，或者通过单击鼠标右键，在弹出的快捷菜单中选择【结束放映】命令来退出【幻灯片放映】视图。

6. 【母版】视图

【母版】视图包括幻灯片母版视图、讲义母版视图和备注母版视图，是存储有关演示文稿信息的主要幻灯片，其中包括背景、颜色、字体、效果、占位符大小和位置。使用母版视图的一个主要优点在于，在幻灯片母版、备注母版或讲义母版上，可以对与演示文稿关联的每个幻灯片、备注页或讲义的样式进行全局的更改。

5.1.3 相关概念介绍

1. 演示文稿

使用 PowerPoint 2010 创建的文档称为演示文稿，文件扩展名为“pptx”。一个 PowerPoint 演示文稿由一系列幻灯片组成，就如同在 Word 中文档由一页或多页组成、在 Excel 中工作簿由一个或多个工作表组成一样。

2. 幻灯片

幻灯片是演示文稿的基本组成部分，其大小统一、风格一致，可以通过页面设置和母版的设计来确定。在新插入一张幻灯片时，系统将按母版的样式生成一张具有一定版式的空白幻灯片，用户再按自己的需要对其进行编辑。

3. 幻灯片的组成

幻灯片一般由编号、标题、占位符、文本框、图形、声音和表格等元素组成。

（1）编号。幻灯片的编号即它的顺序号，决定各片的排列次序和播放顺序。它是插入新幻灯片时自动加上的。对幻灯片的增删，也会引起后面幻灯片编号的改变。

（2）标题。通常，每一张幻灯片都需要加入一个标题，它在大纲窗格中作为幻灯片的名称显示出来，也起着该幻灯片主题的作用。

（3）占位符。幻灯片上的标题、文本、图形等对象在幻灯片上所占的位置称为占位符。占位符的大小和位置一般由幻灯片版式确定，用户也可以按照自己的需要进行修改。各种对象的占位符以虚线框表示，单击它即可选定，双击它时可以插入相应的对象。

在图 5.1 中，幻灯片窗格中两个分别标示着“单击此处添加标题”和“单击此处添加副标题”的虚线框，就是占位符。

5.2 演示文稿的创建

5.2.1 快速创建演示文稿

启动 PowerPoint 2010 后，系统会自动新建一个空白演示文稿，如图 5.1 所示，用户可以直接利用此空白演示文稿进行工作。

PowerPoint 提供了创建演示文稿的几种方式，用户也可以自行新建。在主窗口中，选择【文件】→【新建】命令，可打开【新建演示文稿】对话框。用户可以在【可用的模板和主题】或“Office.com 模板”中选择一种方式来创建新的演示文稿，如图 5.5 所示。

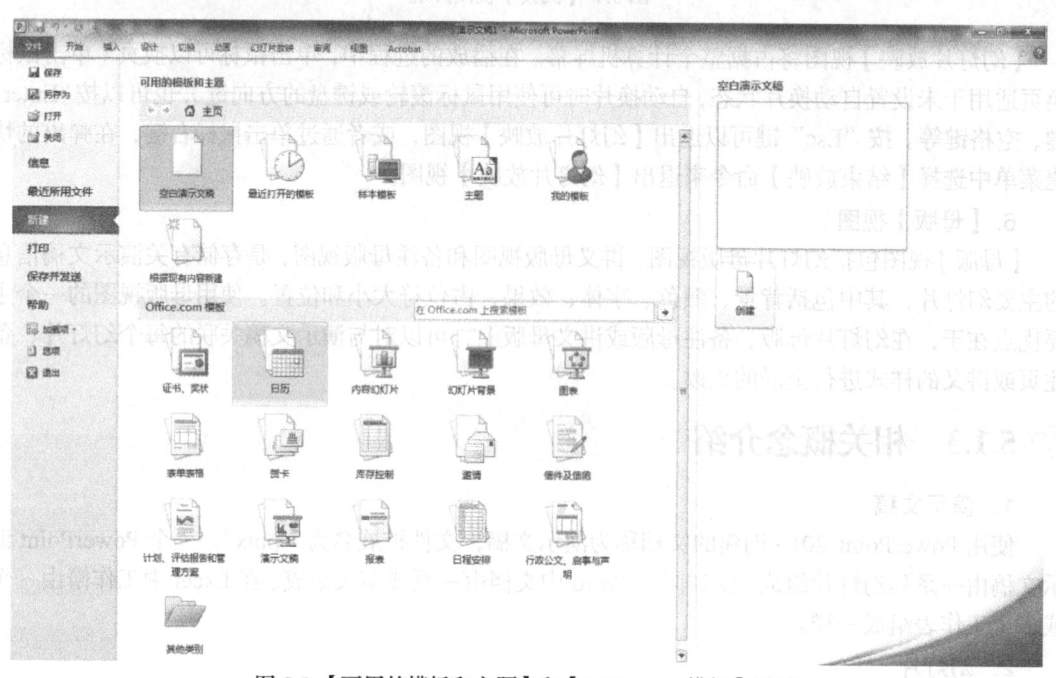

图 5.5 【可用的模板和主题】和【Office.com 模板】界面

1. 可用的模板和主题

在【可用的模板和主题】界面下选择【空白演示文稿】、【样本模板】、【主题】或【我的模板】可以应用已有模板。此时，开始编辑的演示文稿就会按照模板中设定好的背景、字体等规则进行显示。

例如，在【可用的模板和主题】界面中选择【样本模板】，弹出【样本模板】界面，如图 5.6 所示。选择合适的模板后，利用模板中设置好的背景、字体、图片等设置演示文稿，如图 5.7 所示。

2. Office.com 模板

如果没有合适的模板可以使用，则可以选择【Office.com 模板】下的模板类型，进行下载即可。

图 5.6 【样本模板】界面

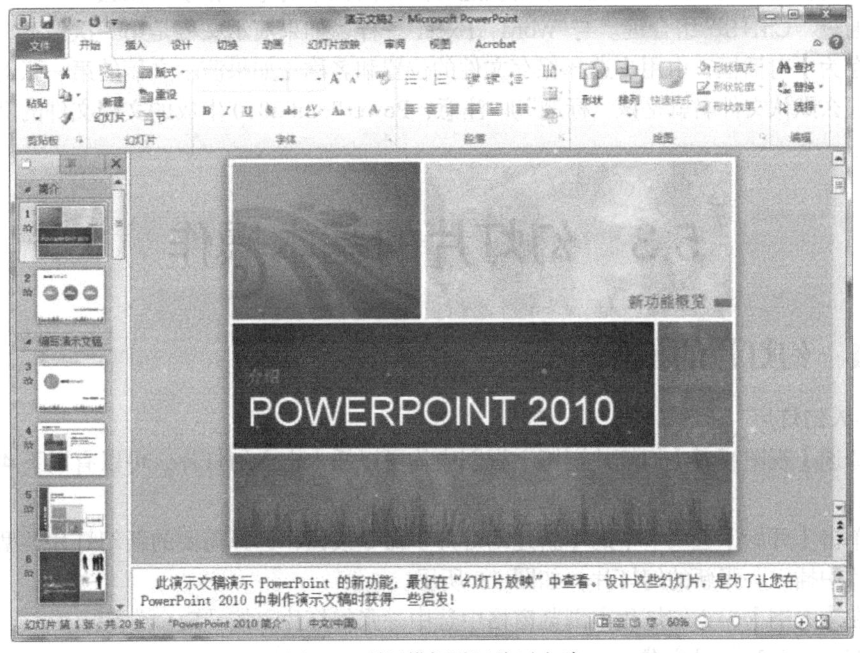

图 5.7　利用模板设置演示文稿

5.2.2　保存【我的模板】

如果遇到喜欢的演示文稿，并希望将其模板保存下来以备下次使用，则可以单击【另存为】命令，弹出【另存为】对话框，在【保存类型】中选择【PowerPoint 模板】类型（后缀名为“potx”），如图 5.8 所示，保存在默认路径下，以后可以在【可用的模板和主题】界面中的【我的模板】里找到该模板。

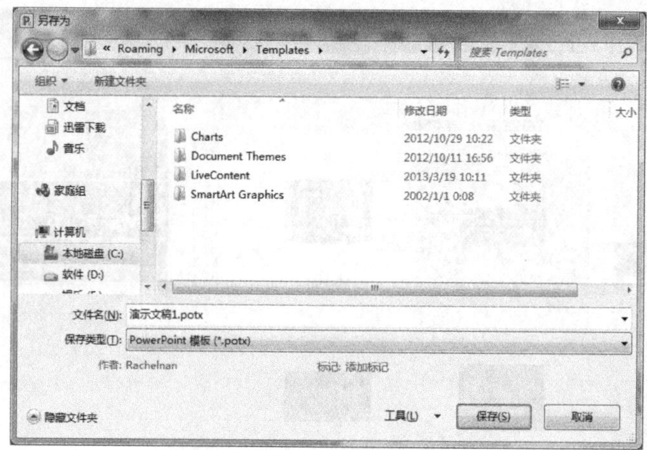

图 5.8 【另存为】对话框

5.2.3 保存演示文稿

用户可以使用下面的方法保存演示文稿。

（1）通过【文件】按钮。单击【文件】按钮，在弹出的界面中选择【保存】命令。

（2）通过快速访问工具栏。直接单击快速访问工具栏中的【保存】按钮。

（3）通过“Ctrl+S”组合键。与 Word、Excel 一样，如果演示文稿是第一次保存，则系统会显示【另存为】对话框，由用户选择保存文件的位置和名称（如果演示文稿的第一张幻灯片包含“标题”，那么默认文件名就是该“标题”）。注意：PowerPoint 2010 生成的文档文件的默认扩展名是“pptx”。

5.3 幻灯片的基本操作

5.3.1 幻灯片的操作

1. 插入幻灯片

在【普通】视图或者【幻灯片浏览】视图中均可以插入空白幻灯片，可以有以下 4 种方法实现该操作。

（1）单击【开始】选项卡中的【新建幻灯片】命令按钮，选择需要的新幻灯片类型，便可在当前幻灯片中插入一张新的幻灯片，如图 5.9 所示。

（2）在【大纲】→【幻灯片】浏览窗格中选中一张幻灯片，按“Enter”键。

（3）按“Ctrl+M”组合键。

（4）在【大纲】→【幻灯片】浏览窗格中单击鼠标右键，在弹出的快捷菜单中选择【新建幻灯片】命令。

2. 选定幻灯片

在对幻灯片进行操作之前，首先要选定幻灯片。在【幻灯片浏览】视图和【大纲】视图中，选定幻灯片有以下方法。

（1）单击指定幻灯片（或幻灯片编号），可选定该幻灯片。

（2）按住“Ctrl”键的同时单击指定幻灯片（或幻灯片编号），可以选定多张幻灯片。

图 5.9　新建幻灯片

（3）单击所要选定的第一张幻灯片，再按住“Shift”键的同时单击最后一张幻灯片，可以选定多张连续的幻灯片。

（4）按“Ctrl+A”组合键（或单击【编辑】组中的【全选】命令）可以选定全部幻灯片。

若要放弃被选定的幻灯片，单击幻灯片以外的任何空白区域即可。

3. 删除幻灯片

先选定要删除的幻灯片，然后按“Delete”键或单击【剪贴板】组中的【剪切】按钮，或选择快捷菜单中【删除幻灯片】命令。

4. 复制和移动幻灯片

（1）使用复制、剪切和粘贴功能，可以对幻灯片进行复制和移动，方法如下。

① 切换到【幻灯片】浏览视图或【大纲】窗格方式。

② 选定要复制或移动的幻灯片。

③ 单击【剪贴板】组中的【复制】或【剪切】按钮，或按下“Ctrl+C”组合键或“Ctrl+X”组合键，或选择快捷菜单中【复制】或【剪切】命令。

④ 选定要在其后放置复制或剪切内容的幻灯片。

⑤ 单击【剪贴板】组中的【粘贴】按钮，或选择快捷菜单中【粘贴】命令。

（2）复制或移动幻灯片，还可以采用拖动方法。使用拖动操作重新排列幻灯片的顺序，操作步骤如下。

① 在【幻灯片浏览】视图（或【大纲】窗格方式）下，将鼠标指针指向所要移动的幻灯片。

② 按住鼠标左键并拖动鼠标，将插入标记（一竖线）移动到某两幅幻灯片之间。

③ 松开鼠标左键，幻灯片就被移动到了新的位置。

5.3.2　幻灯片的文字信息编辑

在演示文稿所使用的模板或主题确定后，可以向演示文稿中输入文字。

1. 输入文本

在幻灯片中添加文字的方法有很多，最简单的方法就是直接将文本输入到幻灯片的占位符或文本框中。

（1）在占位符中输入文本。占位符就是一种带有虚线或阴影线的边框。在这些边框内可以放置标题、正文、图片、图表、表格、SmartArt、媒体和图画等对象。

当创建一个空演示文稿时，系统会自动插入一张“标题幻灯片”。在该幻灯片中，共有两个虚线框，这两个虚线框就是占位符。将光标移至占位符中，单击即可输入文字。

（2）使用文本框输入文本。如果要在占位符之外的其他位置输入文本，可以在幻灯片中插入文本框。

单击【插入】选项卡中的【文本框】命令按钮，在幻灯片中的适当位置拖出文本框的位置，此时就可在文本框的插入点处输入文本了。在选择文本框时默认的是“横排文本框”，如果此时需要的是“竖排文本框”，可以单击【文本框】命令的下拉按钮，然后进行选择。

将鼠标指针指向文本框的边框，按住鼠标左键可以移动文本框到任意位置。

另外，涉及文本的操作还包括自选图形和艺术字中的文本。

2. 项目符号和编号

在输入正文内容的时候，所有输入的文本都是默认为 1 级标题的，如果需要使用 2、3 级标题，则选中对应的标题，使用【开始】选项卡【段落】组中的【提高表列级别】按钮进行缩进量的调整，如图 5.10 所示。

可以使用【段落】组中的【项目符号】按钮和【编号】按钮设置项目符号和编号。

3. 利用智能标记使文本编辑更加轻松

在编辑正文内容的时候，如果文本长度超过了占位符的长度，那么文本字号会自动缩小。此时在占位符的左下角会出现按钮，单击该按钮，会出现图 5.11 所示的【自动调整选项】菜单，选择【停止根据此占位符调整文本】可以将文本还原回原大小。

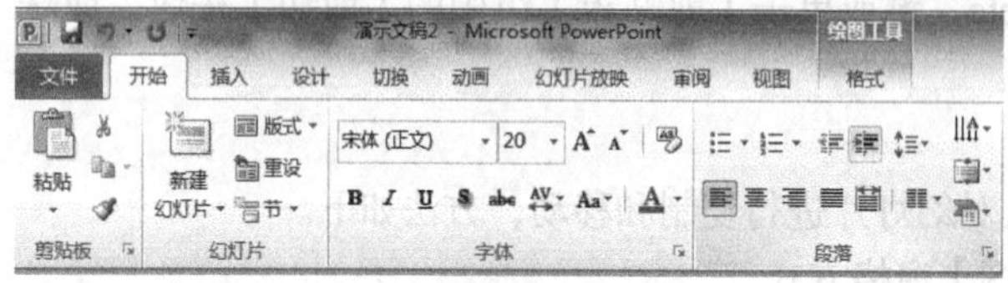

图 5.10 【段落】组中的操作按钮

根据占位符自动调整文本(A)
停止根据此占位符调整文本(S)
控制自动更正选项(O)...

图 5.11 【自动调整选项】菜单

4. 文字格式的更改

（1）文本的编辑。在对文本进行操作之前，需要先选定它。利用鼠标拖动可以选定文本，双击可以选定一个单词，三击可以选定一个段落。

在 PowerPoint 中对文本进行删除、插入、复制、移动等的操作，与 Word 的操作方法基本相同。但要注意的是，PowerPoint 中只有插入状态，不能通过按“Insert”键从插入状态切换为改写状态。

（2）文本的格式化。文本的格式化包括字体、字形、字号、颜色及效果（效果又包括下划线、上/下标、阴影等）。要对文本进行格式化处理，先要选定该文本，再选择【开始】命令，并单击【字体】组中右下方的对话框启动器，在打开的【字体】对话框中进行设置，或单击【开始】命令功能区【字体】组中的有关按钮进行设置。

（3）段落的格式化。

① 改变文本对齐方式：先选定要设置对齐方式的文本，再单击【开始】命令功能区【段落】组中的有关文本对齐按钮进行设置。

② 改变行间距：选定要改变行间距的段落，再选择【开始】命令，单击在【段落】组中右下方的对话框启动器，在打开的【段落】对话框中设置【行距】、【段前】或【段后】等选项的有关

尺寸即可。

（4）格式的快速更改。当需要对全文档的字体等进行重新调整时，进入【幻灯片母版】视图对母版进行调整是最简便的方法。

需要注意的是，母版的调整只对占位符中的文本起作用，插入到文本框中的文本不受其控制。

5.3.3　演示文稿的美化

1. 插入多媒体元素

在完成文本的编辑后，通常会插入多媒体元素以协助演示文稿说明演示内容。在演示文稿中可以插入图片、图形、SmartArt、表格或图表等，具体方法可参考第 3 章和第 4 章的详细介绍，在此不再讲解。

2. 插入文本框

选择【插入】命令，在【文本】组中选择【文本框】按钮，根据需要选择【横排文本框】或【垂直文本框】命令，然后用鼠标指针在幻灯片窗格内拖动，画出一个文本框，即可输入内容。

> 文本框与占位符从形式到内容上基本相似，但有一定区别。例如，占位符中的文本可以在【大纲】窗格中显示出来，而文本框中的文本却不能在【大纲】窗格中显示出来。

3. 插入音频或视频

PowerPoint 2010 为用户提供了一个功能强大的媒体剪辑库，其中包含“音频”和“视频”。为了改善幻灯片放映时的视听效果，用户可以在幻灯片中插入声音、视频等多媒体对象，从而制作出有声有色的幻灯片。

（1）添加音频。为使放映时同时播放解说词或音乐，可在幻灯片中插入声音对象，操作方法如下。

① 在【幻灯片】窗格中，选定要插入声音的幻灯片。

② 选择【插入】命令，在【媒体】组中单击【音频】下三角按钮，选择列表中的【文件中的声音】命令，弹出【插入音频】对话框。

③ 指定声音文件的位置及文件名，再单击【插入】按钮。

④ 切换至【音频工具】的【播放】上下文选项卡，用户可根据需要设置【音频选项】组中的选项，如【音量】或【开始】等。

设置后在幻灯片的中央位置上将出现一个小喇叭图标，如图 5.12 所示，用户通过鼠标拖动可以将该图标放置在其他合适的位置。以后放映幻灯片时，就可以按照已设置的方式来播放该声音文件了。

（2）插入视频。在【插入】选项卡的【媒体】组中单击【视频】下三角按钮，系统会显示包含【文件中的视频】、【来自网站的视频】、【剪贴画视频】等命令。

例如，选择【文件中的视频】，此时系统会打开【插入视频文件】对话框，在用户选择了一个要插入的视频文件后，系统会在幻灯片上弹出该视频文件的窗口，用户可以像编辑其他对象一样，改变它的大小和位置。

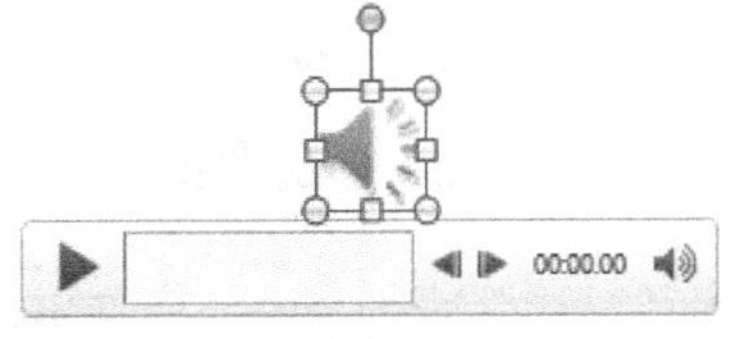

图 5.12　添加“音频文件”效果

> 在向幻灯片插入来自文件中的音频和来自文件中的视频时，被添加的【音频】和【视频】文件的路径不能修改，否则被添加的【音频】和【视频】文件在放映幻灯片时将不能被播放。

（3）设置音频或视频。双击插入的音频或视频文件，可调出音频工具或视频工具。以插入音频为例，在【音频工具】下【播放】选项卡的【音频选项】组中，可以设置音频（视频）的播放起止时间，如图 5.13 所示。

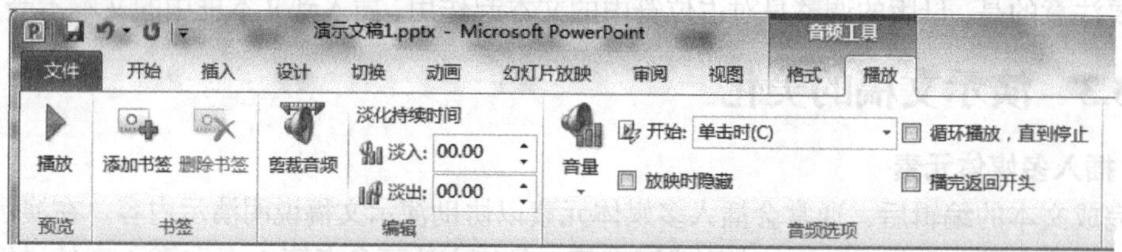

图 5.13　设置音频（视频）的播放时间界面

① 若要在放映该幻灯片时自动开始播放音频剪辑，可在【音频选项】组的【开始】列表中单击【自动】按钮。

② 若要通过在幻灯片上单击音频剪辑来手动播放，可在【音频选项】组的【开始】列表中单击【单击时】按钮。

③ 若要在演示文稿中单击切换到下一张幻灯片时播放音频剪辑，可在【音频选项】组的【开始】列表中单击【跨幻灯片播放】按钮。

④ 要连续播放音频剪辑直至停止播放，可选中【音频选项】组中的【循环播放，直到停止】复选框。

⑤ 在播放声音文件的时候，屏幕中会出现一个小喇叭图标，如在播放时要求不显示，可以选中该图标，在【音频工具】下【播放】选项卡的【音频选项】组中，选中【放映时隐藏】复选框。

4. 音频与视频文件的打包发送

当我们把制作的演示文稿发给别人时，演示文稿中所插入的音频或视频文件会因路径丢失而不能正常播放。在日常工作中，我们经常会带着存储设备，将一个演示文稿通过存储设备存入另一台电脑中，然后将这些演示文稿展示给别人。如果，另一台电脑没有安装 PowerPoint 软件，那么将无法使用这个演示文稿。打包功能可以解决这个问题。

在【文件】选项卡中选择【保存并发送】命令，选择其中的【将演示文稿打包成 CD】命令，单击【打包成 CD】按钮，如图 5.14 所示，弹出【打包成 CD】对话框。

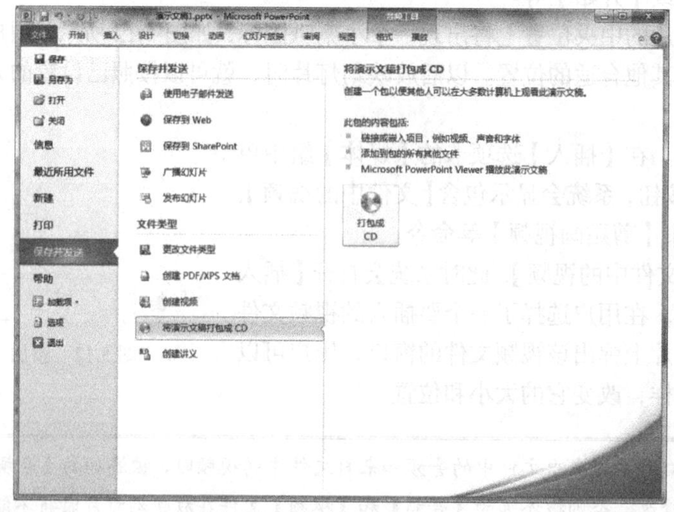

图 5.14 【打包成 CD】按钮

在【打包成 CD】对话框中单击【复制到文件夹】按钮，选择保存路径并命名文件夹后单击【确定】按钮，如图 5.15 所示。演示文稿与音频、视频文件将被打包在一个文件夹内，传送文件夹给别人后可以照常播放，不会再丢失链接。这样，即使在 Windows 系统中没有安装 PowerPoint 软件也可以播放。

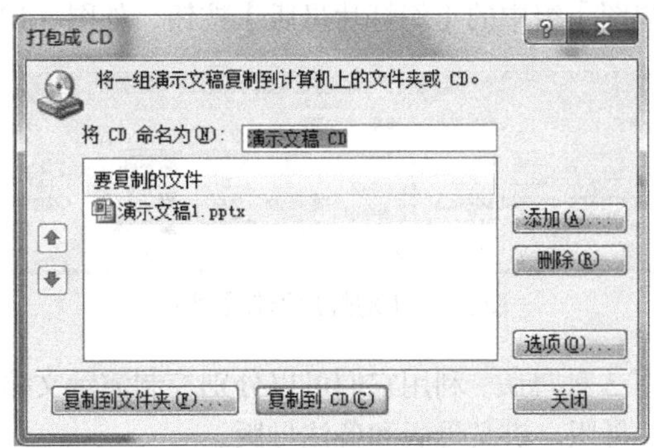

图 5.15 【打包成 CD】对话框

5.4　幻灯片的外观设计

5.4.1　更改幻灯片的版式

PowerPoint 2010 为幻灯片提供了多个幻灯片版式供用户根据内容需要选择，幻灯片版式确定了幻灯片内容的布局，选择【开始】选项卡【幻灯片】组中的【版式】命令，可为当前幻灯片选择版式，如图 5.16 所示，有“标题幻灯片”“标题和内容”“节标题”“两栏内容”“比较”“仅标题”“空白”“内容与标题”“图片与标题”“标题和竖排文字”“垂直排列标题与文本”可选。

对于新建的空白演示文稿，默认的版式是“标题幻灯片”，可单击选择所需的版式类型，改变当前幻灯片的版式。

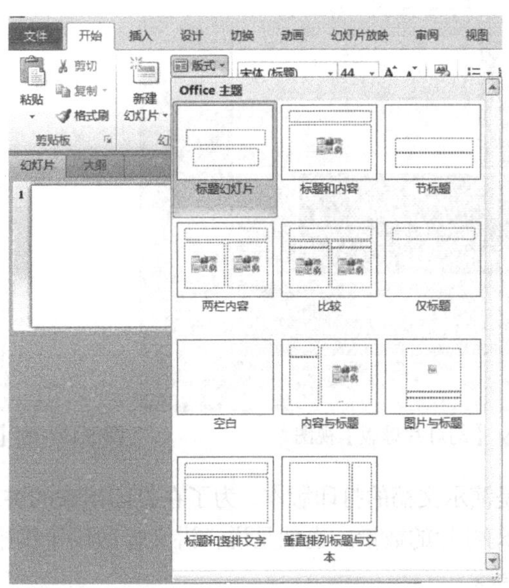

图 5.16　幻灯片版式的选择

5.4.2　母版的设置

1. 母版

当需要对已有模板或主题进行调整或设计新的模板时，就会使用到【幻灯片母版】命令。单击【视图】选项卡【母版视图】组中的【幻灯片母版】按钮，如图 5.17 所示。

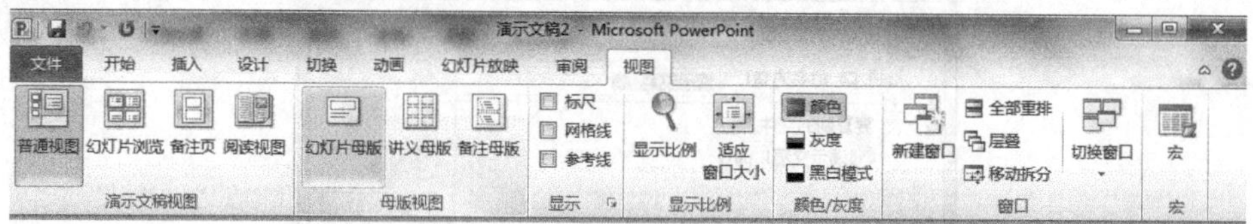

图 5.17 【幻灯片母版】按钮

PowerPoint 2010 提供了 3 种母版，利用它们可以分别控制演示文稿的每一个主要部分的外观和格式。它们分别是幻灯片母版、讲义母版和备注母版。

（1）幻灯片母版。幻灯片母版是一张包含格式占位符的幻灯片，这些占位符是为标题、主要文本和所有幻灯片中出现的背景项目而设置的。用户可以在幻灯片母版上为所有幻灯片设置默认版式和格式。换句话说，如果更改幻灯片母版，会影响所有基于幻灯片母版的演示文稿幻灯片。在【幻灯片母版】视图下，可以设置每张幻灯片上都要出现的文字或图案。

进入【幻灯片母版】视图，如图 5.18 所示。

在该界面下，我们可以看到左侧有模板的缩略图，其中第一张缩略图大于其他缩略图。在第一张缩略图中进行背景图片、字体、字号、颜色等的设置后会全部应用在下面所有的缩略图中。

下面不同的缩略图对应着幻灯片制作时可选择的不同版式，由于实际使用时不同版式也会有设计上的差异，所以也可以在此处针对母版视图下的各个版式进行单独的设置，以使版式各有不同，从而满足使用的具体需求，如图 5.19 所示。

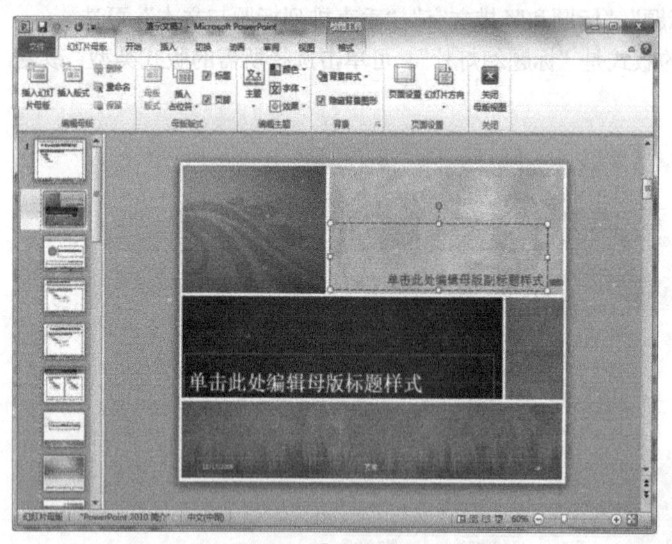

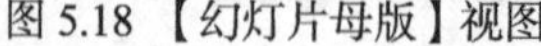
图 5.18 【幻灯片母版】视图

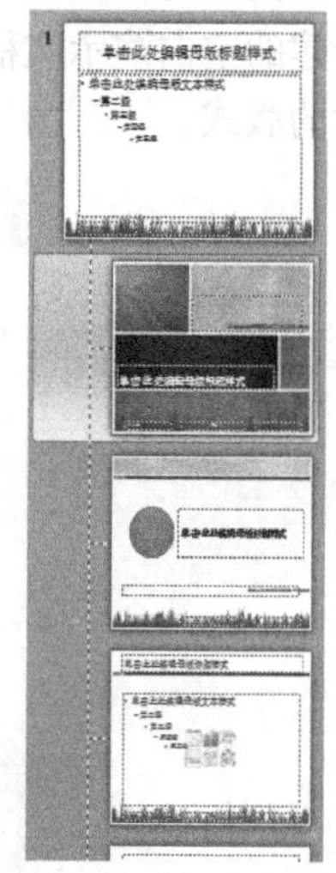

图 5.19 在【幻灯片母版】视图中进行设置

（2）讲义母版。讲义是演示文稿的打印版本，为了在打印出来的讲义中留有足够的注释空间，可以设定在每一页中打印幻灯片的数量。也就是说，讲义母版用于编排讲义的格式，它还包括设置页眉页脚、占位符格式等。

（3）备注母版。备注母版主要用来控制备注页的格式。备注页是用户输入的对幻灯片的注释内容。利用备注母版，可以控制备注页中输入的备注内容与外观。另外，备注母版还可以调整幻灯片的大小和位置。

2. 设计模板

当需要自己设计一个模板时，从【视图】选项卡进入【幻灯片母版】界面，在想要改变的母版上单击鼠标右键，选择下拉列表中的【设置背景格式】命令，在弹出的【设置背景格式】对话框中设置背景图片及其效果，如图 5.20 所示。

图 5.20 【设置背景格式】对话框

设置好背景以后，在虚线占位符中选中字体，对不同级别的文字进行字体、字号、字体颜色等内容的设置，并对标题进行同样的设置。

例如，如果要为演示文稿添加公司的标志，则需要利用【插入】选项卡中的【插入图片】命令，将图片插入到母版视图的不同版式中；也可利用插入母版第一张幻灯片的方式对所有版式进行统一的图片插入。

设置完所有的内容后，在【幻灯片母版】选项卡中单击【关闭母版视图】，回到普通的幻灯片编辑界面，这时会发现有的幻灯片已经按照刚才母版设置的样式进行了更改。

5.4.3　快速应用主题

可以利用【设计】选项卡【主题】组中的主题模式功能快速对现有演示文稿的背景、字体、效果等进行设置。

在【设计】选项卡的【主题】组中，单击预览图右侧的下三角按钮▾调出主题库，在所有预览图中选择想要的主题，单击选中将其应用在幻灯片中，如图 5.21 所示。

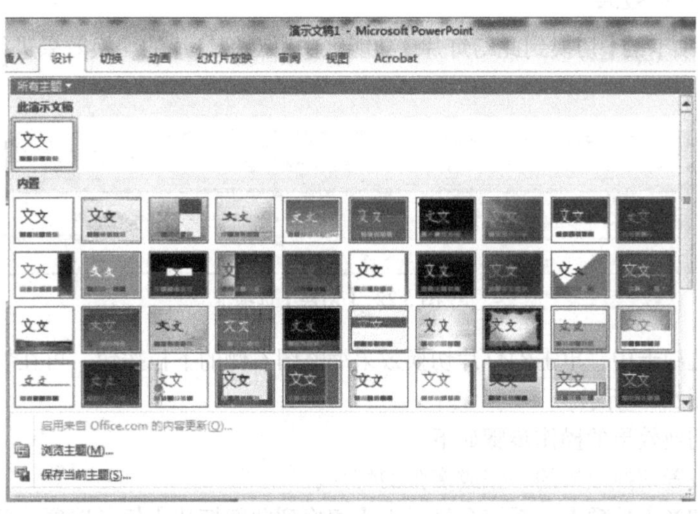

图 5.21　主题样式

5.4.4　应用背景

PowerPoint 提供了设置背景的功能，使幻灯片具有丰富的色彩和良好的视觉效果。

用户可根据幻灯片上常用的对象，如文本、背景、线条、填充等，选择不同的颜色，组成不同的方案应用于个别幻灯片或整个演示文稿。

通过设置幻灯片的【背景】，可以将幻灯片的背景设置为单色、双色、图片或纹理、图案填充效果。可以设置整个演示文稿统一的背景效果，也可以设置单张幻灯片的背景。操作步骤如下。

（1）选中要设置背景的幻灯片，选择【设计】命令，在【背景】组中单击【背景样式】按钮，在打开的列表框中选择【设置背景样式】命令，或单击【背景】组中右下方的对话框启动器。

（2）系统弹出【设置背景格式】对话框，在【填充】选项面板中选择所需要的背景设置，完成后单击【关闭】或【全部应用】按钮即可。

【填充】面板上有【纯色填充】【渐变填充】【图片或纹理填充】【图案填充】【隐藏背景图形】【填充颜色】等选项。

选择【关闭】按钮，则所设置的背景格式只应用于选中的幻灯片；选择【全部应用】按钮，则所设置的背景格式应用于全部幻灯片。

5.5 设置动画和超链接

5.5.1 设置幻灯片的切换效果

幻灯片的切换就是指当前页以何种形式消失、下一页以何种形式出现。设置幻灯片的切换效果，可以使幻灯片以多种不同的形式出现在屏幕上，并且可以在切换时添加声音，从而增加演示文稿的趣味性。

在幻灯片播放的时候，需要根据不同的需求设置幻灯片的切换效果，此时可使用【切换】选项卡中的命令进行设置。

1. 幻灯片的切换效果

在【切换】选项卡的【切换到此幻灯片】功能区中可对幻灯片的切换效果进行设置，如图5.22所示。

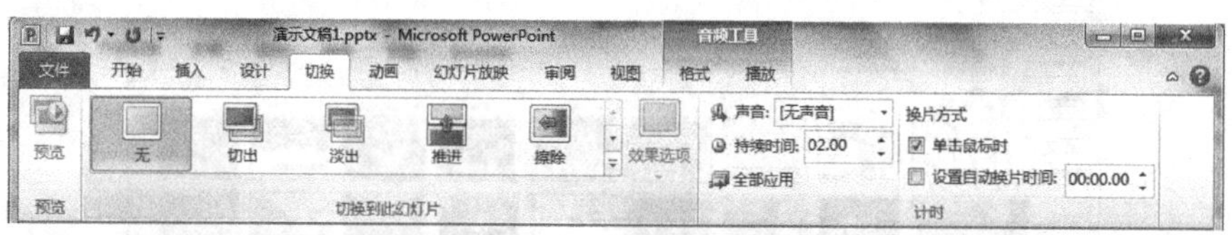

图5.22 【切换】选项卡

在【切换】选项卡中，单击幻灯片切换效果缩略图右侧的下拉按钮，可在切换效果库中选择想要的效果，如图5.23所示。

设置幻灯片切换效果的操作步骤如下。

（1）选中要设置切换效果的一张或多张幻灯片。

（2）选择【切换】选项卡，系统会显示出【切换到此幻灯片】任务选项，单击选择某种切换方式，如图5.23所示。

（3）可以选择切换的“声音”“持续时间”“应用范围”和“切换方式”。如果在此设置中没有选择“全部应用”，则前面的设置只对选中的幻灯片有效。

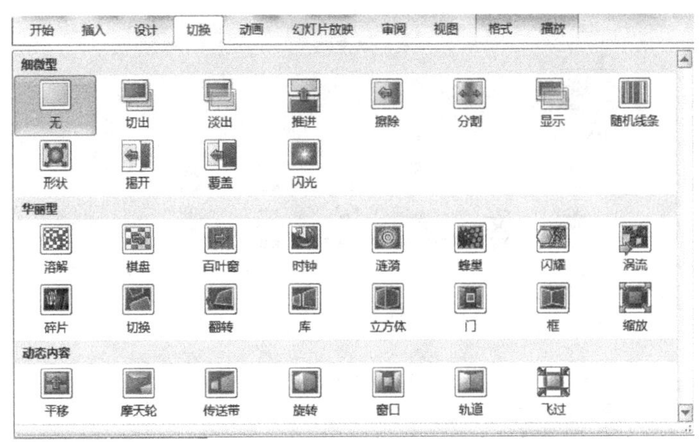

图 5.23　幻灯片切换效果库

2. 幻灯片的切换声音

在【切换】选项卡【计时】组中的【声音】下拉菜单中可以选择所需要的幻灯片切换声音。

3. 幻灯片的切换速度

在【切换】选项卡【计时】组中的【持续时间】中可以设置切换速度。通常在演示正常文字时可选择较快的速度。

5.5.2　设置动画效果

利用 PowerPoint 提供的动画功能，可以为幻灯片上的每个对象（如层次小标题、图片、艺术字、文本框等）设置出现的顺序、方式及伴音，以突出重点、控制播放的流程和提高演示的趣味性。

在幻灯片播放的时候，需要根据不同的需求设置幻灯片中对象的动画效果，此时可使用【动画】选项卡中的命令进行设置。

1. 幻灯片的动画效果

当我们选中演示文稿中的某一对象（文本、图片、形状等）时，在【动画】选项卡的【动画】功能区中可对幻灯片中对象的动画效果进行设置，如图 5.24 所示。

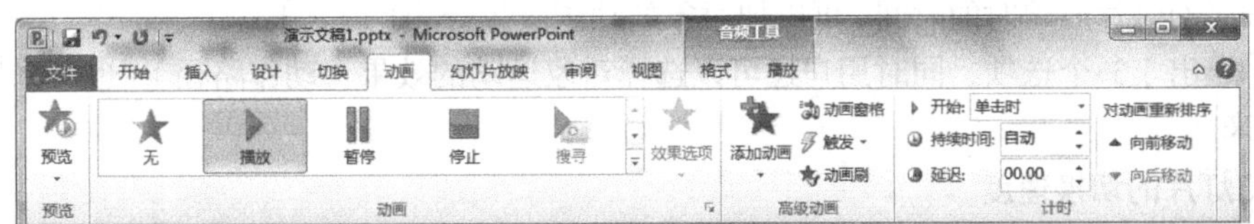

图 5.24 【动画】选项卡

单击幻灯片动画效果缩略图右侧的下拉按钮，可在动画效果库中选择想要的动画效果，如图 5.25 所示。

在 PowerPoint 中，实现动画效果有两种方式：【预定义动画】和【自定义动画】。

（1）预定义动画。【预定义动画】提供了一组基本的动画设计效果，其特点是动画与伴音的设置一次完成。放映时，只有在单击鼠标、按回车键或按“↓”键等时，动画对象才会出现。

在幻灯片中选定要设置动画的某个对象（文本、文本框、图形、图表等），选择【动画】命令，再单击【动画】组中的快翻按钮，在打开的列表中选择【进入】选项区域中的动画选项，如【飞入】等选项；还可以通过单击【动画】组中的【效果选项】按钮，设置动画进入的方向。

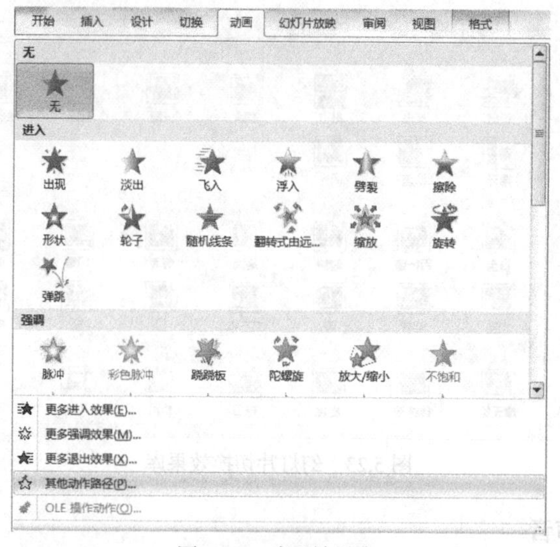

图 5.25　动画效果库

单击【预览】或【动画窗格】中的【播放】按钮，可预览动画效果。

若要取消幻灯片的动画效果，可先选定该幻灯片设置动画效果的对象，然后选择【动画】命令，单击【动画】组中的快翻按钮，在打开的列表框中选择【无】选项即可。

（2）自定义动画。在【自定义动画】中，PowerPoint 提供了更多的动画形式和伴音方式，而且还可以规定动画对象出现的顺序和方式。操作步骤如下。

① 选定要添加动画效果的幻灯片。

② 选择【动画】命令，在【高级动画】组中单击【动画窗格】按钮，打开图 5.26 所示的【动画窗格】任务窗格。

③ 选定要添加动画的对象。

④ 单击【高级动画】组中的【添加动画】按钮，打开图 5.25 所示的动画效果库。

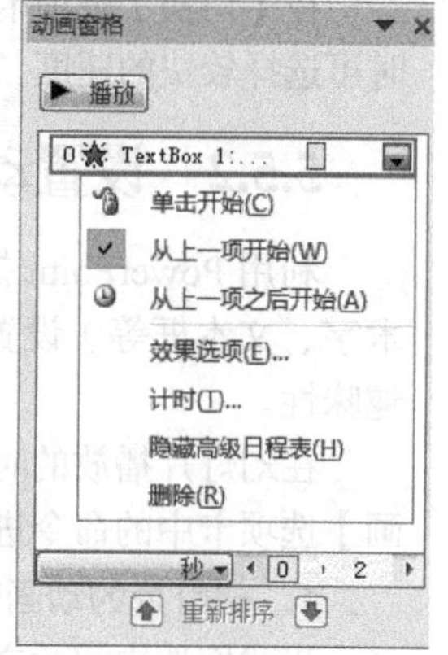

图 5.26 【动画窗格】任务窗格

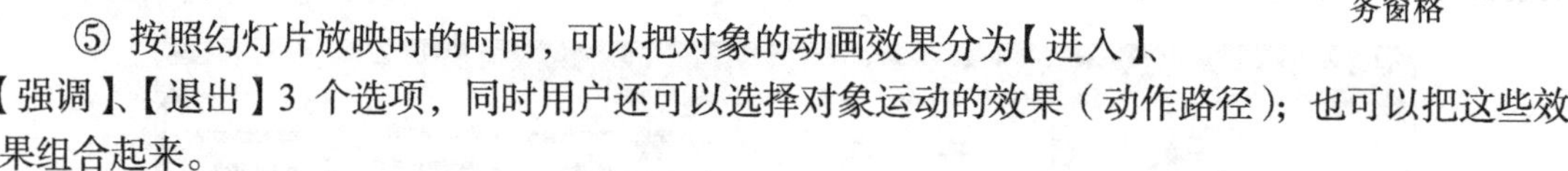

⑤ 按照幻灯片放映时的时间，可以把对象的动画效果分为【进入】、【强调】、【退出】3 个选项，同时用户还可以选择对象运动的效果（动作路径）；也可以把这些效果组合起来。

2. 幻灯片的切换速度

在【动画】选项卡【计时】组的【开始】下拉菜单中选择动画激活方式，在【持续时间】中设置动画速度，在【延迟时间】中设置动画延迟的时间。

5.5.3 插入超链接和动作按钮

利用超链接和动作按钮可以快速地跳转到不同的位置，如跳转到演示文稿的某一张幻灯片、其他演示文稿、Word 文档、Excel 表格等，从而使文稿的播放更具灵活性。

在 PowerPoint 中，链接是指从一张幻灯片到另一张幻灯片、一个网页或一个文件的连接。链接本身可能是文本或对象（如图片、图形、形状或艺术字）。表示链接的文本默认情况下用下划线显示，图片、形状和其他对象的链接没有附加格式。

1. 创建超链接

创建超链接的起点（或称链接源）可以是任何文本或对象，一般用单击鼠标的方法激活超链接。建立超链接后，链接源的文本会添加下划线，并且显示系统指定的颜色。

创建超链接的方法如下。

（1）选择要创建超链接的文本或对象。

（2）单击【插入】选项卡【链接】组中的【超链接】按钮，系统会显示出【插入超链接】对话框，如图 5.27 所示。在此，可以选择链接到哪一个文件或网页当前演示文稿中的哪一张幻灯片、哪一个新建文档或哪一个邮件地址。

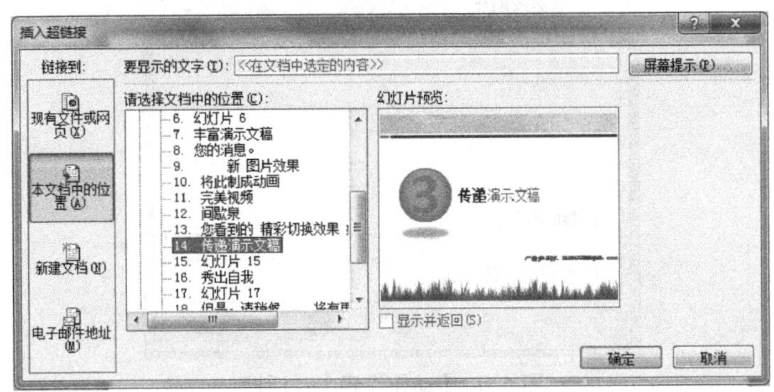

图 5.27 【插入超链接】对话框

（3）单击【现有文件或网页】图标，在右侧选择或输入此超链接要链接到的文件或 Web 页的地址。

（4）单击【本文档中的位置】图标，右侧将列出本演示文稿中的所有幻灯片以供选择。

（5）单击【新建文档】图标，系统会显示【新建文档名称】对话框。在【新建文档名称】文本框中输入新建文档的名称。单击【更改】按钮，设置新文档所在的文件夹名，然后在【何时编辑】选项组中设置是否立即开始编辑新文档。

（6）单击【电子邮件地址】图标，系统会显示【电子邮件地址】对话框。在【电子邮件地址】文本框中输入要链接的邮件地址，在【主题】文本框中输入邮件的主题。当用户希望访问者给自己回信，并且将信件发送到自己的电子信箱中去时，就可以创建一个电子邮件地址的超链接。

（7）在图 5.27 所示的界面中，单击【屏幕提示】按钮，可以在【设置超链接屏幕提示】对话框中设置当鼠标指针置于超链接上时出现的提示内容。

（8）单击【确定】按钮完成设置。

在放映演示文稿时，如果将鼠标指针移到超链接上，鼠标指针会变成手形，再次单击鼠标就可以跳转到相应的链接位置。

2. 删除超链接

如果要删除超链接的关系，则单击【插入】选项卡【链接】组中的【超链接】按钮，系统会显示出【插入超链接】对话框，单击【删除链接】按钮即可。

如果要删除整个超链接，则选定包含超链接的文本或图形，然后按“Delete”键，即可删除该超链接以及代表该超链接的文本或图形。

3. 插入动作按钮

利用动作按钮，也可以创建同样效果的超链接。在编辑幻灯片时，用户可在其中加入一些特殊按钮（称为动作按钮），使演示过程中放映者可通过这些按钮跳转到演示文稿的其他幻灯片上，也可以播放音乐，还可以启动另一个应用程序或链接到 Internet 上。操作步骤如下。

（1）【幻灯片】窗格中，选定要插入动作按钮的幻灯片。

（2）选择【插入】命令，单击【插图】组中的【形状】按钮，在其下拉列表的【动作按钮】区域中选择所需的按钮。

（3）在幻灯片中的合适位置单击鼠标，打开【动作设置】对话框，如图5.28所示。

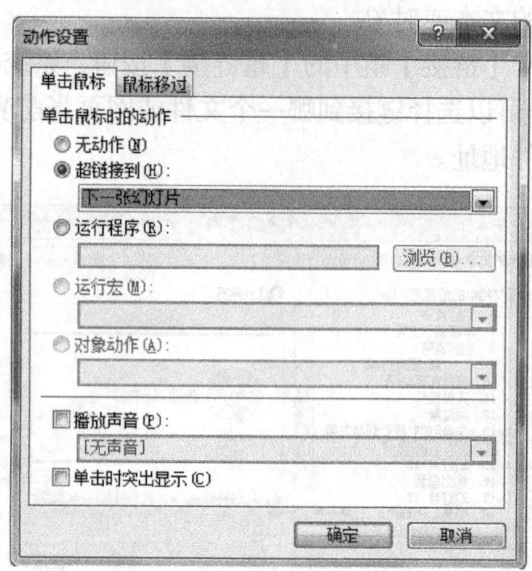

图5.28 【动作设置】对话框

（4）在【单击鼠标】选项卡中选择一个选项，如【超链接到】，然后从其下拉列表框中选择一个项目，如“下一张幻灯片”“URL（Internet/Intranet网址）”“其他文件”等；也可以选择【运行程序】、【播放声音】等选项。

（5）在【鼠标移过】选项卡中，可以设置当放映者将鼠标指针移到这些动作按钮上时所要采取的动作。

4．为对象设置动作

除了可以对动作按钮设置（鼠标）动作外，还可以对幻灯片上的对象设置（鼠标）动作。为对象设置动作后，当鼠标移过或单击该对象时，就能像动作按钮一样执行某种指定的动作，如跳转到其他幻灯片、播放选定的声音文件等。

在幻灯片中选定要设置动作的某个对象（如某段文字），选择【插入】命令，在【链接】组中单击【动作】按钮，打开图5.28所示的【动作设置】对话框，从中进行设置（类似动作按钮的设置方法）。

5.6 演示技巧和打印

5.6.1 演示技巧

1．幻灯片的放映

在PowerPoint中不必使用其他的放映工具，就可以直接播放并查看演示文稿的实际播放效果，主要有以下两种方法。

方法一：单击演示文稿窗口右下角视图按钮中的【幻灯片放映】按钮，则从插入点所在的幻灯片开始放映。

方法二：单击【幻灯片放映】选项卡中的【从头开始】或【从当前幻灯片开始】按钮。

在放映幻灯片的过程中，单击当前幻灯片或按下键盘上的“Enter”键、“N”键或“↓”键，可以进到下一张幻灯片；按下键盘上的“P”键或“↑”键，可以回到上一张幻灯片；直到放映完最后一张幻灯片或按“Esc”键终止放映。

在幻灯片上单击鼠标右键，将出现一个快捷菜单，使用快捷菜单命令，可以进行任意定位、结束放映状态等操作。

2. 自动演示文稿

很多人在利用演示文稿进行演讲时，一边讲，一边播放演示文稿，一边看稿件（演讲内容与演示内容不一致时），显得很慌乱，通过以下设置可以使演示文稿自动演示。

（1）排练计时。在【幻灯片放映】选项卡的【设置】组中提供了【排练计时】功能，如图 5.29 所示，启用该功能后，幻灯片进入放映状态，单击【播放】按钮，会帮助我们记录每一张幻灯片切换的时间，并在今后使用该幻灯片进行放映时自动按照该时间设置播放幻灯片。

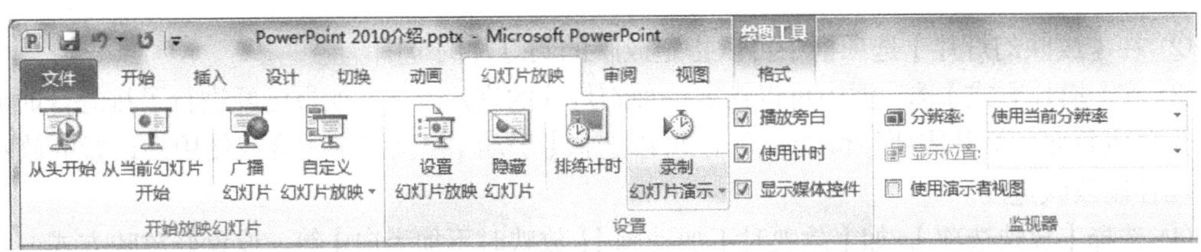

图 5.29 【幻灯片放映】选项卡

单击【排练计时】按钮后，演示文稿进入放映状态，在界面的左上角有显示记录时间的控件，如图 5.30 所示。

（2）录制旁白。录制旁白是在排练计时的基础上加上录制演示者声音的功能，可以供排练者事后观摩自己的讲演，以便进行改进。

单击【幻灯片放映】选项卡【设置】组中的【录制幻灯片演示】按钮，弹出【录制幻灯片演示】对话框，选择【旁白和激光笔】复选框，单击【开始录制】按钮开始录制，如图 5.31 所示。

图 5.30　记录时间的控件

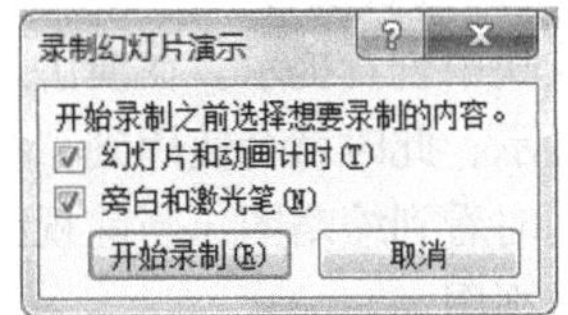

图 5.31 【录制幻灯片演示】对话框

（3）设置放映方式。设置好排练计时和录制了旁白后，还需设置放映方式，才能让演示文稿自动放映。

PowerPoint 提供了 3 种幻灯片放映方式：手动、定时和循环播放。

选择【幻灯片放映】命令，单击【设置】组中的【设置放映方式】按钮，系统弹出【设置放映方式】对话框，如图 5.32 所示，从中指定放映方式。

①【放映类型】选项框的默认选项为【演讲者放映（全屏幕）】。如果放映时有人照管，可以选择这一放映类型。

若放映演示文稿的地方是在类似于会议室、展览中心等场所，同时又允许观众自己动手操作，则可以选择【观众自行浏览（窗口）】放映类型。

如果幻灯片放映时无人看管，可以选择使用【在展台浏览（全屏幕）】方式。使用这种方式，演示文稿会自动全屏幕放映。

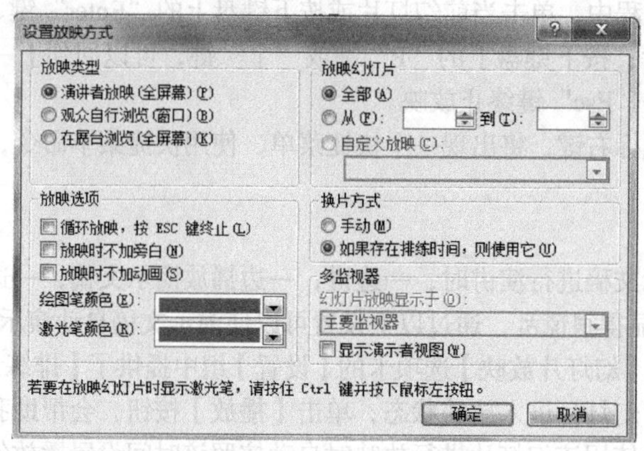

图 5.32 【设置放映方式】对话框

② 在【放映幻灯片】选项框中可以指定放映的幻灯片的范围。

③ 在【换片方式】选项框中可以指定一种幻灯片的进片方式。如果已经进行了排练计时（如已预先确定每张幻灯片需要停留的时间），可以选择【手动】控制演示进度或使用已设置的放映时间自动控制放映进度。

④ 选择【放映选项】，如【放映时不加动画】【放映时不加旁白】等。设置好放映方式，此时再放映时就会按排练好的时间及旁白进行自动演示。

（4）隐藏幻灯片和取消隐藏。在 PowerPoint 中，允许将某些暂时不用的幻灯片隐藏起来，从而在幻灯片放映时不放映这些幻灯片。

① 隐藏幻灯片方法。选定这些幻灯片，然后选择【幻灯片放映】选项卡中的【隐藏幻灯片】命令，此时，被隐藏的幻灯片编号上将出现一个斜杠，标志着该幻灯片被隐藏。

② 取消隐藏的方法。选定要取消隐藏的幻灯片，然后再次选择【幻灯片放映】选项卡中的【隐藏幻灯片】命令，即可取消隐藏。

3. 幻灯片的放映技巧

（1）在放映中查看提示。在演讲过程中，由于演讲内容与演示文稿内容不一定一致，常常需要一些文字提示，此时就会使用到“演示者视图”功能。在使用该功能的状态下，演讲者可以在演示状态下同时看到缩略图、当前视图和备注等几个区域，而观众看到的投影显示的画面只有全屏显示的当前视图。

想要激活该模式，可以在【幻灯片放映】选项卡的【监视器】组中选择【使用演示者视图】。

系统会自动寻找多个监视器，并打开【显示属性】对话框。在该对话框的【显示】下拉列表中选择第 2 号监视器，选中【将 Windows 桌面扩展到该监视器上】复选框，然后单击【确定】按钮即可。

该模式需要有投影设备的配合才能实现。在切换到演示者视图的情况下，进入演示文稿播放后投影仪显示 PPT 视图，其他时候则显示演示者电脑的桌面背景，不显示桌面图标以及任务栏信息。

（2）放映时的快捷键。在幻灯片的播放过程中，有多组快捷键可以使演示过程更加轻松、方便。

① 在编辑状态下按“F5”键，可以从幻灯片的第一页开始播放；按“Shift+F5”组合键可以从当前缩略图所选页开始播放，适用于演示途中退出后重新进入播放状态的情况。

② 在播放状态下按“Ctrl+P”组合键，可以将鼠标指针切换到荧光笔状态，从而在演示视图中进行标记。

③ 在演示界面中按“Ctrl+A”组合键，可以从荧光笔状态切换回鼠标指针状态。

④ 在演示界面中按“Ctrl+E”组合键，可以切换到笔画橡皮擦工具，每次擦掉一个笔画的荧光笔标记。

⑤ 在演示界面中按“E”键，可以一次清除所有荧光笔标记。

⑥ 在演示界面中按“B”键，可以切换到黑屏状态。

⑦ 在演示界面中按“Ctrl+T”组合键，可以切换出 Windows 任务栏。

⑧ 可以在演示界面中按“F1”键打开【幻灯片放映帮助】对话框进行查询，如图 5.33 所示。

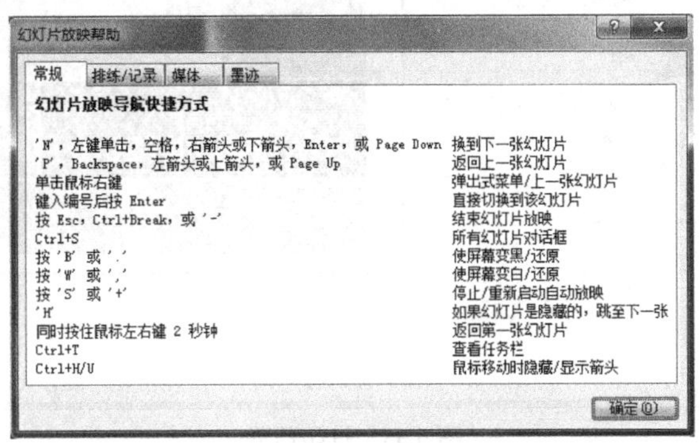

图 5.33 【幻灯片放映帮助】对话框

5.6.2 演示文稿的打印

打印演示文稿的时候，可以选择不同的打印方式。在【文件】选项卡中选择【打印】，如图 5.34 所示，可以设置打印的范围以及打印的份数；同时，还可以选择打印的类型，可供选择的打印类型有幻灯片、讲义、备注页和大纲 4 种。然后，还可以选择每页打印几张幻灯片的内容。

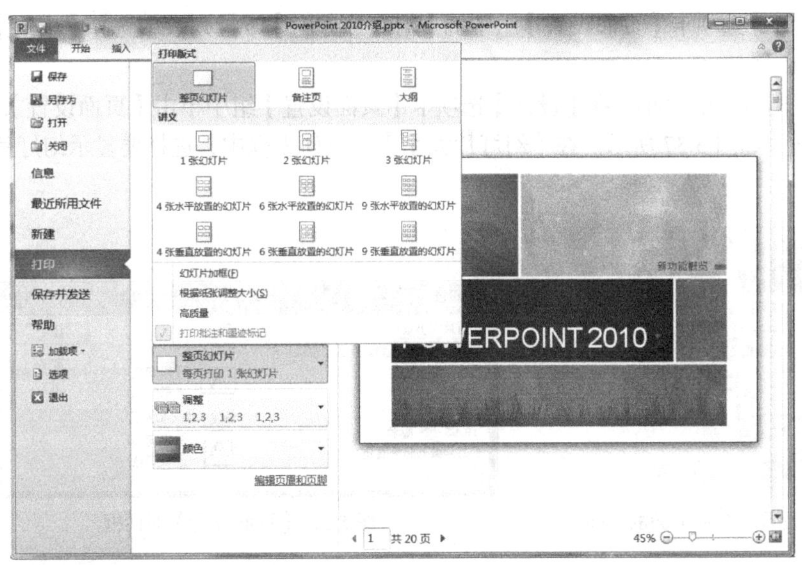

图 5.34 【文件】→【打印】

1. 打印预览

在打印前可以预览打印效果。

（1）显示打印预览。单击【文件】选项卡中的【打印】按钮，或按 “Ctrl+F2”组合键，幻灯片的打印预览将显示在屏幕的右侧。若要显示其他页面，可以单击打印预览屏幕底部的箭头进行翻页，如图5.35所示。

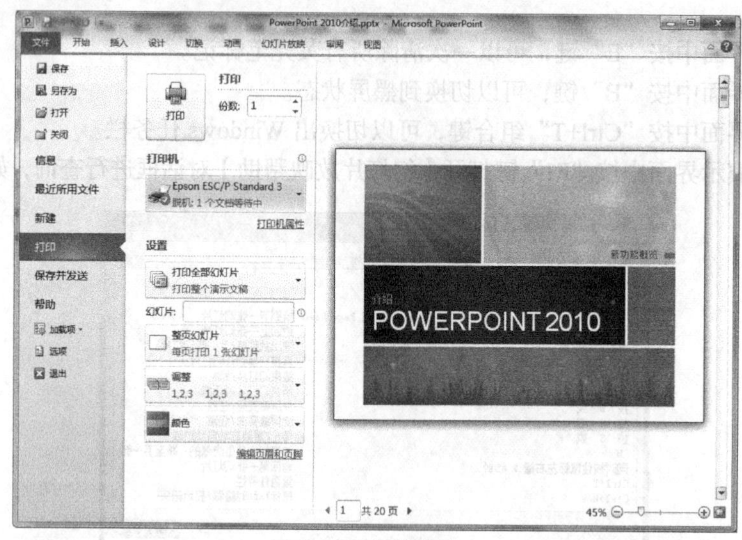

图5.35 打印预览

（2）更改打印预览缩放设置。使用位于打印预览界面右下角的缩放滑块，增加或减小显示大小。单击缩放滑块上的⊕可以放大显示，单击⊖按钮可以缩小显示。

（3）退出打印预览。单击【退出】按钮或【开始】选项卡，打印预览窗口关闭，返回编辑窗口。

2. 设置幻灯片页面的方向和大小

（1）设置幻灯片页面的方向。默认情况下，幻灯片布局显示为横向，要为幻灯片设置页面方向，可在【设计】选项卡【页面设置】组中的【幻灯片方向】下拉列表中选择【横向】或【纵向】，如图5.36所示。

（2）设置幻灯片的大小。在【设计】选项卡【页面设置】组中单击【页面设置】，打开【页面设置】对话框，如图5.37所示。在【幻灯片大小】下拉列表框中，选择要显示幻灯片的比例和纸张大小。

图5.36 设置幻灯片页面的方向

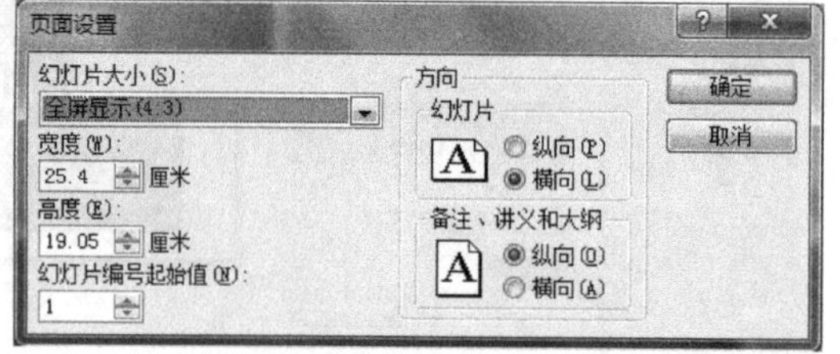

图5.37 【页面设置】对话框

3. 打印幻灯片

单击【文件】选项卡中的【打印】按钮，然后在【打印】界面的【份数】框中输入要打印的份数；在【打印机】下拉列表框中选择要使用的打印机；在【设置】下拉列表框中选择【自定义范围】，如图5.38所示。

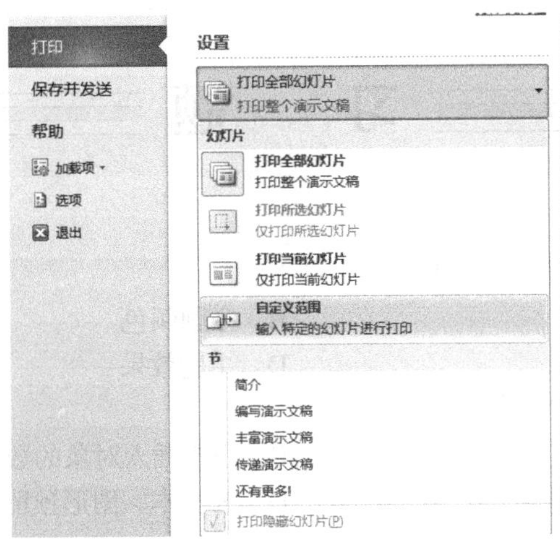

图 5.38　打印设置

（1）若要打印所有幻灯片，选择【打印全部幻灯片】。

（2）若要打印所选的一张或多张幻灯片，选择【打印所选幻灯片】。

> 若要选择多张幻灯片，则单击【开始】选项卡，然后在【普通】视图左侧包含【大纲】和【幻灯片】选项卡的窗格中，单击【幻灯片】选项卡，然后按住“Ctrl”键选择所需幻灯片。

（3）若要仅打印当前显示的幻灯片，则选择【打印当前幻灯片】。

（4）若要按编号打印特定幻灯片，则选择【自定义范围】，然后输入幻灯片的列表和范围，中间用半角逗号或短线隔开，如输入“1，3，5-12”即可打印第 1 页、第 3 页及第 5～12 页幻灯片。

4. 打印讲义

打印讲义时选择图 5.35 所示的【整页幻灯片】，然后执行如下操作。

（1）若要在一整页上打印一张幻灯片，则在【打印版式】下单击【整页幻灯片】。

（2）若要以讲义格式在一页上打印一张或多张幻灯片，则在【讲义】下单击每页所需的幻灯片数，此页面还可选择按垂直或按水平顺序显示这些幻灯片。

（3）单击【逐份打印】列表，然后选择是否逐份打印幻灯片。若要更改页眉和页脚，则单击【编辑页眉和页脚】链接按钮，然后在弹出的【页眉和页脚】对话框中进行选择，如图 5.39 所示。

（4）单击【打印】按钮，完成打印。

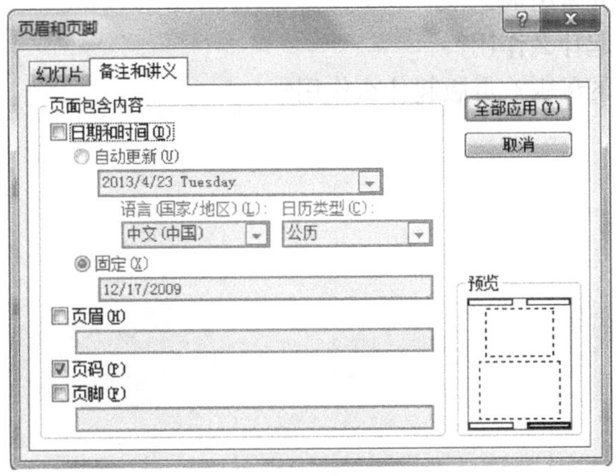

图 5.39 【页眉和页脚】对话框

习　题

一、选择题

1. 幻灯片的主题不包括（　　）。

A. 主题动画　　B. 主题颜色

C. 主题字体　　D. 主题效果

2. 幻灯片中占位符的作用是（　　）。

A. 表示文本长度　　B. 限制插入对象的数量

C. 表示图形大小　　D. 为文本、图形预留位置

3. 母版可以实现的是（　　）。

A. 统一改变字体设置　　B. 统一添加相同的对象

C. 统一修改项目符号　　D. 以上都是

4. 在演示文稿中，在插入的超链接中所链接的目标，不能是（　　）。

A. 另一个演示文稿　　B. 同一演示文稿的某一张幻灯片

C. 其他应用程序的文档　　D. 幻灯片中的某个对象

5. 为了精确控制幻灯片的放映时间，一般使用（　　）操作。

A. 设置切换效果　　B. 设置换页方式

C. 排练计时　　D. 设置每隔多少时间换页

二、填空题

1. PowerPoint 2010 默认其文件的扩展名为__________。

2. 在幻灯片中需按鼠标左键和__________键来同时选中多个不连续幻灯片。

3. 在 PowerPoint 2010【普通】视图中，集成了__________、__________和__________3 个窗格。

4. 在演示文稿的放映过程中，可随时按__________键终止放映，返回到原来的视图中。

5. 直接按__________键，即可放映演示文稿。

三、简答题

1. 简述打开演示文稿的常见方法。
2. 演示文稿由哪些元素组成？
3. 演示文稿的模板起什么作用？
4. 什么是演示文稿的母版？母版起什么作用？
5. 怎样设置超链接？

第6章 数据库基础

计算机在诞生后的初期，主要被应用于科学计算，随着社会的进步和计算机的发展，人们迫切需要利用计算机来完成对大量数据的组织、存储、维护和查询等操作。为了更加有效地管理各类数据，数据库技术应运而生，该技术推动了计算机在各个行业数据处理中的应用。目前，数据处理已成为计算机应用的主要方面之一。

本章首先对数据库系统做概述，介绍数据库的基本概念及对数据模型的描述，然后介绍Access 2010的开发应用，包括数据库的创建、数据表创建及应用，以及查询、窗体和报表的创建及应用。

6.1 数据库系统概述

6.1.1 数据库简介

数据库作为应用系统的核心和管理对象，是以一定的组织方式将相关的数据组织在一起，存放在计算机存储器上形成的，能作为多个用户共享，同时与应用程序彼此独立的一组相关数据的集合。数据库将各种数据以表的形式存储，并利用查询、窗体以及报表等形式为用户提供服务。

要了解数据库技术，首先应该理解数据、信息、数据库、数据库管理系统、数据库应用系统、数据库系统等最基本的概念。

1. 数据

数据（Data）是用来记录信息的可识别的符号，是信息的载体和具体表现形式。为描述客观事物而用到的数字、字符以及所有能输入到计算机中并能被计算机处理的符号都可以称为数据。

2. 信息

信息（Information）是数据所包含的意义，是客观事物存在方式或运动状态的反映和表述，它存在于我们的周围。简单地说，信息就是新的、有用的事实和知识。

数据与信息既有区别，又有联系，有时可以混用，如通常所说的数据处理就是指信息处理，但有时又必须区分清楚。数据是用于表示信息的，但并非任何数据都能表示信息；信息只是加工处理后的数据，是数据所表达的内容。另一方面，信息不会随表示它的数据的形式的变化而改变，它是反映客观现实世界的知识；而数据则具有任意性，用不同的数据形式可以表示同样的信息。例如，一个城市的天气预报情况是一条信息，而描述该信息的数据形式可以是文字、图像或声音等。

3. 数据库

数据库（DataBase，DB）是存储在计算机内、有组织、可共享的数据集合，它将数据按一定的数据模型组织、描述和储存，具有较小的冗余度、较高的数据独立性和易扩展性，可被多个不同的用户共享。

形象地说，数据库就是为了实现一定的目的按某种规则组织起来的“数据”的“集合”。在现实生活中，这样的数据库随处可见，如学校图书馆的所有藏书及借阅情况、公司的人事档案、企业的商务信息等都是数据库。

4．数据库管理系统

数据库管理系统（DataBase Management System，DBMS）是数据库系统的核心软件之一。它提供数据定义、数据操作、数据库管理、数据库建立和维护以及通信等功能。DBMS 提供对数据库中数据资源进行统一管理和控制的功能，将用户、应用程序与数据库数据相互隔离，是数据库系统的核心，其功能的强弱是衡量数据库系统性能优劣的主要指标。DBMS 必须运行在相应的系统平台上，由操作系统和相关系统软件提供支持。

DBMS 功能的强弱随系统而异，大系统功能较强、较全，小系统功能较弱、较少。目前，较流行的数据库管理系统有 Access、Visual FoxPro、SQL Server、Oracle 和 Sybase 等。

5．数据库应用系统

数据库应用系统是指系统开发人员利用数据库系统资源开发出来的，面向某一类实际应用的应用软件系统。数据库应用系统携带较大的数据量，按其实现的功能可以划分为数据传递系统、数据处理系统和管理信息系统。

数据库应用系统的使用非常广泛，它可以用于事务管理、计算机辅助设计、计算机图形分析和处理、人工智能等系统中，即所有数据量大、数据成分复杂的地方都可以使用数据库技术进行数据管理工作。

数据库管理系统是提供数据库管理的计算机系统软件，数据库应用系统是实现某种具体事务管理功能的计算机应用软件。数据库管理系统为数据库应用系统提供了数据库的定义、存储和查询方法，数据库应用系统通过数据库管理系统管理其数据库。

6．数据库系统

数据库系统（DataBase System，DBS）是指带有数据库并利用数据库技术进行数据管理的计算机系统。一个数据库系统应由计算机硬件、数据库、数据库管理系统、数据库应用系统和数据库管理员 5 部分构成。数据库系统的体系由支持系统的计算机硬件设备、数据库及计算机软件系统、开发管理数据库系统的人员 3 部分组成。

数据库系统的软件包括操作系统（Operating System，OS）、数据库管理系统、主语言编译系统、数据库应用开发系统及工具、数据库应用系统和数据库，它们的作用如下。

（1）操作系统。操作系统是所有计算机软件的基础，在数据库系统中起着支持数据库管理系统及主语言编译系统工作的作用。如果管理的信息中有汉字，则需要中文操作系统的支持，以提供汉字的输入/输出方法和对汉字信息的处理方法。

（2）数据库管理系统和主语言编译系统。数据库管理系统是为定义、建立、维护、使用及控制数据库而提供的有关数据管理的系统软件。主语言编译系统是为应用程序提供的诸如程序控制、数据输入/输出、功能函数、图形处理、计算方法等数据处理功能的系统软件。由于数据库的应用很广泛，它涉及的领域很多，其功能数据库管理系统是不可能全部提供的，因而，应用系统的设计实现需要数据库管理系统和主语言编译系统配合才能完成。

（3）数据库应用开发系统及工具。数据库应用开发系统及工具是数据库管理系统为应用开发人员和最终用户提供的高效率、多功能的应用生成器及第四代计算机语言等各种软件工具，如报表生成器、表单生成器、查询和视图设计器等。它们为数据库系统的开发和使用提供了良好的环境和帮助。

（4）数据库应用系统和数据库。数据库应用系统包括为特定应用环境建立的数据库、开发的各类应用程序、编写的文档资料等内容，它们是一个有机的整体。数据库应用系统涉及各个方面，如信息管理系统、人工智能、计算机控制和计算机图形处理等。通过运行数据库应用系统，可以实现对数据库中数据的维护、查询、管理和处理操作。

6.1.2　数据库系统的特点

数据库系统的出现是计算机数据处理技术的重大进步，它具有以下特点。

1. 实现数据共享

数据共享允许多个用户同时存取数据而互不影响，这个特征正是数据库技术先进性的体现。数据共享包括以下 3 个方面。

（1）所有用户可以同时存取数据。

（2）数据库不仅可以为当前用户服务，也可以为将来的新用户服务。

（3）可以使用多种语言完成与数据库的接口。

2. 实现数据独立

数据独立是指应用程序不随数据存储结构的改变而改变，这是数据库系统最基本的优点。数据独立性包括以下两个方面。

（1）物理数据独立。数据的存储方式和组织方式改变时，不影响数据库的逻辑结构，从而不影响应用程序。

（2）逻辑数据独立。数据库逻辑结构变化（如数据定义的修改、数据间联系的变更等）时，不会影响用户的应用程序，即用户应用程序无需修改。

3. 减少数据冗余度

用户的逻辑数据文件和具体的物理数据文件不必一一对应，其中可存在“多对一”的重叠关系，有效地节约了存储资源。

4. 避免数据不一致性

由于数据只有一个物理备份，所以数据的访问不会出现不一致的情况。

5. 加强对数据的保护

数据库中加入了安全保密机制，可以防止对数据的非法存取。由于对数据库进行集中控制，所以有利于确保控制数据段的完整性。数据库系统采取了并发访问控制，保证了数据的正确性。另外，数据库系统还采取了一系列措施来实现对数据库破坏的恢复。

6.2　数据库系统的工作原理

6.2.1　数据描述

计算机信息处理的对象是现实生活中的客观事物，如何建立合理的数据模型，用数据来描述、解释现实世界，表示它们之间的相互关系，是数据库技术需要解决的首要问题。

1. 数据处理的 3 个层次

现实世界是存在于人脑之外的客观世界，人们把客观存在的事物以数据的形式存储到计算机中，首先要理解和认识现实世界中客观事物的特征，从观测中抽象出大量描述客观事物的信息，再对这些信息进行整理、分类和规范，进而将规范化的信息数据化，最终实现由数据库系统存储和处理。这个逐级抽象的过程如图 6.1 所示。

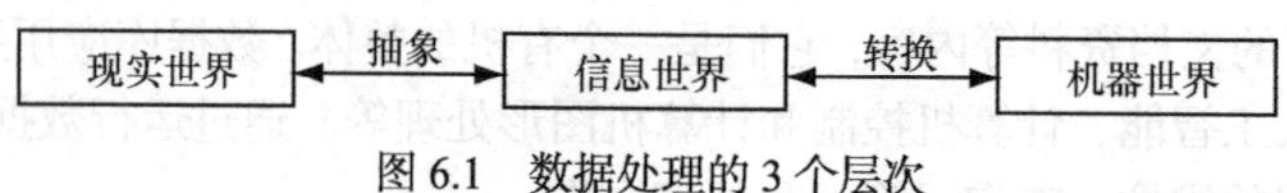

图 6.1　数据处理的 3 个层次

信息世界是现实世界在人们头脑中的反映，是对客观事物及其联系的一种抽象描述。客观事物在信息世界中称为实体（Entity），其中反映事物间关系的称为实体模型或概念模型。概念模型的表示方法有很多，目前较常用的是实体-联系方法（Entity-Relationship，E-R）。

机器世界是信息世界中的信息数据化后对应的产物。现实世界中的客观事物及其联系在数据世界中以数据模型描述。

概念模型和数据模型是对客观事物及其相互关系的两种抽象描述，实现了数据处理 3 个层次间的对应转换，而数据模型是数据库系统的核心和基础。

2. 实体描述

从数据处理的角度看，现实世界中的客观事物称为实体，它是现实世界中任何可区分、可识别的事物。实体可以指人，如教师、学生等，也可以指物，如书、仓库等。它不仅可以指能触及的客观对象，还可以指抽象的事件，如演出、足球赛等，而且还可以指事物与事物之间的联系，如学生选课、客户订货等。

（1）属性。每个实体具有一定的特征（性质），这样才能根据实体的特征来区分一个个实体。例如，学生的学号、姓名、性别等都是学生实体具有的特征。实体的特征称为属性（Attribute），一个实体可用若干属性来描述。每个属性都有特定的取值范围，即值域，值域的类型可以是整数型、实数型、字符型等。例如，性别这个属性的值域为（男，女）。

（2）实体型和实体值。实体型就是实体的结构描述，通常是实体名和属性名的集合；具有相同属性的实体，有相同的实体型。实体值是一个具体的实体，是属性值的集合。

例如，学生实体型为

学生（学号、姓名、性别、出生日期、是否党员、所在学院、所学专业）

学生“李阳”的实体值为

（201301001，李阳，男，1995-3-10，是，计算机学院，软件工程）

（3）属性型和属性值。属性型就是属性名及其取值类型，属性值就是属性在其值域中所取的具体值。例如，学生实体中的姓名属性，“姓名”和取值为字符类型是属性型，而“李阳”是属性值。

（4）实体集。性质相同的同类实体的集合称为实体集，如一个专业的学生。

属性值所组成的集合表征一个实体，相应的这些属性的集合表征了一种实体的类型，称为实体型。例如，上面的学生学号、姓名、性别、出生日期、是否党员、所在学院、所学专业等表征“学生”这样一种实体的实体型。同类型的实体的集合称为实体集。

3. 实体间的联系

实体间的联系是指一个实体集中可能出现的每一个实体与另一实体集中多少个具体实体存在联系。实体之间有各种各样的联系，归纳起来有 3 种：一对一联系、一对多联系和多对多联系，如图 6.2 所示。

（1）一对一联系（1∶1）。如果对于实体集 A 中的每一个实体，实体集 B 中有且只有一个实体与之联系，反之亦然，则称实体集 A 与实体集 B 具有一对一联系。例如，一所学校只有一个校长，一个校长只在一所学校任职，校长与学校之间的联系就是一对一的联系。

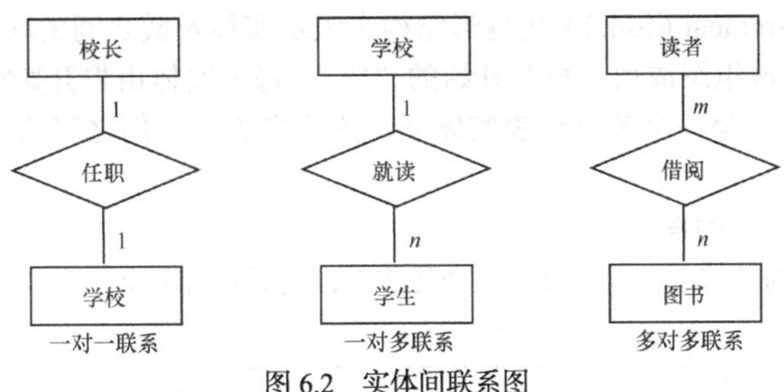

图 6.2　实体间联系图

（2）一对多联系（1∶*n*）。如果对于实体集 A 中的每一个实体，实体集 B 中有多个实体与之联系，反之，对于实体集 B 中的每一个实体，实体集 A 中至多只有一个实体与之联系，则称实体集 A 与实体集 B 有一对多的联系。例如，一所学校有许多学生，但一个学生只能就读于一所学校，则学校和学生之间的联系就是一对多的联系。

（3）多对多联系（*m*∶*n*）。如果对于实体集 A 中的每一个实体，实体集 B 中有多个实体与之联系，而对于实体集 B 中的每一个实体，实体集 A 中也有多个实体与之联系，则称实体集 A 与实体集 B 之间有多对多的联系。例如，一个读者可以借阅多种图书，任何一种图书可以为多个读者所借阅，则读者和图书之间的联系就是多对多的联系。

4. E-R 模型

E-R 模型称为实体联系图，是设计数据库概念模型的最著名、最常用的方法。它通过简单的图形方式来反映实体、实体的属性及实体间的联系。E-R 图有 3 个要素。

（1）实体。实体用标有文字的矩形框来表示，文字为实体名。

（2）属性。属性用标有文字的椭圆框来表示，文字为属性名，并用连线与实体连接起来。

（3）实体之间的联系。实体之间的联系用标有文字的菱形框来表示，文字为联系名，并用连线将菱形框分别与相关实体连接起来，在连线上标明联系类型。

图 6.3 所示为图书借阅系统中的 E-R 图。

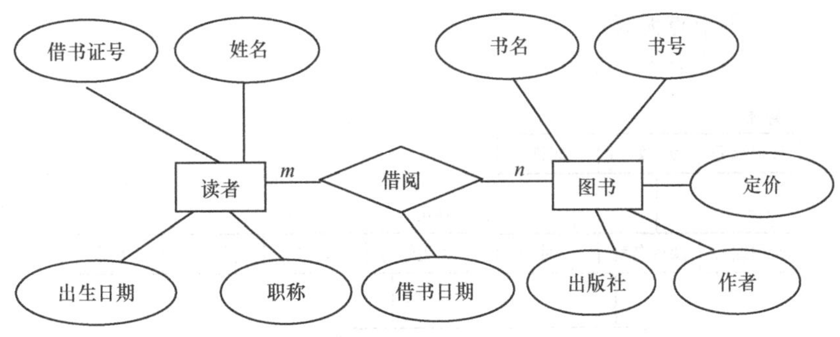

图 6.3　图书借阅系统中的 E-R 图

6.2.2　数据模型

数据库中存储了大量的数据，不仅存储了各种实体，而且存储了各个实体间的联系。通常用数据模型来表示实体间的联系。因此，数据模型是指数据库中实体与实体之间联系的抽象描述。客观事物是千变万化的，各种客观事物的数据模型也千差万别，但也有其共同性。常用的数据模型有 3 种：层次模型、网状模型和关系模型。

1. 层次模型

层次模型（Hierarchical Model）用树形结构来表示实体及其之间的联系，如图6.4所示。在这种模型中，数据被组织成由“根”开始的“树”，每个实体由根开始沿着不同的分支放在不同的层次上。树中的每一个节点代表实体型，连线则表示它们之间的关系。这种层次模型的特点如下。

（1）仅有一个无双亲的根节点。

（2）根节点以外的子节点，向上仅有一个父节点，向下有若干个子节点，叶子节点无子节点。

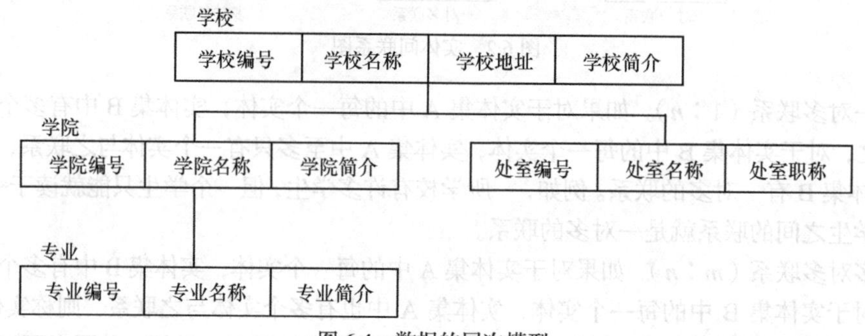

图6.4　数据的层次模型

现实生活中的许多实体间的联系都具有这种层次关系，如一个单位的行政机构、一个家庭的世代关系等。

层次模型层次清晰、构造简单、易于实现，能够方便地表示一对一和一对多的实体联系，但不能直接表示多对多的实体联系，必须先将其分解为几个一对多的联系之后，才能表示出来。因而，对于复杂的数据关系，实现起来较为麻烦。

采用层次模型来设计的数据库称为层次数据库。最早出现的DBMS就是层次模型。

2. 网状模型

网状模型（Network Model）采用以实体为节点的有向图来表示各实体及其之间的联系，如图6.5所示。网状模型表示多个从属关系的层次结构，呈现一种交叉关系的网状结构，其特点如下。

（1）有一个以上的节点无双亲。

（2）至少有一个节点有多个双亲。

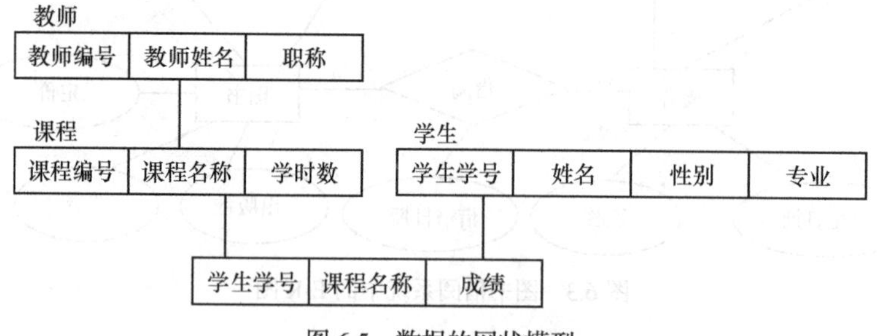

图6.5　数据的网状模型

网状模型比层次模型复杂，可以直接表示“多对多”联系，但实现起来困难。实际上，一些已实现的网状数据库管理系统（如DBTG）中仍然只允许处理“一对多”联系。

以上两种数据模型，各实体之间的联系是用指针来实现的，其优点是描述清晰、查询速度高。但当实体数目较多、联系较复杂时，指针管理非常复杂、实现非常困难。

3. 关系模型

关系模型（Relational Model）与层次模型和网状模型相比有着本质的差别，它是用二维表格来表示实体及其相互之间的联系。在关系模型中，把实体集看成一个二维表，每一个二维表称为一个关系。每个关系均有一个名字，称为关系名。例如，表 6.1 就是一个学生关系。

虽然关系模型比层次模型和网状模型发展得晚，但是因为它建立在严格的数学理论基础上，所以是目前比较流行的一种数据模型。自 20 世纪 80 年代以来，新推出的数据库管理系统几乎都支持关系模型。

表 6.1　学生基本情况表

学　号	姓名	性别	出生日期	是否党员	所在学院	所学专业	备注
201301001	李　阳	男	1995-3-10	是	计算机学院	软件工程	
201301002	王安语	女	1995-10-11	否	外国语学院	英语	
201301003	杨　磊	男	1996-2-14	是	商学院	金融学	
201301004	吴　珊	女	1995-5-20	否	文学院	汉语言文学	
201301005	徐晓东	男	1995-12-22	否	艺术学院	美术	

6.3 关系数据库

6.3.1 关系模型

1. 关系模型的基本概念

（1）关系。一个关系就是一张二维表，通常将一个没有重复行、重复列的二维表看成一个关系，每个关系都有一个关系名。在数据库中，一个关系对应于一个表，关系名则对应于表名。

（2）元组。二维表的每一行在关系中称为元组。在数据库中，一个元组对应表中的一个记录。

（3）属性。二维表的每一列在关系中称为属性，每个属性都有一个属性名，属性值则是各个元组属性的取值。在数据库中，一个属性对应表中的一个字段，属性名对应字段名，属性值对应于各个记录的字段值。

（4）域。属性的取值范围称为域。域作为属性值的集合，其类型与范围具体由属性的性质及其所表示的意义确定。同一属性只能在相同域中取值。

（5）关键字。关系中能唯一区分、确定不同元组的属性或属性组合，称为该关系的一个关键字。单个属性组成的关键字称为单关键字，多个属性组合的关键字称为组合关键字。需要强调的是，关键字的属性值不能取“空值”。所谓空值就是“不知道”或“不确定”的值，因而无法唯一地区分、确定元组。

表 6.1 中“学号”属性可以作为单关键字，因为学号不允许相同。而“姓名”及“出生日期”等则不能作为关键字，因为学生中可能出现重名或相同的出生日期。如果所有同名学生的出生日期都不同，则可将“姓名”和“出生日期”组合成为组合关键字。

（6）主关键字。关系中能够成为关键字的属性或属性组合可能不是唯一的。例如，如果在表 6.1 中还有一个“身份证号”属性，则“学号”和“身份证号”都是关键字。在所有关键字中只能选择一个，被选用的关键字称为主关键字。

（7）外部关键字。关系中某个属性或属性组合并非关键字，但却是另一个关系的主关键字，称此属性或属性组合为本关系的外部关键字。关系之间的联系是通过外部关键字实现的。

（8）关系模式。对关系的描述称为关系模式，其格式为

关系名（属性名 1，属性名 2，…，属性名 n）

关系既可以用二维表格描述，也可以用数学形式的关系模式来描述。一个关系模式对应一个关系的结构，在数据库中也就是表的结构。如表 6.1 所示的关系，其关系模式可表示为

学生（学号，姓名，性别，出生日期，是否党员，所在学院，所学专业，备注）

2. 关系模型的优点

（1）数据结构单一。在关系模型中，不管是实体还是实体之间的联系，都用关系来表示，而关系都对应一张二维数据表，数据结构简单、清晰。

（2）关系规范化，并建立在严格的理论基础上。关系中每个属性不可再分割，构成关系的基本规范。同时，关系建立在严格的数学概念的基础上，具有坚实的理论基础。

（3）概念简单，操作方便。关系模型最大的优点就是简单，用户容易理解和掌握，一个关系就是一张二维表格，用户只需用简单的查询语言就能对数据库进行操作。

6.3.2 关系数据库

以关系模型建立的数据库就是关系数据库。关系数据库中包含若干个关系，每个关系都由关系模式确定，每个关系模式包含若干个属性和属性对应的域。建立关系数据库的过程就是逐一定义关系模式，对每个关系模式逐一定义属性及其对应的域。

一个关系就是一个二维表格，表格由表格结构与数据构成，表格的结构对应关系模式，表格每一列对应关系模式的一个属性，该列的数据类型和取值范围就是该属性的域。因此，定义了表格就定义了对应的关系。

在数据库管理系统中，与关系数据库对应的是数据库文件，一个数据库文件包含若干个表，表由表结构与若干个数据记录组成，表结构对应关系模式。每个记录由若干个字段构成，字段对应关系模式的属性，字段的数据类型和取值范围对应属性的域。

设有教学管理数据库，其中有学生信息表、课程表和选课表 3 个表，如图 6.6 所示。如果约定一个学生可以选修多门课，一门课也可以被多个学生选修，则学生和课程之间的联系是多对多的联系。在这里，选课表起到一种纽带的作用，将学生—课程的多对多关系分解为学生—选课、课程—选课两个一对多关系，如图 6.7 所示。

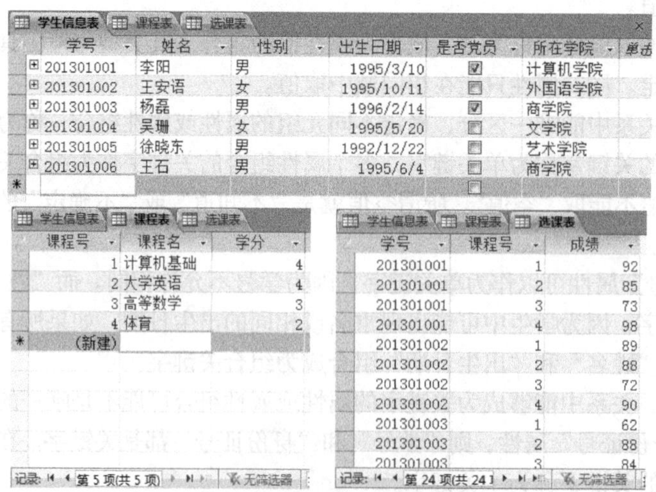

学号	姓名	性别	出生日期	是否党员	所在学院
201301001	李阳	男	1995/3/10	☑	计算机学院
201301002	王安语	女	1995/10/11	☑	外国语学院
201301003	杨磊	男	1996/2/14	☑	商学院
201301004	吴珊	女	1995/5/20	☐	文学院
201301005	徐晓东	男	1992/12/22	☐	艺术学院
201301006	王石	男	1995/6/4	☐	商学院

课程号	课程名	学分
1	计算机基础	4
2	大学英语	4
3	高等数学	3
4	体育	2

学号	课程号	成绩
201301001	1	92
201301001	2	85
201301001	3	73
201301001	4	98
201301002	1	89
201301002	2	88
201301002	3	72
201301002	4	90
201301003	1	62
201301003	2	88
201301003	3	84

图 6.6 教学管理数据库中的表

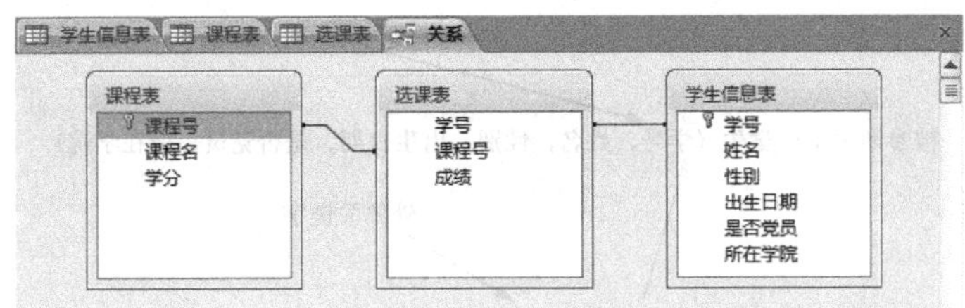

图 6.7　学生—选课、课程—选课间的关系

6.3.3　关系运算

为了便于对数据的查询和处理，关系数据库定义了 3 种关系运算：选择、投影和连接。

1. 选择

选择运算（Selection）是从关系中查找符合指定条件的元组的操作。选择运算以逻辑表达式指定选择条件，选取使逻辑表达式为真的所有元组，构成关系的一个子集。

2. 投影

投影运算（Projection）是从关系中选取若干个属性的操作。投影运算从关系中选取若干个属性形成一个新的关系，并删去相同的元组，因此，新关系中属性的个数比原关系中少，排列顺序可能不同，元组个数也可能较少。

3. 连接

连接运算（Join）是将两个关系模式的若干属性拼接成一个新的关系模式的操作。连接过程是通过连接条件来控制的，新关系中包含满足连接条件的所有元组。

6.3.4　关系的完整性约束

关系的完整性是为保证数据库中数据的正确性和相容性，对关系模型提出的某种约束条件或规则。完整性通常包括实体完整性、参照完整性和用户自定义完整性（又称域完整性）。其中，实体完整性和参照完整性是关系模型必须满足的完整性约束条件。

1. 实体完整性

实体完整性是指关系表中元组的完整性，要求关系表中的所有元组都具有唯一性。在关系模型中，主关键字是能唯一区分、确定不同元组的标识符，实体完整性就是规定关系中的主关键字不能取空值。例如，学生选课的关系中，学号和课程号共同组成主关键字，则学号和课程号都不能为空，因为没有学号的成绩或没有课程号的成绩都是不存在的。

2. 参照完整性

参照完整性是定义建立关系之间联系的主关键字与外部关键字引用的约束条件。

关系数据库中通常都包含多个存在相互联系的关系，关系与关系之间的联系是通过公共属性来实现的。所谓公共属性，即它既是一个关系 R（被参照关系）的主关键字，同时又是另一关系 K（参照关系）的外部关键字。如果参照关系 K 中外部关键字的取值，要么与被参照关系 R 中某元组主关键字的值相同，要么取空值，那么，在这两个关系间建立关联的主关键字和外部关键字引用，符合参照完整性规则的要求。如果参照关系 K 的外部关键字也是其主关键字，根据实体完整性要求，主关键字不得取空值，因此，参照关系 K 外部关键字的取值实际上只能取相应被参照关系 K 中已经存在的主关键字的值。

在教学管理数据库中，如果将选课表作为参照关系，学生表作为被参照关系，以“学号”作为两个关系进行关联的属性，则“学号”是学生关系的主关键字，是选课关系的外部关键字。选课关系通过外部关键字“学号”参照学生关系，如图 6.8 所示。

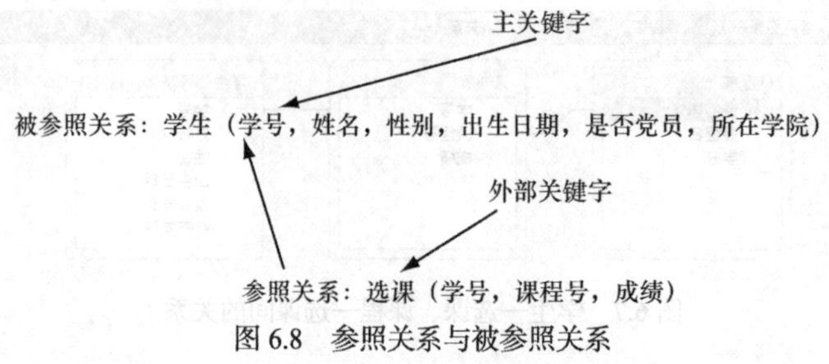

图 6.8　参照关系与被参照关系

3. 用户自定义完整性

实体完整性和参照完整性适用于任何关系型数据库系统，主要是对关系中主关键字和外部关键字的取值必须有效而做出的约束。用户自定义完整性则是根据应用环境的要求和实际的需要，对某一具体应用所涉及的数据提出约束性条件。这一约束机制一般不应由应用程序提供，而应由关系模型提供定义并检验。用户自定义完整性主要包括字段有效性约束和记录有效性约束。

6.4 Access 2010 简介

Access 是 Microsoft 公司发布的 Office 办公软件包中的关系数据库产品，它不但能存储和管理数据，还能编写数据库管理软件。用户可以通过 Access 提供的开发环境及工具方便地构建数据库应用程序。也就是说，Access 既是后台数据库，同时也可以是前台开发工具。作为前台开发工具，它还支持多种后台数据库，可以连接 Excel 文件、FoxPro、Dbase、SQL Server 数据库，甚至还可以连接 MySQL、文本文件、XML、Oracle 等其他数据库。

Access 2010 是目前最新的版本，以 Access 2010 格式创建的数据库的文件扩展名为“accdb”，以早期 Access 2003 格式创建的数据库的文件扩展名为“mbd”。

6.4.1 Access 2010 基础

1. Access 2010 的基本对象

在一个 Access 2010 数据库文件中，有 7 个基本对象，分别是表、查询、窗体、报表、页、宏及模块，它们处理所有数据的保存、检索、显示及更新，在数据库中起着不同的作用。

（1）表（Table）。表是基本的数据库对象，是创建其他 6 种对象的基础，一个表就是一个关系。表由记录组成，记录由字段组成，表是用来存储数据库的数据，故又称为数据表。

（2）查询（Query）。查询是按指定的条件来检索数据，按要求筛选记录并能连接若干个表的字段组成新表。通过查询可以按照不同的方式查看、更改和分析数据，也可以使用查询作为窗体、报表和数据访问页的数据源。查询是关系运算的具体体现。

（3）窗体（Form）。窗体提供了一种可以方便地浏览、输入及更改数据的窗口，还可以通过创建子窗体来显示相关联的表的内容。

（4）报表（Report）。报表是以打印的格式表现用户数据的一种有效方式。因为用户控制了报表上每个对象的大小和外观，所以可以按照所需的方式显示信息以便查看信息。

（5）页（Page）。通过创建页，可以把数据库中的数据向 Internet 或 Intranet 发布。

（6）宏（Macro）。宏是若干个操作的组合，利用它可以自动执行一系列操作。

（7）模块（Module）。模块的功能与宏类似，但它定义的操作比宏更精细和复杂，用户可以根据自己的需要编写程序。模块使用 VBA（Visual Basic for Applications）编程。

2. Access 2010 的操作界面

Access 2010 的开始界面如图 6.9 所示。Access 2010 提供了功能强大的模板，可以使用系统自带的数据库模板，也可以使用 Microsoft Office Online 下载最新或修改后的模板。使用模板可以快速创建数据库。每个模板都是一个完整的跟踪应用程序，具有预定义的表、窗体、报表、查询、宏和关系。如果模板设计满足用户需要，便可以直接开始工作，也可以模板为基础来创建符合个人特定需要的数据库。

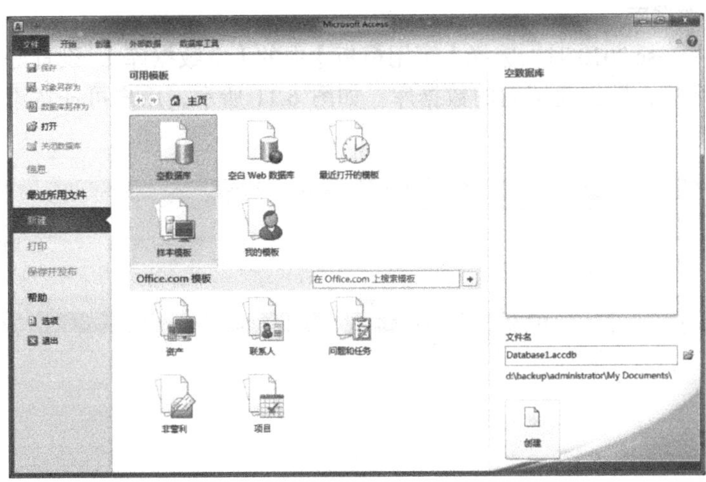

图 6.9　Access 2010 的开始界面

选择一个模板或选择空白数据库，可进入 Access 2010 的主界面，如图 6.10 所示，整个主界面由标题栏、快速访问工具栏、功能选项卡、功能区、导航窗格、工作区和状态栏几部分组成。

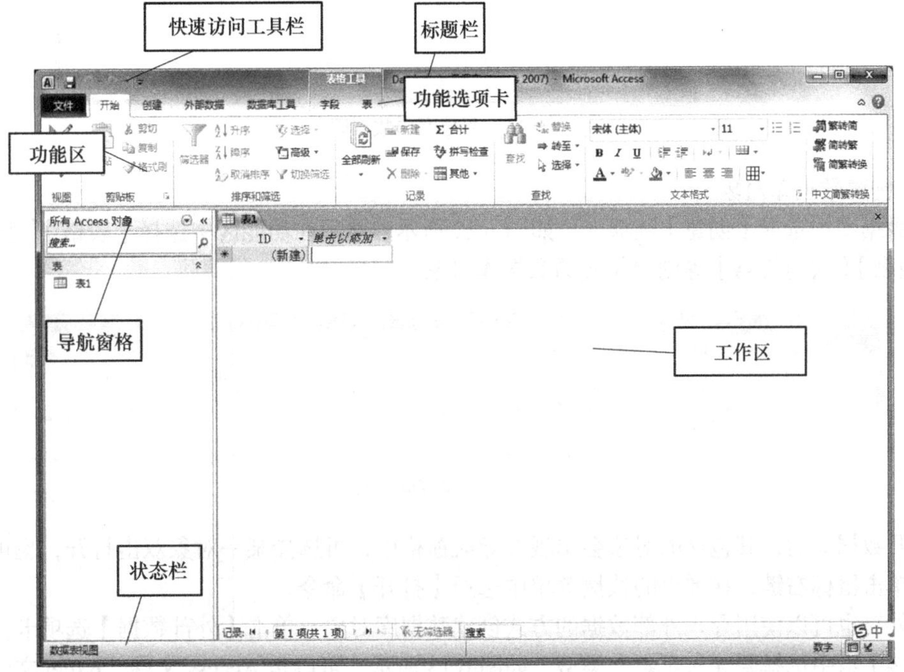

图 6.10　Access 2010 的主界面

6.4.2 数据库的创建

创建数据库及其操作是 Access 中最基本、最普遍的操作。

1. 使用模板创建数据库

启动 Access 2010，在【新建】菜单项中可使用【可用模板】和【Office.com 模板】两种模板来创建数据库。【可用模板】是利用本机上的模板来创建，【Office.com 模板】是登录 Microsoft 网站下载模板创建新数据库。

2. 创建空白数据库

在开始使用 Access 2010 时，选择【可用模板】中的【空数据库】，设置好要创建数据库存储的路径和文件名后，即创建了新的数据库。如图 6.11 所示，用户可任意添加和设置数据库对象。

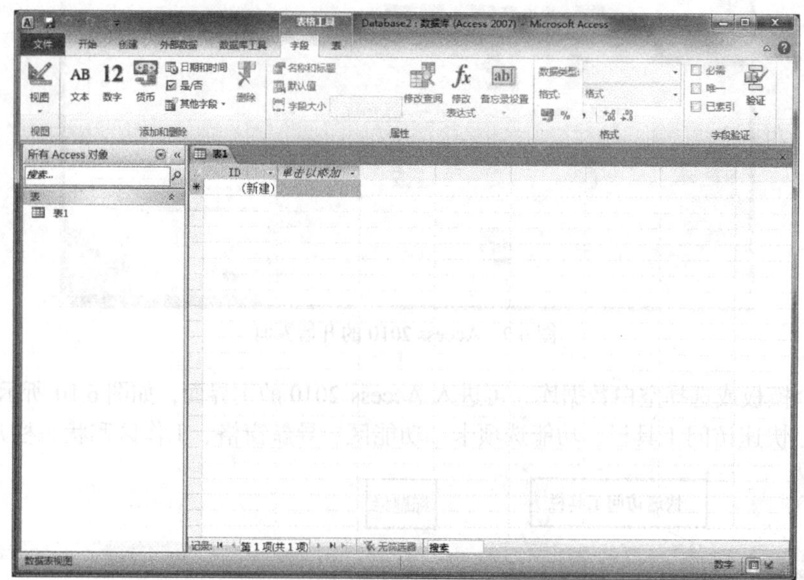

图 6.11 新建空白数据库

3. 创建数据库对象

在数据库中选择【创建】选项卡，如图 6.12 所示，然后在功能区中选择【表格】【查询】【窗体】【报表】【宏与代码】等创建相应的数据库对象。

图 6.12 创建数据库对象

打开数据库后，其包含的对象会出现在导航窗格中，可选择某一对象双击打开，也可在某一对象上单击鼠标右键，在弹出的快捷菜单中选择【打开】命令。

另外，也可以使用导入外部数据的方式创建数据库对象。单击【外部数据】选项卡，在【导入并链接】组中选择要导入对象的类型，如图 6.13 所示，可以是 Access 文件、Excel 文件、文本文件、XML 文件等。

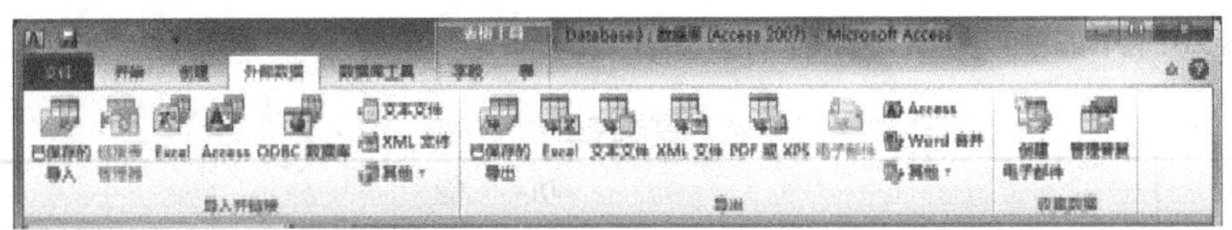

图 6.13　通过【外部数据】选项卡导入数据库对象

数据库中的对象类似于 Windows 系统中的文件，可以方便地进行复制、移动、删除、重命名等操作。其操作方法也和文件操作类似：首先选中对象，然后通过菜单选项、工具栏或快捷菜单进行操作。

6.4.3　表的创建

表是 Access 中管理数据的基本对象，是数据库中所有数据的载体，一个数据库通常包含若干个数据表对象。

图 6.14　创建表

1. 创建表

在一个打开的数据库中，可以通过【创建】选项卡中的【表格】组进行数据表的创建，如图 6.14 所示。创建表的方法有 3 种：一是选择【表】选项，这种方法是直接打开表，通过直接输入内容的方式创建表；二是选择【表设计】，即通过设计视图创建表；三是选择【SharePoint 列表】，在 SharePoint 网站上创建一个列表，然后在当前数据库中创建一个表，并将其链接到新建的表。

2. 设计表

数据表中，每一列称为一个“字段”，即关系模型中的属性。每个字段包含某一专题的信息，如在一个“学生信息”数据表中，“学号”“姓名”等都是表中所有行数据共有的属性，所以把这些列称为“学号”字段和“姓名”字段。表中每一行称为一个“记录”，即关系模型中的元组，如在“学生信息”数据表中，某一个学生的全部信息称为一个记录。

设计表主要包括字段设计和主键设计。字段设计包含字段类型、字段属性、字段编辑规则等的设计。在创建表时选择【表设计】，或在现有表的快捷菜单中选择【设计】即可打开图 6.15 所示的表设计视图，进行表结构的设计。

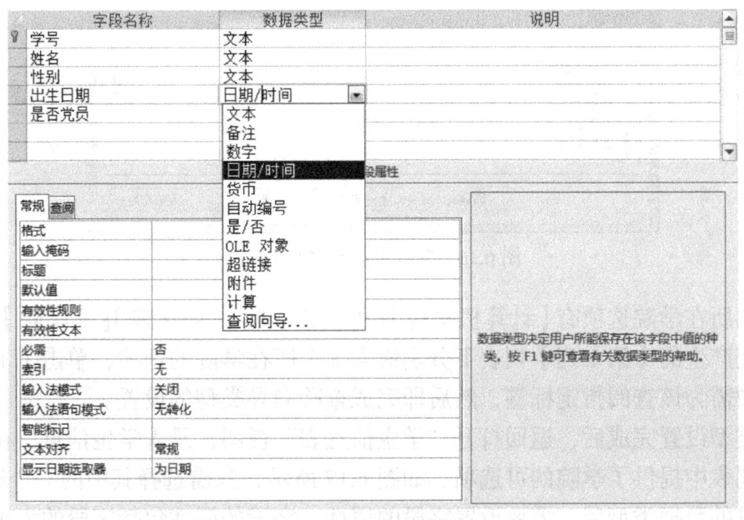

图 6.15　表设计视图

Access 2010 中的字段类型共有 11 种，如表 6.2 所示。

表 6.2　字段类型

字段类型	功　能
文本	用于文字或文字和数字的组合，文字如姓名、地址等，还包括不需要计算的数字，如电话号码等。文本类型最多可以存储 255 个字符
备注	用于较长的文本或数字，如文章的正文等。备注型最多可存储 65 535 个字符
数字	主要用于需要进行算术计算的数值数据，数据包含值的大小可以自己设定，通过使用“字段大小”属性来设置包含多少个字节
日期/时间	用于日期和时间格式的字段
货币	用于货币值，还能够在计算时禁止四舍五入
自动编号	每当向表中添加一条新记录时，由 Microsoft Access 指定一个唯一的顺序号（每次递增 1）或随机数
是/否	就是布尔类型，用于字段只包含两个可能值中的一个。“-1”表示“是”值，“0”表示“否”值
OLE 对象	用于存储来自于 Office 或各种应用程序的图像、文档、图形和其他对象
超链接	用于超链接，可以是 UNC 路径或 URL 网址
附件	任何受支持的文件类型。Access 2010 创建的 Accdb 格式的文件是一种新的类型，它可以将图像、电子表格、文档、图表等各种文件附加到数据库记录中
查阅向导	显示从表或查询中检索到的一组值，或显示创建字段时指定的一组值

例如，在“学生信息表”中设置一个“所在学院”字段，选择其类型为“查阅向导…”，进入【查阅向导】对话框，选中“自行键入所选的值”单选按钮，然后单击【下一步】按钮，进入“查阅向导”字段设置，如图 6.16 所示。

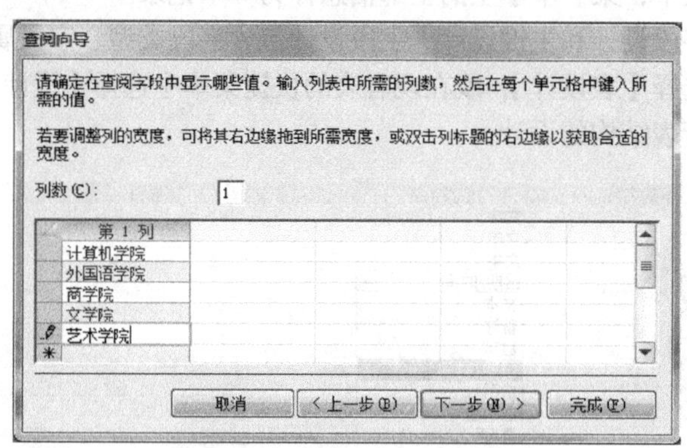

图 6.16　“查阅向导”字段设置

学生可选的所在学院选项有【计算机学院】【外国语学院】【商学院】【文学院】和【艺术学院】共 5 个，在系统产生的【第 1 列】列表下分别输入 5 个所在学院的选项，单击【下一步】按钮。在下一步设置中需为该查阅指定标签，然后即完成查阅向导类型的设置。

查阅向导类型设置完成后，返回打开“学生信息表”视图，录入学生信息，在录入学院时，字段中的下拉列表中提供了学院的可选项，如图 6.17 所示，只需选择其中的一个选项即可。

设置完字段的数据类型后，需要设置字段的属性。字段的属性包括字段的大小、格式、编辑规则、主键等，主要在设计视图中各字段类型下部的【常规】选项卡中进行设置。

学生信息表

学号	姓名	性别	出生日期	是否党员	所在学院	单击以添加
201301001	李阳	男	1995/3/10	☑	计算机学院	
201301002	王安语	女	1995/10/11	☐	外国语学院	
201301003	杨磊	男	1996/2/14	☑	计算机学院 外国语学院 商学院 文学院 艺术学院	
201301004	吴珊	女	1995/5/20	☐		
201301005	徐晓东	男	1992/12/22	☐		
*				☐		

图 6.17　查询向导字段录入

不同类型的字段包含的属性略有不同，表 6.3 列出了“学生信息表”示例中所设置的几个字段属性。

表 6.3　“学生信息表”字段属性

属性	学号	姓名	性别	出生日期	是否党员	所在学院
类型	文本	文本	查阅向导	日期/时间	是/否	查阅向导
大小	9	10				
格式				中日期	是/否	
有效性规则	>"201301000"					
有效性文本	"必须是 13 级新生"					
必填字段	是	是	否	否	否	否
允许空串	否	否	是			
索引	有（无重复）	有（有重复）	无	无	无	无

字段“有效性规则”的设置用于限制该字段输入值的表达式，“有效性文本”和“有效性规则”结合使用，用于在输入“有效性规则”所不允许的值时弹出出错提示。例如，上例中约定学号的前 4 位表示入学年份，且只输入 13 级新生，则“有效性规则”设置为“>"201301000"”，当输入错误时，会提示“有效性文本”设置的信息而无法保存。

3. 创建关系

Access 是关系数据库，数据表之间的联系通过关系建立。表关系也是查询、窗体、报表等其他数据库对象使用的基础，一般情况下，应该在创建其他数据库对象之前创建表关系。

打开数据库，单击【数据库工具】选项卡【关系】组中的【关系】按钮，如图 6.18 所示。

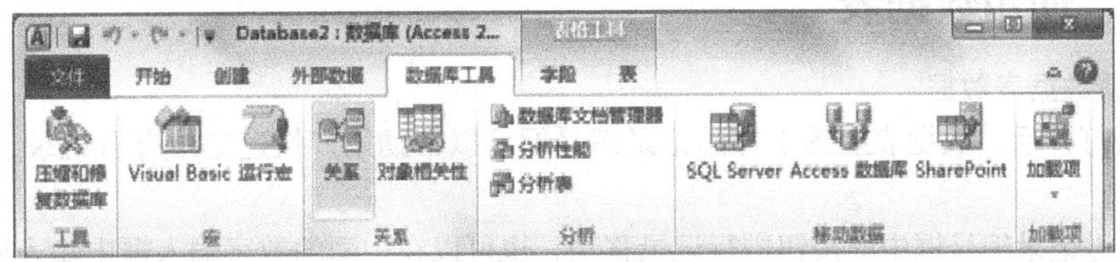

图 6.18　【关系】按钮

单击【关系】按钮后，弹出【设计】选项卡，单击【关系】组中的【显示表】按钮，弹出【显示表】对话框，如图 6.19 所示。选择要建立关系的表，然后单击【添加】按钮，选择“学生信息表”，然后单击【添加】按钮，再选择“选课表”，再单击【添加】按钮。添加完需要建立关系的数据表后，单击【关闭】按钮，则打开了关系视图，如图 6.20 所示。

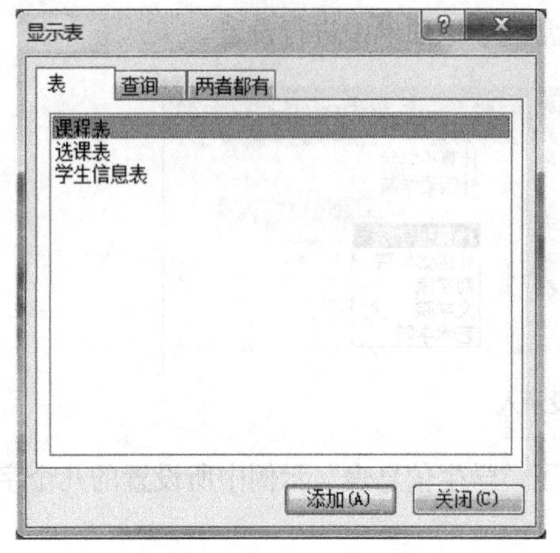

图 6.19 【显示表】对话框

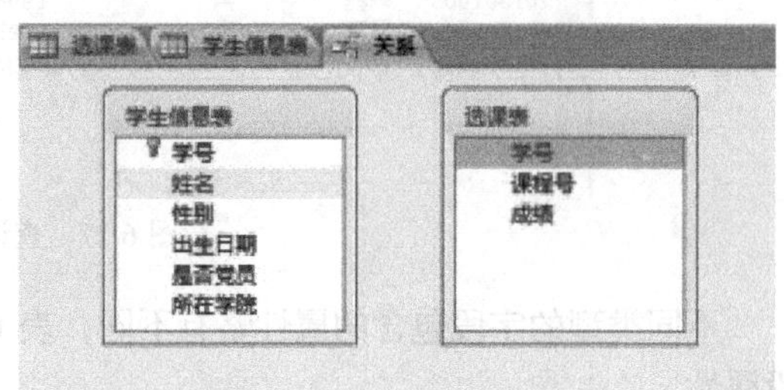

图 6.20 关系视图

创建“学生信息表”中“学号”字段和“选课表”中“学号”字段的关系。选定“学生信息”表中的“学号”字段，按住鼠标左键，将其拖动到“选课表”中的“学号”字段上，弹出【编辑关系】对话框，如图 6.21 所示。单击【创建】按钮，关系即创建完毕，如图 6.22 所示。

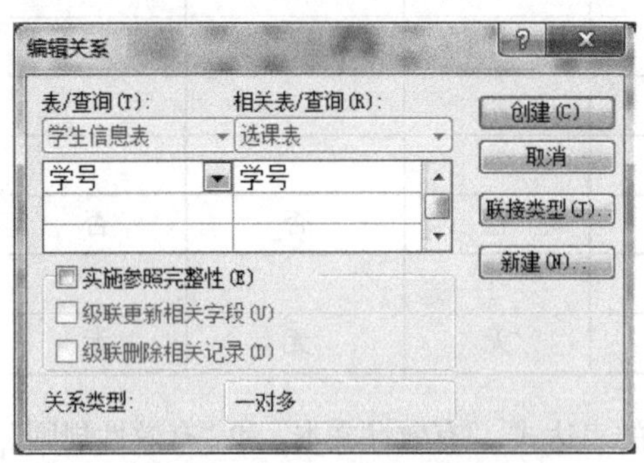

图 6.21 【编辑关系】对话框

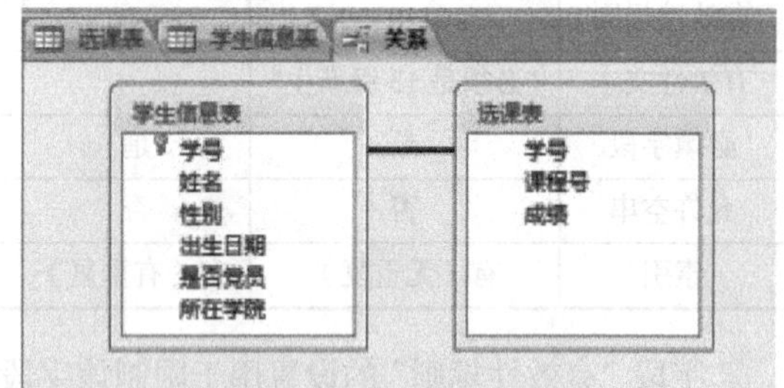

图 6.22 关系创建完成

此时，两个表之间多了一条由两个字段连接起来的关系线。关系建立后，如需更改，则用鼠标右键单击关系线，在快捷菜单中单击【编辑关系】命令，回到【编辑关系】对话框，即可对连接类型、参照性完整等属性进行重新设置。

如果设置好的关系不再需要，可用鼠标右键单击关系线，在弹出的快捷菜单中选择【删除】命令，然后在弹出的对话框中，再次确认即可删除该关系。

6.4.4 使用数据表

1. 查看数据表数据

数据表打开后，数据表视图下方的记录编号框可以帮助用户快速定位查看记录，如图 6.23 所示。

可以通过记录编号框中的按钮进行记录移动，也可以在中间的数字输入框中输入要定位的记录数，如输入“3”，即可定位到第 3 条记录；另外，也可以在搜索框中输入记录内容，则当前记录会直接定位到与所设定的内容匹配的记录。

2. 修改记录

在数据表视图中，可以在所需修改处直接修改记录内容，所做的改动将自动保存。

单击数据表最后一行，即可添加记录。

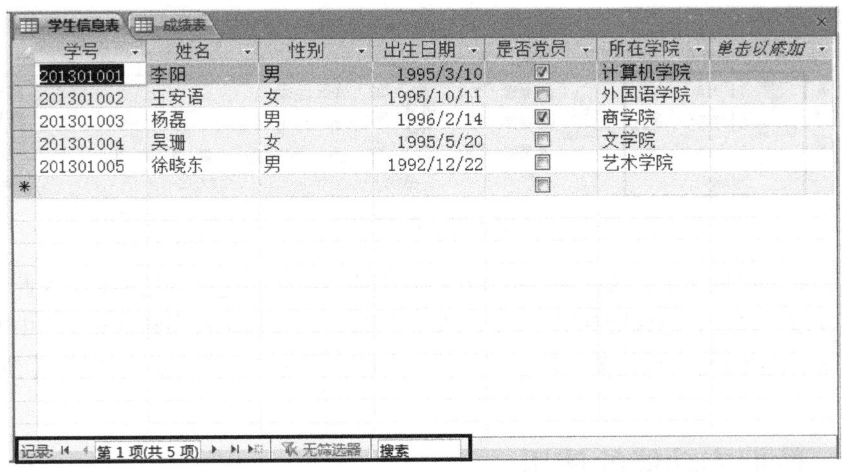

图 6.23　记录编号框

要删除记录时，可在要删除的记录左侧单击，选中该条记录，然后单击鼠标右键，在快捷菜单中选择【删除记录】即可。可以使用“Shift”键配合选中相邻的多条记录，一次删除。

3. 修改格式

在数据表视图中，可以像在 Excel 中一样通过拖动行、列分界线直接改变行高和列宽；也可以通过选中该行或该列，然后单击鼠标右键，在弹出的快捷菜单中对行、列的一些属性进行设置。

可通过【开始】选项卡中的【字体】组进行字体格式、网格线、填充及背景色等其他格式的设置，也可单击【字体】组右下角的【设置数据表格式】按钮，在打开的【设置数据表格式】对话框中进行设置，如图 6.24 所示。

图 6.24 【设置数据表格式】对话框

4. 数据排序和筛选

数据排序可先选中要依据排序的列，然后使用【开始】选项卡【排序和筛选】组中的按钮，如图 6.25 所示；也可以用鼠标右键单击该列，在其快捷菜单中选择【升序】或【降序】命令来完成。

数据筛选就是按照选定内容筛选一些数据，能够使它们保留在数据表中并被显示出来。

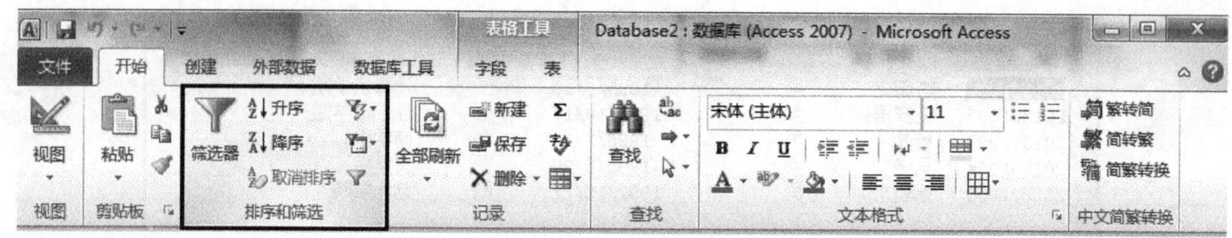

图 6.25　数据排序

筛选只是有选择地显示记录，并不是真正清除那些不符合筛选条件的记录，因此在筛选完成后，往往还要取消筛选，还原所有记录显示。取消筛选可以通过【排序和筛选】组中的【取消筛选】按钮来完成；或在进行筛选的字段上单击鼠标右键，在弹出的快捷菜单中选择【清除筛选器】即可。

6.4.5　数据库功能的使用

1．使用查询

通过查询可以轻而易举地完成对数据的统计、计算和检索，可以回答简单的问题、执行计算、合并不同表中的数据，甚至可以添加、更改或删除表数据。

新建查询可以通过单击【创建】选项卡【其他】功能区中的【查询向导】命令按钮，在弹出的图 6.26 所示的【新建查询】对话框中进行实现。

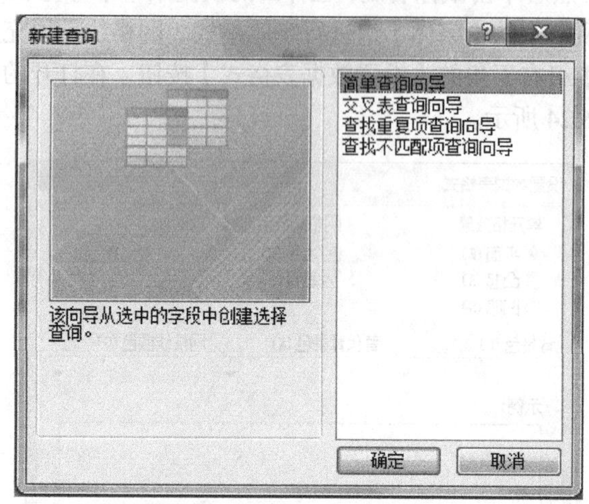

图 6.26 【新建查询】对话框

在【新建查询】对话框的选项列表中，有图 6.26 所示的 4 个选项。【简单查询向导】引导用户创建简单的选择查询，选择查询用于创建可用来回答特定问题的数据子集，还可用于向其他数据库对象提供数据；【交叉表查询向导】可以将数据组成表，并利用累计工具将数值显示为电子报表的格式。交叉表查询可以将数据分为两组显示，一组显示在左边，一组显示在上边，这两组数据在表中的交叉点可以进行求和、求平均值、计数或其他计算。

2．使用窗体

窗体是一个数据库对象。窗体为数据的输入、修改和查看提供了一种灵活、简便的方法，可以使用窗体来控制对数据的访问，如显示哪些字段或数据行。Access 窗体不使用任何代码就可以绑定到数据，而且该数据可以是来自于表、查询或 SQL 语句的，在一个数据库系统开发完成以后，对数据库的所有操作都是在窗体这个界面中完成的。

窗体作为 Access 数据库的重要组成部分，起着联系数据库与用户的桥梁作用。以窗体作为输入界面时，它可以接受用户的输入，判定其有效性、合理性，并具有一定的响应消息执行的功能。以窗体作为输出界面时，它可以输出一些记录集中的文字、图形图像，还可以播放声音、视频动画，实现数据库中的多媒体数据处理。

新建窗体通过【创建】选项卡中的【窗体】组来完成，如图 6.27 所示。

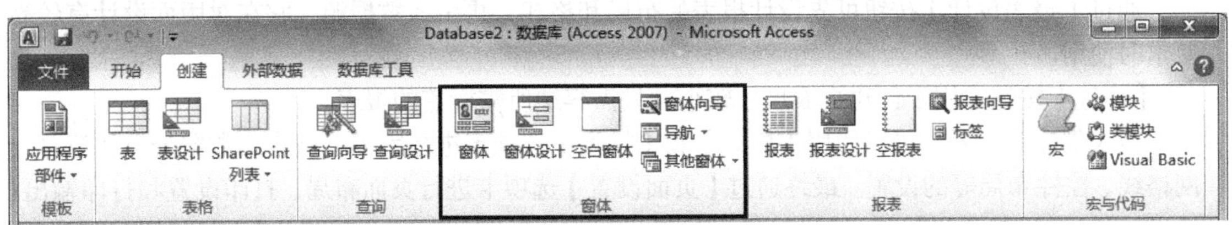

图 6.27　创建窗体

Access 的窗体有设计视图、窗体视图和数据表视图 3 种视图。设计视图用来创建和修改设计对象（窗体）的窗口；窗体视图能够同时输入、修改和查看完整数据，可显示图片、命令按钮、OLE 对象等；数据表视图以行列方式显示表、窗体、查询中的数据，可用于编辑字段、添加和删除数据以及查找数据。

Access 中的窗体可分为以下 3 种。

（1）数据交互型窗体。数据交互型窗体主要用于显示和编辑数据，接收数据的输入、删除、编辑、修改等操作。其特点是必须有数据源。

（2）命令选择型窗体。命令选择型窗体一般是主界面窗体，通过在窗体上添加命令按钮并编程，可以控制应用程序完成相应的操作，也可以实现对其他窗体的调用，从而达到控制应用程序流程的目的。

（3）分割窗体。分割窗体是 Access 2010 窗体形式中新增的一个种类，它是传统的“单一窗体”和“数据表窗体”类型的结合，可以同时提供窗体视图和数据表视图。这两种视图连接到同一数据源，并且总是保持相互同步。如果在窗体的一个部分中选择了一个字段，则会在窗体的另一部分中选择相同的字段。

3. 使用报表

报表是以打印的格式表现用户数据的一种有效方式。设计报表时，应首先考虑如何在页面上排列数据以及如何在数据库中存储数据。

创建报表通过使用【创建】选项卡【报表】组中的按钮来完成，如图 6.28 所示。

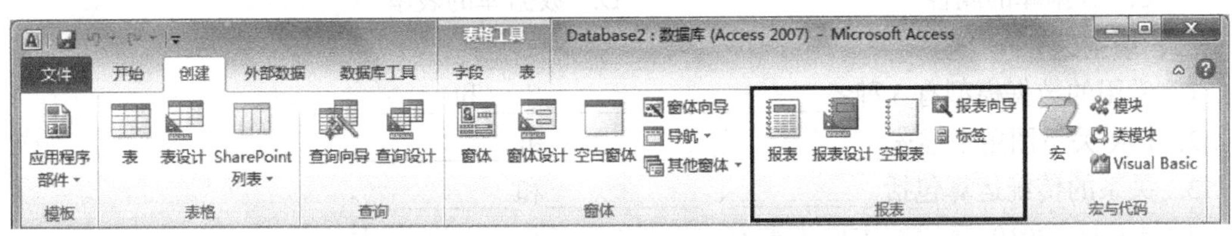

图 6.28　创建报表

在【报表】组共有 5 个功能按钮，单击【报表】按钮，会立即生成报表而不向用户提示任何信息。报表将显示基础表或查询中的所有字段。用户可以迅速查看基础数据，可以保存报表，也可以直接打印报表。如果系统所创建的报表不是用户最终需要的完美报表，则用户可以通过布局视图或设计视图进行修改。

通过【报表向导】按钮可以先选择在报表上显示哪些字段，还可以指定数据的分组和排序方式，如果用户事先指定了表与查询之间的关系，还可以使用来自多个表或查询的字段。

通过【空报表】按钮可以从头生成报表，这是计划只在报表上放置很少几个字段时使用的一种非常快捷的报表生成方式。

通过【报表设计】按钮可先设计报表的布局和格式，再引入数据源。它在对版面设计有较高要求时使用。

【标签】按钮适用于创建页面尺寸较小、只需容纳所需标签的报表。

报表创建完成后，可以使用【格式】和【排列】选项卡进行字体、格式、数据分类和汇总、网格线、控件布局等的设置。最终通过【页面设置】选项卡进行页面布局、打印设置和打印输出。

习　　题

一、选择题

1. Access 2010 是（　　）类型的软件。

   A. 文字处理　　B. 电子表格　　C. 演示文稿　　D. 数据库

2. 下列关于主关键字的叙述中正确的是（　　）。

   A. 一个表可以没有主关键字
   B. 只能将一个字段定义为主关键字
   C. 如果一个表只有一个记录，则主关键字字段可以为空值
   D. 以上都正确

3. 数据库中 1∶n 的关系可以表现在（　　）。

   A. 学校校长与下属院长的关系
   B. 下属院长与学校校长的关系
   C. 学生与班主任的关系
   D. 飞机与机械师的关系

4. Access 2010 表的字段类型没有（　　）。

   A. 文本型　　B. 数字型　　C. 货币型　　D. 窗口

5. 一个数据库表中的“姓名”一项属于（　　）。

   A. 数据库的域　　B. 数据库的元组
   C. 数据库的属性　　D. 数据库的表单

二、填空题

1. 常用的数据模型有 3 种：__________、__________和__________。
2. E-R 关系图用来描述__________、__________和__________。
3. 关系的传统运算包括__________、__________和__________。
4. Access 2010 字段的主要类型有__________、__________、__________、__________、__________、自动编号、是/否、OLE 对象、超链接、附件、计算和查阅向导。
5. Access 2010 的数据可以导出为__________、__________、__________等类型的文件。

三、简答题

1. 什么是数据库、数据库管理系统以及数据库系统？它们之间有什么联系？

2. 简述数据库系统的特点。

3. 实体之间的联系有哪几种？分别举例说明。

4. Access 2010 数据库包括哪些对象？

5. 一个图书借阅管理系统要求提供下列服务。

（1）可以随时查询书库中现有书籍的品种、数量与存放位置。所有书籍均由书号唯一标识。

（2）可以随时查询书籍的借还情况，包括借书人姓名、单位、借书日期、应还日期。系统约定，任何人可以借多种图书，任何一种图书可为多个人所借，借书证号具有唯一性。

（3）需要时可以通过系统中保存的出版社电话、E-mail、通信地址及邮政编码等信息向出版社购买有关书籍。系统约定，一个出版社可以出版多种图书，同一种图书仅为一个出版社所出版，出版社名具有唯一性。

根据上述假设，试进行如下设计。

（1）构造满足系统需求的 E-R 图。

（2）将 E-R 图转换为等价的关系模型。

第7章 计算机网络及 Internet 应用

计算机网络是计算机技术和通信技术紧密结合的产物，它的诞生使计算机体系结构发生了巨大变化，在当今社会经济中起着非常重要的作用，它为人类社会的进步做出了巨大的贡献。现在，计算机网络技术的迅速发展和互联网的普及，使人们更深刻地体会到计算机网络无所不在，并且已经对人们的日常生活、工作甚至思想产生了巨大的影响。从手机中的浏览器到具有无线接入服务的机场，从具有宽带接入的家庭网络到每台办公电脑都有联网功能的传统办公场所，再到联网的汽车、联网的传感器、Internet 互联网等，可以说计算机网络已成为人类日常生活与工作中必不可少的一部分。

7.1 计算机网络基础知识

7.1.1 计算机网络的概述

计算机网络是将地理位置不同的具有独立功能的多台计算机，通过通信设备和线路进行物理上的连接，在网络操作系统、网络管理软件及网络通信协议的管理和协调下，实现网络资源共享和信息传递的系统。

计算机网络连接的对象是各种类型的计算机（如大型计算机、工作站、服务器、微型计算机等）或其他数据终端设备（如各种计算机的外部设备、终端等）。计算机网络的连接介质是通信线路（如光纤、同轴电缆、双绞线、地面微波、卫星等）和通信设备（网关、网桥、路由器、交换机等），其控制机制是各层网络协议和各类网络软件。

7.1.2 计算机网络的发展与组成

1. 计算机网络的发展

（1）具有通信功能的单机系统。该系统又称终端计算机网络，是早期计算机网络的主要形式。它由一台主机和若干个终端组成，用户通过本地的终端使用远程的主机。20 世纪 60 年代初，美国建立的半自动地面防空系统 SAGE 就是将远距离的雷达和其他测量控制设备的信息，通过通信线路汇集到一台中心计算机进行集中处理，首次实现了计算机技术与通信技术的结合，如图 7.1 所示。

（2）具有通信功能的多机系统。在单机通信系统中，中央计算机负载较重，既要进行数据处理，又要承担通信控制，实际工作效率下降；而且主机与每一台远程终端都用一条专用通信线路连接，线路的利用率较低。20 世纪 60 年代中期，出现了数据处理和数据通信分工的计算机网络，即在主机前增设一个前端处理机负责通信工作，并在终端比较集中的地区设置集中器。集中器通常由微型机或小型机实现，它首先通过低速通信线路将附近各远程终端连接起来，然后通过高速通信线路与主机的前端处理机相连。这种具有通信功能的多机系统就构成了计算机网络的雏形，如图 7.2 所示。此网络在军事、银行、铁路、民航、教育等部门都有应用。

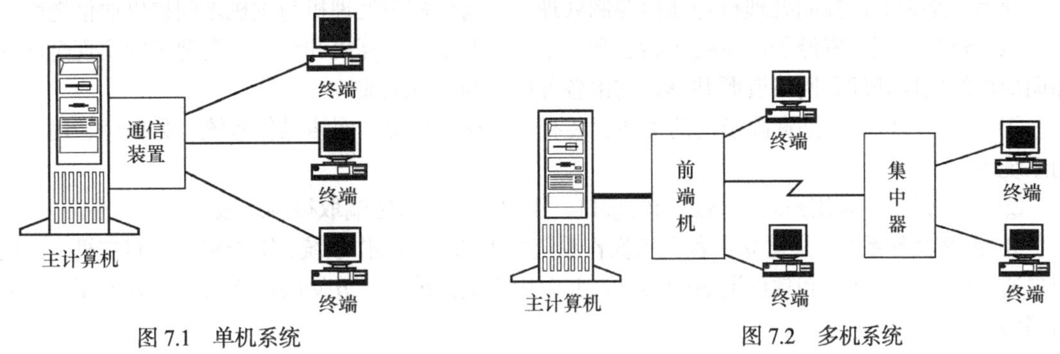

图 7.1 单机系统　　图 7.2 多机系统

（3）计算机网络。20 世纪 70 年代末至 90 年代，出现了多个主机互联的系统，可以实现计算机和计算机之间的通信。真正意义上的计算机网络应该是计算机与计算机的互联，即通过通信线路将若干个自主的计算机连接起来的系统，称为“计算机—计算机”网络，简称为计算机通信网络。

（4）高速互联网络。20 世纪 90 年代末至今是计算机网络飞速发展的阶段，由于局域网技术的发展，光纤及高速网络技术的出现，以及多媒体网络、智能网络的诞生，整个网络就像一个对用户透明的大的计算机系统，逐渐发展为以 Internet 为代表的互联网。

2. 计算机网络的组成

一般而言，计算机网络由 3 个主要组成部分：主机，它们各自为用户提供服务；通信子网，主要由网络通信设备和结点的通信链路所组成；网络的通信协议。

按照功能划分，一般从逻辑上将网络分为通信子网和资源子网两个部分，如图 7.3 所示。

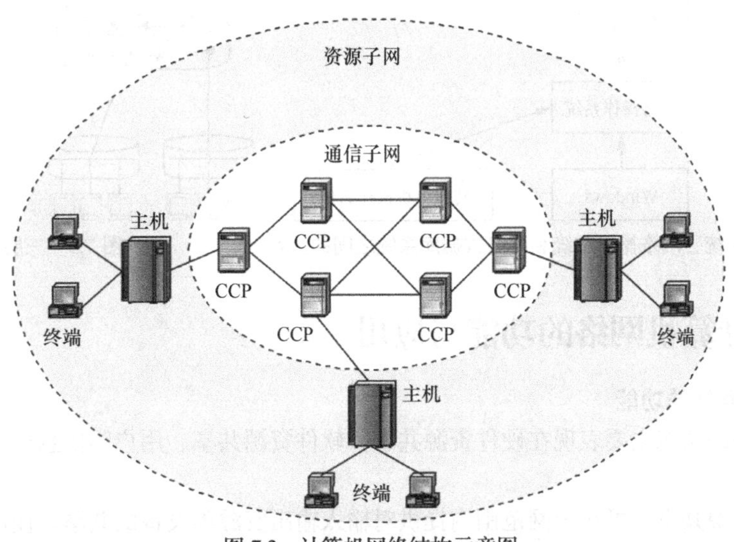

图 7.3 计算机网络结构示意图

（1）通信子网。通信子网由通信控制处理机（Communication Control Processor，CCP）、通信线路与通信设备组成，负责完成网络数据传输、存储、转发等通信处理任务。通信控制处理机在网络拓扑结构中被称为网络结点。它一方面作为与资源子网的主机、终端连接的接口，将主机和终端连入网内；另一方面又作为通信子网中的分组存储转发结点，完成分组的接收、校验、存储、转发等功能，起到将源主机报文准确地发送到目的主机的作用。目前，通信控制处理机一般为路由器和交换机。

通信线路为通信控制处理机与通信控制处理机、通信控制处理机与主机之间提供通信链路。

（2）资源子网。资源子网主要包括实现网络资源共享的计算机和终端。资源子网实现全网的面向应用的数据处理和网络资源共享，它由各种硬件和软件组成。

① 主机（Host）：是资源子网的主体，装有本地操作系统、网络操作系统、数据库、用户应用系统等软件。

② 终端设备：是用户与网络之间的接口，用户通过网络终端取得网络服务。

③ 网络操作系统：是建立在各主机操作系统之上的一个操作系统，用于实现不同主机之间的用户通信以及全网硬件和软件资源的共享，并向用户提供统一、方便的网络接口，以方便用户使用网络。

④ 网络数据库：是建立在网络操作系统之上的一种数据库系统。

⑤ 应用系统：是建立在上述部件基础上的具体应用，以实现用户的需求。

图 7.4 中表示了主机操作系统、网络操作系统和网络数据库系统之间的关系。

（3）现代网络结构的特点。在现代的广域网结构中，随着使用主机系统用户的减少，资源子网的概念已经有了变化。目前，通信子网由网络通信设备和通信线路组成，它负责完成网络中的数据传输与转发任务。通信设备主要是路由器和交换机。另外，从组网的层次角度看网络的组成结构，也不再是一种简单的平面结构，而变成了一种分层的立体结构。图 7.5 所示即为一个典型的三层网络结构。

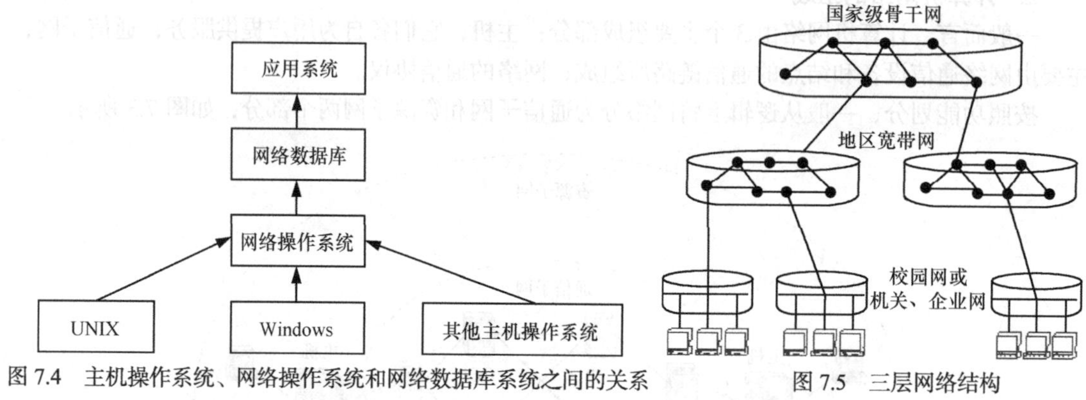

图 7.4　主机操作系统、网络操作系统和网络数据库系统之间的关系　　图 7.5　三层网络结构

7.1.3　计算机网络的功能与应用

1. 计算机网络的功能

计算机网络的功能主要表现在硬件资源共享、软件资源共享、用户间信息交换和分布式处理 4 个方面。

（1）硬件资源共享。可在全网范围内提供对输入输出资源等设备的共享，使用户节省投资，也便于集中管理和均衡负荷。

（2）软件资源共享。允许互联网上的用户远程访问各类大型数据库，可以得到网络文件传送服务、远程进程管理和文件访问服务，从而避免软件研制上的重复劳动以及数据资源的重复存储，便于集中管理。

（3）用户间信息交换。计算机网络为分布在各地的用户提供了强有力的通信手段。用户可以通过计算机网络传送电子邮件、发布新闻消息和进行电子商务活动。

（4）分布式处理。分布式处理即将一项复杂的任务划分成多个部分，由网络内各计算机协作并行完成，使整个系统的性能大为增强。

2. 计算机网络的应用

随着计算机网络的发展，其在各行各业得到越来越广泛的应用。

（1）办公自动化系统（Office Automation System，OAS）。办公自动化是以先进的科学技术（信息技术、系统科学和行为科学）完成各种办公业务。办公自动化系统的核心是通信和信息，通过将办公室的计算机和其他办公设备连接成网络，可充分、有效地利用信息资源，以提高生产效率、工作效率和工作质量，更好地辅助决策。

（2）管理信息系统（Management Information System，MIS）。管理信息系统是基于数据库的应用系统。在计算机网络的基础上建立管理信息系统，是企业管理的基本前提和特征。例如，使用 MIS 的企业可以实现各部门动态信息的管理、查询和传递，可以大幅提高企业的管理水平和工作效率。

（3）电子数据交换（Electronic Data Interchange，EDI）。电子数据交换是将贸易、运输、保险、银行、海关等行业信息用一种国际公认的标准格式通过计算机网络，实现各企业之间的数据交换，并完成以贸易为中心的业务全过程。电子商务系统（Electronic Commerce，EC）是电子数据交换的进一步发展。我国的“金关工程”就是以电子数据交换作为通信平台。

（4）现代远程教育（Distance Education）。远程教育是一种利用在线服务系统，开展学历或非学历教育的全新教学模式。远程教育的基础设施是网络，其主要作用是向学员提供课程软件及主机系统的使用，支持学员完成在线课程，并负责行政管理、协同合作等。

（5）电子银行。电子银行也是一种在线服务，是一种由银行提供的基于计算机和计算机网络的新型金融服务系统，其主要功能有金融交易卡服务、自动存取款服务、转账服务、电子汇款与清算等。

计算机网络作为信息收集、存储、传输、处理和利用的整体系统，在信息社会中得到更加广泛的应用。其中许多应用，如 IP 电话、网上寻呼、网络实时通信、视频点播、网络游戏、网上教学、网上书店、网上购物、网上订票、网上电视直播、网上医院、网上证券交易、虚拟现实、电子商务等已经走进普通百姓的生活、学习和工作中。随着网络技术的不断发展，网络应用将层出不穷，并将逐渐深入到社会的各个领域及人们的日常生活中，改变着人们的工作、学习和生活乃至思维方式。

7.1.4　计算机网络的分类

1. 按照网络的拓扑结构划分

“拓扑”这个名词是从几何学中借用来的。计算机网络拓扑结构是指网络结点和通信链路所组成的几何形状，计算机网络有多种拓扑结构，最常见的网络拓扑结构有总线型结构、环型结构、星型结构、树型结构和网状结构。

（1）总线型结构。在总线型拓扑结构的网络中，所有结点都通过相应的网络接口连接在一条高速公用的传输介质上，如图 7.6 所示。其中的结点可以是网络服务器，也可以是网络工作站（即用户计算机）等。总线型网络采用广播通信方式，即由一个结点发出的信息可以被网络上的多个结点所接收。由于多个结点连接

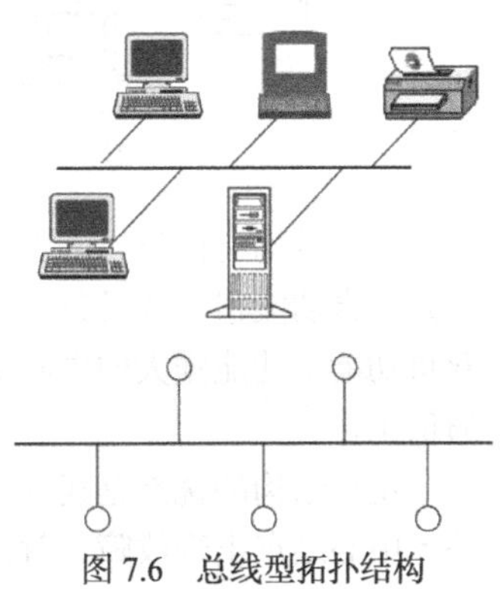

图 7.6　总线型拓扑结构

到一条公用总线上，因此必须采取某种介质访问控制规程来分配信息，以保证在一段时间内，只允许一个结点传送信息，以免发生冲突。

目前，最常用的且已列入国际标准的规程有 CSMA/CD 访问规程和令牌传送访问控制规程两种。

在总线结构网络中，作为数据通信必经之路的总线负载能力是有限的，这由通信介质本身的物理性能决定。因此，总线结构网络中工作站结点的数量是受限制的，如果工作站结点的数量超出总线负载能力，就需要采用分段等方法，并加入相当数量的附加部件，使总线负载符合容量要求。

总线型网络结构简单、扩展灵活、成本低，进行结点设备的插入与拆卸非常方便；另外，当某个工作站点出现故障时，不影响整个网络系统。由于所有的工作站通信均通过一条共用的总线，所以实时性较差，并且一旦总线出现故障就会造成整个网络瘫痪。

（2）环型结构。环型结构是各个网络结点通过环接口连在一条首尾相接的闭合环型通信线路中，如图 7.7 所示。

在环路中，信息是按一定方向从一个结点传输到下一个结点的，形成一个闭合的环流。在环型拓扑结构中，所有结点共享同一个环型信道，环上传输的任何数据都必须经过所有结点，因此，断开环中的某一个结点，就意味着整个网络通信的终止，这是环型拓扑结构的一个主要缺点。

（3）星型结构。星型结构由一个功能较强的管理控制中心结点设备以及一些各自连到中心的从结点组成，如图 7.8 所示。这种网络各个子结点间不能直接通信，从结点间的通信必须经过中心结点设备。

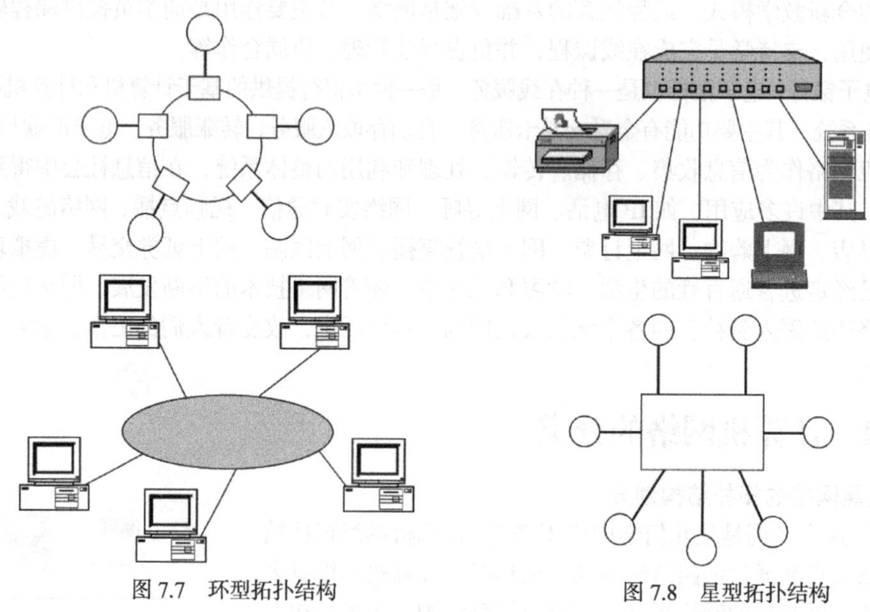

图 7.7　环型拓扑结构

图 7.8　星型拓扑结构

星型结构有两类：一类的中心结点设备仅起到与各从结点连通的作用；另一类的中心结点设备是一台功能很强的设备，子结点是普通计算机或终端，这时中心结点设备有转接和数据处理的双重功能。功能强大的中心结点设备既能作为各子结点共享的资源，也可以按存储转发方式进行通信工作。

星型结构的优点是建网容易，控制相对简单；缺点是属于集中控制，对中心结点依赖性大，一旦中心结点出现故障，就会造成整个网络瘫痪。由于每个结点都与中心结点直接连接，所以需要耗费大量电缆。

（4）树型结构。树型结构其实是多级星型结构，如图 7.9 所示。

树型结构是由多个层次的星型结构连接而成，树的每个结点都是计算机或网络的连接设备。一般来说，越靠近树的根部，要求结点设备的性能就越高。与星型结构相比，树型结构线路总长度短、成本较低、结点易于扩充，但结构较复杂、传输延迟长。

（5）网状结构。网状结构也叫分布式结构，可分为全网格型结构和部分网格型结构，它是由分布在不同地点的计算机系统相互连接而成的，如图 7.10 所示。

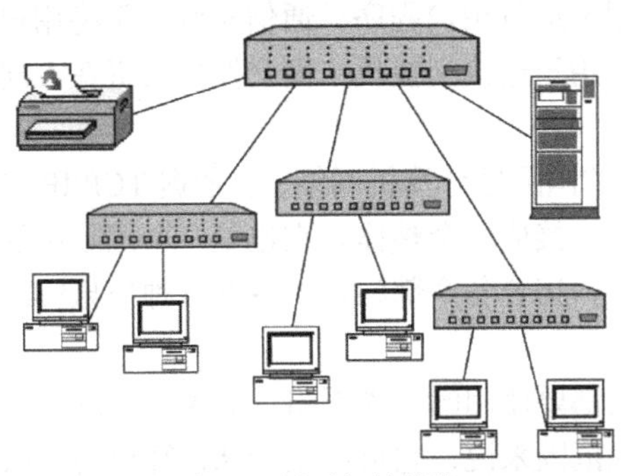

图 7.9　树型拓扑结构

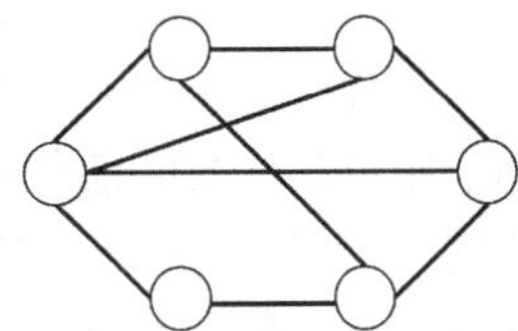

图 7.10　网状拓扑结构

网状结构网络中无中心结点，一般网上的每个结点都有多条线路与其他结点相连，从而增加了迂回通路。网状结构具有可靠性高、结点共享资源容易、可改善线路的信息流量分配及负载均衡、可选择最佳路径、传输延时短等优点；但也存在控制和管理复杂、软件复杂、布线工程量大、建设成本高等缺点。

2. 按网络的覆盖地理范围划分

根据网络的覆盖范围进行分类，计算机网络可以分为 4 种基本类型：局域网（Local Area Network，LAN）、城域网（Metropolitan Area Network，MAN）、广域网（Wide Area Network，WAN）和互联网（Internet），这种分类方法也是目前比较流行的一种方法。

（1）局域网。局域网是指由有限范围内的各种计算机、终端和外部设备所组成的网络。其作用距离为几米到几公里。局域网的传输速率为 10Mbit/s～10Gbit/s，通常在一个园区、一座大楼，甚至在一个办公室内，主要用来构造一个单位的内部网，如学校的校园网、企业的企业网，网络属于该单位所有，并自主管理，以资源共享为主要目的。

局域网的特点是结构相对简单、连接范围窄、用户数少、配置容易、连接速率高、延迟比较短（通常是几个毫秒数量级）。目前，局域网速率最高的为 10Gbit/s 以太网。

（2）城域网。城域网是介于广域网和局域网之间的一种高速网络。其作用距离为几公里到上百公里。它采用的是 IEEE802.6 标准，在地理范围上可以说是局域网的延伸。城域网通常应用于一个城市内大量企业、机关、医院、公司等多个局域网的互联。光纤连接的引入，使城域网中高速的局域网互联成为可能。城域网的传输速率从 64kbit/s 到几 Gbit/s，通常将一个地区或一座城市内的局域网连接起来构成城域网。

城域网是城市通信的主干网，它充当不同局域网之间通信的桥梁，并向外连接广域网。城域网提供高速综合业务服务，既支持数据和语音传输，也可以与有线电视相连。它一般采用简单、规则的网络拓扑结构和高效的介质访问控制方法，避免复杂的路由选择和流量控制，以达到高传输率和低差错率。

城域网与局域网的区别有以下 3 点：①网络覆盖范围的不同；②两者的归属和管理不同，局域网通常专属于某个单位，属于专用网，而城域网是面向公众开放的，属于公用网，这点与广域网一致；③两者的业务范围不同，局域网主要用于单位内部的数据通信，而城域网可用于单位之间的数据、语音、图像、视频通信等，这点与广域网相同。

（3）广域网。顾名思义，广域网是指覆盖范围广的网络，又称远程网，其覆盖范围从几十公里到几千公里，可以跨越一个国家、地区，甚至跨越几个大洲。过去，网络的传输速率比较低，一般为 64kbit/s～2Mbit/s，而现在以光纤为传输介质的新型高速广域网可提供高达几十 Gbit/s 的传输速率。广域网通常由国家委托电信部门建造、管理和经营，以数据通信为主要目的。

广域网由终端主机和通信子网组成。主机用于运行用户程序，通信子网用于将用户主机连接起来，一般由交换机和传输线路组成。传输线路用于连接交换机，而交换机负责在不同的传输线路之间转发数据。

（4）互联网。互联网是目前世界上影响最大的国际性计算机网络，它依据 TCP/IP 将各种不同类型、不同规模、位于不同地理位置的物理网络连接成一个整体。它也是一个国际性的通信网络集合体，融合了现代通信技术和现代计算机技术，集合各个部门、领域的各种信息资源为一体，从而构成网上用户共享的信息资源网。

在互联网应用广泛的今天，它已是我们每天都要使用的一种网络。无论从地理范围，还是从网络规模来讲，它都是最大的一种网络。从地理范围来说，它可以是全球计算机的互联，这种网络的最大的特点就是整个网络的计算机每时每刻都随着新的网络的接入而不断变化。当用户的计算机连在互联网上的时候，该计算机就可以算是互联网的一部分了，但一旦当用户断开互联网的连接时，该计算机就不属于互联网了。它的优点也非常明显：信息量大、传播广，无论用户身处何地，只要连上互联网就可以对任何联网用户发出自己的信函和广告。因为这种网络的复杂性，所以其实现技术也非常复杂。

3. 网络的其他分类方法

除上述分类方法外，计算机网络还有以下几种分类方法。

（1）按照网络的传输介质可以将计算机网络分为铜线网络、光纤网络和无线网络。

（2）按照网络的逻辑功能可以将计算机网络分为资源子网和通信子网。资源子网是指网络用户的接入部分，主要提供共享的资源；通信子网一般由电信运营商（如中国电信、中国联通、中国移动）组建管理，主要提供传输用户数据的线路和设备。

（3）按照网络的使用角色可以将计算机网络分为公用网和专用网。公用网是指国家的电信公司出资建造的大型网络，如中国电信；专用网是指以某个单位为本单位的工作需要而建立的网络，一般不为外单位提供服务，如校园网、企业网等。

（4）按照网络的交换方式可以将计算机网络分为电路交换网、报文交换网、分组交换网等。

（5）按照网络的传输技术可以将计算机网络分为广播式网络、点对点式网络和点到多点式网络等。

7.1.5 计算机网络体系结构

1. 计算机网络体系结构

1974 年，IBM 公司首先公布了世界上第一个计算机网络体系结构（System Network Architecture，SNA），凡是遵循 SNA 的网络设备都可以很方便地进行互联。1977 年 3 月，国际标准化组织（International Standed Organization，ISO）的技术委员会 TC97 成立了一个新的技术分委会 SC16 专门研究“开放系统互联”，并于 1983 年提出了开放系统互联参考模型，即著名的 ISO 7498 国际标准（我国相应的国家标准是 GB 9387），记为 OSI/RM。在 OSI 中采用了三级抽象：

参考模型（即体系结构）、服务定义和协议规范（即协议规格说明），自上而下逐步求精。OSI/RM 并不是一般的工业标准，而是一个用于制定标准的概念性框架。

OSI 参考模型采用分层的结构化技术，将整个网络的功能划分为 7 个层次，如表 7.1 所示，从低到高为物理层、数据链路层、网络层、传输层、会话层、表示层和应用层。OSI 参考模型中的每一层，都有它自己必须实现的一系列功能，以保证数据的正确传输。

表 7.1　　OSI 参考模型的 7 个层次

层号	名称	主要功能简介
7	应用层	是 OSI 参考模型中最靠近用户的一层，负责为用户的操作系统或网络应用程序提供网络服务的接口
6	表示层	用于在不同系统之间，相互理解对方数据的含义，以实现不同计算机系统间的信息交换
5	会话层	负责组织和同步不同的主机上各种进程间的通信，实体之间进行对话连接的建立和拆除
4	传输层	是负责端到端之间数据传输和控制功能的层，是 OSI 参考模型中负责数据传送的最高层
3	网络层	网络中的两台计算机进行通信时，数据在网络层，转换为数据分组，然后在通信子网中选择一条合适的路径，使发送端传输层所传下来的数据，能够通过所选路径到达目的端
2	数据链路层	负责在两个相邻的节点间的线路上无差错地传送以帧为单位的数据，每一帧包括一定的数据和必要的控制信息，在接收点接收到数据出错时要通知发送方重发，直到这一帧无误地到达接收节点
1	物理层	是 OSI 参考模型的最低层，它直接面向原始比特流的传输

2. TCP/IP 参考模型

TCP/IP 即传输控制协议/网际协议，现在已经成为 Internet 互联网的通信协议，适用于连接多种机型，既可用于局域网，又可用于广域网。许多厂商的计算机操作系统和网络操作系统产品都采用或含有 TCP/IP。其中，最重要的协议簇是传输控制协议（Transmission Control Protocol，TCP）和网际协议（Internet Protocol，IP）。TCP/IP 也是一个分层的网络协议，不过它与 OSI 模型所分的层次有所不同。TCP/IP 从低至高分为网络接口层、网络层、传输层和应用层 4 个层次，各层功能如下。

（1）网络接口层。这是 TCP/IP 的最低层，包括多种介质访问控制（Media Access Control，MAC）和逻辑链接控制（Logic Link Control，LLC）。网络接口层的功能是接收 IP 数据报并通过网络进行发送，或从网络上接收物理帧，抽取出 IP 数据报并转交给网络层。

（2）网络层（IP 层）。该层包括以下协议：IP（网际协议）、ICMP（Internet Control Message Protocol，因特网控制报文协议）、ARP（Address Resolution Protocol，地址解析协议）、RARP（Reverse Address Resolution Protocol，反向地址解析协议）。该层负责相同或不同网络中计算机之间的通信，主要处理数据报和路由。在 IP 层中，ARP 用于将 IP 地址转换成物理地址，RARP 用于将物理地址转换成 IP 地址，ICMP 用于报告差错和传送控制信息。IP 在 TCP/IP 中处于核心地位。

（3）传输层。该层提供 TCP（传输控制协议）和 UDP（用户数据报协议）两个协议，它们都建立在 IP 的基础上，其中 TCP 提供可靠的面向连接服务，UDP 提供简单的无连接服务。传输层提供端到端，即应用程序之间的通信，主要功能是数据格式化、数据确认和丢失重传等。

（4）应用层。TCP/IP 的应用层相当于 OSI 模型的会话层、表示层和应用层，它向用户提供网络应用，并为这些应用提供网络支撑服务。把用户的数据发送到低层，为应用程序提供网络接口。应用程序和传输层协议相配合，共同完成发送或接收数据。常见的应用协议有文件传输协议（File Transfer Protocol，FTP）、超文本传输协议（Hypertext Transfer Protocol，HTTP）、简单邮件传输协议（Simple Mail Transfer Protocol，SMTP）、远程登录（Telnet）；常见的应用支撑协议包括域名服务（Domain Name Server，DNS）和简单网络管理协议（Simple Network Management Protocol，SNMP）等。

3. OSI 与 TCP/IP 参考模型的比较

OSI 参考模型与 TCP/IP 参考模型都采用了分层结构，两者都是一种基于协议数据单元的交换网络，都是基于独立的协议栈的概念。

OSI 参考模型有 7 层，而 TCP/IP 参考模型只有 4 层，即 TCP/IP 参考模型没有表示层和会话层，并且把数据链路层和物理层合并为了网络接口层。OSI 参考模型在网络层，支持无连接和面向连接两种服务，而在传输层仅支持面向连接的服务。TCP/IP 参考模型在网络层则只支持无连接的一种服务，但在传输层支持面向连接和无连接两种服务。TCP/IP 参考模型已经成了网络互联的事实标准。OSI 参考模型仅仅作为理论的参考模型被广泛使用。

7.1.6 局域网基础

局域网（LAN）是指将地理范围较小的某个区域内的各种计算机、终端和外部设备相互连接起来构成的网络，可以实现资源的共享。它一般具有以下特点。

（1）域范围小。局域网用于办公室、机关、工厂、学校等内部联网，其范围没有严格的定义，但一般认为距离为 0.1～25km。

（2）误码率低。局域网具有较高的数据传输速率，一般为 100～1 000Mbit/s，误码率为 10^{-8}～10^{-11}。

（3）传输延时小。局域网中的传输延时很小，一般在几毫秒至几十毫秒之间。

（4）传输速率高。目前，局域网的传输速率在 100Mbit/s 以上，如 155Mbit/s、655Mbit/s、1Gbit/s、10Gbit/s 等。

（5）支持多种传输介质。可根据不同的性能需要选用价格低廉的双绞线、同轴电缆或价格较贵的光纤，以及无线传输介质。

1. 局域网的体系结构

20 世纪 80 年代初期，电气和电子工程师协会（Institute of Electrical and Electronics Engineers，IEEE）802 委员会首先制定出局域网的体系结构，即著名的 IEEE802 参考模型，许多 IEEE802 标准已成为 ISO 国际标准。

局域网标准中只有最低的两个层次，即物理层和数据链路层。然而，局域网的种类繁多，其媒体接入控制的方法也各不相同，这样其数据链路层就比广域网复杂。为了使局域网中的数据链路层不致过于复杂，就将其数据链路层划分为两个子层：逻辑链路控制子层（LLC 子层）和介质访问控制子层（MAC 子层）。图 7.11 所示为局域网参考模型与 OSI 参考模型的关系。

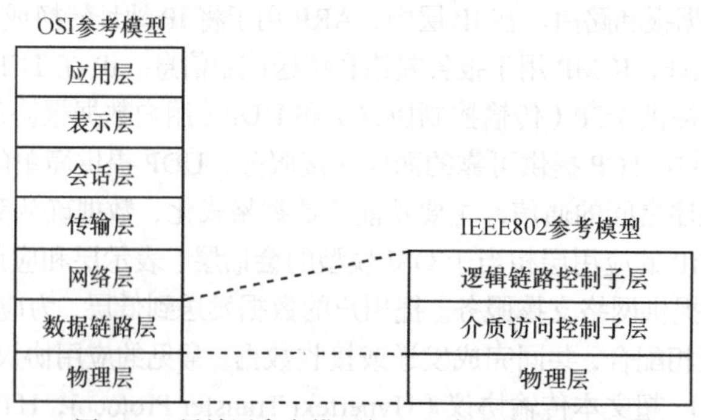

图 7.11 局域网参考模型与 OSI 参考模型的关系

下面简要介绍 IEEE 802 体系结构中各层的功能。

（1）物理层。物理层与 OSI/RM 物理层相对应，提供物理层实体间发送和接收比特的能力。

（2）介质访问控制层。介质访问控制层主要考虑各种接入传输介质的问题，负责在物理层的基础上实现无差错的通信。其具体功能是帧的封装和拆封、物理介质传输差错的检测、寻址、实现介质访问控制协议。

（3）逻辑链路控制层。数据链路层中与介质接入无关的部分都集中在逻辑链路控制子层，提供一个或多个服务访问点，以复用的形式建立多点及多点之间的数据通信连接，并包括寻址、差错控制、顺序控制和流量控制等。

从局域网的体系结构可以看出，局域网数据链路层有两种不同的数据单元：逻辑链路控制层帧和介质访问控制层帧。我们通常提到的局域网的“帧”是指介质访问控制层的帧，而不是指逻辑链路控制层的帧。

虽然 MAC 帧的帧格式各不相同，但都具有 MAC 地址，即每个站的物理地址，其作用就是用来找到所要进行通信的计算机。随着局域网的互联，在各地的局域网中的工作站必须具有互不相同的物理地址。

为了使用户能直接用网卡把机器连到局域网上工作，标准规定将物理地址固化在网卡中，采用 48bit（6 字节）的地址字段，其中前 3 个字节（高 24 位）由 IEEE 统一分配。世界上凡是生产网卡的厂家都必须向 IEEE 购买这 3 个字节构成的一个号，又称“地址块”，地址字段的后 3 个字节（低 24 位）由厂家自行分配。

2. 局域网软、硬件的基本组成

（1）局域网软、硬件。局域网由网络硬件和网络软件两部分组成。网络硬件用于实现局域网的物理连接，为连接在局域网上的计算机之间的通信提供一条物理信道和实现局域网间的资源共享。网络软件则主要用于控制并具体实现信息的传送和网络资源的分配与共享。这两部分互相依赖、共同完成局域网的通信功能。

局域网硬件应包括服务器、工作站、网络适配器（又称网卡）、网络设备、传输介质。其中，网络设备是指计算机接入网络和网络与网络之间互连时所必需的设备（如交换机、路由器等）。

局域网的系统软件包括网络协议软件和网络操作系统两大部分。网络协议用来保证网络中两台设备之间正确传送数据。网络操作系统是指能够控制和管理网络资源的软件，主要包括文件服务程序和网络接口程序。文件服务程序用于管理共享资源，网络接口程序用于管理工作站的应用程序对不同资源的访问。网络操作系统主要有 Windows 操作系统、Linux 操作系统和 UNIX 操作系统等。

（2）局域网的传输介质。局域网常用的传输介质包括双绞线、同轴电缆和光纤。

① 双绞线。双绞线是由一对相互绝缘的导线缠绕在一起构成的，两条导线缠绕在一起，可以降低导线之间的电磁干扰，也有助于减少其他导线中的信号干扰这两根导线。

② 同轴电缆。同轴电缆由绝缘材料隔离的铜导线导体组成，在里层绝缘材料的外部是另一层环形导体及其绝缘体，然后整个电缆由聚氯乙烯或特氟纶材料的护套包住。

③ 光纤。光纤是“光导纤维”的简写，是一种利用光在玻璃或塑料制成的纤维中的全反射原理而达成的光传导工具。

3. 几种常见的局域网

常见的局域网主要有以太网、令牌环网、FDDI 网、ATM 网和无线局域网 5 种，使用最广泛的是以太网。

（1）以太网。以太网最早是由 Xerox（施乐）公司创建的，在 1980 年由美国数字设备公司（Digital Equipment Corporation，DEC）、英特尔和施乐 3 家公司联合开发。以太网是应用最为广泛的局域网，包括标准以太网（10Mbit/s）、快速以太网（100Mbit/s）、千兆以太网（1 000Mbit/s）和万兆以太网，它们都符合 IEEE802.3 系列标准规范。

（2）令牌环网。令牌环网是 IBM 公司于 20 世纪 70 年代开发的，现在这种网络比较少见。在老式的令牌环网中，数据传输速度为 4Mbit/s 或 16Mbit/s，新型的快速令牌环网速度可达 100Mbit/s。令牌环网的传输方法在物理上采用了星型拓扑结构，但逻辑上仍是环型拓扑结构。结点间用多站访问部件（Multi-station Access Unit，MAU）连接。

（3）FDDI 网。FDDI（Fiber Distributed Data Interface）的中文名为“光纤分布式数据接口”，它是于 20 世纪 80 年代中期发展起来的一项局域网技术，其标准由 ANSI X3T9.5 标准委员会制定。它提供的高速数据通信能力高于当时的以太网（10Mbit/s）和令牌环网（4Mbit/s 或 16Mbit/s）。由于 FDDI 使用两条环路，所以当其中一条出现故障时，数据可以从另一条环路到达目的地，网络传输的可靠性比较高。其主要缺点是，由于使用的通信介质是光纤，价格同前面所介绍的快速以太网相比贵了许多，随着快速以太网和吉比特以太网技术的发展，用 FDDI 的人就越来越少了。

（4）ATM 网。ATM（Asynchronous Transfer Mode）的中文名为“异步传输模式”，它的开发始于 20 世纪 70 年代后期。ATM 是一种较新型的信元交换技术，同以太网、令牌环网、FDDI 网络等使用可变长度包技术不同，ATM 使用 53 字节固定长度的信元进行交换。它是一种交换技术，没有共享介质或包交换带来的延时，非常适合于音频和视频数据的传输。

（5）无线局域网。无线局域网络（Wireless Local Area Networks，WLAN）是相当便利的数据传输系统，它是利用无线电波技术取代旧式的双绞铜线所构成的局域网。无线局域网与传统局域网的主要不同之处就是传输介质不同，无线局域网是采用无线电波作为传输介质的。正因为它摆脱了有形传输介质的束缚，所以这种局域网的最大特点就是具有灵活性和移动性，只要在网络的覆盖范围内，就可以在任何一个地方与服务器及其他工作站连接，随时随地连接上互联网，而不需要重新铺设电缆，很适合移动办公一族。

7.2 Internet 应用基础

7.2.1 Internet 概述

1. Internet 的形成与发展

（1）Internet 的形成。Internet 的起源要追溯到 20 世纪 60 年代后期。当时美国国防部高级计划研究局研制了一个试验性网络 ARPANET，该网络问世时仅有 4 个结点，连接几个研究所和大学。

1976 年，ARPANET 发展到 60 多个结点，连接了 100 多台计算机主机，跨越整个美国大陆，通过卫星连至夏威夷，并延伸至欧洲，形成了覆盖世界范围的通信网络。

1980 年，ARPA 开始把 ARPANET 上运行的计算机转向采用新的 TCP/IP。

1985 年，美国国家科学基金会（National Science Foundation，NSF）筹建了 6 个拥有超级计算机的中心。

1986 年，NSF 组建了国家科学基金网 NSFNET，它采用 3 级网络结构，分为主干网、地区网和校园网，连接所有的超级计算机中心，覆盖了美国主要的大学和研究所，实现了与 ARPANET 以及美国其他主要网络的互联。

1990 年，鉴于 ARPANET 的实验任务已经完成，其他发达国家也相继建立了本国的 TCP/IP 网络，并连接到 Internet 上，一个覆盖全球的国际互联网（Internet）已经形成。

（2）Internet 的发展。20 世纪 80 年代中期是 Internet 的第一次快速发展时期。1985 年，美国国家科学基金会为了实现昂贵的超级计算机中心资源的共享，宣布要将 100 所大学的科研人员连接到 Internet 上。1986 ~ 1991 年，NSFNET 的子网从 100 个迅速增加到 3 000 多个。NSFNET 的正式营运以及与其他已有和新建网络的连接使其取代了 ARPANET 的骨干地位而成为 Internet 的基础。

20 世纪 90 年代初期是 Internet 的第二次飞跃发展时期。Internet 的使用不再仅限于研究领域和学术领域。商业机构也出资参与 Internet 的建设，并计划用于商业用途。

商业机构进入 Internet 后，很快发现 Internet 在通信、资料检索、客户服务等方面的巨大潜力。到 1994 年年底，Internet 已通往全世界 150 多个国家和地区，连接着 36 000 多个子网，用户达 3 400 万，成为世界上最大的计算机网络。1995 年 4 月 30 日，NSFNET 宣告停止运行。至此，Internet 完全进入商业化。

（3）Internet 在中国的发展。1986 年 Internet 被引入中国，1994 年 5 月 19 日，中国科学院高能物理所正式接入 Internet，称为中国科技网（China Science and Technology Net，CSTNET）。从此，Internet 在我国有了突飞猛进的发展。1994 年以后，随着我国信息产业的发展和不断扩大，Internet 在国内得到了迅速的普及。目前，与 Internet 网相联的有 6 大计算机网络，其网络名称、出口带宽数如表 7.2 所示。

表 7.2　主要骨干网络国际出口带宽数　单位：Mbps

中国电信	3 040 846
中国联通	1 190 060
中国移动	389 573
中国教育和科研计算机网	61 440
中国科技网	35 840
中国国际经济贸易互联网	2
合计	4 717 761

2. Internet 的构成

（1）Internet 的层次结构。Internet 采用了层次结构的网络，大致可以分为 3 层，如图 7.12 所示。

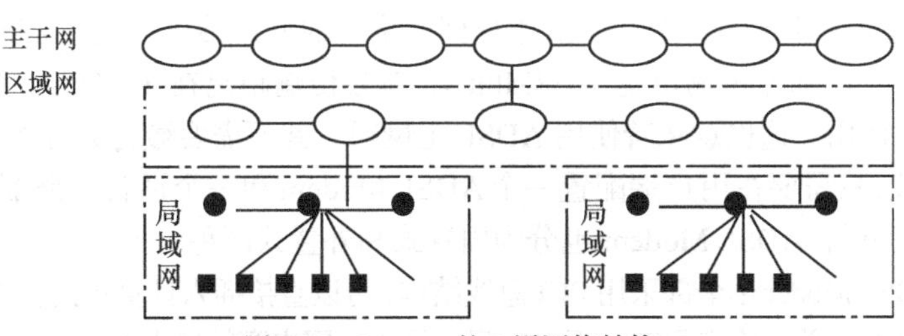

图 7.12　Internet 的 3 层网络结构

① 主干网：由代表国家或者行业的中心节点通过专线连接形成，覆盖到国家一级。

② 区域网：由若干个作为中心节点代理的次中心节点组成，覆盖部分省、市或地区。

③ 局域网：直接面向用户的网络，如校园网和企业网等。

（2）Internet 的逻辑结构。Internet 是通过路由器等网络互联设备将分布在世界各地、规模不一的计算机网络互联而成的大型网际网，如图 7.13 所示。

（3）Internet 的组成。Internet 是全球性的互联网，主要由通信线路、路由器、主机和信息资源等部分组成。

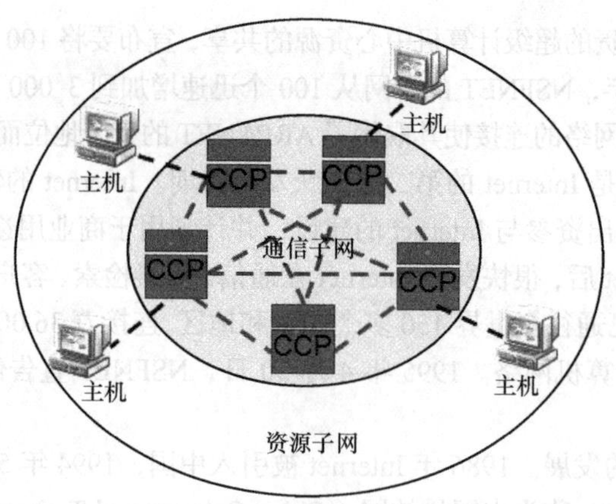

图 7.13 Internet 的逻辑结构

① 通信线路是 Internet 的基础设施，负责将 Internet 中的路由器与主机连接起来。

② 路由器是 Internet 中的重要设备之一，负责将 Internet 中的局域网或广域网连接起来，是网络与网络之间连接的桥梁。

③ 主机是信息资源与服务的载体，Internet 中的主机可以是大型计算机，也可以是普通的微型计算机或便携计算机。

④ 信息资源：如何更好地组织信息资源，使用户方便、快捷地获取信息资源，是 Internet 的发展方向。

7.2.2 Internet 接入技术

用户要想使用 Internet 提供的服务，必须将自己的计算机接入到 Internet 中，从而享受 Internet 提供的各类服务与信息资源。目前，普通用户常见的接入方式有以下几种。

1. ADSL 接入

（1）ADSL 的工作方式。ADSL 是一种利用双绞线高速传输数据的技术。它利用分频技术把普通电话线路所传输的低频信号和高频信号分离，3 400Hz 以下频率供电话使用，3 400Hz 以上频率供上网使用，即在同一根线上分别传送数据和语音信号，数据信号并不通过电话交换机设备。这样既可以提供高速传输：上行（从用户到网络）的低速传输可达 640kbit/s～1Mbit/s，下行（从网络到用户）的高速传输可达 1～8Mbit/s，有效传输距离在 3～5km。而且在上网的同时不影响电话的正常使用，这也意味着使用 ADSL 上网时，并不需要缴付另外的电话费。ADSL 有效地利用了电话线，只需要在用户端配置一个 ADSL Modem 和一个话音分路器就可接入宽带网。

如同 Modem 一样，ADSL Modem 也分为内置式和外置式两种。

① 内置式 ADSL Modem：全部采用 PCI 总线结构，可以直接插入计算机的扩展槽中。内置 ADSL Modem 的特点是结构简单、价格便宜、不占空间，是个人用户宽带接入 Internet 的较好的解决方案。

② 外置式 ADSL Modem：又可根据与计算机连接方式的不同分为 USB 接口和 100Base-T 接口。其中，USB 接口的 ADSL Modem 无须单独供电，并且可以热拔插，因此可以方便地实现与计算机之间的连接，但 USB 接口设备不能连接电视机的机顶盒，因此不能用于视频点播；100Base-T 接口通过 RJ-45 接口实现与计算机或集线器之间的连接，并且可连接机顶盒，实现视频点播。

（2）ADSL 的接入方式。从客户端的设备和数量来看，ADSL 的接入可以分为两种情况。

① 单用户 ADSL Modem 直接连接：由服务商将用户原有的电话线接入 ADSL 局端设备，用户端的电话线路和用户电话号码都保持不变。连接时用电话线将 ADSL 分离器的一端接于电话机上，另一端接于 ADSL Modem，再用网线将 ADSL Modem 和计算机网卡连接即可，如图 7.14 所示。

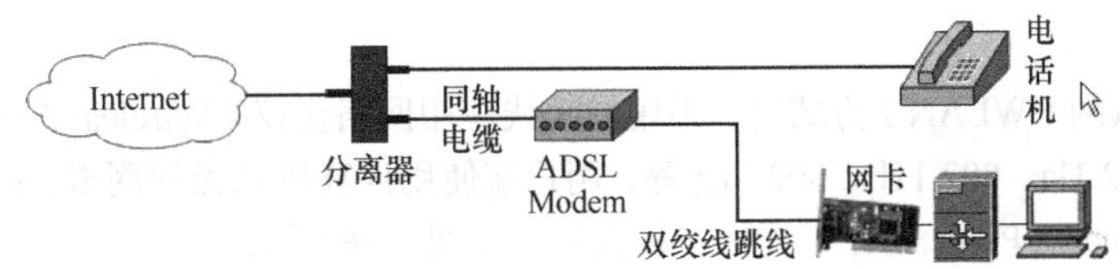

图 7.14　Internet 连接

② 多用户 ADSL Modem 连接：若有多台计算机要接入，需先用集线器组成局域网，再将 ADSL Modem 与集线器相连，ADSL 分离器的连接与单用户的连接相同。这样多台计算机便可同时接入 Internet。

有些 ADSL Modem 不仅拥有 Modem 的调制解调功能，同时还拥有路由器的一些功能。例如，支持静态路由、RIP（Routing Information Protocol，路由信息协议）和路由通信协议，支持透明桥接方式，提供 DHCP（Dynomic Host Configuration Protocol，动态主机配置协议）服务，能够自动为局域网中的计算机分配 IP 地址，提供 NAT（Network Adress Translation，网络地址转换）功能，让局域网中的计算机通过一个公用 IP 地址共享 Internet 连接，支持网络管理，可以 Telnet 方式远程登录，拥有较高的安全性，可实现包过滤。

2. HFC 接入

光纤同轴混合（Hybrid Fiber Coax，HFC）接入是当前主要的一种互联网宽带接入技术。

（1）Cable Modem 的工作方式。由于有线电视网所采用的是模拟传输协议，因此网络需要用一个 Cable Modem 来协助完成数字数据的转换。Cable Modem 能使计算机发出的数据信号与电缆传输的射频信号实现相互之间的转换。Cable Modem 也有多种类型。

① 从传输方式划分，可将其分为对称式传输和非对称式传输。

② 从网络通信的角度划分，可将其分为同步和异步两种方式。

③ 从接入的角度划分，可将其分为个人 Cable Modem 和宽带 Cable Modem。

④ 从接口的角度划分，可将其分为外置式、内置式和交互式机顶盒。

（2）Cable Modem 的接入方式。利用 Cable Modem 技术接入 Internet，硬件设备同 ADSL 类似，需有一个将电视信号与数据信号分开的分线器，数据信号经 Cable Modem 与局域网相连。不同之处在于，它是基于 CATV 网 HFC 基础设施的网络接入技术，以频分复用方式将话音、数据和 CATV 模拟信号复接，在接收端再还原为数字信号。

3. 局域网接入

局域网接入是通过路由器与数据通信网的专线电缆、光纤及卫星通信设备等相连接。在这种方式下，用户端与 ISP 间需通过路由器连接，而且所用的路由器还必须支持 TCP/IP。局域网的接入方式如图 7.15 所示。

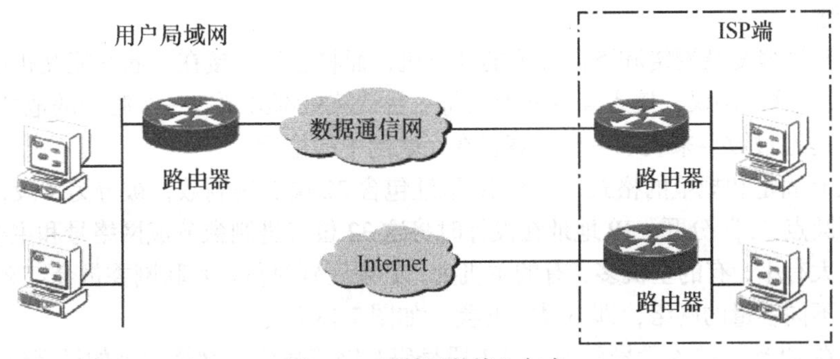

图 7.15　局域网的接入方式

4. 无线接入

使用无线局域网（WLAN）方式时，采用的无线应用网络协议（Wireless Application Protocol，WAP）为 IEEE 802.1la、802.11b、802.11g 等，用户端使用计算机和无线网卡，服务端则使用无线信号发射装置（Access Point，AP）提供连接信号，如图 7.16 所示。

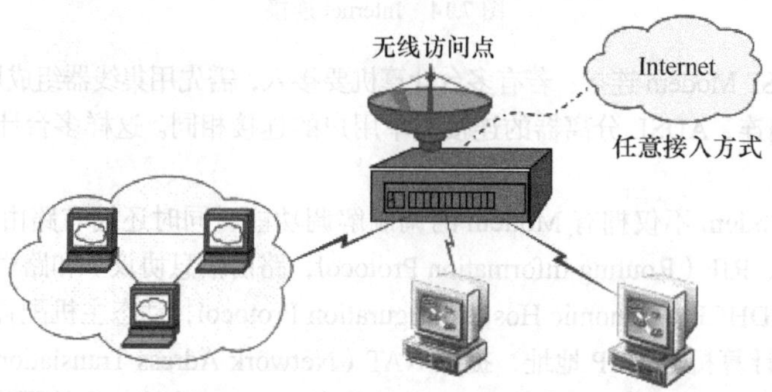

图 7.16　无线局域网的接入方式

5. 直接使用上网卡

用户可直接使用移动上网卡来上网。使用这种上网方式用户需要购买额外的上网卡设备，上网卡的号码已经固化在 PC 卡上，直接插入笔记本电脑的 PCMCIA 插槽或 USB 端口即可。使用 CDMA/GPRS 时的接入方式如图 7.17 所示。

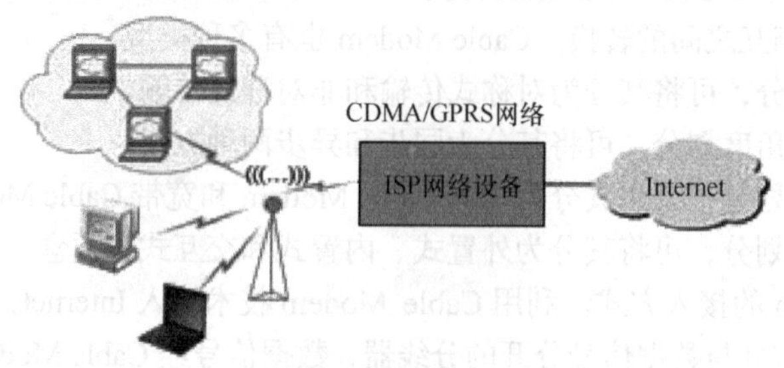

图 7.17　CDMA/GPRS 的接入方式

7.2.3 Internet 地址

在互联网世界中有两种主要的地址识别形式：一种是机器可识别的地址，称为 IP 地址，用数字表示，如 202.114.144.80；另一种是便于记忆的地址，用字符表示，称为域名（Domain Name），如 www.hubu.edu.cn。

1. IP 地址

互联网中有许多复杂网络和不同类型的计算机，而将它们连接在一起并能互相通信，依靠的是 TCP/IP。按照这个协议，接入互联网上的每一台计算机都必须有一个唯一的地址标识，即 IP 地址。IP 地址是通过数字来表示一台计算机在互联网中的位置。

IP 地址具有固定和规范的格式，一个 IP 地址包含 32 位二进制数，被分为 4 段，每段 8 位，段与段之间用圆点“.”分开。IP 地址在设计时将这 32 位二进制数分成网络号和主机号两部分，网络的规模有大有小，有的主机多，有的主机少，必须区别对待。互联网委员会定义了 5 种 IP 地址类型以适合不同容量的网络，即 A 类～E 类，如图 7.18 所示。

A 类地址在 IP 地址的 4 段号码中，第 1 段号码为网络号码，网络地址的最高位必须是“0”；剩下的 3 段号码为主机号码，每个网络最多能容纳 16 777 214 台主机。

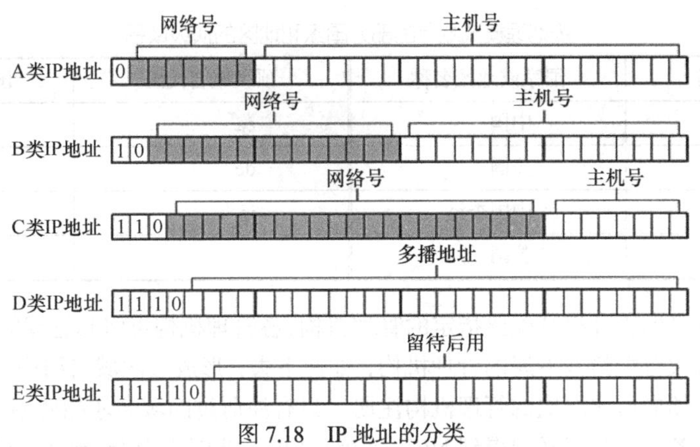

图 7.18　IP 地址的分类

B 类地址在 IP 地址的 4 段号码中，前 2 段号码为网络号码，网络地址长度为 16 位，网络地址的最高位必须是“10”；后 2 段号码为主机号码。B 类地址适用于中等规模的网络，每个网络最多能容纳的计算机数为 65 534 台。

C 类地址在 IP 地址的 4 段号码中，前 3 段号码为网络号码，网络地址长度为 24 位，网络地址的最高位必须是“110”；第 4 段号码为主机号码，长度为 8 位。C 类网络地址的数量较多，适用于小规模的局域网络，每个网络最多能包含 254 台计算机。

D 类 IP 地址第一个字节以“1110”开始，它是一个专门用于组播的地址。它并不指向特定的网络，组播地址用来一次寻址一组计算机，它标识共享同一协议的一组计算机。其地址范围为 224.0.0.1～239.255.255.254。

E 类 IP 地址以“11110”开始，预留用于研究和实验使用。

2. 域名地址

用数字表示的 IP 地址不便于记忆，也看不出拥有该地址的组织的名称或性质，同时也不能根据公司或组织名称（或组织类型）来确定其 IP 地址。由于 IP 地址的这些缺点，人们希望用字符来表示一台主机的通信地址，因此，Internet 使用了一种便于记忆的域名地址系统（Domain Name System，DNS），用户只要输入主机的域名地址就可以连上该主机。域名的组成如图 7.19 所示。

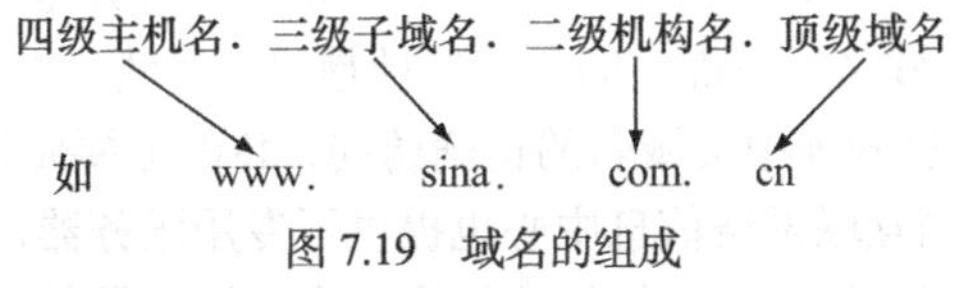

图 7.19　域名的组成

Internet 的域名结构是树状的层次结构，最高级别的域名称为顶级域名。顶级域名的划分方式有两种：一种是按机构性质划分，一般由 3 个字符组成，共分为 7 个域，如表 7.3 所示；另一种是按地理模式划分，每个申请加入 Internet 的国家或地区都可以向网络信息中心（Network Information Center，NIC）注册一个顶级域名，一般由两个字符组成，如表 7.4 所示。

表 7.3　按机构性质划分的顶级域名

顶级域名代码	机构名称	顶级域名代码	机构名称
com	商业机构	mil	军事机构
edu	教育机构	net	网络服务机构
gov	政府机构	org	其他组织
Int	国际机构		

表 7.4　　按地理模式划分的部分国家和地区的顶级域名

顶级域名代码	国家或地区名称	顶级域名代码	国家或地区名称
cn	中国	ca	加拿大
us	美国	de	德国
hk	中国香港	jp	日本
uk	英国		

NIC 将顶级域名的管理权分配给指定的管理机构，各管理机构再将其管理的域划分为二级域，并将二级域的管理权分配给其下属的管理机构，如此下去，形成层次域名结构。每一个在 Internet 上使用的域名都必须向所属层次的管理机构注册，只有注册过的域名才能使用。由于管理机构是逐级授权的，所以各级域名都必须得到 NIC 的最终认可，才能成为 Internet 上的正式域名。

1990 年 11 月 28 日，我国也注册登记了顶级域名 CN，由中国互联网信息中心（China Internet Network Information Center，CNNIC）管理。二级域名的划分方式和顶级域名相同。

其中，二级域名 EDU 的管理权由 CNNIC 授予 CERNET 网络中心，各大学和教育机构可以向 CERNET 网络中心申请注册三级域名，如 tsinghua 代表清华大学，hubu 代表湖北大学。这两个三级域名的管理权由 CERNET 网络中心授予清华大学和湖北大学。两个大学可以继续划分四级域名，并将四级域名分配给其下属二级单位或主机。

在域名系统下，访问互联网上的主机不仅可以使用 IP 地址，更可以使用域名。如通过 221.232.150.51 或 www.hudazx.cn 都可以访问湖北大学知行学院的主页。当在浏览器地址栏输入域名后，域名服务器（Domain Name Server，DNS）自动将域名翻译为 IP 地址。由本地机向 DNS 服务器发出查询指令，DNS 服务器在整个域名管理系统中查询对应的 IP 地址，如找到则返回相应的 IP 地址，反之则返回错误信息。例如，当我们在浏览网页时，浏览器左下角的状态条上会有这样的信息："正在查找　×××"，其实这就是域名通过 DNS 服务器转化为 IP 地址的过程。

3. 中文域名

使用英文字母表示的域名对于不懂英文的用户来说还是很不方便的，2000 年 11 月 7 日，CNNIC 中文域名系统开始正式注册。现在，中文域名的使用分两种情况：第一种是使用"中文域名.CN"等以英文结尾的域名，用户不用下载任何客户端软件，ISP 也不用做任何修改，就可以实现对"CN"结尾的中文通用域名的正确访问；第二种是"中文域名.中国""中文域名.公司"等纯中文域名的使用，要实现对这种纯中文域名的正确访问，ISP 需要做相应的修改，以便能够正确地解析中文域名。同时，中国互联网络信息中心也提供了专用服务器，用户将浏览器的 DNS 设置指向这台服务器，同样也可以完成对纯中文域名的正确解析。另外，考虑到现在有些互联网服务商还没有做修改，而有些用户又不方便将 DNS 设置指向中国互联网络信息中心提供的服务器，纯中文域名会被加上".CN"后缀，即每一个纯中文域名同时有两种形式："纯中文域名"和"纯中文域名.CN"，如"信息中心.网络"和"信息中心.网络.CN"。这样，即使互联网服务商还没有做相应的修改，用户也能正确地使用中文域名。

在中国互联网络信息中心新的域名系统中，将同时为用户提供"中国""公司"和"网络"结尾的纯中文域名注册服务。其中，注册"中国"的用户将自动获得".CN"的中文域名，如注册"清华大学.中国"，将自动获得"清华大学.CN"的域名。

7.2.4　IPv6 简介

IP 是 Internet 的核心协议。现在使用的 IP（即 IPv4）是在 20 世纪 70 年代末期设计的。无论从计算机本身发展还是从 Internet 规模和网络传输速率来看，现在 IPv4 已很不适用了。这里最主要的问题就是 32bit 的 IP 地址不够用。要解决 IP 地址耗尽的问题，可以采用以下 3 个措施。

（1）采用无分类编址（Classless Inter-Domain Routing，CIDR），使 IP 地址的分配更加合理。

（2）采用网络地址转换（Network Address Translation，NAT）方法，可节省许多全球 IP 地址。

（3）采用具有更大地址空间的新版本的 IPv6。

尽管上述前两项措施的采用使得 IP 地址耗尽的日期延后了不少，但却不能从根本上解决 IP 地址即将耗尽的问题。因此，新版本的 IPv6 地址方案才是解决 IP 地址问题的根本方法。下面，我们来看 IPv6 较 IPv4 有什么改进，以及 IPv6 地址设计方案。

1. IPv6 较 IPv4 的主要改进

（1）更大的地址空间。IPv6 将地址从 IPv4 的 32bit 增大到了 128bit。这样大的地址空间在可预见的将来是不会用完的。

（2）扩展的地址层次结构。IPv6 由于地址空间很大，因此可以划分为更多层次。

（3）灵活的首部格式。IPv6 数据报的首部和 IPv4 的并不兼容。IPv6 定义了许多可选的扩展首部，不仅可提供比 IPv4 更多的功能，而且还可提高路由器的处理效率，这是因为路由器对扩展首部不进行处理。

（4）改进的选项。IPv6 允许数据报包含有选项的控制信息，因而可以包含一些新的选项，IPv4 所规定的选项是固定不变的。

（5）允许协议继续扩充。这一点很重要，因为技术总是在不断地发展（如网络硬件的更新），而新的应用也还会出现，但 IPv4 的功能是固定不变的。

（6）支持即插即用（即自动配置）。

（7）支持资源的预分配。IPv6 支持实时镜像等要求保证一定的带宽和时延的应用。

2. IPv6 地址及其表示方案

IPv6 地址有 3 类，即单播、组播和泛播地址。单播和组播地址与 IPv4 的地址非常类似，但 IPv6 中不再支持 IPv4 中的广播地址，而增加了一个泛播地址。IPv6 地址长度 4 倍于 IPv4 地址，表达起来的复杂程度也是 IPv4 地址的 4 倍。本节介绍 1Pv6 的寻址模型、地址类型、地址表达方式以及地址中的特例。

一个 IPv6 的 IP 地址由 8 个地址节组成，每节包含 16 个地址位，以 4 个十六进制数书写，节与节之间用冒号分隔。IPv6 地址的基本表达方式是“X:X:X:X:X:X:X:X”，其中 X 是一个 4 位十六进制整数（16 位）。每一个数字包含 4 位，每个整数包含 4 个数字，每个地址包括 8 个整数，共计 128 位（4×4×8=128）。注意，这些整数是十六进制整数，其中 A～F 表示的是 10～15。地址中的每个整数都必须表示出来，起始的 0 可以不表示。

这是一种比较标准的 IPv6 地址表达方式，此外还有另外两种更加清楚和易于使用的方式。某些 IPv6 地址中可能包含一长串的 0，当出现这种情况时，标准中允许用空隙来表示这一长串的 0。换句话说，地址“3000:0:0:0:0:0:0:1”可以被表示为“3000::1”。这两个冒号表示该地址可以扩展到一个完整的 128 位地址。在这种方法中，只有当 16 位组全部为 0 时才会被两个冒号取代，且两个冒号在地址中只能出现一次。

在 IPv4 和 IPv6 的混合环境中可能有第 3 种方法。IPv6 地址中的最低 32 位可以用于表示 IPv4 地址，该地址可按照一种混合方式表达，即“X:X:X:X:X:X:d.d.d.d”，其中 X 表示一个 16 位整数，而 d 表示一个 8 位十进制整数。例如，地址“0:0:0:0:0:0:10.0.0.1”就是一个合法的 IPv4 地址。把两种可能的表达方式组合在一起，该地址也可以表示为“::10.0.0.1”。

IPv4 向 IPv6 的过渡，主要使用双协议栈和隧道技术。

7.3 Internet 的基本服务

Internet 的应用已越来越广泛，通过网络学习、查找资料、收发电子邮件、上传下载文件、QQ 聊天、发微博、发微信、网上购物等，越来越成为人们生活中重要的组成部分。目前，Internet 提供的常用服务如下所述。

7.3.1 信息浏览与搜索引擎

1. 信息浏览

WWW（World Wide Web）简称 Web，中文通常译成“万维网”或“环球网”，是 1989 年设在瑞士日内瓦的欧洲粒子物理研究中心的 Tim Berners-Lee 发明的。

WWW 是集文字、图像、声音和影像为一体的超媒体，是基于客户机/服务器方式的信息发现技术和超文本技术的综合。

WWW 服务器通过 HTML 超文本标记语言把信息组织成为图文并茂的超文本；WWW 浏览器则为用户提供基于 HTTP 超文本传输协议的用户界面。用户使用 WWW 浏览器通过 Internet 访问远端 WWW 服务器上的 HTML 超文本。

WWW 的应用已进入电子商务、远程教育、远程医疗、休闲娱乐与信息服务等领域，是 Internet 中的重要组成部分。

2. 搜索引擎

Internet 中拥有数以百万计的 WWW 服务器，那么，用户如何在数百万个网站中快速、有效地查找到想得到的信息呢？这就需要借助于 Internet 中的搜索引擎。

搜索引擎是 Internet 上的一个 WWW 服务器，它的主要任务是在 Internet 中主动搜索其他 WWW 服务器中的信息并对其自动索引，将索引内容存储在可供查询的大型数据库中。常用的搜索引擎有百度、谷歌、雅虎和搜狗。

7.3.2 电子邮件

1. 电子邮件服务系统结构

电子邮件（E-mail）服务系统结构包括电子邮件服务器（提供电子邮件服务的软件，负责发送、接收、转发与管理电子邮件）和电子邮件客户（使用电子邮件服务的本地计算机上的客户端软件），其结构如图 7.20 所示。

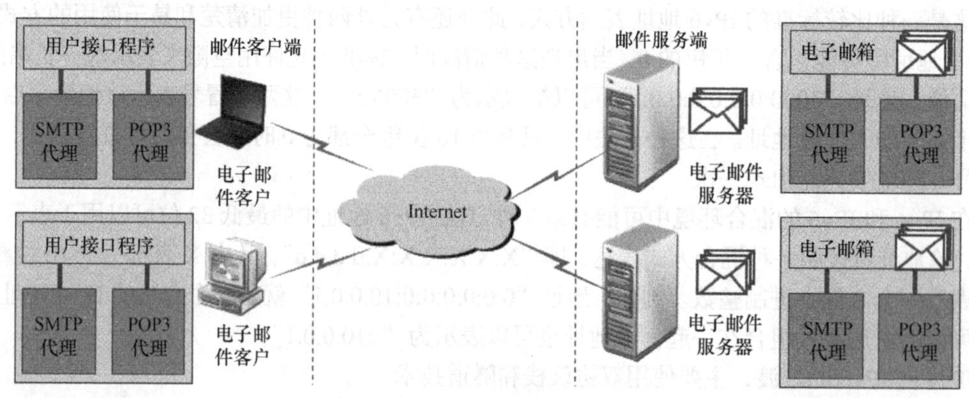

图 7.20 电子邮件服务系统结构

电子邮件是基于计算机网络的通信系统，因此，在接收和发送时必须遵循一些基本协议。

（1）简单邮件传输协议（Simple Mail Transfer Protocol，SMTP）。该协议负责邮件服务器之间的传送，包括定义电子邮件信息格式和传输邮件标准。

（2）邮局协议（Post Office Protocol，POP）。该协议将邮件服务器的电子邮箱中的邮件直接传送到用户本地计算机上。

（3）交互式邮件存取协议（Interactive Mail Access Protocol，IMAP）。该协议提供一个在远程服务器上管理邮件的手段。

（4）电子邮件系统扩展协议（Multipurpose Internet Mail Extensions，MIME）。该协议满足用户对多媒体电子邮件和使用本国语言发送邮件的需求。

2. 电子邮箱、地址与格式

（1）电子邮箱（Mail Box）。电子邮箱通过用户名（User Name）和用户密码（Password）登录，如图 7.21 所示。

（2）邮件地址（E-mail Address）。邮件地址如 hudazxjsj@hubu. edu.cn。

（3）电子邮件信息格式。电子邮件与普通的邮政信件（收信地址、收信人、发信人、发信人地址）相似，也有自己固定的格式。SMTP 规定了电子邮件由封皮、邮件头和邮件体 3 部分组成。

图 7.21 电子邮箱的登录

3. 电子邮件客户端软件

电子邮件的发送与接收必须通过客户机中的电子邮件客户端软件（也称电子邮件应用程序）才能实现。

4. 电子邮件服务的工作原理

电子邮件服务的工作原理如图 7.22 所示。

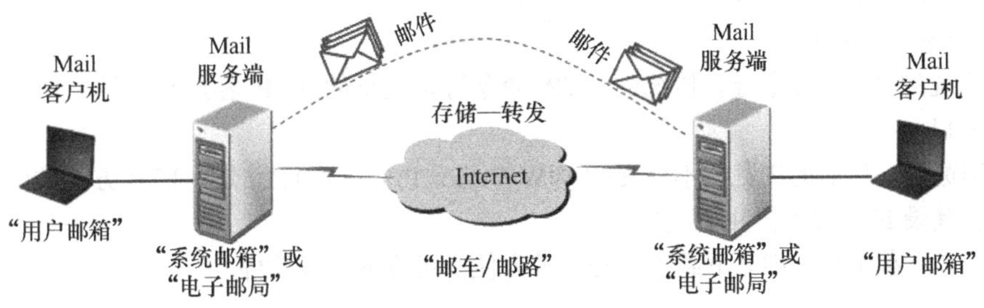

图 7.22 电子邮件服务的工作原理

7.3.3 文件传输

1. 文件传输的概念

文件传输服务是 Internet 上二进制文件的标准传输协议（File Transfer Protocol，FTP）应用程序提供的服务，所以又称为 FTP 服务。FTP 服务器是指提供 FTP 的计算机，负责管理一个大的文件库；FTP 客户机是指用户的本地计算机，FTP 使每个联网的计算机都拥有一个容量巨大的备份文件库，这是单个计算机无法比拟的。文件上传下载的过程如图 7.23 所示。

2. 文件传输的原理

FTP 是面向连接的服务，需要使用两条 TCP 连接来完成文件传输，一条链路专用于命令（端口为 21），另一条链路用于数据（端口为 20）。客户机与服务器之间的连接如图 7.24 所示。

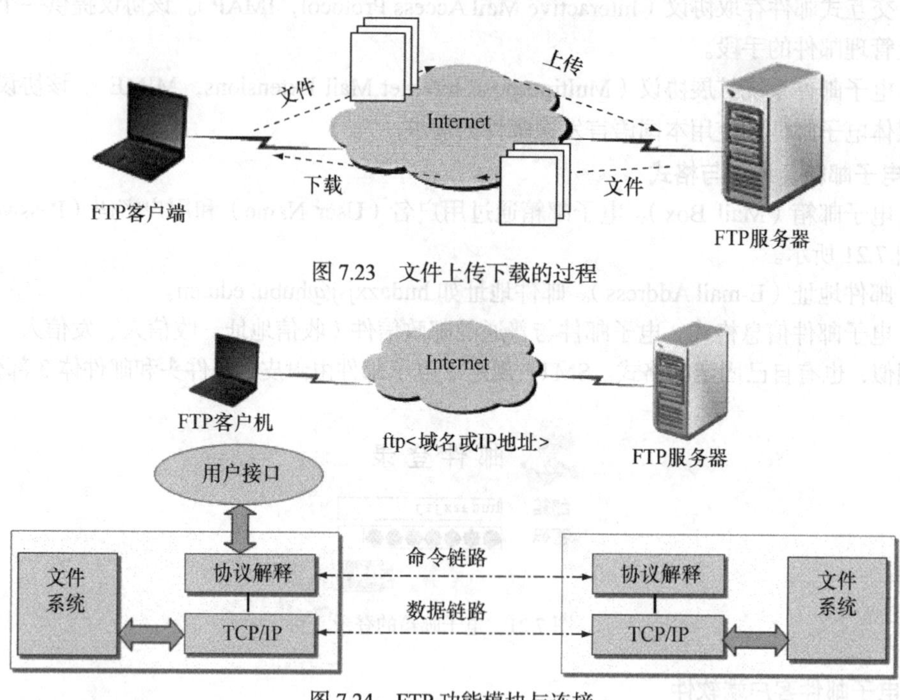

图 7.23 文件上传下载的过程

图 7.24 FTP 功能模块与连接

3. 匿名 FTP 服务

匿名 FTP 是指登录 FTP 服务器时，用户采用“Anonymous”，口令为自己的 E-mail 地址就可以登录。可以看出，匿名 FTP 对任何用户都是敞开的，但登录后用户的权限很低，一般只能从服务器下传文件，而不能上传或修改服务器上的内容。

4. FTP 客户端软件

（1）传统的 FTP 命令行。传统的 FTP 命令行是最早的 FTP 客户端软件，但是需要进入 MS-DOS 窗口。

（2）浏览器。目前的浏览器不仅支持 WWW 方式访问，而且还支持 FTP 方式访问，通过它就可以直接登录 FTP 服务器并下载文件。

（3）FTP 下载工具。FTP 下载工具是一种方便、可靠的工具软件。

7.3.4 即时通信与微博

1. 即时通信

即时通信（Instant Messaging，IM）是指能够即时发送和接收互联网消息的业务。即时通信自 1998 年面世以来发展迅速，功能日益丰富，逐渐集成了电子邮件、博客、音乐、电视、游戏、购物、理财、支付和搜索等多种功能。它不再是一个单纯的聊天工具，而已经发展成集交流、资讯、娱乐、搜索、电子商务、办公协作和企业客户服务等为一体的综合化信息平台。

随着移动互联网的发展，互联网即时通信也在向移动化扩张。目前，腾讯 QQ 和微信、微软 Skype 、阿里旺旺、飞信等重要即时通信提供商都提供通过手机接入互联网即时通信的业务，用户可以通过手机与其他已经安装了相应客户端软件的手机或电脑收发消息，常用的即时通信工具如图 7.25 所示。

图 7.25 常用的即时通信工具

2. 微博

微博是微博客（MicroBlog）的简称，是一个基于用户关系的信息分享、传播以及获取平台，用户可以通过 Web、WAP 等各种客户端组建个人社区，以不超过 140 个文字更新信息，并实现即时分享。最早也是最著名的微博是美国的 Twitter。2009 年 8 月，中国门户网站新浪推出“新浪微博”内测版，成为门户网站中第一家提供微博服务的网站，微博正式进入我国上网主流人群的视野。

微博在国内的发展始于 2007 年中国第一家带有微博色彩的“饭否网”的开张，到 2009 年，伴随“微博”这个全新的名词而来的是一场微博人气争夺战。大批量的名人被各大网站招揽，他们也纷纷以微博为平台，在网络上聚集人气；同样，新的传播工具也造就了无数的草根英雄，使他们从默默无闻到新的网络传播者，而这往往只在一夜之间、寥寥数语中发生。

中国互联网络信息中心（CNNIC）于 2015 年 7 月发布《第 36 次中国互联网络发展状况统计报告》。报告显示，截至 2015 年 6 月，我国微博用户规模为 2.04 亿，网民使用率为 30.6%，手机端微博用户数为 1.62 亿，使用率为 27.3%。手机端微博用户占总体的 79.4%，比 2014 年年底上升了 10.7%。

至今，新浪微博用户数超过 1.4 亿，其得益于其抢占了先机，并且在整体的战略执行上也比较彻底。另一个微博巨头腾讯微博，近来也呈现出发展迅猛的态势。腾讯拥有近 8.6 亿的 QQ 活跃用户。这部分人群很容易受潮流趋势的影响，开通腾讯微博。通过腾讯微博能够与 QQ 好友和腾讯微博上的其他用户进行信息的分享。

如果 2010 年是中国的微博元年，那么 2011 年就是中国的“微博壮年”，很多明星都开通了微博。

主要的微博有以下几种。

（1）Twitter。Twitter（中文名为“推特”）是国外的一个社交网络及微博客服务网站。它利用无线网络、有线网络、通信技术进行即时通信，是微博的典型应用。它允许用户将自己的最新动态和想法以短信形式发送给手机和个性化网站群，而不仅仅是发送给个人。

（2）新浪微博。其宣传口号是“随时随地发现新鲜事”，地址是 http://weibo.com。

（3）腾讯微博。其宣传口号是“你的心声，世界的回声”，地址是 http://t.qq.com。

（4）网易微博。其宣传口号是“每个人的理想国”，地址是 http://www.lofter.com/。

（5）搜狐微博。其宣传口号是“来搜狐微博看我”，地址是 http://t.sohu.com。

7.3.5 网络购物与网上支付

1. 网络购物

网络购物是指通过互联网检索商品信息，并通过电子订购单发出购物请求，然后通过网上银行支付结算物品费用，厂商通过邮政的方式发货，或是通过快递公司送货上门。国内的网上购物，一般付款方式是款到发货，通过银行转账、在线汇款、担保交易（淘宝支付宝、拉卡拉、腾讯财付通、快钱）等方式；另一种是货到付款。

随着网民对网络购物接受度的提高，第三方支付工具飞速发展，中国网上购物市场的发展速度明显加快，数千家购物网站应运而生。

中国互联网络信息中心（CNNIC）于2015年7月发布《第36次中国互联网络发展状况统计报告》。报告显示，截至2015年6月，我国网络购物用户规模达到3.74亿，较2014年年底增加1 249万人，半年度增长率为3.5%。

此外，手机网购激发移动环境下的消费，引领网络购物的发展。2014年，手机购物市场发展迅速。CNNIC数据显示，2014年我国手机网络购物用户规模达到2.36亿，增长率为63.5%，是网络购物市场整体用户规模增长速度的3.2倍，手机购物的使用比例提升了13.5个百分点，达到42.4%，电商企业频繁的低利润促销也助长用户的网购热情，带动了网络购物用户规模的加速增长。

在网上购物非常方便，可以使用网上银行、支付宝、财付通、拉卡拉、快钱等网络支付工具来支付，安全快捷。买家在确认购买信息后，直接按照系统的提示进行操作付款即可。

网上购物是一个新兴产业，客户确定一个产品后，首先对此产品的价格进行对比，然后观察卖家的信誉以及此产品的销售数量，并参照其他买家评价等情况慎重决定购买，最后选择有保障的交易方式付款。

2. 网上支付

网上支付是电子支付的一种形式，它是通过第三方提供的与银行之间的支付接口进行的即时支付方式。这种方式的好处在于可以直接把资金从用户的银行卡中转账到网站账户中，汇款马上到账，不需要人工确认。客户和商家之间可采用信用卡、电子钱包、电子支票和电子现金等多种电子支付方式进行网上支付，采用在网上电子支付的方式节省了交易的开销。

中国互联网络信息中心（CNNIC）于2015年7月发布的《第36次中国互联网络发展状况统计报告》显示，截至2015 年6 月，我国使用网上支付的用户规模达到3.59亿，较2014年年底增加5 455万人，半年度增长率17.9%。与2014 年12 月相比，我国网民使用网上支付的比例从46.9% 提升至53.7%。与此同时，手机支付增长迅速，用户规模达到2.76亿，半年度增长率为26.9%，是整体网上支付市场用户规模增长速度的1.5倍，网民手机支付的使用比例由39%提升至46.5%。

（1）主要特征。与传统的支付方式相比，网上支付具有以下特征。

① 网上支付是采用先进的技术，通过数字流转来完成信息传输的，其各种支付方式都是采用数字化的方式进行款项支付；而传统的支付方式则是通过现金的流转、票据的转让及银行的汇兑等来完成款项支付的。

② 网上支付的工作环境是一个基于开放的系统平台（即因特网），而传统支付则是在较为封闭的系统中运作。

③ 网上支付使用的是最先进的通信手段，如因特网、Extranet，而传统支付使用的则是传统的通信媒介。网络支付对软、硬件设施的要求很高，一般要求有联网的计算机、相关的软件及其他一些配套设施，而传统支付则没有这么高的要求。

④ 网上支付具有方便、快捷、高效和经济的优势。用户只要拥有一台可上网的计算机，便可足不出户，在很短的时间内完成整个支付过程。支付费用仅相当于传统支付的几十分之一，甚至几百分之一。网络支付可以完全突破时间和空间的限制，满足7×24（每周7天，每天24小时）的工作模式。

（2）基本流程。基于Internet平台的网上支付的一般流程如下。

① 客户接入因特网（Internet），通过浏览器在网上浏览商品，选择货物，填写网络订单，选

择应用的网络支付结算工具，并且得到银行的授权使用，如银行卡、电子钱包、电子现金、电子支票或网络银行账号等。

② 客户机对相关订单信息，如支付信息进行加密，在网上提交订单。

③ 商家服务器对客户的订购信息进行检查、确认，并把相关的、经过加密的客户支付信息转发给支付网关，直到银行专用网络的银行后台业务服务器确认，从银行等电子货币发行机构验证得到支付资金的授权。

④ 银行验证确认后，通过建立起来的经由支付网关的加密通信通道，给商家服务器回送确认及支付结算信息，为进一步确保安全，再给客户回送支付授权请求。

⑤ 银行得到客户传来的进一步授权结算信息后，把资金从客户银行账号上转拨至商家银行账号上，借助金融专用网进行结算，并分别给商家、客户发送支付结算成功的信息。

⑥ 商家服务器收到银行发来的结算成功的信息后，给客户发送网络付款成功信息和发货通知。至此，一次典型的网络支付结算流程结束。商家和客户可以分别借助网络查询自己的资金余额信息，以便进一步核对。

目前，各种网上支付结算方式的应用基本遵守该流程。

（3）网上支付方式。

① 网银支付：直接通过登录网上银行进行支付的方式，需要开通网上银行之后才能进行，可实现银联在线支付、信用卡网上支付等。这种支付方式是直接从银行卡支付的。

② 第三方支付：第三方支付本身集成了多种支付方式，最常用的第三方支付是支付宝、财付通、拉卡拉支付、百度钱包、快钱和网银在线，其中作为独立网商或有支付业务的网站而言，最常选择的不外乎支付宝、财付通、拉卡拉支付、快钱这 4 家。

（4）安全问题。网上支付最让人担心的一点就是它需要登录到银行账户，有些用户的电脑中存在盗号木马等，会造成密码泄露、非授权资金转出等一些严重的意外情况发生，所以在进行网上支付时尽量不要选择网吧等公共场所，自己的电脑也要保证杀毒软件的正常安装才能进行网络交易。建议网购用户选择自己经常网购的平台，如天猫网、京东和苏宁易购等，在购物时使用安全网购导航来进入购物平台，可使自己免受钓鱼网站的诈骗；此外，在交易时，应尽量选择第三方担保交易的支付工具，如支付宝、财付通等。

7.4　网络信息安全

7.4.1　信息安全技术

信息安全是指为数据处理系统建立和采取的技术和管理手段，保护计算机硬件、软件和数据不因偶然和恶意的原因而遭到破坏、更改和泄漏，使系统连续正常运行。

信息安全是一门交叉学科，涉及多方面的理论和应用知识。除了数学、通信、计算机等自然科学外，还涉及法律、心理学等社会科学。总体上，我们可以从理论和工程两个角度来考虑。一些从事计算机和网络安全的研究人员一般从理论的观点来研究安全。

1. 网络信息安全的技术特征

网络安全的含义中所提到的完整性、保密性、可用性、可控性和不可否认性是网络信息安全的基本特性和目标，反映了网络安全的基本要素、属性和技术方面的重要特征。

（1）完整性。网络信息安全的完整性是指信息在存储、传输、交换和处理的各环节中保持非修改、非破坏及非丢失的特性，确保信息的原样性。

（2）保密性。网络信息安全的保密性是指严密控制各可能泄密的环节，杜绝私密及有用信息在产生、传输、处理及存储过程中泄露给非授权的个人和实体。

（3）可用性。网络信息安全的可用性是指网络信息能被授权使用者所使用，既能在系统运行时被正确地存取，也能在系统遭受攻击和破坏时恢复使用。

（4）可控性。网络信息安全的可控性是指能有效控制流通于网络系统中的信息传播和具体内容的特性。应对越权利用网络信息资源的行为进行抵制。

（5）不可否认性。网络信息安全的不可否认性也被称为可审查性，是指网络通信双方在信息交换的过程中，保证参与者都不能否认自己的真实身份、所提供信息原样性以及完成的操作和承诺。

2. 信息安全研究的问题

（1）信息安全的内容。信息安全包括以下几个方面的内容。

① 保密性：防止系统内信息的非法泄漏。

② 完整性：防止系统内软件（程序）与数据被非法删改和破坏。

③ 有效性：要求信息和系统资源可以持续有效，而且授权用户可以随时随地以他所希望的格式存取资源。

（2）信息安全研究的问题。

① 信息本身的安全是指防止信息财产被故意地或偶然地非授权泄漏、更改、破坏或使信息被非法的系统辨识、控制。

② 物理安全是指保护计算机设备、设施（含网络）以及其他媒体免遭地震、水灾、火灾、有害气体和其他环境事故（如电磁污染等）破坏的措施、过程。

③ 运行安全是指为保障系统功能的安全实现，提供一套安全措施来保护信息处理过程的安全。

3. 信息系统面临的安全威胁

（1）基本威胁。安全的基本目标是实现信息的机密性、完整性、可用性。对信息系统这 3 个基本目标的威胁即是基本威胁。

① 信息泄漏：是指敏感数据在有意或无意中泄漏、丢失或透露给某个未授权的实体，包括信息在传输中被丢失或泄漏；通过信息流向、流量、通信频度和长度等参数的分析，推测出有用信息。

② 完整性破坏：以非法手段取得对信息的管理权，通过未授权的创建、修改、删除等操作而使数据的完整性受到破坏。

③ 拒绝服务：信息或信息系统资源等的被利用价值或服务能力下降或丧失。

④ 未授权访问：未授权实体非法访问信息系统资源，或授权实体超越权限访问信息系统资源。非法访问主要有假冒和盗用合法身份攻击、非法进入网络系统进行操作、合法用户以未授权的方式进行操作等形式。

（2）黑客攻击。黑客（Hacker），源于英语动词“hack”，他们通常具有硬件和软件的高级知识，并有能力通过创新的方法剖析系统。网络黑客的主要攻击手法有获取口令、放置木马程序、WWW 的欺骗技术、电子邮件攻击、通过一个节点攻击另一个节点、网络监听、寻找系统漏洞、利用账号进行攻击、窃取特权。

（3）安全管理问题。管理策略不够完善，用户安全意识淡薄，对计算机安全不重视。

（4）网络犯罪。网络人口的增长惊人，但是，这种新的通信技术尚未规范，也带来了很多法律问题。各国网络的广泛使用，网络人口的比例越来越高，素质又参差不齐，使得网络成为一种新型的犯罪工具、犯罪场所和犯罪对象。

4. 产生安全威胁的主要途径

（1）浏览网页。在浏览过某网页之后，有时浏览器主页被修改；每次打开浏览器都被迫访问某一固定网站；浏览器遇到错误需要关闭；出现黑屏、蓝屏；处于死机状态；疯狂打开窗口并被强制安装一些不想安装的软件……如果出现以上现象之一，那么计算机安全可能就已受到威胁，可能已经感染了恶意代码。

（2）使用即时通信工具。即时通信工具已经从原来纯娱乐休闲工具变成生活工作的必备工具，包括 QQ、微信、旺旺、Skype 等。由于用户数量众多，再加上即时通信软件本身的安全缺陷，如其内建有联系人清单，使得恶意代码可以方便地获取传播目标，这些缺陷都能被恶意代码利用来传播自身，对计算机安全造成威胁。

（3）浏览邮件。由于 Internet 的广泛使用，电子邮件使用频繁，最常见的是通过 E-mail 交换 Word 格式的文档。黑客也随之找到了恶意代码的载体，电子邮件携带病毒、木马及其他恶意程序，会导致收件者的计算机被黑客入侵。

（4）下载文件。大家经常从网络上下载一些工具、资料、音乐文件、游戏安装包，而这些文件都可以包含恶意代码。很多病毒都是依靠这种方式同时使成千上万台计算机感染的。这是因为在这些平台上发布的文件往往没有严格的安全管理，没有对用户上传的文件进行安全验证，或者即使进行了验证但是黑客使用了病毒变形、加壳等技术逃过了杀毒软件的查杀。

（5）使用移动存储介质。随着时代发展，移动设备也成为新的攻击目标。而 U 盘因其超大的存储容量，逐渐成为使用最广泛、最频繁的存储介质，为计算机病毒的传播提供了更便捷的方式。且自动播放（Autorun）技术经常受到病毒木马的青睐。

当中毒的 U 盘被插入到计算机时，里面潜伏的恶意程序就会执行，并感染系统，并且以后插入到此电脑的 U 盘也将感染此病毒。例如，2007 年年初肆虐的“熊猫烧香病毒”就使用了自动播放技术来增强其传播能力。

5. 信息安全技术

信息安全防范技术主要介绍密码认证技术、消息认证、数字签名技术、电子数字证书和防火墙技术。

（1）密码认证技术。密码学是研究如何实现秘密通信的科学，包括两个分支，即密码编码学和密码分析学。

① 加密：对需要保密的消息进行编码的过程。

② 加密算法：编码的规则。

③ 明文：需要加密的消息。

④ 密文：明文加密后的形式。

⑤ 解密：将密文恢复出明文的过程。

⑥ 解密算法：解密的规则。

⑦ 加密算法和解密算法通常在一对密钥控制下进行，分别称为加密密钥和解密密钥。

⑧ 密钥：是一种参数，它是在将明文转换为密文或将密文转换为明文的算法中输入的数据。

（2）消息认证。消息认证就是验证消息的完整性，当接收方收到发送方的报文时，接收方能够验证收到的报文是真实的和未被篡改的。它包含两个含义：一是验证信息的发送者是真正的而不是冒充的，即数据起源认证；二是验证信息在传送过程中未被篡改、重放或延迟等。这种认证只在相互通信的双方之间进行，而不允许第三者进行。

（3）数字签名。数字签名体制是以电子签名形式存储消息的方法，所签名的消息能够在通信网络中传输。数字签名与传统的手写签名有以下几点不同。

① 签名：手写签名是被签文件的物理组成部分；而数字签名不是被签消息的物理部分，因而需要将签名连接到被签消息上。

② 验证：手写签名是通过将它与真实的签名进行比较来验证；而数字签名是利用已经公开的验证算法来验证。

③ 复制品：数字签名消息的复制品与其本身是一样的；而手写签名纸质文件的复制品与原品是不同的。

与手写签名类似，一个数字签名至少应满足以下3个基本条件。

① 签名者不能否认自己的签名。

② 接收者能够验证签名，而其他任何人都不能伪造签名。

③ 当用户因签名的真伪发生争执时，存在一个仲裁机构或第三方能够解决争执。

（4）电子数字证书。数字证书是建立网络信任关系的关键。数字证书将用户基本信息（用户名、E-mail地址）与用户公钥有机地绑定在一起，绑定功能通过发布证书的权威机构的数字签名来完成。用户之间通过交换数字证书建立信任关系。各种网络安全服务（如HTFP、安全电子邮件）均应建立在数字证书架构或平台之上。

（5）网络防火墙技术。防火墙技术是指通过一组设备（可能包含软件和硬件）介入被保护对象和可能的攻击者之间，对被保护者和可能的攻击者之间的网络通信进行主动限制，达到对被保护者的保护作用。这里可能的攻击者一方面包含现实或潜在的蓄意攻击者，另一方面也包含被保护者的合作者。

防火墙将内部网络与外部网络分开，用于限制被保护的内部网络与外部网络之间进行信息存取、信息传递等操作。构成防火墙的可能是软件，也可能是硬件或两者都有。防火墙是目前所有保护网络的方法中最被普遍接受的方法，95%的入侵者无法突破防火墙。

防火墙主要包括服务访问政策、包过滤、验证工具和应用网关4个组成部分，能根据制定的访问政策对流经它的信息进行监控和验证，从而保护内部网络不受外界的非法访问与攻击。

防火墙的功能如下。

① 访问控制：用于对企业内部与外部、内部不同部门之间实行的隔离。

② 授权认证：是指授权并对不同用户进行访问权限的隔离。

③ 安全检查：是对流入网络内部的信息进行检查或过滤，防止病毒和恶意攻击的干扰和破坏。

④ 加密：用于提供防火墙与移动用户之间在信息传输方面的安全保证，同时也保证防火墙与防火墙之间的信息安全。

⑤ 对网络资源实施不同的安全对策，提供多层次和多级别的安全保护；集中管理和监督用户的访问。

⑥ 报警功能和监督记录。

防火墙的类型有如下几种。

① 包过滤防火墙：设置在网络层，可以在路由器上实现包过滤。

② 代理防火墙：又称应用层网关级防火墙，它由代理服务器和过滤路由器组成，是目前较流行的一种防火墙。

③ 双穴主机防火墙：用主机来执行安全控制功能。一台双穴主机配有多个网卡，分别连接不同的网络。

7.4.2 计算机病毒

计算机病毒是一种在计算机系统运行过程中，能把自身精确复制或有修改地复制到其他程序内的程序。它隐藏在计算机系统中，利用系统资源进行繁殖，并破坏或干扰计算机系统的正常运行。由于计算机病毒是人为设计的程序，通过自我复制来传播，满足一定条件即被激活，从而给计算机系统造成一定损害甚至严重破坏。这种程序的活动方式与生物学中的病毒相似，所以被称为计算机“病毒”。

1. 计算机病毒的特点

计算机病毒是一段程序，具有传染性，可以感染其他文件。其传染方式是修改其他文件，把病毒程序段复制嵌入到其他程序中。它并不是自然界中产生的生命体，而是具有特殊功能的程序或程序代码片段。

2. 计算机病毒的主要征兆

① 磁盘的引导区或文件分配表被破坏，不能正常引导系统。

② 系统运行速度明显减慢，磁盘访问的时间变长。

③ 计算机发出奇怪的声音效果或屏幕上显示奇怪的画面信息。

④ 系统运行异常或瘫痪、死机现象增多。

⑤ 磁盘上某些文件无故消失或新出现了一些异常文件，或是文件的长度发生变化。

⑥ 系统中的设备不能正常使用，磁盘上的文件不能正常运行。

⑦ 磁盘中坏扇区增加，或磁盘可用空间减少。

⑧ 可用内存空间变小。

3. 计算机病毒的分类

（1）按破坏性分类。

① 良性病毒。良性病毒通常表现为显示信息、奏乐、发出声响，能够自我复制，但不影响系统运行。

② 恶性病毒。恶性病毒主要造成死机、系统崩溃、删除程序或系统文件，破坏系统配置，导致机器无法启动。

③ 灾难性病毒。灾难性病毒主要表现为使系统崩溃、删除数据文件，甚至格式化硬盘。

（2）按传染方式分类。

① 引导型病毒。引导型病毒主要通过软盘在操作系统中传播，感染引导区，蔓延到硬盘，并能感染到硬盘中的主引导记录。

② 文件型病毒。文件型病毒是文件感染者，也称为寄生病毒。它运行在计算机存储器中，通常感染扩展名为“COM”“EXE”“SYS”等类型的文件。

③ 混合型病毒。混合型病毒具有引导型病毒和文件型病毒两者的特点，既感染引导区又感染文件，因此扩大了传染途径。

④ 宏病毒。宏病毒是指用 BASIC 语言编写的病毒程序并以宏代码的形式寄存在 Office 文档上，它影响对文档的各种操作。

（3）按连接方式分类。

① 源码型病毒。源码型病素主要攻击高级语言编写的源程序，在源程序编译之前插入其中，并随源程序一起编译、连接成可执行文件。这类病毒较为少见，亦难以编写。

② 入侵型病毒。入侵型病毒可用自身代替正常程序中的部分模块或堆栈区。

③ 操作系统型病毒。操作系统型病毒可用其自身加入或替代操作系统的部分功能。因其直接感染操作系统，所以危害性也较大。

④ 外壳型病毒。外壳型病毒通常将自身附在正常程序的开头或结尾，相当于给正常程序加了个外壳。大部分文件型病毒都属于这一类。

4. 计算机病毒举例

著名的计算机病毒有“小球病毒”“CIH 病毒”“美丽莎病毒（Macro.Melissa）”“冲击波病毒（Worm.MSBlast）”“欢乐时光病毒（VBS.Happytime）”和 2007 年的“熊猫烧香病毒”。

5. 计算机病毒的检测与防治

（1）计算机病毒的检测。计算机病毒的检测通常采用手工检测和自动检测两种方法。手工检测是通过一些软件工具（如 DEBUG、PCTOOLS、NU 等）提供的功能进行病毒的检测。自动检测是通过病毒诊断软件来识别一个系统是否含有病毒的方法。

（2）计算机病毒的预防。计算机病毒主要从管理与技术上进行预防。

（3）计算机病毒的清除。如果发现计算机被病毒感染了，则应立即清除病毒。通常用人工处理或反病毒软件两种方式进行清除。人工处理的方法有用正常的文件覆盖被病毒感染的文件、删除被病毒感染的文件、格式化磁盘等，但这种方法有一定的危险性，容易造成对文件数据的破坏。用反病毒软件对病毒进行清除是一种较好的方法。

7.5 移动互联网

7.5.1 什么是移动互联网

移动互联网（Mobile Internet）是互联网的技术、平台、商业模式和应用与移动通信技术融合的产物。移动互联网是一个全国性的、以宽带 IP 为技术核心的，可同时提供话音、传真、数据、图像、多媒体等高品质电信服务的新一代开放的电信基础网络，是国家信息化建设的重要组成部分。

移动互联网的核心是互联网，因此一般认为移动互联网是桌面互联网的补充和延伸，应用和内容仍是移动互联网的根本。

“2015 全球移动互联网大会”于 2015 年 4 月 28 日在北京国家会议中心举行。作为全球最大规模的移动互联网行业盛会，由长城会主办的全球移动互联网大会（Global Mobile Internet Conference，GMIC）已成长为世界范围内最具影响力的辐射并连接东西半球的移动互联网商务平台。GMIC 每年两次，分别在中国北京（5 月）和美国硅谷（10 月）各举办一次。

GMIC 每年都汇聚全球移动互联网顶尖公司的创新领袖，包括 Facebook、腾讯、Rovio、新浪、Google、Evernote、UC 优视、EA、GameLoft、小米科技、DST 全球等。

7.5.2 移动互联网的特点

随着智能手机的普及，很多用户都在通过手机上网。不过移动互联网并非就是用手机上网，它的本质是互联网以自然的方式融入生活，其特点如下。

（1）便捷性。移动互联网的便捷性体现在它提供了丰富的应用场景，让人们可以随时随地使用。移动用户可方便地接入无线网络，同时进行诸多应用。此外，便捷的移动应用还会改变很多消费的研究和决策习惯。例如，出行之前不用再去查找路线，上车后打开 GPS 即可。

（2）智能性。移动互联网的设备可以定位自己所处的方位，并采集附近事物及声像信息。而现在更新的设备还可以使用户感受到温度、嗅觉和触碰感，这显然要比传统的设备“聪明”很多。

（3）个性化。移动互联网的个性化表现为终端、网络和内容与应用的个性化。终端个性化表现在消费移动终端与个人绑定，个性化呈现能力非常强；网络个性化表现为移动网络对用户需求、行为信息的精确反映和提取能力，并可与 Mashup 等互联网应用技术、电子地图等相结合；互联网内容与应用的个性化表现在采用社会化网络服务、博客、聚合内容（Really Simple Syndication，RSS）、Widget 等 Web2.0 技术与终端个性化和网络个性化相互结合，使个性化效应得到极大释放。

7.5.3 移动互联网的应用趋势

（1）移动电子商务。随着移动互联网的发展成熟，企业用户也会越来越多地利用移动互联网开展商务活动。移动电子商务与移动搜索等其他移动应用融合已成为趋势，跨平台、跨业务的合作会越来越成熟。

（2）手机游戏。随着人们对移动互联网接受程度的提高，手机游戏将成为一个朝阳产业。随着移动终端性能的改善，更多的游戏内容将被手机支持，客户体验也会越来越好。未来几年，手机游戏可能成为娱乐的先锋，与传统游戏产业相辅相成。

（3）移动搜索。相比传统互联网的搜索，移动搜索对技术的要求更高。移动搜索引擎需要整合现有的搜索理念，实现多样化的搜索服务。智能搜索、语义关联、语音识别等多种技术都要融合到移动搜索技术中来。移动搜索是移动互联网应用发展的一个新方向。

（4）移动视听。作为一种新兴娱乐形式，移动视听更受年轻时尚人士的喜爱。相比传统电视，移动视听服务的互动性将成为一大优势。由于人们文化水平和个人爱好的差别，个性化的视听内容更受青睐。移动视听通过内容点播、观众点评等形式能够分层次地提供服务；另外，其最大好处就是可以随时随地收看。随着技术的成熟，移动视听将成为移动互联网的新亮点。

（5）移动 SNS（Social Networking Services，社会性网络服务）。近年来，以 Facebook 为代表的 SNS 网络社区迅速发展。国内的 QQ 空间、人人网、51.com 等都是人气很旺的 SNS。SNS 逐渐成为人们日常生活中受欢迎的娱乐项目。移动互联网已经成为了一种潮流，受到了越来越多时尚群体的青睐，SNS 也必将逐步向移动互联网移植。

（6）移动支付。移动支付是移动互联网的新起点，信息时代支付手段的电子化和移动化是必然趋势。移动支付不仅是商业模式的创新，还是商业价值的创新。

习 题

一、选择题

1. TCP/IP 参考模型的基本结构分为（　　）。

   A. 4 层　　B. 7 层　　C. 6 层　　D. 5 层

2. 在常用的传输介质中，（　　）的带宽最宽、信号传输衰减最小、抗干扰能力最强。

   A. 双绞线　　B. 同轴电缆　　C. 光纤　　D. 微波

3. IP 地址由一组（　　）的二进制数字组成。

   A. 8 位　　B. 16 位　　C. 32 位　　D. 64 位

4. 在 Internet 中能够提供任意两台计算机之间传输文件的协议是（　　）。

   A. WWW　　B. FTP　　C. Telnet　　D. SMTP

5. a@88.cn 表示一个（　　）。

   A. IP 地址　　B. 电子邮箱　　C. 域名　　D. 网络协议

二、填空题

1. 计算机网络中，实际应用最广泛的是__________，由它组成了 Internet 的一整套协议。
2. 网络常用的拓扑结构有总线型结构、环型结构、__________、__________和__________。
3. 计算机网络按覆盖范围可分为__________、__________、__________和互联网。
4. Internet 常见的接入方式的有__________、__________、__________、__________等几种。
5. Internet 提供的常用服务有__________、__________、__________、文件传输、即时通信、微博、网络购物、网上支付等。

三、简答题

1. OSI/RM 参考模型共有几层？分别是什么？
2. OSI/RM 与 TCP/IP 参考模型的有什么区别？
3. 局域网的常见传输介质有哪些？其各有什么优、缺点？
4. 什么是 IPv6？IPv6 较 IPv4 有什么改进？
5. 基于 Internet 平台的网上支付有怎样的流程？

第 8 章 网页制作技术

随着互联网的发展，人们可以获取、交换和存储连接到网络上各计算机中的信息。网络上存放信息和提供服务的地方就是网站。一个成功的网站离不开精美的网页，要制作出精美的网页，就要学习网页制作的相关知识，如制作网页网站的方法、网页布局设计技巧以及站点的发布和维护等。

8.1 网页与网站

8.1.1 网页和网站的概念

1. 网页的概念

网页（web）是网站上的某一个页面，是向访问者传递信息的载体，以超文本和超媒体为技术，采用 HTML、CSS、XML 等语言来描述组成页面的各种元素，包括文字、图像、多媒体等，并通过客户端浏览器进行解析，从而向浏览者呈现网页的各种内容，如图 8.1 所示。

图 8.1 网页

2. 网站的概念

网站（Website）是指在互联网上根据一定的规则，使用 Dreamweaver 等工具制作的用于展示特定内容的相关网页的集合；也是通过超链接将网站中多个网页联系起来，形成一个主体鲜明、结构清晰、风格一致的站点。

8.1.2 网页的主要元素

一个网页的基本元素主要包括文本、图像和超链接，还包括声音、动画、视频、表格、表单等其他元素，如图 8.2 所示。

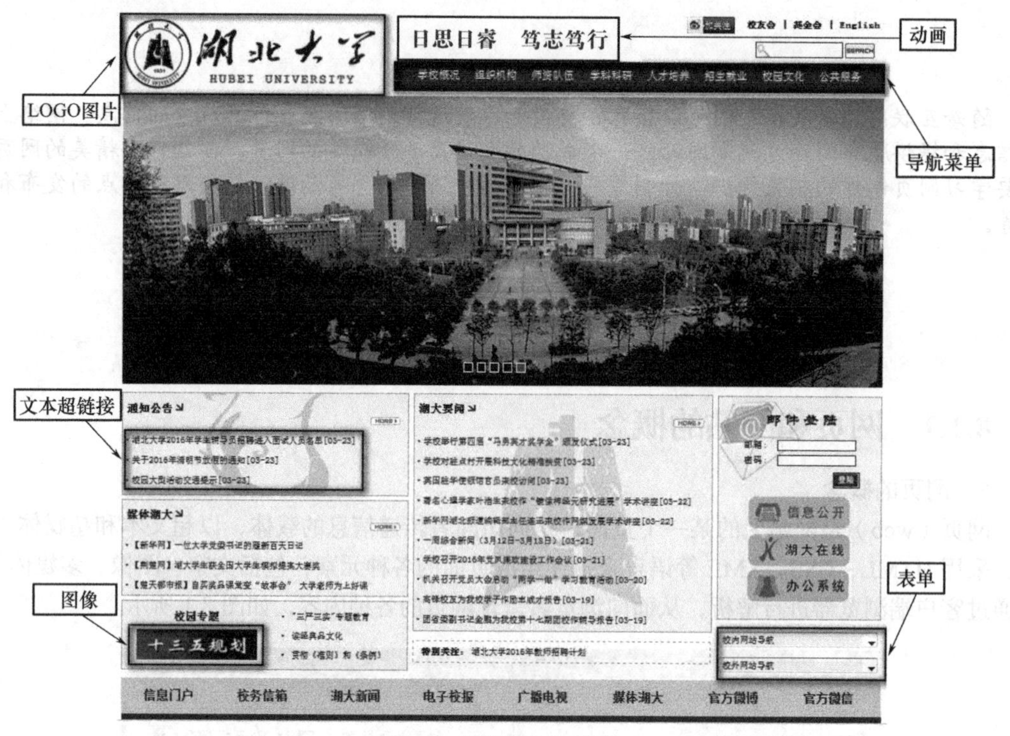

图 8.2 网页的主要元素

1. 文本

文本是网页上最重要的信息载体与交流工具，网页中的主要信息大都以文本形式为主。与图像网页元素相比，文字虽然不如图像那样容易被浏览者注意，但却能包含更多的信息，并能更准确地表达信息的内容和含义。

2. 图像

图像元素在网页中具有提供信息并展示直观形象的作用。用户可以在网页中使用 GIF、JPEG 和 PNG 等多种文件格式的图像。目前，应用最广泛的图像文件格式是 GIF 和 JPEG 两种。

3. 超链接

超链接是从一个网页指向另一个目的端的链接。超链接的目的端可以是网页、图片、电子邮件地址、文件和程序等。当网页访问者单击页面中某个超链接时，将根据自身的类型以不同的方式打开该目的端。例如，当超链接的目的端是一个网页时，单击该超链接将会打开网页显示内容。

4. 声音

声音是多媒体网页重要的组成部分。用户在为网页添加声音效果时应充分考虑其格式、文件大小、品质和用途等因素。另外，不同的浏览器对声音文件的处理方法也有所不同，彼此之间有可能并不兼容。

5. 动画

动画在网页中的作用是有效地吸引访问者更多的注意。用户在设计制作网页时可以在页面中加入动画使页面更加活泼。

6. 视频

视频文件的采用使网页效果更加精彩，且富有动感。常见的视频文件格式包括 RM、MPEG 和 AVI 等。

7. 表格

表格用来控制网页中页面信息的布局方式。其作用主要有两个方面：一方面是使用行和列的形式布局文本和图像以及其他列表化数据；另一方面是精确控制网页中各种元素的显示位置。

8. 表单

表单在网页中通常用来连接数据库并接受用户在浏览器端输入的数据信息，收集用户在浏览器上输入的联系信息、接受请求、反馈意见、设置签名以及登录信息等。

9. 其他网页元素

网页中除了上面介绍的网页元素之外，还包括悬停按钮、Java 特效、Active X 等各种特效。用户在制作网页时可以用它们来点缀网页效果，使页面更加活泼生动。

8.1.3　主流网页的类型

目前，常见的网页有静态网页和动态网页两种。静态网页通常以 htm、html、shtml、xml 等为扩展名；动态网页一般以 asp、jsp、php、aspx 等为扩展名。

1. 静态网页

网页所基于的底层技术是 HTML 和 HTTP。在过去，制作网页都需要专门的技术人员来逐行编写代码，编写的文档称为 HTML 文档。然而，这些 HTML 文档类型的网页仅仅是静态网页，如图 8.3 所示。

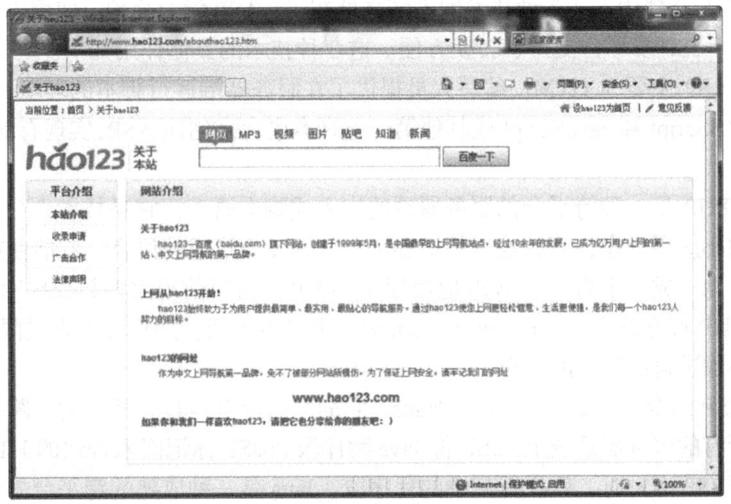

图 8.3　静态网页

静态网页完全由 HTML 标签构成，可以直接针对浏览器做出请求响应，它具有以下特点。

（1）制作速度快、成本低。

（2）通常由文本和图像组成，常用于子页面的内容介绍。

（3）模板一旦确定下来，不易修改，更新比较费时、费事。

（4）常用于制作一些固定版式的页面。

2. 动态网页

随着网络和电子商务的快速发展，产生了许多网页设计新技术，如 ASP 技术、JSP 技术等，采用这些技术编写的网页文档称为 ASP 文档或 JSP 文档。这种文档类型的网页采用了动态页面技术，拥有更好的交互性、安全性和友好性，如图 8.4 所示。

图 8.4　动态网页

简单来说，动态网页是由网页应用程序反馈至浏览器上生成的网页，它是服务器与用户进行交互的界面。

目前，动态网页开发的 3 种主流技术是 ASP、PHP 和 JSP，它们各有所长，但都需要把脚本语言嵌入到 HTML 文档中。这 3 种技术的不同之处在于，ASP 学习简单、使用方便；PHP 软件免费、运行成本低；JSP 多平台支持、转换方便。这 3 种技术的具体作用如下。

（1）ASP。ASP 主要为 HTML 编写人员提供了在服务器端运行脚本的环境，使 HTML 编写人员可以利用 VBScript 和 JavaScript 或其他第三方脚本语言来创建 ASP，实现有动态内容的网页，如计数器等。

（2）PHP。PHP 是一种跨平台的服务器端的嵌入式脚本语言，它是技术人员在制作个人主页的过程中开发的小应用程序，而后经过整理和进一步开发而形成的语言。它能使用户独自在多种操作系统下迅速地完成一个简单的 Web 应用程序。PHP 支持目前绝大多数数据库，并且是完全免费的，可以从 PHP 官方站点（http: //www.php.net）上自由下载。用户可以不受限制地获得源码，甚至可以在其中加进自己需要的特色。

（3）JSP。JSP 的全称是 Java Server Pages，它的突出特点是具有开放的、跨平台的结构，可以运行在几乎所有的服务器系统上。JSP 将 Java 程序段和 JSP 标记嵌入普通的 HTML 文档中。当客户端访问一个 JSP 网页时，就执行其中的程序段。Java 是一种成熟的跨平台的程序设计语言，它可以实现丰富、强大的功能。

8.1.4　常用网页制作工具简介

制作网页的专业工具的功能越来越完善，操作也越来越简单，处理图像、制作动画、发布网站的专业软件也应用得非常广泛。下面，简单介绍几种制作网页的常用工具。

（1）网页美化工具（图像）。网页美化工具（图像）有 Photoshop 和 Fireworks 等。

① Photoshop：是由 Adobe 公司开发的图像处理软件，是目前公认的 PC 机上最好的通用平面美术设计软件。其功能完善、性能稳定、使用方便，所以在几乎所有的广告、出版、软件公司，Photoshop 都是首选的平面制作工具。

② Fireworks：是一个将矢量图像处理和点阵图像处理合二为一的专业化 Web 图像处理软件。它可以对各种图像文件进行编辑和处理，也可以直接生成包含 HTML 和 JavaScript（客户端脚本语言）代码的动态图像。

- 点阵图（位图）：是用描绘图像的点的集合来表示图像，这些点称为像素点。它的优点是方法简单，但缺点是图像不能随意放大，放大就会失真。因为当图像放大时，像素点间的空隙也被等比例放大，从而造成失真。
- 矢量图：是用直线和曲线的集合来表示图像。当图像放大时，线段被等比例放大，所以用矢量图方法表示的图像可以任意放大，但其表示方法比位图复杂。

（2）网页美化工具（动画）。网页美化工具（动画）有 Flash 和 Swish 等。

① Flash：是用于制作和编辑具有较强交互性的矢量动画，可以方便地生成 swf 动画文件，这种文件可以嵌入 HTML 内。Flash 动画文件较小，可以边下载边播放，避免用户长时间的等待。

② Swish 是一个快速、简单的动画制作软件。只要点几下鼠标，就可以让用户的网页有令人注目的动画效果。使用 Swish 可以创造形状、文字、按钮以及移动路径，也可以选择内建的超过 150 种诸如爆炸、漩涡、3D 旋转以及波浪等预设的动画效果，甚至可以用新增动作到物件来建立自己的效果或制作一个互动式电影。

（3）网络排版工具。网络排版工具有 Dreamweaver 等。Dreamweaver 是由 Macromedia 推出的一款专业可视化网页开发工具，Macromedia 被 Adobe 收购后，最新版由 Adobe 出品。它具有可视化编辑界面，用户不用编写复杂的 HTML 源代码就可以生成跨平台、跨浏览器的网页，不仅适合于专业网页编辑人员的需要，同时也容易被业余网页制作人员所掌握。即使是初学者也能制作出相当于专业水准的网页。所以，Dreamweaver 是一种可以满足多层次需求、功能强大的可视化专业级网页设计与制作工具，是网页设计者的首选工具。

8.1.5　网站的一般建设流程

一个优秀的网站是依靠完美的规划、出色的设计理念、技术与软件等多方面合作完成的。网站的制作主要包括网页制作、网站的建立、网站维护和更新等工作。网站的制作流程和电视节目的制作过程很相似，包括策划、制作、推广宣传和更新等。

网站制作的基本流程与顺序十分重要，它可以明确工作目标和方向，提高工作效率，使网站结构更加清晰。网站设计的基本步骤如下。

1. 网站定位

首先，要确定网站的功能及定位，也就是说确定我们要做的究竟是一个什么网站，明确网站的主题、风格、名称和要表现的主要内容。

2. 栏目设置

栏目的设置是网站的大纲索引，索引应该将网站的主题明确显示出来。栏目设置要注意以下几个方面。

（1）要紧扣主题。

（2）设立最近更新或网站指南栏目。

（3）设立可以双向交流的栏目。

（4）其他。

3. 准备素材

收集与整理相关资料，包含文字、图片、声音、视频等素材。

4. 界面设计

根据网站的访问者对象、要提供的信息以及制作目标确定一个最适合的网页架构。

5. 网页排版（页面实现）

根据所设计的网页界面进行网页排版。

6. 网页测试与发布

网页进行功能性测试和完整性测试后，通过 Dreamweaver 或专业上传软件，把站点文件上传到服务器发布。

7. 网页推广与维护

网站建成之后，随后的工作就是进行推广。网站如果不进行推广，就容易成为信息孤岛，不进行维护更新，久而久之就没有多少人访问，就会失去建站的意义。

8.1.6 HTML 语言简介

1. HTML 的定义

HTML（Hypertext Markup Language）是超文本标记语言，是一种简单通用的用来描述网站页面的标记式语言，用来描述网页中的图片、表格、文本等各种元素。用户在浏览网站时，浏览器解释和编译这种语言，生成用户看得懂的网页。

2. HTML 网页结构

HTML 文件由一系列语法标签组成。基本的 HTML 页面以<html>开始，以</html>结束，中间的内容分为头部和正文两部分。<head>和</head>之间是页面的头部部分，有页面的相关信息；<body>和</body>之间是网页的正文部分，用来描述网页的页面。下面是一个 HTML 文件的基本结构。

```
<html>
    <head>
<title>标题</title>
        头部信息
    </head>
    <body>
        文档主体，正文部分
    </body>
</html>
```

下面是一个简单的 HTML 网页，网页的内容显示两行文本。

```
<html>
    <head>
<title>我的个人主页</title>
    </head>
    <body>
        <div align= “left” >朋友们，大家好。</div>
<div align= “center” >欢迎访问我的主页。</div>
```

```
    </body>
</html>
```

3. 常见标签

HTML 的标签总是封装在由小于号（<）和大于号（>）构成的一对尖括号之中，分为单标签和双标签，常见的标签以下几种。

（1）文件结构标签。文件结构标签包括<html>、<head>、<title>、<body>等。

网页文档都位于<html>和</html>之间，<head>至</head>称为文档头部分，头部分用来存放网页的重要信息。<title>只出现在头部分，表示网页标题。<body>至</body>称为文档体部分，大部分标签均在本部分使用，而且<body>中可设定具体参数。

（2）表格类标签。

<table>标签：表示一个表格的开始。

<caption>标签：表示一个表格的标题。

<tr>标签：表示表格的一行。

<td>标签：表示表格的一个单元格。

（3）文本段落标签。段落标签<p>用于形成文字段落，可以与 align（对齐）属性配合使用，其属性值为 left（左对齐）、center（中间对齐）、right（右对齐）、justify（两边对齐）。

（4）超链接标签<a>。

（5）段落标签<p>。

（6）图片标签<img>。

（7）表单标签<form>。

8.2　认识 Dreamweaver CS6

Dreamweaver CS6 是 Adobe 公司开发的一款专业网页制作软件，是当今比较流行的版本。它与 Flash CS6 和 Fireworks CS6 一起称为“网页三剑客”，深受广大网页设计人员的青睐。它不仅可以用来制作兼容不同浏览器和版本的网页，还具有很强的站点管理功能，可以很方便地制作出跨平台和浏览器的动感效果的网页。

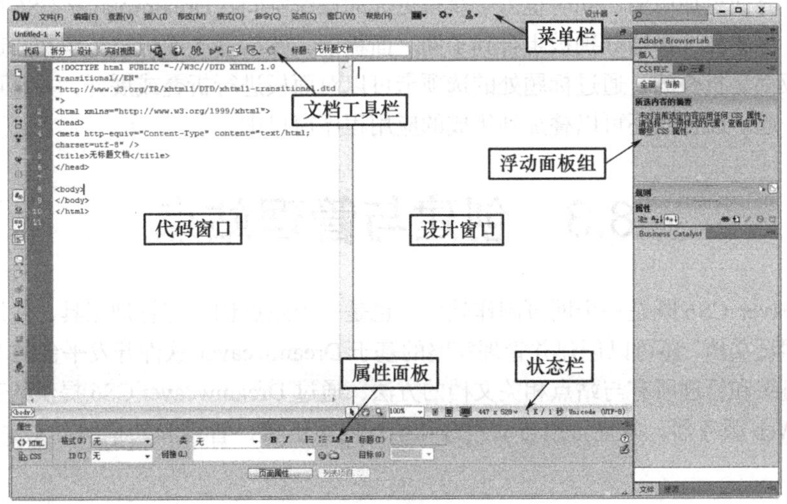

图 8.5　Dreamweaver CS6 的工作环境

8.2.1 Dreamweaver CS6 的工作环境

Dreamweaver CS6 的工作环境秉承了 Dreamweaver 系列产品一贯的简洁、高效和易用性，多数功能都能在工作环境中很方便地找到。工作环境主要由菜单栏、文档工具栏、【文档】窗口（设计区）、状态栏、【属性】面板和浮动面板组组成。与先前的产品相比，Dreamweaver CS6 的功能界面更加简洁，对于工作环境，可以自行进行定义，并且可以保存和删除定义的工作环境，如图 8.5 所示。

8.2.2 Dreamweaver CS6 的功能菜单

1. 菜单栏

菜单栏提供了用于各种操作的标准菜单命令，它由【文件】【编辑】【查看】【插入】【修改】【格式】【命令】【站点】【窗口】和【帮助】10 个菜单命令组成。

2. 文档工具栏

文档工具栏包含一些按钮，使用这些按钮可以在文档的不同视图间快速切换，还包含一些与查看文档、在本地和远程站点间传输文档相关的命令和选项，如【代码】【拆分】【设计】【实时视图】【多屏幕】【在浏览器中预览/调试】【文件管理】和【标题】等。

3.【文档】窗口

【文档】窗口也就是设计区，是 Dreamweaver CS6 进行可视化编辑网页的主要区域，可以显示当前文档的所有操作效果，如插入文本、图像和动画等。

4. 状态栏

Dreamweaver CS6 中的状态栏位于【文档】窗口的底部，它的作用是显示当前正在编辑文档的相关信息，如当前窗口的大小、文档的大小和预计下载时间等。

5.【属性】面板

在【属性】面板中可以查看并编辑页面上文本或对象的属性。该面板中显示的属性通常对应于标签的属性，更改属性通常与在【代码】视图中更改相应的属性具有相同的效果。打开【属性】面板后，单击面板右下角的展开箭头，可以打开面板，显示最常用的属性。

6. 浮动面板组

为使设计界面更加简洁，同时也为了获得更大的操作空间，Dreamweaver CS6 中相同或功能相近的类型、标签和选择器分别被组合到了同一面板下，然后这些面板被组织在一起，构成面板组。这些面板都是折叠的，通过标题处的选项卡可以对面板进行折叠或展开，并且可以和其他面板组叠加在一起。面板组还可以叠加到集成的应用程序窗口中。

8.3 创建与管理站点

Dreamweaver CS6 既是一个网页制作软件，也是一个站点创建与管理工具，使用它不仅可以制作单独的网页文档，还可以创建并管理完整的基于 Dreamweaver 软件开发平台的 Web 站点。它提供了合理组织和管理所有与站点相关文档的方法，通过 Dreamweaver CS6 提供的工具，可以将站点上传到 Web 服务器，并且可以自动跟踪和维护网页链接，管理和共享网页文件。

8.3.1　创建本地站点

在 Dreamweaver CS6 中创建本地站点的操作方法如下。

（1）在【文档】窗口中选择【站点】菜单中的【新建站点】命令，或选择【文件】面板中的【管理站点】选项，打开【管理站点】对话框，选择【新建站点】按钮。

（2）打开【站点设置对象】对话框，设置【站点】选项卡。在【站点名称】文本框中输入站点名称，如“网页制作技术”，如图 8.6 所示。该站点名称只是在 Dreamweaver 中的一个站点标识，因此可以采用中文名称。

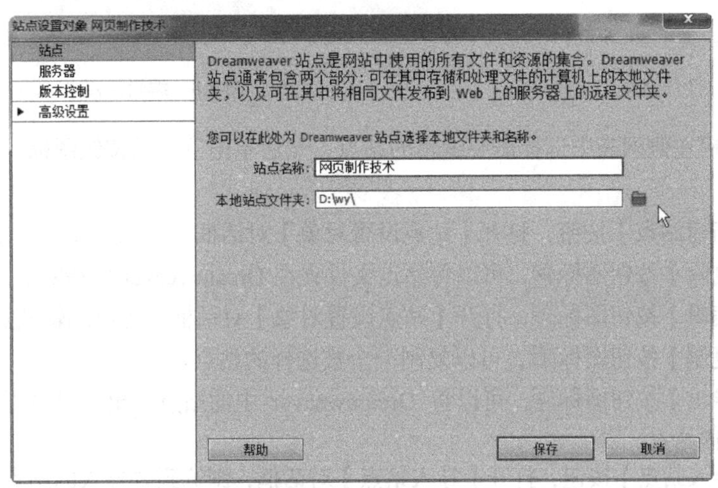

图 8.6　设置站点名称

（3）在【本地站点文件夹】文本框旁单击【浏览】文件夹图标，在打开的【选择根文件夹】对话框中，定位到事先建立的站点文件夹，或者在打开的对话框中单击【新建文件夹】图标，创建一个新文件夹并选定该文件夹后，【站点设置对象】对话框中相应文本框中的内容会自动更新。

（4）在【高级设置】选项卡中，设置默认图像文件夹的属性，在【默认图像文件夹】文本框旁单击【浏览】按钮，用同样的方式指定站点中用于存放图像的文件夹。这样设置之后，以后网页中要用到的图像文件就都应该存放到该文件夹中，以便统一管理。

（5）其他选项保持不变，单击【确定】按钮，此时文件面板中会出现新建的站点。

8.3.2　管理本地站点

1. 打开站点

启动 Dreamweaver CS6 之后，可以单击【文件】面板中左边的下拉按钮，在弹出的下拉列表中，选择准备打开的站点，单击即可打开相应的站点，如图 8.7 所示。

2. 编辑站点

在 Dreamweaver CS6 中创建好本地站点后，还可以对整个站点（本地根目录）进行编辑操作，如复制站点、删除站点等。

如果需要编辑站点，可以执行以下步骤。

（1）在菜单栏中选择【站点】→【管理站点】命令，弹出【管理站点】对话框，如图 8.8 所示，在该对话框中选中要编辑的站点名称，如网页制作技术，单击【编辑】按钮图标。

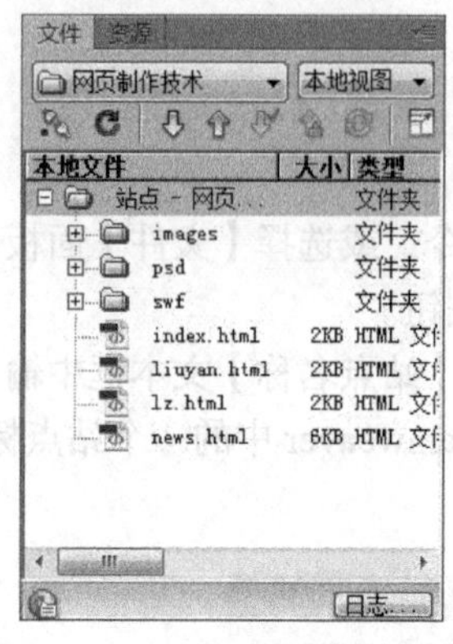

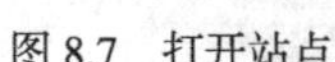
图 8.7　打开站点

图 8.8　编辑站点

（2）在对话框左侧列表中选择需要编辑的站点，然后单击下方的按钮图标，则可以进行相应的操作。

① 单击【新建站点】按钮，打开【站点设置对象】对话框，可以新建一个站点。

② 单击【删除】按钮图标 ，可以将站点文件夹在 Dreamweaver 中清除。

③ 单击【编辑】按钮图标 ，打开【站点设置对象】对话框，可以编辑站点信息。

④ 单击【复制】按钮图标 ，可以复制一个被选择的站点。

⑤ 单击【导出】按钮图标 ，可以将 Dreamweaver 中的站点导出，以便别的用户或者在别的计算机上使用该站点。

⑥ 单击【导入站点】按钮，打开【导入站点】对话框，浏览到要导入的站点选定并导入（导入文件为 STE 文件）。

（3）操作完成后，单击【完成】按钮。

3. 管理站点中的文件

在 Dreamweaver CS6 中，管理站点中文件的操作包括新建文件夹、新建和保存网页文件以及移动和复制文件。

（1）新建文件夹。新建文件夹可以使站点中的文件数据有规律地放置，方便站点的设计和修改。文件夹创建好以后，就可以在文件夹中创建相应的文件。操作方法如下。

在 Dreamweaver CS6【文件】面板中单击鼠标右键，在弹出的快捷菜单中选择【新建文件夹】命令，即可完成创建文件夹的操作。

（2）创建网页文件。在 Dreamweaver CS6 中，同样可以创建网页文件，创建网页文件的方法和创建文件夹的方法相同。操作方法如下。

在 Dreamweaver CS6【文件】面板中单击鼠标右键，在弹出的快捷菜单中选择【新建文件】命令，即可完成创建文件的操作。

（3）编辑文件。在文件管理中，还可以进行移动和复制文件的操作。操作方法如下。

在 Dreamweaver CS6【文件】面板中，选择要编辑的文件，单击鼠标右键，在弹出的快捷菜单中选择【编辑】菜单选项，在子菜单中选择相应的命令进行设置。

8.4 使用 Dreamweaver CS6 制作网页

Dreamweaver CS6 是一个专业的网页制作软件，利用它可以很方便地制作出各式各样的网页。

本节以制作有图文、超链接、表格、表单等基本元素的网页为例，介绍网页制作的操作方法与技巧。

8.4.1 创建文本和图像混排的网页

1. 文本的添加和处理

在 Dreamweaver CS6 中，可以对网页文件进行基本操作、输入文本、设置字体、字号、字体颜色和字体样式等。

（1）在网页中输入文本。在网页制作时，文本内容是非常重要的部分，可以利用直接输入、复制和粘贴的方法添加文本。操作方法如下。

① 将插入点定位在文档编辑区中，直接输入文本即可，如图 8.9 所示。

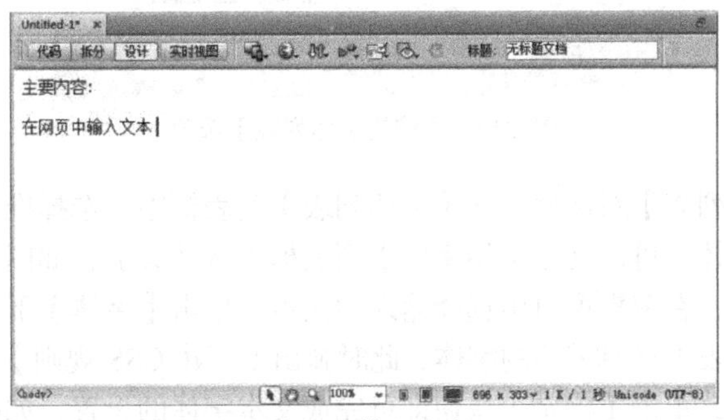

图 8.9 输入文本

② 在记事本等文本编辑软件中编辑好文本之后，将其复制到剪贴板上，然后在 Dreamweaver CS6 中将插入点定位到文档编辑区中，粘贴剪贴板中的文本即可，如图 8.10 和图 8.11 所示。

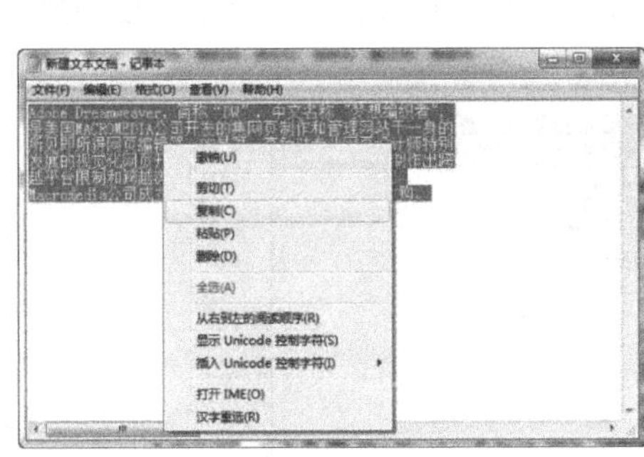

图 8.10 复制文本

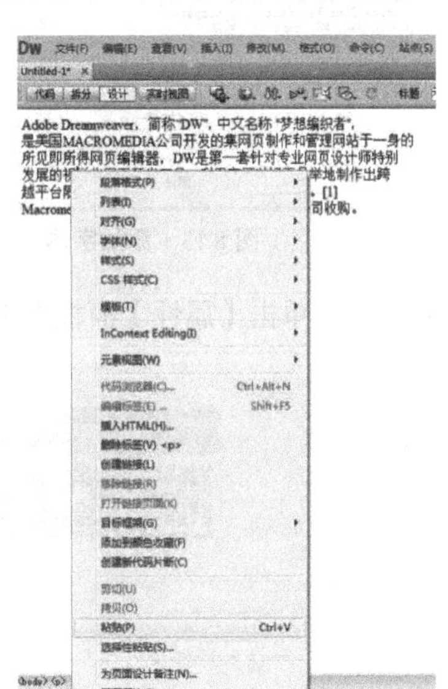

图 8.11 粘贴文本

（2）设置字体及颜色样式。在制作网页的时候，可以根据需要对字体、字体颜色、字体样式进行设置。操作方法如下。

① 设置字体。

- 在 Dreamweaver CS6 的【属性】面板中，先单击【CSS】按钮，再单击【字体】后面的下拉按钮，选择【编辑字体列表】选项，如图 8.12 所示。

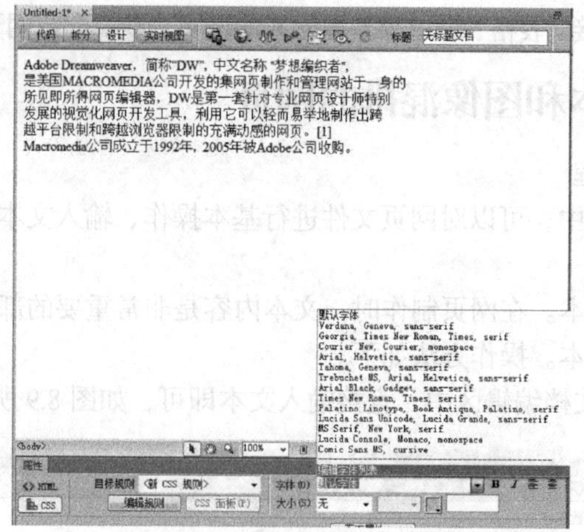

图 8.12 【编辑字体列表】选项

• 弹出【编辑字体列表】对话框，在【字体列表】列表框中，选择准备添加的字体，如果字体列表中没有需要的字体，可以在【可用字体】列表框中选择添加，如图 8.13 所示。

• 字体添加完成后，在编辑窗口中选择输入的文本，单击【字体】下拉列表框右侧的下三角按钮，在弹出的下拉列表中选择需要的字体，此时弹出【新建 CSS 规则】对话框，在【选择器名称】文本框中输入名称，单击【确定】按钮即可完成文本字体的设置，如图 8.14 所示。

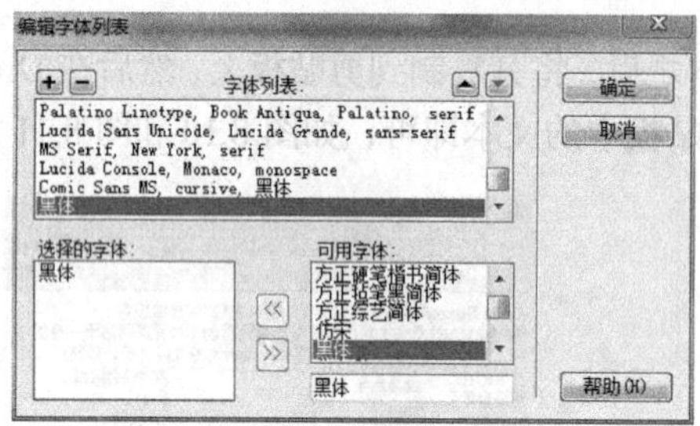

图 8.13 添加字体

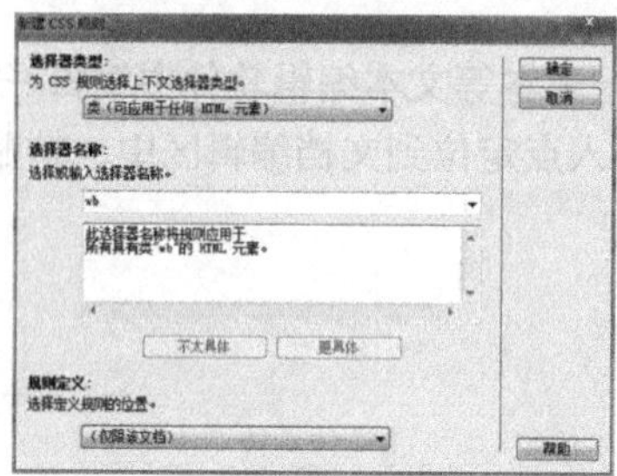

图 8.14 【新建 CSS 规则】对话框

② 设置字号。单击【属性】面板中【大小】后面的下拉按钮，选择准备使用的字号，如图 8.15 所示。

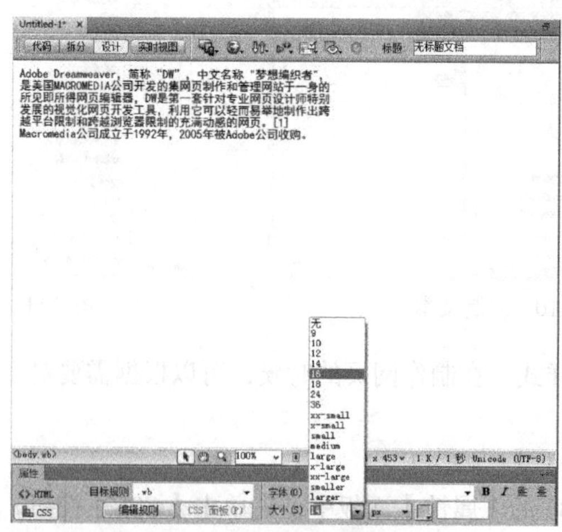

图 8.15 设置字体大小

③ 设置字体颜色。单击【属性】面板中的按钮图标，弹出调色板，选择准备使用的颜色，如图 8.16 所示。

图 8.16　设置字体颜色

④ 设置字体样式。单击【属性】面板中的【CSS】按钮，切换到 CSS 状态，单击“粗体”按钮**B**和“斜体”按钮*I*可设置样式。

2. 图像的插入与设置

图像是网页中不可缺少的元素之一，为了使网页内容更加丰富，可以将图像插入网页中，并进行相应的设置。

网页中常用的图像格式有 3 种：GIF 格式、JPEG 格式和 PNG 格式，其中使用最广泛的是 GIF 和 JPEG 格式。

GIF 的全称为“Graphics Interchange Format”，意为可交换图像格式，它是第一个支持网页的图像格式，在 PC 机和苹果机上都能被正确识别。它最多支持 256 种颜色。GIF 格式图像的优点在于可用来制作透明、隔行和动画效果。

JPEG 的全称为“Joint Photographic Experts Group”，意为联合图像专家组，它可以高效地压缩图片，丢失人眼不易察觉的部分图像，使文件容量在变小的同时基本不失真，通常用来显示颜色丰富的精美图像。

PNG 的全称为“Portable Network Graphics”，意为便携网络图像，它是逐渐流行的网络图像格式。PNG 格式既融合了 GIF 能透明显示的特点，又具有 JPEG 处理精美图像的优势，且可以包含图层等信息，常常用于制作网页效果图。

（1）在网页中插入图像。网页中有很多内容，用文本并不能全部表达出来，使用图片则更能体现其效果。使用 Dreamweaver CS6 插入图片的操作方法如下。

① 打开 Dreamweaver CS6，将插入点定位在准备插入图像的位置，在菜单栏中选择【插入】→【图像】菜单命令，如图 8.17 所示。

② 弹出【选择图像源文件】对话框，选择准备插入的图像，单击【确定】按钮，如图 8.18 所示。

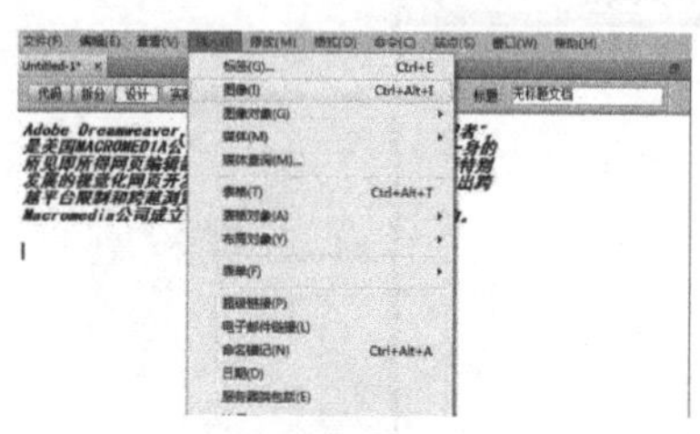

图 8.17　插入图像

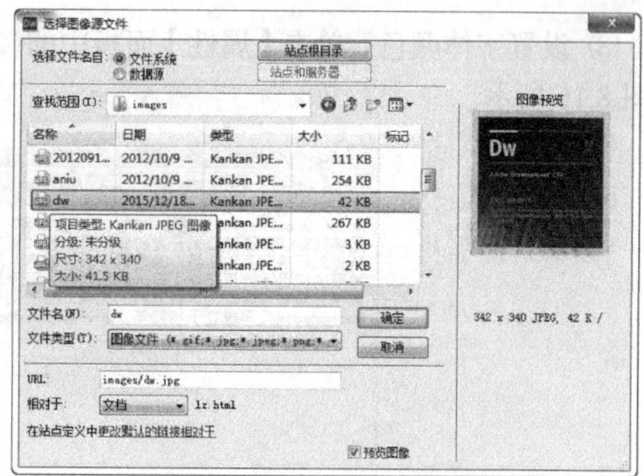

图 8.18　【选择图像文件】对话框

③ 弹出【图像标签辅助功能属性】对话框，单击【确定】按钮，如图 8.19 所示。

④ 此时，图像已经被插入到网页中了，保存预览网页，预览效果如图 8.20 所示。

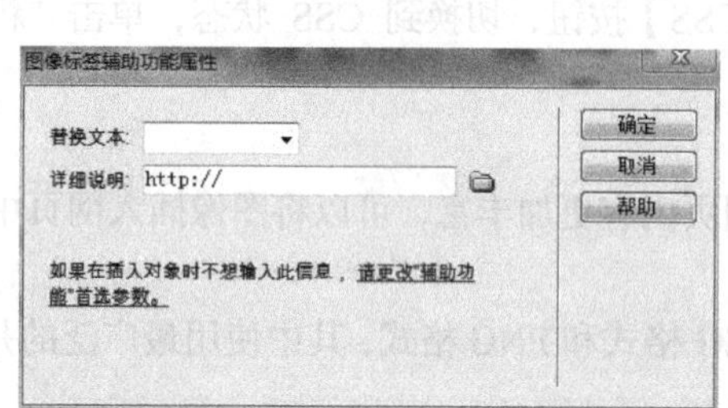

图 8.19　【图像标签辅助功能属性】对话框

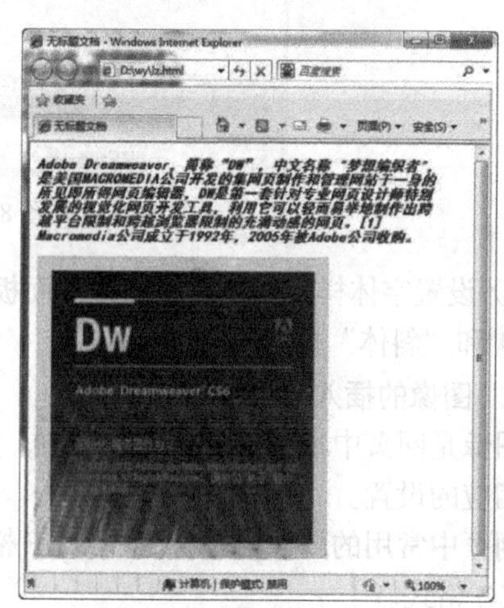

图 8.20　插入图片的预览效果

（2）设置图像属性。在 Dreamweaver CS6 中插入图像文件之后，可以对其进行设置。设置图像的方法如下。

在图像的【属性】面板中可以对图像进行以下设置，如图 8.21 所示。

【ID】：输入图像的名称，以便在以后调用该图像文件。

【宽】和【高】：输入数值，设置图像文件的宽度和高度。

【源文件】：显示当前图像文件的地址，单击文本框后面的文件夹按钮，可以重新设置当前图像文件的地址。

【链接】：设置当前图像文件的链接地址。

【替换】：设置当前图像文件的描述。

【编辑】：列出编辑当前图像文件可以使用的工具。

另外，还有热点地图等属性的设置。

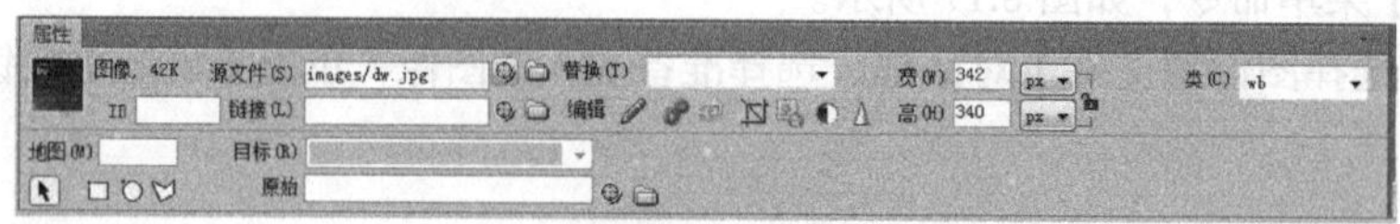

图 8.21　设置图像【属性】面板

8.4.2 网页中超链接的应用

超链接是组成网站的基本元素，它将千千万万个网页组织成一个个网站，又将千千万万个网站组织成了风靡全球的 WWW，因此可以说超链接就是 Web 的灵魂。本节首先介绍超链接的基本概念，然后介绍如何创建和管理网页中的超链接。

1. 认识超链接

网页中的超链接就是以文字或图像作为链接对象，然后指定一个要跳转的目标地址，当浏览者单击文字或其他对象时，浏览器即跳转到指定的目标。

超链接一般分为内部超链接、外部超链接和脚本链接 3 种。内部超链接是指目标端点位于站点内部的超链接，如 8.4.2.html；外部超链接是指目标端点位于其他网站，通过它可跳转到其他网站的超链接，如 http://www.baidu.com；脚本链接就是通过脚本控制链接，如 JavaScript:window.close{}。

如果按链接目标分类，可以将超链接分为以下几种类型。

（1）文本/图像链接：为文本或图像创建的链接。

（2）图像热点链接：图像中不同热点区域的链接。

（3）E-mail 链接：链接到电子邮箱，单击可发送电子邮件。

（4）锚点链接：同一网页或不同网页中指定位置的链接。

（5）可执行文件链接：单击链接可运行可执行文件或下载文件。

2. 创建超链接的方法

（1）使用【属性】面板创建超链接。选择准备创建链接的对象，然后在菜单栏中单击【窗口】→【属性】菜单命令。在【属性】面板的【链接】文本框中输入准备链接的路径，即可完成创建超链接的操作，如图 8.22 所示。

图 8.22 设置超链接【属性】面板

（2）使用【指向文件】按钮创建超链接。选择准备创建链接的对象，在【属性】面板中单击【指向文件】按钮，并将其拖动到站点窗口的目标文件上，然后释放鼠标左键即可完成创建超链接的操作。

（3）使用菜单创建超链接。将插入点定位到需要插入超链接的位置，在菜单栏中选择【插入】→【超级链接】菜单命令。弹出【超级链接】文本框，在【文本】文本框中输入链接文本，再单击【链接】文本框后的【浏览文件夹】图标，选择相应的链接文件，单击【确定】按钮，即可完成创建超链接的操作。

3. 创建各种类型的链接

（1）创建文本、图像超链接。文本、图像链接是网页中最常用的链接，单击文本或图像链接将触发文本或图像所链接的文件对象，使用文本或图像链接创建链接的文件对象可以是网页、图像等。操作方法如下。

打开需要添加文本或图像链接的网页文档，选取需要添加链接的文本或图像，单击【属性】面板中【链接】文本框右侧的【浏览文件】按钮，弹出【选择文件】对话框选择网页文件，单击【确定】按钮，即可完成创建文本、图像超链接的操作。

（2）创建图像热点链接。创建图像热点链接可以将一幅图像分割为若干个区域，并将这些区域设置成热点区域。可以将这些不同的热点区域链接到不同的页面，当浏览者单击图像上不同的热点区域时，就可以跳转到不同的页面，操作方法如下。

选中图像，单击【属性】面板中的【热点工具】按钮，绘制一个热点，在【属性】面板中设置链接的网页或图像等，即可完成创建图像热点链接的操作。

（3）创建 E-mail 链接。创建 E-mail 链接能够方便网页浏览者发送电子邮件，浏览者只需要单击该链接即可启用操作系统本身自带的收发邮件程序，方便用户与网站管理者或服务商之间沟通。例如，用户可通过电子邮件链接提供意见给网站管理者；一些网站可以让消费者通过电子邮件链接得到其所提供的各种信息与帮助，操作方法如下。

将插入点定位在需要创建电子邮件链接的位置。在菜单栏中选择【插入】→【电子邮件链接】菜单命令，弹出【电子邮件链接】对话框，在【文本】文本框中输入要链接的文本，在【电子邮件】文本框中输入邮箱地址，单击【确定】按钮，即可完成创建电子邮件链接的操作。

（4）创建锚点链接。锚点链接是网页链接的一种，用来标记文档的特定位置，使网页中的内容可以快速地跳转到当前文档的某个位置或站点的其他文档的标记位置，操作方法如下。

将插入点定位在需要插入锚点的位置。在菜单栏中选择【插入】→【命名锚记】菜单命令，弹出【命名锚记】对话框，在【锚记名称】文本框中输入锚记的名称，单击【确定】按钮，即可完成创建锚点链接的操作。

8.4.3 表格的应用

表格是网页设计中最常用的工具，除了排列数据外，在网页布局中，表格更多地用于网页对象定位。本节将介绍表格应用的基本知识。

1. 表格的基本概念

表格是由一些粗细不同的横线和竖线构成的，横线和竖线相交形成的一个个方格称为单元格。单元格是表格的基本单位，每一个单元格都是一个独立的文本输入区域，可以输入文字和图像，并可单独进行排版和编辑，如图 8.23 所示。

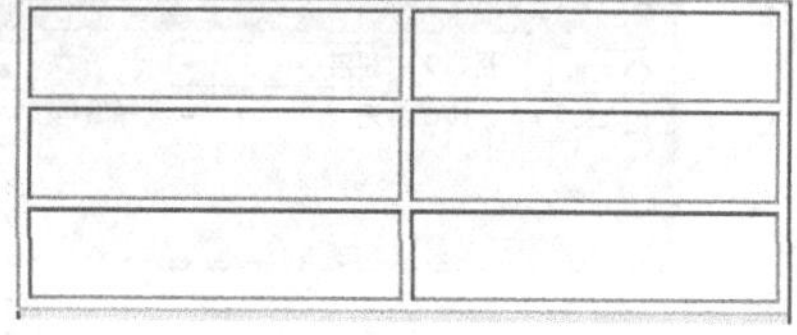

图 8.23　表格

2. 创建表格

（1）在【文档】窗口的【设计】视图中，将插入点置于需要插入表格的位置。如果是空白文档，则只能将插入点放置在文档的开头。

（2）选择【插入】→【表格】菜单命令，弹出【表格】对话框，可对【表格大小】栏、【标题】栏、【辅助功能】栏进行设置，如图 8.24 所示。

（3）单击【确定】按钮完成表格的创建，效果如图 8.25 所示。

在【表格】对话框中，可以进行以下设置。

（1）【表格大小】栏。

行数：定义表格行的数目。

列数：定义表格列的数目。

表格宽度：以像素为单位或按占浏览器窗口宽度的百分比来定义该表格在浏览器中的显示宽度。

边框粗细：指定表格边框的宽度（以像素为单位）。

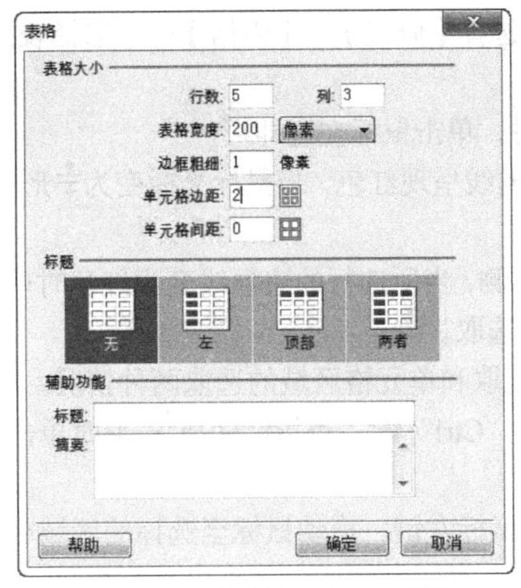

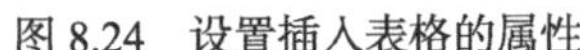
图 8.24　设置插入表格的属性

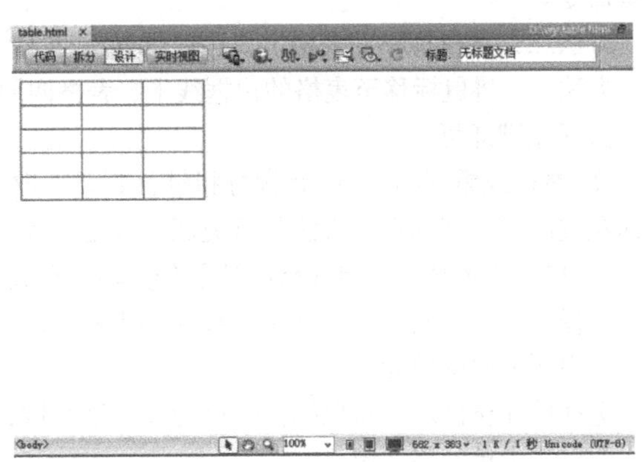

图 8.25　网页中插入的表格

大多数浏览器在默认情况下按边框粗细设置为“1”显示表格。若要确保浏览器不显示表格边框，需将边框粗细设置为“0”。若要在边框粗细设置为“0”时查看单元格和表格的边框，可选择【查看】→【可视化助理】→【表格边框】菜单命令。

单元格边距：确定单元格边框和单元格内容之间相距的像素值。

单元格间距：确定相邻的表格单元格之间相距的像素值。

如果没有明确指定单元格间距和单元格边距的值，则大多数浏览器按单元格边距设置为“1”、单元格间距设置为“2”显示表格。若要确保浏览器不显示表格中的边距和间距，可将“单元格边距”和“单元格间距”设置为“0”。

（2）【标题】栏。

无：对表格不启用列或行标题。

左侧：可以将表格的第一列作为标题列，以便为表中的每一行输入一个标题。

顶部：可以将表格的第一行作为标题行，以便为表中的每一列输入一个标题。

两者：可在表格中输入列标题和行标题。

（3）【辅助功能】栏。

标题：提供一个显示在表格外的表格标题。

对齐标题：指定表格标题相对于表格的显示位置。

摘要：给出表格的说明。该文本不会显示在浏览器中。

3. 在表格中添加内容

将表格插入到文档后即可向表格中添加文本或图像等内容。向表格中添加内容的方法很简单，只需将光标定位到要输入内容的单元格，再输入文本或单击【插入】工具栏下【常用】选项卡中的【图像】按钮即可，效果如图 8.26 所示。

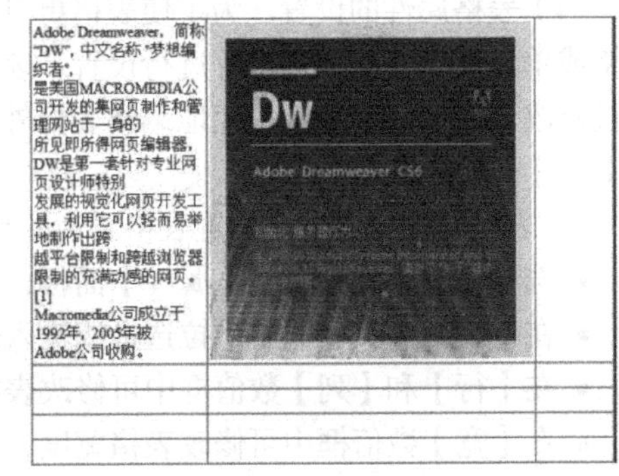

图 8.26　表格中插入图文的效果

4. 表格的基本操作

（1）选定操作。表格的选取是编辑表格的前提，在表格中进行任何操作都离不开选取表格。

① 整个表格的选择。执行以下操作中的任意一项都可以选择整个表格。

方法一：将光标置于表格内的任意位置，在菜单栏中选择【修改】→【表格】→【选择表格】菜单命令。

方法二：将鼠标移到表格上，当鼠标光标变为形时，单击鼠标左键即可。

方法三：将鼠标移至表格的边框线上，表格四周的边框线呈现红色，当鼠标光标变为形时，单击鼠标左键即可。

② 整行或整列的选择。将鼠标指针移到要选取行的左侧，当所选行的边框线变为红色时单击鼠标左键即可。列的选取方法与行类似，只是从表格上方选取。

③ 单元格的选择。单元格的选取分为单个单元格的选取和单元格区域的选取两种情况。

选择单个单元格：将鼠标指针移动到表格区域，按住“Ctrl”键，当指针变成形时单击，即可选中所需要的单元格。

选择单元格区域：将鼠标指针移动到表格区域，按住鼠标左键，拖动鼠标至选择的区域单元格，即可选中单元格区域。

（2）单元格的合并及拆分。单元格的合并与拆分是网页设计中经常用到的。

① 合并单元格。合并单元格的具体操作如下。

方法一：选取要合并的单元格区域，在菜单栏中选择【修改】→【表格】→【合并单元格】菜单命令。

方法二：选取要合并的单元格区域，单击【属性】面板左下角的按钮。

② 拆分单元格。拆分单元格时，可以将单元格拆分成几行，也可将单元格拆分成几列，其拆分方法相同。下面，以拆分成行为例进行介绍，其具体操作如下。

将光标定位到要拆分的单元格中，单击【属性】面板中的按钮，打开【拆分单元格】对话框。在【把单元格拆分】栏中选中【行】单选项，在【行数】数值框中输入要拆分成的行数，如输入“2”，单击【确定】按钮，即可按设置的参数拆分指定单元格。

（3）插入或删除行或列。用表格设计网页时行、列的插入和删除是最常用的。

① 插入单行或单列的具体操作方法如下。将光标定位到单元格中，选择【修改】→【表格】→【插入行】菜单命令或【修改】→【表格】→【插入列】菜单命令，执行此操作后将在插入点的上面出现一行或在插入点的左侧出现一列。

② 添加多行或多列的具体操作方法如下。将光标定位到单元格中，选择【修改】→【表格】→【插入行或列】菜单命令，打开【插入行或列】对话框，在该对话框中进行设置，单击【确定】按钮，即可实现添加多行或多列的操作。

③ 删除行或列的具体操作方法如下。单击要删除的行或列中的一个单元格，然后选择【修改】→【表格】→【删除行】菜单命令或【修改】→【表格】→【删除列】菜单命令。

（4）表格属性的设置。为了使表格更具特色，需要在表格【属性】面板中对表格线的颜色、表格或单元格的背景、边框等进行设置。表格【属性】面板中显示了所插入的表格的所有特性，通过修改面板中的参数可快速地编辑表格外观。如果窗口中没有显示【属性】面板，可通过【窗口】→【属性】菜单命令打开。

① 表格属性的设置。设置表格属性的具体操作如下。

• 选取表格，展开表格【属性】面板，如图 8.27 所示。

• 在【表格】文本框中下拉选择或输入表格名，如输入“table1”。

• 在【行】和【列】数值框中可修改表格的行数和列数，修改完后按“Enter”键进行确认。

• 在【宽】数值框中可修改表格宽度，并在其后的列表中选择“像素”或“百分比”作为度量单位。

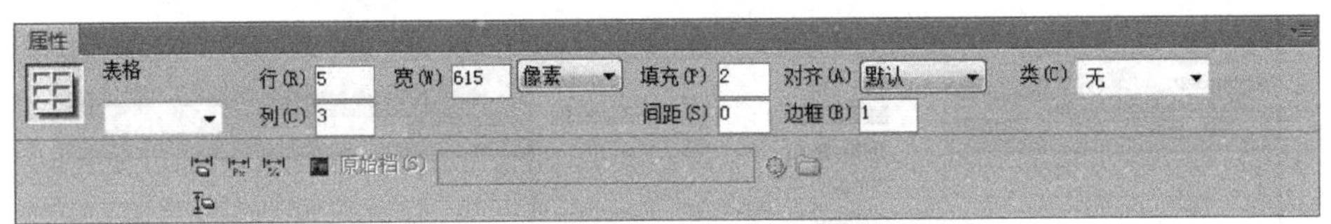

图 8.27　表格【属性】面板

- 在【填充】数值框中可修改单元格内容和单元格边界之间相距的像素值。
- 在【间距】数值框中可设置相邻的单元格之间相距的像素值。
- 在【边框】数值框中可设置边框线的粗细。
- 在【类】下拉列表框中可选择 CSS 样式。
- 单击按钮可删除表格的列宽值，单击按钮可删除行高值。
- 单击按钮可将表格宽度从浏览器窗口的百分比转换为像素，单击按钮则从像素转换为百分比。
- 设置完成后按“Enter”键进行确认。

② 单元格属性的设置。在编辑网页时除了可以设置整个表格的属性外，还可以设置行、列或单元格的属性，其具体操作如下。

- 选取要设置属性的单元格的行或列。
- 在【水平】下拉列表框中设置单元格中文本在水平方向上的对齐方式。在【垂直】列表中设置单元格中的文本在垂直方向上的对齐方式。
- 在【宽】和【高】数值框中分别设置单元格的宽度和高度。默认单位为像素，若用百分比则应在数值后加上百分号（%）。
- 在【背景颜色】色块中设置单元格、列或行的背景颜色，如图 8.28 所示。
- 设置完成后按“Enter”键进行确认。

图 8.28　设置单元格的背景颜色

8.4.4　表单的应用

1. 认识表单

表单（Form）是网页中用来实现客户端与服务器互动的界面。使用表单可以通过网页向服务器提交信息，是网站服务器端与客户端之间沟通的桥梁。表单的应用比较广泛，如网站的注册程序中的个人信息注册、登录页面，发微博、新闻评论等都是使用表单来完成的。

表单中包含多种元素，如文本框、单选按钮、复选框、提交按钮等。要完成一个完整的收集信息流程，不仅需要表单的支持，还需要服务器端应用程序的支持，如数据库、ASP 技术等。本节将介绍表单元素及表单的应用。

2. 创建表单

在网页中添加表单对象，必须先创建表单。表单在网页中属于不可见元素。在 Dreamweaver CS6 中插入一个表单的具体操作方法如下。

（1）新建一个空白的 HTML 文档，将插入点置于插入表单的位置，选择【插入】→【表单】→【表单】菜单命令，插入点位置出现红色虚线框，即为表单，然后可以插入各种表单对象，如图 8.29 所示。

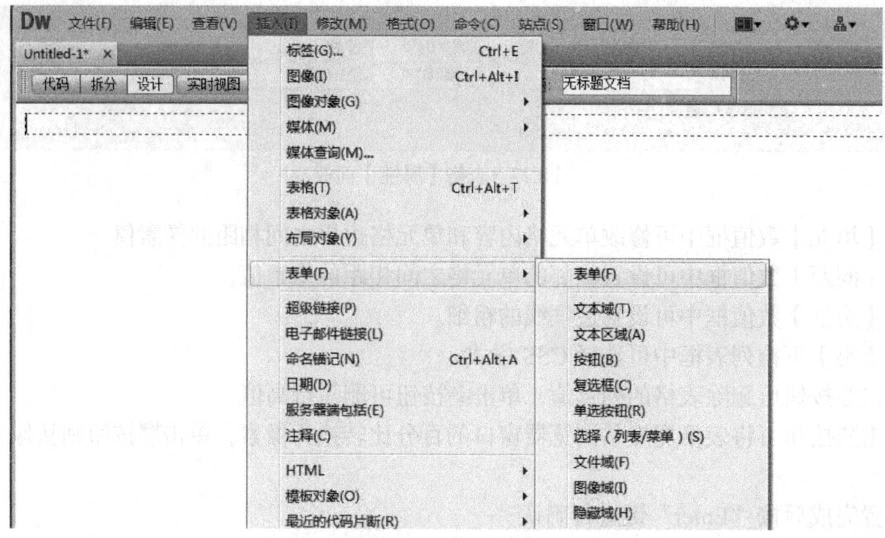

图 8.29 插入表单

（2）单击表单或表单对象，可在图 8.30 所示的【属性】面板中进行相关设置。

图 8.30 表单【属性】面板

①【表单 ID】：设置表单域名称，可供脚本中使用。

②【动作】：设置表单的处理程序或地址。例如，可以输入一个 URL 地址，将表单数据发送给服务器的某个程序，也可以输入一个 MAILTO 类型的 E-mail 地址，将表单数据发送给 E-mail 程序。

③【目标】：指定接收表单的网页窗口打开方式。

④【方法】：设置表单的递交方法，有以下 3 个选项。

• GET：可以生成 GET 请求，它可以将用户在表单中填写的数据附在 URL 地址后一同发送到服务器的处理程序上，一般可用于搜索引擎中查找关键字等操作。

• POST：可以生成 POST 请求，它可将用户在表单中填写的数据当成表单的主体发送到服务器的处理程序上。GET 方式与 POST 方式的区别是，GET 方式禁止使用非 ASCII 码的字符，有最大字符数的限制；POST 方式允许输入非 ASCII 码的字符，并且没有最大字符数的限制。

• 默认：即默认的发送方法。大多数浏览器默认以 GET 方式发送，一般来说，尽量避免使用 GET 方式提交表单，因为可能会导致安全问题。

3. 表单的应用

下面以一个简单的提交留言页面的制作为例，介绍几个常用表单元素的应用。

（1）新建一个 HTML 文档，通过【插入】菜单命令，插入一个表单。将光标放置在表单内，插入一个 6 行 2 列的表格，将第 1 行和第 6 行分别合并，在第 1 行中输入文本，并插入跳转菜单，在第 2 行第 2 列中插入文本域，在第 3 行第 2 列中插入单选按钮，在第 4 行第 2 列中插入选择（列表/菜单），在第 5 行第 2 列中插入文本区域，在第 6 行中插入两个按钮，并在各行中输入相应的文本，页面的布局效果如图 8.31 所示。

图 8.31　表单页面的布局效果

（2）表单对象的设置。

① 文本域是用户在其中输入文本的表单对象，有单行文本域、多行文本域及密码域，如姓名对应的单行文本域，如图 8.32 所示。

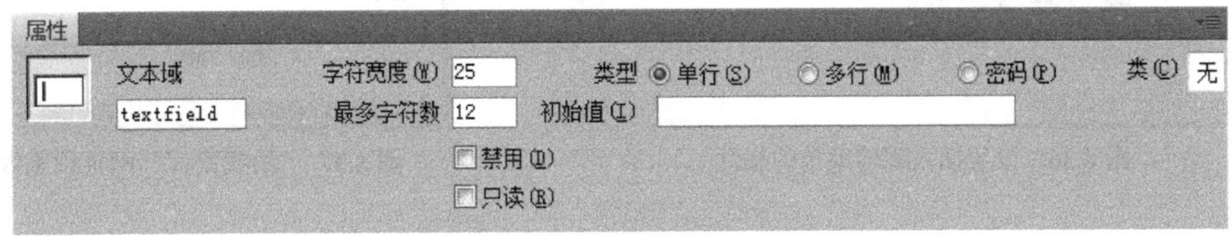

图 8.32　设置文本域的属性

② 单选按钮是给用户提供单项选择的表单对象，如性别的设置，如图 8.33 所示。

图 8.33　设置单选按钮的属性

③ 选择列表是带下拉列表的选择表单对象，需要添加列表值，如所在城市的设置，如图 8.34 所示。

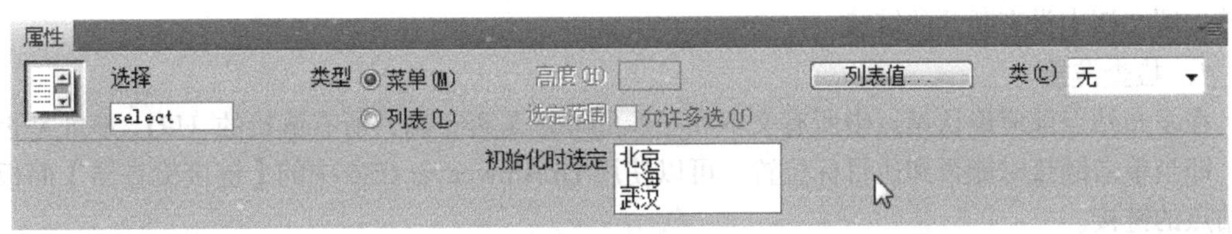

图 8.34　设置选择列表的属性

④ 普通按钮是用户单击响应的表单对象。一般提交和重置两种用得较多，如【提交表单】按钮的设置，如图 8.35 所示。

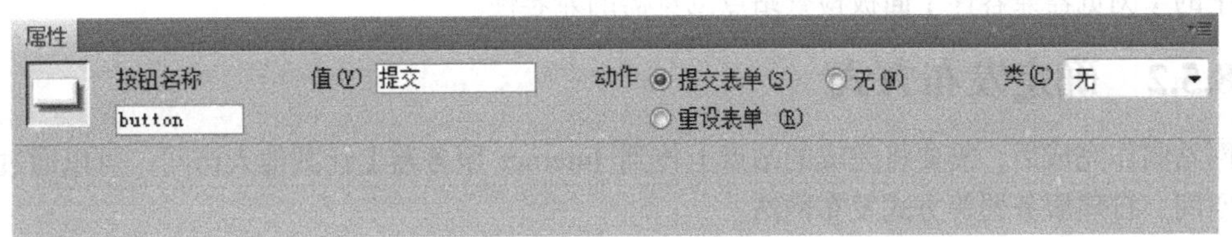

图 8.35　设置提交和重置按钮的属性

⑤ 跳转菜单是带有相应链接的下拉菜单的表单对象，如在第 1 行右边插入一个跳转菜单，设置插入跳转菜单的属性，如图 8.36 所示。

（3）保存网页。按“F12”键，预览网页，效果如图 8.37 所示。

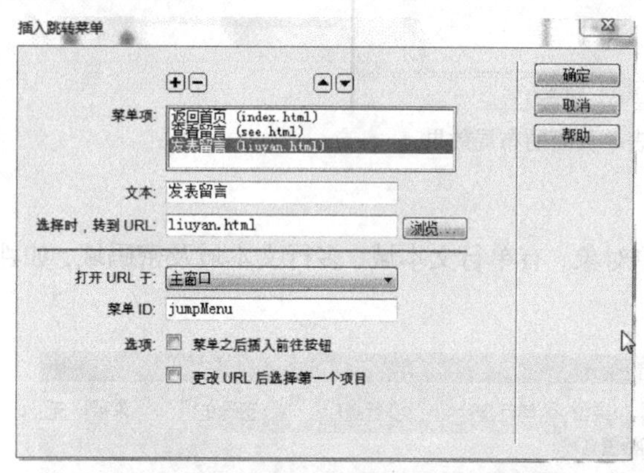

图 8.36 设置插入跳转菜单的属性

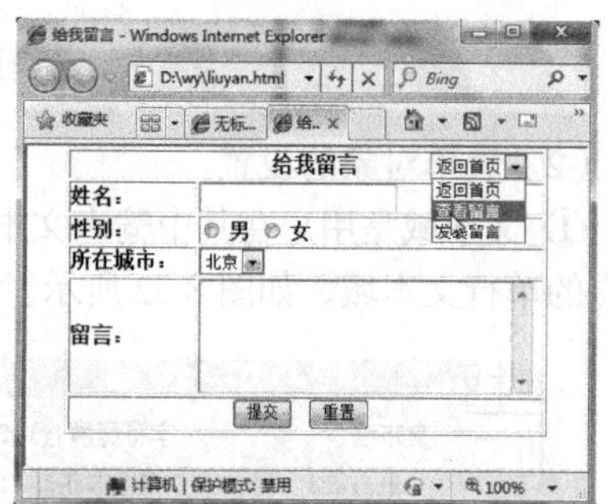

图 8.37 “给我留言”网页预览效果

8.5 网站的发布与维护

当网站制作完成后，我们需要先通过测试上传来发布网站，加上后期的维护推广才能保证网站的正常运行。发布站点，就是指把站点放置到互联网上去，包括网站测试、申请域名空间或自建服务器、上传等工作。若访问用户只是局域网，那么我们只需把站点内容放置到局域网服务器上，设置 IIS 即可。站点维护，就是指站点已经发布，需要后期的内容更新、服务器的维护、网站的推广等。本节将介绍网站发布与维护的知识。

8.5.1 网站测试

测试站点主要是为了保证在目标浏览器中页面的内容能正常显示，网页中的链接能正常进行跳转，即文档中没有断开的链接。

1. 检查链接

在发布站点前应确认站点中所有文本和图像的显示是否正确，所有链接的 URL 地址是否正确，即当单击链接时能否到达目标位置。可以使用 Dreamweaver CS6 中的【链接检查器】面板检查站点的链接。

2. 检查浏览器的兼容性

检查浏览器的兼容性是检查文档中是否有目标浏览器所不支持的任何标签或属性等元素，当目标浏览器不支持某元素时，在浏览器中会显示不完全或功能运行不正常。可以使用 Dreamweaver CS6 中的【浏览器兼容性】面板检查站点浏览器的兼容性。

8.5.2 确定发布方式

网站制作完成后，需要将完成的站点上传到 Internet 服务器上让其他人访问，可以通过申请域名空间、自建服务器等方式发布网站。

对大多数个人爱好者来说，设计网页都是从自己的兴趣爱好出发，如果经济实力有限，可以选择许多网站提供的域名空间。

对有一定经济实力的单位和个人而言，可以使用 ISP 或专业公司提供的一些比较经济的服务器解决方案，主要包括虚拟主机、服务器托管和租用服务器等。其优点是不需要自己维护服务器，还可以获得服务提供商的一些额外服务，如浏览日志等。

有足够的经济和技术实力的单位或个人可以选择购买服务器。拥有自己的服务器，可以自由地发布各种文档、出租空间等，但是需要长期投入建立 Internet 连接和技术员的维护费用。

1. 申请与注册域名空间

建设一个网站，首先要拥有属于网站的域名。域名是解决 IP 地址对应问题的方法，实际上域名就是在 Internet 上代表个人或团体的一个名字，即接入 Internet 的个人或团体在 Internet 上的名称。注册域名时应注意域名名称、性质应与个人或团体宣传时一致，尽量申请简短易记、与网站主题相关的域名。

每个域名都是唯一的，遵循“先申请先得”的原则。国际域名的资源十分有限，受《商标法》保护。

（1）域名注册。注册域名前，应先上网查询一下自己想使用的域名是否已有人注册，可以到中国互联网络信息中心（http://www.cnnic.cn）数据库进行查询，如图 8.38 所示；还可以到提供注册域名空间服务的公司网站上进行查询，如新网互联（http://www.dns.com.cn）等，如图 8.39 所示。

图 8.38　中国互联网络信息中心主页

图 8.39　新网互联主页

三五互联 http://www.35.com、新网互联 http://www.dns.com.cn/、商务中国 http://www.bizcn.com/、阿里云万网 http://wanwang.aliyun.com/、新网 http://www.xinnet.com/为常用的域名服务机构。

（2）空间申请。空间申请一般是指申请虚拟主机。申请虚拟主机要明确自己的网站需要什么类型的空间和什么类型的数据库空间，明确是要买 ASP 空间、PHP 空间，还是 JSP 空间，是 SQLSERVER 数据库，还是 MYSQL 数据库等。然后在购买域名的网站上申请购买空间或者联系空间提供商（如新网互联、万网等）购买空间。

（3）网站备案。如果网站购买时未绑定任何域名，则暂时不需要进行备案，系统会在用户给网站绑定域名的同时检测所绑定域名是否已备案成功，如未备案，则绑定不生效，直至备案成功获得备案号后，绑定域名才会生效。例如，新网互联备案的流程如下。

① 购买网站输入绑定域名的同时，新网互联会检测绑定的域名是否进行过备案，如果已经备案，网站购买完成，域名也绑定成功。

② 如果绑定的域名未进行过备案，网站购买也会成功，但输入的绑定域名并不会绑定到此次购买的空间上，系统会要求为网站进行备案。

③ 备案信息填写完成后提交，域名还不能绑定到此次购买的空间，系统审核备案信息后会帮助用户将信息再上报给通信管理局（以下简称“管局”），等待管局的审核。

④ 管局审核通过，用户的 ICP 备案才算成功，所以务必填写真实信息，如果因为信息问题新网互联或管局审核未通过，网站将无法正常运营。

2. 自建 IIS 服务器

如果是个人网站或企业内部网站系统，可以使用操作系统自带的 Internet 信息服务组件发布网站。下面以 Windows 7 操作系统为例，介绍 IIS 信息服务安装与配置操作方法。

（1）打开 Windows 7 的控制面板，选择【程序】→【程序和功能】下的【打开或关闭 Windows 功能】命令，如图 8.40 所示。

（2）在【Windows 功能】对话框中，把 Internet 信息服务的所有组件全部选中，单击【确定】按钮，如图 8.41 所示。

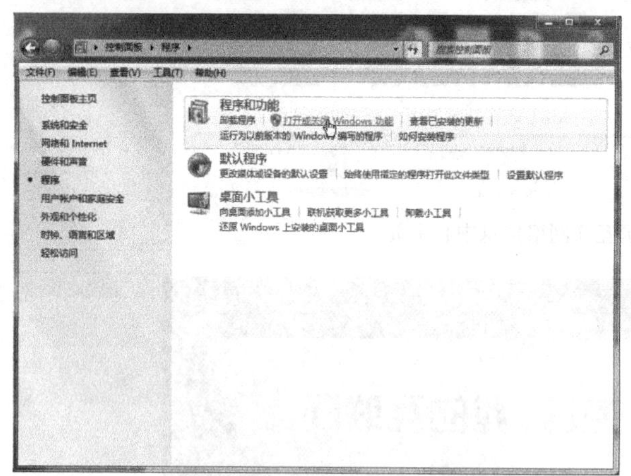

图 8.40 【打开或关闭 Windows 功能】命令

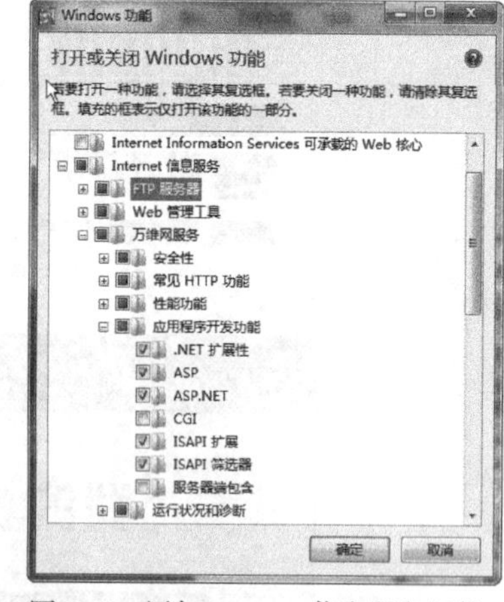

图 8.41 添加 Internet 信息服务组件

（3）Internet 信息服务组件安装完成后，打开控制面板，进入【系统和安全】，打开【管理工具】，单击【Internet 信息服务（IIS）管理器】。

（4）打开 Internet 信息服务（IIS）管理器，进入管理页面，展开右边的个人 PC 栏，右击【网站】菜单，选择【添加网站】，在弹出的【添加网站】对话框中添加自己的网站名称、物理路径（选择你的网站目录）。

> 需要设置网站文件夹的安全项，添加一个 Everyone 用户，设置所有权限控制。

（5）选择创建的“myweb”站点，双击【IIS】栏下“ASP”图标，并设置【行为】下的“启用父路径”属性，选择 True。

（6）单击右侧的【高级设置】选项，可以修改网站的目录，如图 8.42 所示。单击右侧的【绑定...】，可以修改网站的端口。双击【IIS】栏下“默认文档”图标，设置网站的默认文档。

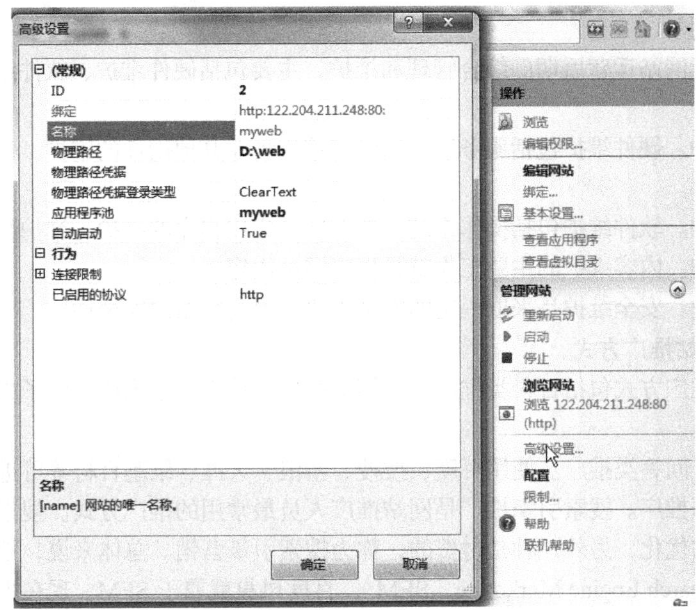

图 8.42　设置【高级设置】选项

（7）在浏览器的地址栏中输入网站的 IP 地址，即可浏览刚创建的网站，如图 8.43 所示。

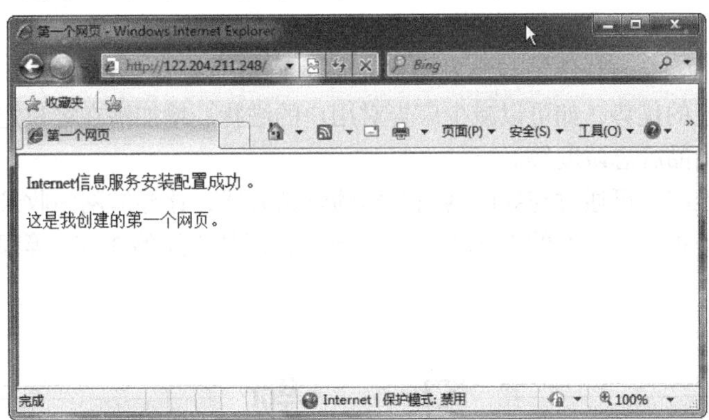

图 8.43　网站服务器安装设置成功效果

8.5.3　网站的上传

网站的运行需要网站服务器来支持。一般个人站点或较小的网站都是租用一个 FTP 网站空间来放置和运行网站。网页的上传就是将已经制作完成的网站上传到已经申请的服务器空间。

网页上传与管理远程网站文件常用的操作有上传、下载、重命名文件、创建目录、删除文件等。这些操作与本地计算机的操作类似。

常用的网站上传方法有3种：用Dreamweaver的FTP功能上传、用FlashFXP软件上传和用网站管理的在线上传功能上传。

8.5.4 网站的维护与推广

网站开通运行后，需要维护才能保证网站的正常运行，采用有效的推广方式提升网站的浏览量和社会影响力。

1. 网站的维护

网站维护是指网站运营后期的综合管理和维护，主要包括硬件维护、软件维护、内容维护和安全维护等。

（1）硬件维护。硬件维护包括服务器、网络连接设备及其他硬件的维护，保持所有设备处于良好状态。

（2）软件维护。软件维护包括操作系统、数据库及应用程序的维护，维护与升级各种软件。

（3）内容维护。内容维护的主要工作就是更新网站内容。

（4）安全维护。安全维护是采取一定的安全手段，提高网站的安全性。

2. 常见的网站推广方式

常用的网站推广方式包括百科类推广、问答类推广、搜索引擎推广、电子邮件推广、导航网站推广等。

（1）百科类、问答类推广。使用百度、搜搜、新浪、天涯、维基百科等可进行问答式推广。

（2）搜索引擎推广。搜索引擎推广是网站推广人员最常用的推广方式。搜索引擎的推广分为两种：一种是网站优化，另外一种是付费的，称为搜索引擎营销。总体来说，把这两种方式称为搜索引擎营销（Search Engine Marketing，SEM），百度凤巢就属于SEM。现在很多网站是两者相结合，特别是商业网站、电子商务类网站更加突出。因此，搜索引擎推广也成为很多网站最主要的推广方式。

（3）电子邮件推广。电子邮件推广即以电子邮件为主要的网站推广手段，常用的方法包括电子刊物、会员通信、专业服务商的电子邮件广告等。

基于用户许可的 E-mail 营销与滥发邮件不同，许可营销比传统的推广方式或未经许可的E-mail营销具有明显的优势，如可以减少广告对用户的滋扰、增加潜在客户定位的准确度、增强与客户的关系、提高品牌忠诚度等。

（4）导航网站推广。可通过与导航网站合作的营销方式，让导航网站收录自己的网站，从而为网站带来一定的流量，如百度的hao123、360导航，雨林木风的114la等都是比较有影响力的导航网站。

习　题

一、选择题

1. 下列网页开发技术中除（　　）外，都是动态网页开发技术。

A. ASP　　B. JSP　　C. HTML　　D. PHP

2. 下列图片格式中除（　　）外，都是网页中常用的图像格式。

A. JPG　　B. PSD　　C. GIF　　D. PNG

3. 下列 HTML 标记中，(　　) 是图像标记。

A. <A>　　B. <P>　　C. <IMG>　　D. <FORM>

4. 下述说法中错误的是 (　　)。

A. 域名确定之后，虚拟主机的服务商就不能更改了

B. 可以利用 Dreamweaver CS6 软件向服务器端上传文件

C. FTP 即文件传输协议

D. ISP 即互联网服务提供商

5. 一个网站是通过 (　　) 将很多网页链接在一起的。

A. 文字　　B. 超链接　　C. 图像　　D. 多媒体

二、填空题

1. ________是指在互联网上，根据一定的规则，使用 Dreamweaver 等工具制作的用于展示特定内容的相关网页集合。

2. 一个网页的基本元素主要包括________、________和________，还包括声音、动画、视频、表格、表单等其他元素。

3. 超链接一般分为 3 种，________是指目标端点位于站点内部的超链接，________是指目标端点位于其他网站，通过它可跳转到其他网站的超链接，脚本链接就是通过脚本控制链接。

4. 表格是由一些粗细不同的横线和竖线构成的，由横线和竖线相交而成的一个个方格称为________。

5. ________是网页中用来实现客户端与服务器互动的界面。

三、简答题

1. 制作网站一般流程包括哪些？

2. Dreamweaver CS6 的工作环境由哪些部分组成？有哪些面板组是常用的？

3. 如何创建站点？

4. 怎样快速选择表格的行和列？如何拆分与合并单元格？

5. 表单的用途有哪些？常用的表单元素有哪些（列出 3 种以上）？

第9章 计算机的组装与维护

随着计算机技术的发展，个人计算机的普及，普通用户也需对计算机组装与维护的原理和技术有一定的了解。本章详细介绍主要硬件设备的工作原理、性能指标和选购方法，包括主板、CPU、内存、硬盘、显卡和显示器等；软件的安装，包括操作系统和驱动程序等；计算机故障检测和排除的方法与技巧。

9.1 计算机系统的组成

一个完整的计算机（俗称电脑）系统由硬件和软件两部分组成。我们使用计算机的过程实际上就是通过操作软件驱动硬件来工作的过程。硬件是指有形的物理设备，是计算机系统中实际物理装置的总称。软件是指在硬件上运行的程序和相关的数据及文档。计算机硬件系统与软件系统既相互依存，又互为补充，如图 9.1 所示。

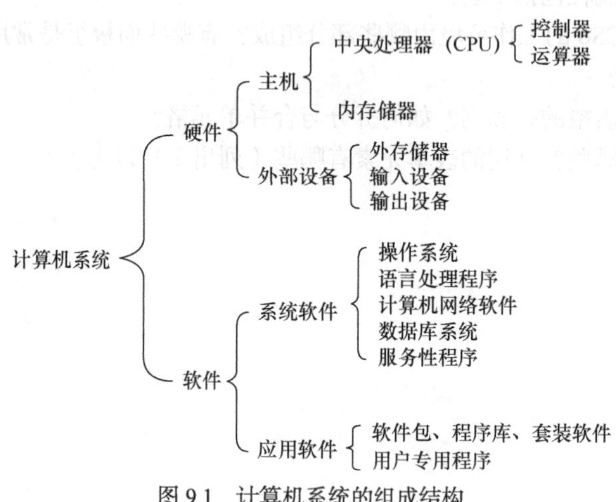

图 9.1 计算机系统的组成结构

9.1.1 计算机硬件系统

计算机的硬件是指计算机中的电子线路和物理装置。目前，计算机硬件系统由主机系统和外部设备组成。下面介绍有关计算机基本硬件设备的知识。台式计算机硬件外观如图 9.2 所示。

图 9.2　台式计算机硬件外观

1. 主机系统

（1）机箱和电源。机箱作为计算机主机的保护和装置工具，提供电源、主板、各种扩展卡、光驱和硬盘等设备的安置空间。它起着保护内部各种设备的作用，能够防尘、防压等，按结构可以分为 AT、ATX、Micro ATX、NLX、Flex-ATX 和 BTX 等，如图 9.3 所示。

图 9.3　机箱

图 9.4　电源

电源是计算机的供电装置，它的作用是将交流电变换为各种不同电压的稳定可靠的直流电源，供给机箱内的各种设备使用。它是微型计算机主机的动力核心，担负着向计算机中所有部件提供电能的重任，按与主板接口类型不同可以分为 AT 电源、ATX 电源及 Micro ATX 电源，如图 9.4 所示。

（2）中央处理器。中央处理器（Central Processing Unit，CPU）是计算机的运算核心和控制核心。其功能主要是解释计算机指令以及处理计算机软件中的数据。CPU 由运算器、控制器和寄存器及系统的总线构成，INTEL 和 AMD 品牌的 CPU 如图 9.5 所示。

INTEL

AMD

图 9.5　CPU

运算器是计算机中执行算术运算和逻辑运算的部件，由算术逻辑单元、累加器、状态寄存器和通用寄存器组等组成，其中算术逻辑单元的主要功能是进行算术运算和逻辑运算等。

控制器是计算机的指挥中心，用于决定执行程序的顺序，由程序计数器、指令寄存器、指令译码器、时序产生器和操作控制器组成。

寄存器组是CPU重要的数据存储资源，寄存器主要用来保存程序计算的中间结果，以便快速地进行计算。

（3）主板。主板（Mainboard）又称系统板或母板，是计算机硬件系统的核心，计算机内部的各种配件通过直接安装或电缆线连接在主板上。主板是一块控制和驱动计算机的印刷电路板，在计算机中起着桥梁的作用，上面有许多设备的插座和接口，如图9.6所示。

图9.6　主板

（4）内存。内存（Memory）即内存储器，主要用来暂时存放CPU运算和硬盘交换的数据。内存是计算机中重要的部件之一，由半导体大规模集成电路芯片组组成。内存的容量和速度在很大程度影响着计算机的运算能力和运行效率，现在常用的内存为DDR3内存。内存是计算机运行必不可少的部件之一，金士顿（Kingston）品牌内存的外观如图9.7所示。

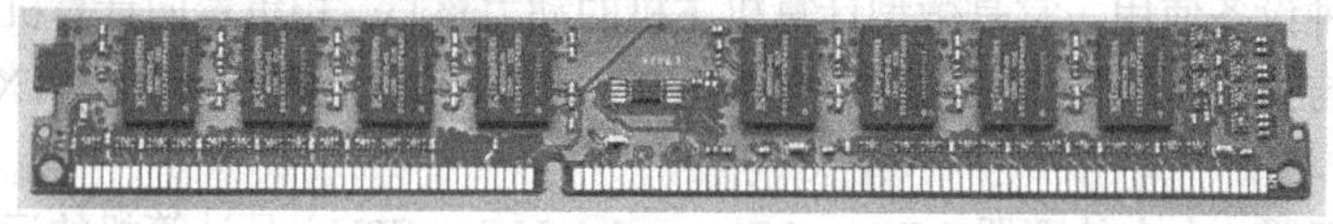

图9.7　内存条

（5）硬盘。硬盘是计算机中主要的存储部件，用于安装操作系统、应用软件和存储数据资料等。硬盘为计算机中的固定存储器，单位为吉字节（GB），目前常用的硬盘容量为500GB、1 000GB、2TB、4TB等。硬盘由磁头、磁道、扇区和柱面组成，西部数据（Western Digital，WD）硬盘的外观如图9.8所示。

图9.8　硬盘

硬盘容量的计算公式：硬盘容量=柱面数×扇区数×磁头数×扇区大小。

磁头：是硬盘中价格最高的部件，也是硬盘技术中最重要和最关键的一环。目前，常用的MR磁头即磁阻磁头，采用的是分离式的磁头结构，写入磁头仍采用传统的磁感应磁头（MR磁头不能进行写操作），读取磁头则采用新型的 MR 磁头，即所谓的感应写、磁阻读。

磁道：磁盘旋转时，如果磁头保持在同一个位置，将会在磁盘表面划出一个圆形轨迹，这些圆形轨迹就叫磁道。

扇区：磁道被等分为若干个弧段，这些弧段即磁盘的扇区，每个扇区可以存放 512 个字节的信息。磁盘驱动器在向磁盘读取和写入数据时，以扇区为单位。

柱面：硬盘由重叠的一组盘片构成，每个盘面都被划分为数目相等的磁道，从最外圈开始以“0”编号，相同编号的磁道形成一个圆柱，称之为磁盘的柱面。

（6）光驱和光盘。光盘驱动器简称“光驱”，是读取光盘数据的重要设备，需要与光盘配合使用。常见的光驱可分为 CD-ROM 光驱、DVD 光驱（DVD-ROM）、康宝（COMBO）和刻录机等，光驱外观如图 9.9 所示。

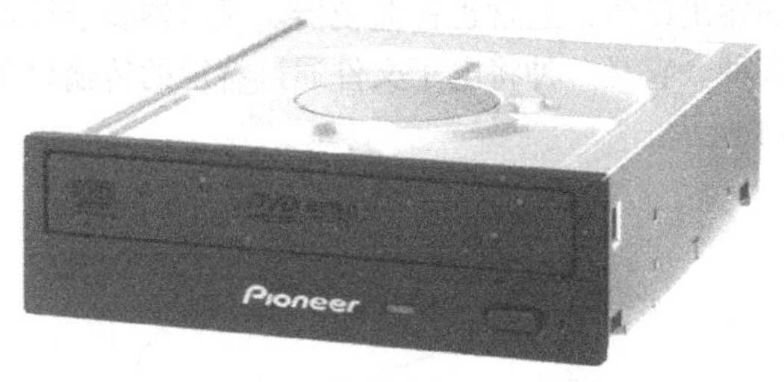

图 9.9　光驱

图 9.10　光盘

光盘是以光信息作为存储物的载体，用来存储数据的一种介质，分不可擦写光盘（如 CD-ROM、DVD-ROM 等）和可擦写光盘（如 CD-RW、DVD-RAM 等），如图 9.10 所示。

（7）显卡。显卡也称显示适配器（Video Adapter），用于连接主板和显示器，控制图像的输出。显卡由显示芯片、显示内存和 PCB 板等组成。按输出接口类型的不同，常见的显卡有 VGA、DVI 和 HDMI；按制作工艺的不同，可以将显卡分为独立显卡和集成显卡，如图 9.11 所示。

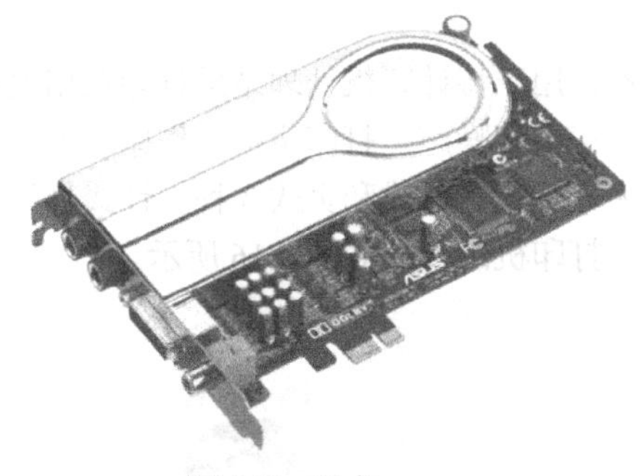
图 9.11　显卡

图 9.12　声卡

（8）声卡。声卡也称音频卡，用来实现声波与数字信号的互相转换，可以将来自传感器、磁带盒光盘等的声音信号转换输出到耳机、扬声器等声响设备。目前，大部分计算机主板都集成了声卡功能，如果没有集成声卡功能的计算机主板则需要安装独立声卡，如图 9.12 所示。

（9）网卡。计算机与网络的连接是通过网卡适配器连接的，网卡适配器简称“网卡”。网卡的传输速率，常用的有 10Mbit/s、100Mbit/s、1 000Mbit/s、10Gbit/s 等多种。目前，大部分计算机主板都集成了网卡功能，如果没有集成网卡功能的计算机主板则需要安装独立网卡，以太网网卡和无线 USB 网卡如图 9.13 所示。

以太网网卡　　　　无线 USB 网卡

图 9.13　网卡

2. 外部设备

（1）显示器。显示器是计算机系统中常用的输出设备，通常也称监视器。显示器属于计算机的输出设备，可以分为 CRT、LCD 和 LED 等多种。它是一种将电子文件通过特定的传输设备显示到屏幕上再反射到人眼的显示工具，如图 9.14 所示。

图 9.14　显示器　　　　图 9.15　键盘和鼠标

（2）键盘和鼠标。键盘和鼠标是计算机系统中常用的输入设备，是外界向计算机传送信息的装置，如图 9.15 所示。

（3）打印机。打印机是计算机系统中常用的输出设备，用于将计算机处理结果打印在相关介质上。衡量打印机好坏的指标有 3 项：打印分辨率、打印速度和噪声。打印机按工作原理可以分为击打式打印机与非击打式打印机，按印字方式可以分为串行式、行式和页式 3 种。针式打印机属于击打式，喷墨打印机和激光打印机则属于非击打式。打印机的外观如图 9.16 所示。

图 9.16　打印机

图 9.17　U 盘

（4）U 盘。U 盘的全称为 USB 闪存驱动器，英文名为“USB Flash Disk”。它是一种使用 USB 接口且无需物理驱动器的微型高容量移动存储产品，通过 USB 接口与计算机连接，实现即插即用，是移动存储设备之一，如图 9.17 所示。

外部设备除以上几种外，还有扫描仪、数码相机、摄像头和音箱等。

9.1.2　计算机软件系统

计算机的软件将解决问题的方法、思想和过程用程序进行描述。因此，可以说程序就是软件。程序通常存储在介质上，人们可以看到的是存储程序的介质，而程序则是无形的。计算机软件是指挥计算机自动运行的程序系统、相关数据及文档的集合，是管理和使用计算机的技术，对充分发挥硬件功能起着重要作用。

1. 系统软件

系统软件是指控制和协调计算机及其外部设备、支持应用软件的开发和运行的软件，用于实现计算机系统的管理、调度、监视和服务等功能，其目的是方便用户，提高计算机的使用效率，扩充系统的功能。系统软件一般包括操作系统、语言处理程序、计算机网络软件、数据库系统及其他系统程序等。

（1）操作系统。操作系统（Operating System，OS）是由指挥与管理计算机系统运行的程序模块和数据结构组成的一种大型软件系统，其功能是管理计算机的所有硬件资源和软件资源，为用户提供高效、方便的服务界面。操作系统有 DOS 操作系统、Windows 操作系统、UNIX 操作系统和 Linux 操作系统等。

（2）语言处理程序。语言处理程序是将人们用高级语言编写的源程序翻译成机器语言表示的目标程序的软件。对于不同的系统，机器语言并不一致，所以任何语言编制的程序最后都需要转换成机器语言，才能被计算机执行。语言处理程序的任务，就是将各种高级语言的源程序翻译成机器语言表示的目标程序。语言处理程序按处理方式不同，可分为解释型程序与编译型程序两大类。

（3）计算机网络软件。计算机网络软件是为计算机网络配置的系统软件。它负责对网络资源进行组织和管理，实现相互之间的通信。计算机网络软件包括网络操作系统和数据通信处理程序。

（4）数据库管理系统。数据库管理系统是指能对计算机中所存放的大量数据进行管理和控制的一种系统软件，使数据处理成为计算机应用中的一个重要领域。数据库包含大量文件，有数据、表格、文字档案、信息资料等，它们彼此间存在着一定的关系，通过数据库管理系统将它们联系在一起，对它们进行检索、组合、扩建或按用户要求形成新的文件。

（5）服务性程序。服务性程序是指辅助性的系统软件，如用于程序的装入、链接、编辑及调试用的程序，故障诊断程序和纠错程序等。

2. 应用程序

应用软件是在操作系统的基础上编制的各种程序。应用软件都是一些具有特定功能的软件，能够帮助用户完成特定的任务。例如，通过 Word 可以编辑文档，通过 PPS 影音可以在线播放视频节目，通过 Photoshop 可以编辑和处理图片等。

9.2　计算机的主要硬件及其选购

9.2.1　中央处理器（CPU）

CPU 是中央处理单元（Central Processing Unit）的缩写，它可以被简称为微处理器（Micro Processor），不过经常被人们直接称为处理器。CPU 是计算机的核心，其重要性好比大脑对于人一样，因为它负责处理、运算计算机内部的所有数据，控制着数据的交换。CPU 主要由运算器、控制器、寄存器组和内部总线等构成。INTEL I5-4690K CPU 如图 9.18 所示。

图 9.18　INTEL I5-4690K CPU

1. CPU 的分类

中央处理器（CPU）芯片的生产厂商主要是 Intel 公司和 AMD 公司。

（1）Intel 系列的 CPU。Intel 系列的 CPU 包括赛扬、奔腾、酷睿及迅驰等。其中，赛扬主要面对低端市场，性能一般；奔腾是曾经 CPU 的王者，不过现在奔腾系列处理器已经走入中低端，包括新品奔腾 E 双核的性能也无法同酷睿相比；酷睿是目前 Intel 公司的新款处理器系列，采取新的架构，性能超强；迅驰是专门为笔记本计算机开发的系列。

（2）AMD 系列的 CPU。AMD 系列的 CPU 包括速龙、羿龙、闪龙及皓龙等。

2. CPU 的主要性能指标

（1）位和字长。在计算机技术中，把 CPU 在单位时间内一次处理的二进制数的位数称为“字长”。一般情况下，把单位时间内能处理字长为 8 位数据的 CPU 称为 8 位 CPU。同理，64 位的 CPU 在单位时间内能处理字长为 64 位的二进制数据。字长是表示运算器性能的主要技术指标，通常等于 CPU 数据总线的宽度。CPU 字长越长，运算精度越高，信息处理速度越快，CPU 的性能也就越高。

（2）CPU 的频率。CPU 的频率是指计算机运行时的工作频率，也称为“主频”或“时钟频率”。CPU 的频率表示 CPU 内部数字脉冲信号振荡的速度，代表了 CPU 的实际运算速度，单位是 Hz。CPU 的频率越高，在一个时钟周期内所能完成的指令数也就越多，CPU 的运算速度也就越快。

CPU 实际运行的频率与 CPU 的外频和倍频有关，其计算公式为：CPU 的实际频率 = 外频 × 倍频。

（3）高速缓存。缓存（Cache）的作用是为 CPU 和内存进行数据交换时提供一个高速的数据缓冲区。当 CPU 要读取数据时，首先会在缓存中寻找，如果找到了则直接从缓存中读取；如果在缓存中未能找到，那么 CPU 就从内存中读取数据。CPU 缓存一般分为 L1、L2 和 L3 高速缓存。

（4）前端总线频率。前端总线（Front Side Bis，FSB）频率，简称总线频率，它直接影响 CPU 与内存之间直接数据的交换速度。数据传输的最大带宽取决于所有同时传输的数据的带宽和传输频率，即数据带宽 =（总线频率 × 数据位宽）/8。

（5）CPU 的制造工艺与封装技术。CPU 的制造工艺直接关系到 CPU 的电气性能。线路宽度越小，CPU 的功耗和发热量就越低，并可以工作在更高的频率下。

（6）CPU 的内核和 I/O 工作电压。从 586CPU 开始，CPU 的工作电压分为内核电压和 I/O 电压两种，通常 CPU 的核心电压≤I/O 电压。其中，内核电压的大小是根据 CPU 的生产工艺而定的，一般制作工艺越小，内核工作电压越低。一般来说，45nm 的 CPU，其电压在 1.2 ~ 1.3V 最为合理。低电压能解决耗电过大和发热过高的问题。

3. 中央处理器的选购与测试

（1）与主板相匹配。CPU 和主板关键是要接口一致，可以兼容。从性能来说，总线速度会影响主板的性能，CPU 总线速度和主板匹配就行。

（2）盒装和散装的区别。市面上的 CPU 一般分为盒装和散装两种，盒装和散装处理器在产品本身应该没有区别，有区别的地方在于质保期以及是否附带散热器。如果购买散装 CPU，往往要另外选购一个合适的散热器。

（3）购买 Intel 系列还是 AMD 系列。一般来说，Intel 的 CPU 适合于偏重低能耗、多功能、多媒体应用、办公应用以及超频能力的用户购买；AMD 的 CPU 适合于偏重桌面启动速度、3D 建模、3D 游戏以及对价格要求不高的用户购买。

（4）CPU 的测试。CPU 的测试一般通过软件来进行，如 CPU-Z 软件。CPU-Z 软件是一个监视 CPU 信息的软件，监视的信息包括 CPU 名称、厂商、内核进程、内部和外部时钟及局部时钟等。该软件可以测出 CPU 实际设计的 FSB 频率和倍频，对于超频使用的 CPU 可以非常准确地进行判断。

9.2.2　主板

主板，又称为主机板或系统板，它安装在机箱内，是计算机最基本、最重要的部件之一。主板是一块长方形的集成电路板，板上装有组成计算机的主要电路系统。主板上面集成有扩充插槽、BIOS 芯片、控制芯片组、CPU 插座、内存插槽、主板电源插座、软驱接口、硬盘（IDE 和 SATA）接口和串行并行接口等，如图 9.19 所示。

图 9.19　主板的结构

1. 主板的结构及主要厂商

主板的结构有 AT、Baby AT、ATX、BTX 等，目前，ATX 主板广泛应用于家用计算机，是现在主板结构的主流。该类主板比 AT 主板设计得更为先进、合理，与 ATX 电源结合得更好。ATX 主板的面积比 AT 主板要稍大一些，软驱和 IDE 接口都移到了主板中间，键盘和鼠标接口也由 COM 接口换成了 PS/2 接口，并且可直接将打印接口和 PS/2 接口集成在主板上。

主板的主要生产厂商有华硕、微星、技嘉、七彩虹、映泰和华擎等。名牌厂商的产品可靠性较好，较少出现兼容性和稳定性的问题，在售后服务方面也很好。在这些厂商的官方网站上都可以找到最新的驱动程序与 BIOS 更新下载，从而使产品达到更好的性能水平和可靠性水平。

2. 主板的主要部件

（1）控制芯片组。芯片组由北桥芯片和南桥芯片构成。其中，北桥芯片负责管理二级高速缓存、决定支持内存的类型及最大容量、支持 AGP 高速图形接口、与 PCI 总线的桥接及连接键盘、鼠标接口等。南桥芯片则负责连接 USB 接口总线、ATA 接口、普通串行和并行接口、ISA 总线的桥接等。

（2）BIOS 芯片。BIOS 芯片是一块方块状的存储器，里面存有与该主板搭配的基本输入输出系统程序，能够让主板识别各种硬件，还可以设置引导系统的设备，调整 CPU 外频等。BIOS 芯片是可以写入的，这方便用户更新 BIOS 的版本，以获取更好的性能及对计算机最新硬件的支持；当然，不利的一面是会让主板遭受诸如 CIH 病毒的袭击。

（3）主板插座。

① CPU 插座。无论 CPU 架构如何变更，常见的 CPU 插座有 Socket 插座和 Slot 插座两种类型，目前主要是 Socket 插座。它是一个方型、白色、具有零插拔力（Zero Insertion Force，ZIF）的插座，侧面有一根锁紧拉杆，其顶部标注有脚孔的数目。

② 电源插座。电源插座用来将电源连接到主板，使电源给主板供电。在 ATX 主板上，电源插座的形状为长方形两排 2D 针插口。

（4）主板扩展槽。

① AGP 插槽。AGP（Accelerated Graphics Port，图形加速端口）插槽是专用的显卡插槽。主板上一般只有一个 AGP 插槽。它可以加速显卡的 3D 处理能力，让视频处理器与系统内存直接相连，避免经过窄带宽的 PCI 总线而形成系统瓶颈，同时提高了 3D 图形的数据传输速度。

② 内存插槽。内存插槽是主板上用来固定内存的插槽，主要有 DIMM 插槽和 SIMM 插槽两种。现在大多数计算机使用的都是 DIMM 插槽。目前最常见的内存是 DDR 内存，在较早的计算机中使用 SDRAM 内存。除此之外，还有较新的 DDR2、DDR3 内存等。SDRAM 内存插槽为 168 线，该内存插槽上有两个缺口，与 SDRAM 内存的缺口相对应。而 DDR 内存插槽为 184 线，该内存插槽上只有一个缺口，与 DDR 内存的缺口相对应。

③ PCI Express 插槽。PCI Express 总线是 PCI 扩展总线的新一代升级标准，简称 PCI-E。该总线采用点对点技术，能够为每一个设备分配独享通道带宽，不需要在设备之间共享资源，这就充分保障了各设备的宽带资源，从而提高了数据传输速率。

（5）硬盘接口。硬盘接口可分为 IDE 接口和 SATA 接口。在较老型号的主板上，一般集成两个 IDE 接口，通常 IDE 接口都位于 PCI 插槽下方，从空间上则垂直于内存插槽。而新型主板上，IDE 接口大多缩减，甚至没有，以 SATA 接口取而代之。

3. 主板的常用输入输出接口与工作原理

主板的常用输入输出接口很多，这里主要介绍以下几种，如图 9.20 所示。

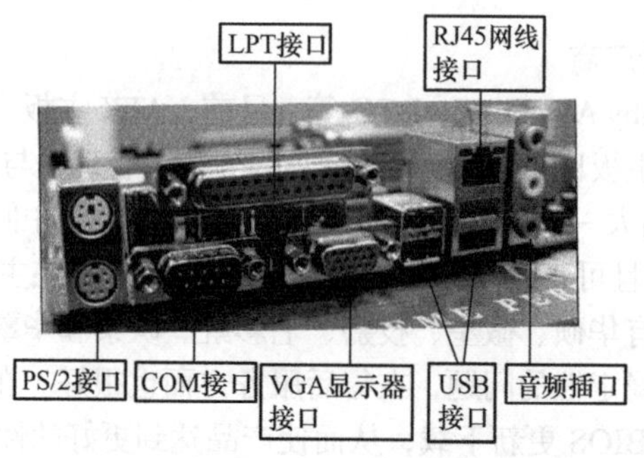

图 9.20 主板的常用输入输出接口

（1）PS/2 接口。PS/2 接口的功能比较单一，仅能用于连接键盘和鼠标。一般情况下，鼠标的接口为绿色、键盘的接口为紫色。虽然现在绝大多数主板依然配备该接口，但支持该接口的鼠标和键盘越来越少，大部分外设厂商也不再推出基于该接口的外设产品，更多的是推出 USB 接口的外设产品，在不久的将来，该接口也会逐渐被 USB 接口所取代。

（2）USB 接口。USB 接口是现在最为流行的接口，其应用非常广泛。USB 接口可以从主板上获得 500mA 的电流，支持热拔插，真正做到了即插即用。一个 USB 接口可同时支持高速和低速 USB 外设的访问，USB2.0 标准最高传输速率可达 480Mbit/s，USB3.0 已经开始出现在最新主板中，不久后将被推广。

（3）COM 接口（串口）。目前，大多数主板都提供了两个 COM 接口，分别为 COM1 和 COM2，作用是连接串行鼠标和外置 Modem 等设备。COM1 接口的 I/O 地址是 03F8h-03FFh，中断号是 IRQ4；COM2 接口的 I/O 地址是 02F8h-02FFh，中断号是 IRQ3。由此可见，COM2 接口比 COM1 接口的响应具有优先权，现在市面上已很难找到基于该接口的产品。

（4）LPT 接口（并口）。LPT 接口一般用来连接打印机或扫描仪。其默认的中断号是 IRQ7，采用 25 脚的 DB-25 接头。现在使用 LPT 接口的打印机与扫描仪已经很少了，多为使用 USB 接口的打印机与扫描仪。

（5）RJ45 网线接口。RJ45 型网线插头又称水晶头，共有 8 芯，广泛应用于局域网和 ADSL 宽带上网用户的网络设备间网线（称为五类线或双绞线）的连接。在具体应用时，RJ45 型插头和网线有两种连接方法（线序），分别称为 T568A 线序和 T568B 线序。

4. 主板的选购

目前，市场上主板的生产厂商和品牌非常多，价格差别很大，质量也参差不齐，但是所能提供的功能却类似。按需选择主板的原则如下。

（1）根据需要选购即是按需选购。例如，如果对计算机的性能要求较高，则可选择支持超线程技术、双通道内存的主板，以充分发挥计算机的性能。

（2）注重主板的做工和用料。一是观察主板做工是否精细，各焊点接合处和波峰焊点的做工是否工整简洁，走线是否简洁清晰；二是看设计结构是否有利于升级安装的需要，是否有利于安装其他配件和散热器件；三是看主板是否通过相应的安全标准测试；四是看主板上使用的电容容量、CPU 的供电电路等；最后要看主板产品包装和相关配件是否齐全。

（3）兼容性。对兼容性的考察有其特殊性，因为它很可能并不是主板的品质问题。例如，有时主板不能使用某个功能卡或者外设，可能是卡或者外设的本身设计就有缺陷。

（4）升级和扩充。购买主板的时候我们或多或少都会考虑计算机将来升级扩展的能力，其中扩充内存和增加扩展卡最为常见，另外还有升级 CPU。一般主板插槽越多，扩展能力就越好，不过价格也更贵。

9.2.3 内存

内存是主机上的重要部件之一，是 CPU 与其他设备传输数据的桥梁，主要用于临时存储数据。

1. 内存的分类

内存按照工作原理主要分为 ROM 和 RAM 两类。

（1）ROM（Read Only Memory）。ROM 存储器也称为只读存储器，是一种只能读出事先所存数据的固态半导体存储器。其特性是一旦储存资料就无法再将之改变或删除。

（2）RAM（Random Access Memory）。RAM 存储器也称为随机存储器，存储的内容可以通过指令随机读写访问，根据结构和工作原理又可分为两类：静态 RAM 和动态 RAM。目前使用的 RAM 基本属于动态 RAM，大致可以分为以下几种类型，如图 9.21 所示。

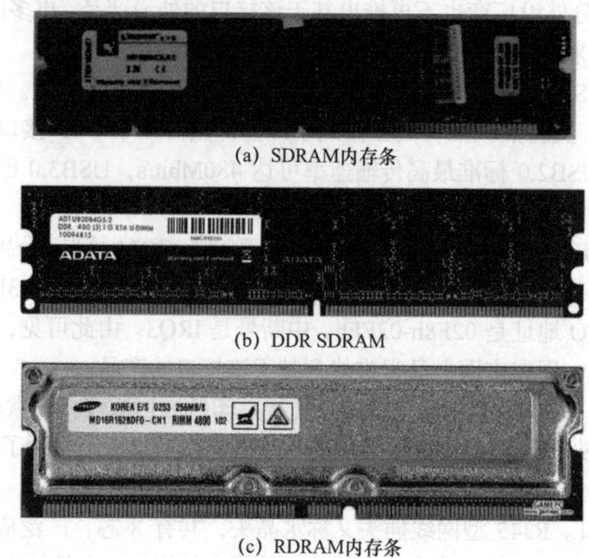

(a) SDRAM内存条

(b) DDR SDRAM

(c) RDRAM内存条

图 9.21　动态 RAM 的几种类型

SDRAM 即 Synchronous DRAM（同步动态随机存储器），曾经是 PC 计算机上最为广泛应用的一种内存类型。SDRAM 内存又分为 PC66、PC100 和 PC133 等不同规格，而规格后面的数字就代表着该内存最大所能正常工作的系统总线速度。

DDR SDRAM，人们习惯称之为 DDR。DDR SDRAM 是 Double Data Rate SDRAM 的缩写，是双倍速率同步动态随机存储器的意思。DDR 内存是在 SDRAM 内存基础上发展而来的，仍然沿用 SDRAM 生产体系，因此对于内存厂商而言，只需对制造普通 SDRAM 的设备稍加改进，即可实现 DDR 内存的生产，可有效地降低成本。目前，市面上主要使用的内存条多数为 DDR SDRAM，包括 DDR1、DDR2 及 DDR3 等。

RDRAM（Rambus DRAM）是美国的 RAMBUS 公司开发的一种内存。与 DDR 和 SDRAM 不同，它采用了串行的数据传输模式。在推出时，因为其彻底改变了内存的传输模式，无法保证与原有的制造工艺相兼容，而且内存厂商要生产 RDRAM 还必须交纳一定的专利费用，再加上其本身制造成本高，就导致了 RDRAM 从一问世就因其高昂的价格而让普通用户无法接收。

2. 内存的主要性能指标

（1）容量。内存容量表示内存可以存放数据的大小，其单位有 B、KB、MB 和 GB 等。目前，内存大多以 GB 为单位，市场上常见的内存容量规格为单条 2GB、4GB 及 8GB 等。

（2）内存主频。内存主频和 CPU 主频一样，习惯上被用来表示内存的速度，它代表着该内存所能达到的最高工作频率。内存主频是以 MHz（兆赫）为单位来计量的。内存主频越高，在一定程度上就代表着内存所能达到的速度越快。内存主频决定着该内存最高能在什么样的频率下正常工作。目前，市场上较为主流的是 1 600MHz 和 2 400MHz 的 DDR 内存。

（3）延时 CL。延迟 CL 的全称为“CAS Latency”，其中 CAS 为 Column Address Strobe（列地址控制器），是指纵向地址脉冲的反应时间，是在同一频率下衡量内存好坏的标志。例如，SDRM（100MHz 外频下）读取数据的延迟时间是 2 个或 3 个时钟周期。

（4）数据位宽度和带宽。数据位宽度是指内存在一个时钟周期内可以传送的数据的长度，单位为 bit；内存带宽则是指内存的数据传输速率，如 DDR3 1600 内存的数据传输速率为 12.8GB/s。

3. 内存的选购与测试

（1）品牌的选择。目前，内存的品牌有很多，如金士顿（Kingston）、金邦科技、威刚、宇瞻、海盗船及三星等，而在市场上占有率较高的是金士顿，其占有率大概为所有内存品牌的一半。

（2）内存容量的选择。目前，市面上采用的内存一般为 DDR3，在选购时根据需求，一般选购 2G 以上内存。

（3）内存的测试。内存的测试一般要借用内存测试软件（如 MemTest Version）来进行。

9.2.4 硬盘

硬盘主要用来存储数据信息，数据被存储在磁介质上，磁介质均匀地分布在盘片上。一般硬盘有多个盘片，盘片的正反面一般都可存储信息，在每个盘片的正反面也都有磁头可以读取信息。

1. 硬盘的结构

从外观上看，硬盘由外壳、控制电路板、跳线、电源接口和数据线接口等组成，如图 9.22 所示。硬盘的内部结构包括传动手臂、主轴、磁盘盘片和读写磁头等，如图 9.23 所示。

2. 硬盘的接口分类

硬盘接口是硬盘与主机之间进行连接的部位，主要用于在硬盘缓存和主机内存之间传输数据。

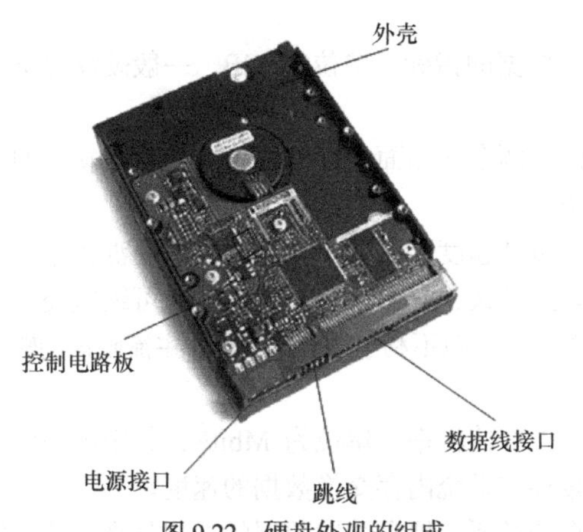

图 9.22　硬盘外观的组成

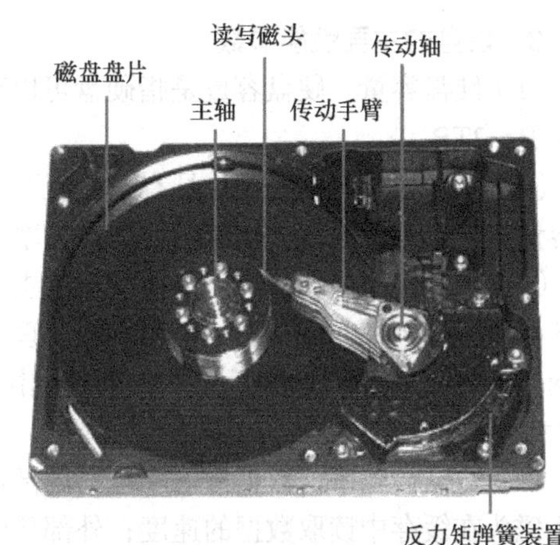

图 9.23　硬盘的内部结构

目前，主要有 3 种类型的硬盘接口：IDE 接口、SATA 接口和 SCSI 接口。

（1）IDE 硬盘。IDE（Integrated Drive Electronics，电子集成驱动器）硬盘，是指把控制器与盘体集成在一起的硬盘驱动器，主要采用 IDE 数据接口（也叫 ATA 接口），通过一根 40 芯或 80 芯的数据电缆线连接硬盘与主板进行数据传输，采用并行传输模式。常见 IDE 硬盘的外部传输速率模式有 Ultra DMA33、Ultra DMA66、Ultra DMA100 和 Ultra DMA133，也称为 ATA33/66/100/133，即在理论上 IDE 硬盘的外部传输速率可达 33/66/100/133MB/s，其电源接口使用的是 4 针的 D 形电源接口，如图 9.24（a）所示。

（2）SATA 硬盘。SATA（Aerial ATA，串行接口）硬盘也叫串口硬盘，它采用一种新的接口标准，采用串行传输模式进行点对点传输。随着硬盘转速的提高，硬盘内部数据传输速率也相应提高，使得以前的 IDE 硬盘在外部传输速率上出现了瓶颈，因此，出现了一种新型的硬盘数据接口，即 SATA 接口。它采用一条 7 根导线的数据电缆线与主机相连进行数据传输，外部传输速率可达到 150Mbit/s，SATAII 硬盘接口的外部传输速率甚至可达 300Mbit/s，传输速率比传统的 IDE 接口有很大的提高，其电源接口也改为了专用的 SATA 电源接口，如图 9.24（b）所示。

（3）SCSI 硬盘。SCSI（Small Computer System Interface，小型计算机系统接口）硬盘，是一种采用 SCSI 接口的硬盘，它具有性能好、稳定性高、存取速度快、CPU 占用率低等特点，普遍应用于服务器和高档工作站中。SCSI 硬盘与主板之间的数据传输主要是通过 SCSI 控制器，如 SCSI 卡。SCSI 控制器能够处理大部分数据传输工作，因此当存取 SCSI 硬盘数据时 CPU 的占用率较低。目前，常见的 SCSI 硬盘接口类型有 Ultra320 SCSI、Serial Attached SCSI（SAS）及光纤接口，硬盘的转速有 7 200rpm、10 000rpm、15 000rpm，其接口的外部传输速率可达 320Mbit/s，常见的接口针脚数有 40 针、50 针、68 针和 80 针几种，如图 9.24（c）所示。

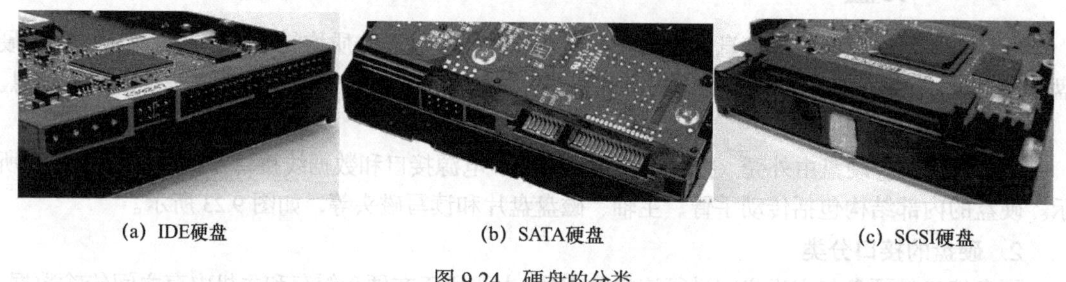

(a) IDE硬盘　　(b) SATA硬盘　　(c) SCSI硬盘

图 9.24　硬盘的分类

3. 硬盘的主要性能参数

（1）硬盘容量。硬盘容量是指硬盘可以存储多少数据的指标，单位为 GB，一般硬盘容量为 500GB～2TB。

（2）单碟容量。一张盘片具有正、反两个存储面，两个存储面的存储容量之和就是硬盘的单碟容量。单碟容量越高，硬盘的数据传输率也就越快。

（3）硬盘转速。硬盘转速是指硬盘内主轴电机的转动速度，目前市场上常见的硬盘转速一般有 5 400rpm、7 200rpm 甚至 10 000rpm。理论上，转速越快越好，因为较快的转速可缩短硬盘的平均寻道时间和实际读写时间，但是转速越快，发热量越大，越不利于散热。目前，主流硬盘的转速一般为 7 200rpm。

（4）数据传输率。数据传输率包括内部传输率和外部传输率，单位为 Mbit/s，其中内部传输率为磁头在缓存中读取数据的速度；外部传输率为缓存与系统内存交换数据的速度。

（5）硬盘缓存。缓存是硬盘与外部总线交换数据的场所。硬盘读取数据的过程是将磁信号转化为电信号后，通过缓存一次次地填充与清空，然后再填充，再清空，一步步按照 PCI 总线的周期送出。缓存的大小与速度直接关系到硬盘的传输速度。

（6）平均寻道时间。寻道时间是指硬盘磁头移动到数据所在磁道所用的时间，单位为毫秒（ms）。平均寻道时间则为磁头移动到正中间的磁道所需要的时间。硬盘的平均寻道时间越短，性能越高，现在一般选用平均寻道时间在 10ms 以下的硬盘。

4. 硬盘的选购

硬盘是计算机系统中一个非常重要的部件，其性能的高低往往影响着整个计算机系统的表现。一般的用户在选购硬盘时除了容量、价格及品牌等因素，还要考虑以下因素：硬盘的参数指标、硬盘的质量保证，以及硬盘的发热及噪声问题。

9.2.5　显卡

显卡就是人们常说的显示适配器或图形卡，它是主机与显示器之间进行通信的主要控制电路和接口。它的主要作用是将 CPU 送来的影像数据处理成显示器可以识别的格式，然后输出到显示屏幕上形成影像。

1. 显卡的结构

显卡的主要组成部件包括显示芯片、显存、显卡 BIOS 等，如图 9.25 所示。以下为各元件的具体功能。

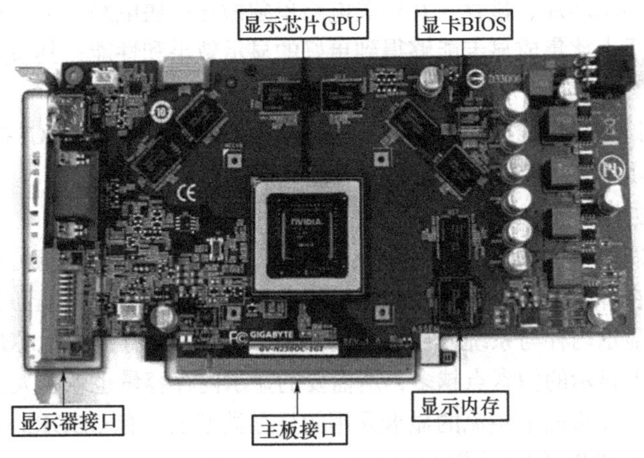

图 9.25　显卡的基本结构

（1）显示芯片。显示芯片又称“图形处理芯片”（Graphic Proccessing Unit，GPU）。在计算机的数据处理过程中，CPU 将其运算处理后的显示信息通过数据总线传输到 GPU 中，GPU 再进行处理，最后通过显示卡输出显示在屏幕上。

（2）显示内存。显示卡需要运算大量的三维图像输出时所需的函数，而显示内存在此起到交换数据和缓存数据的作用，其速度的快慢对于显示卡性能的充分发挥至关重要。

（3）显卡 BIOS。显卡 BIOS 主要用于存放显示芯片与驱动程序之间的控制程序和显卡的型号、规格、生产厂家、出厂时间等信息。早期的显卡 BIOS 是固化在 ROM 中的，不能修改，现在的显卡则采用了大容量的 EPROM，即 Flash BIOS，可以通过专用的程序进行改写或升级以改善显卡性能。

（4）输出端口。显卡所处理的信息最终都要输出到显示设备上，显卡的输出接口就是计算机与显示设备之间的桥梁，它负责向显示设备输出相应的图像信号。几种常见的输出接口如图 9.26 所示。

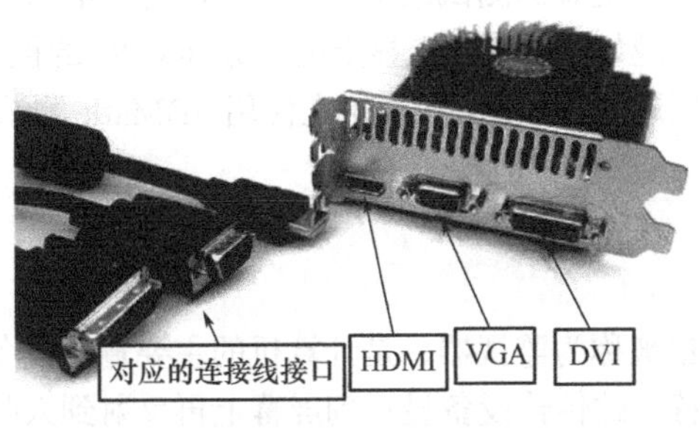

图 9.26　显卡接口

① VGA（Video Graphics Array）接口：也叫 D-Sub 接口，是显卡上输出模拟信号的接口。

② DVI（Digital Visual Interface）接口：即数字视频接口，是显卡上输出数字信号的接口。

③ HDMI（High-Definition Multimedia Interface）接口：即高清晰度多媒体接口，同 DVI 一样是传输全数字信号的接口。

2. 显卡的分类

显卡可分为独立显卡和集成显卡两大类。

集成显卡是指将显示芯片、显存及其相关电路都集成在主板上，与主板融为一体。集成显卡的显示效果与处理能力相对较弱，但其功耗低、发热量小。

独立显卡是指将显示芯片、显存及其相关电路单独做在一块电路板上，自成一体作为一块独立的板卡存在。独立显卡比集成显卡能够得到更好的显示效果和性能；其缺点是系统功耗有所增加，发热量也较大。

独立显卡按其与计算机总线接口类型的不同可分为 ISA 接口显卡、PCI 接口显卡、AGP 接口显卡和 PCI-E 接口显示卡 4 种类型。

3. 显卡的主要技术指标

（1）刷新频率。刷新频率（Vertical Refresh Rate）是指显示器每秒能对整个画面重复更新的次数，即影像每秒钟在屏幕上出现的帧数。刷新频率最好是在 85Hz，甚至 120Hz 以上。

（2）显存容量。显示内存与系统内存的功能相似，用来暂时存储显示芯片处理的数据。显卡的分辨率越高，屏幕上显示的像素点越多，所需要的显示内存容量也就越大。

（3）显存类型。目前，市面上主流的显卡采用的显存类型主要有 GDDR3、GDDR4 和 GDDR5。现正处于 GDDR3 到 GDDR5 的过渡期。

（4）显存频率。显存频率是指默认情况下该显存在显卡上工作时的频率，以 MHz 为单位。显存频率在一定程度上反映了该显存的速度。显存频率随着显存的类型、性能的不同而不同。

（5）显存位宽。显存位宽是显存在一个时钟周期内所能传送数据的位数，是显存的重要参数之一。目前市面上的显存位宽有 128 位、256 位和 512 位甚至更高的位宽，人们习惯按其相应的显存位宽称之为 128 位显卡、256 位显卡和 512 位显卡。我们知道，显存带宽 = 显存频率 × 显存位宽/8，所以在显存频率相当的情况下，显存位宽将决定显存带宽的大小。

（6）分辨率。分辨率（Resolution）是指显示画面的细腻程度，一般以画面的最大“水平点数”×“垂直点数”为代表。

4. 显卡的选购与测试

（1）显卡的选配。选择一块高性价比的显卡是用户的基本要求。如果显卡的性能及稳定性不好，则计算机可能长时间无法正常运行，在选购显卡时可从用途、GUP 和显存、品牌等几个方面进行考虑。

（2）显卡的测试。如果通过查看显卡的性能参数还不能很准确地判断其性能的优劣，那么通过一些显卡测试软件便能得到最直观的测试结果。例如，目前最常用的显卡测试软件是 3DMark，测试项目分值越高则显卡性能越好，但实际上显卡的得分和 CPU 的性能、内存大小、内存种类也有着很大的联系。例如，使用超线程技术的 CPU 在使用 3DMark 测试时分数就比使用普通 CPU 时高。

9.2.6 显示器

显示器（Display）通常也被称为监视器，是计算机的主要输出设备，是人机交互必不可少的设备。它是将电子信息通过特定的传输设备显示到屏幕上再反射到人眼的一种显示工具。我们通常所说的显示器是指与计算机主机相连的显示设备，现在通常为液晶显示器。

1. 显示器的分类

随着显示器技术的不断发展，显示器的类别也越来越细化。按显像技术的不同，可以将显示器划分为以下几类。

（1）CRT 显示器。CRT 显示器是一种使用阴极射线管（Cathode Ray Tube）的显示器，如图 9.27 所示，但由于其大功耗、强辐射等问题，现已基本被 LCD 显示器所取代。CRT 显示器按照不同的标准，又可划分为不同的类型。

① 按屏幕尺寸大小分类。从早期的 12 英寸黑白显示器到 17 英寸、19 英寸、21 英寸大屏彩显，CRT 显示器经历了由小到大的过程。

② 按显像管种类分类。按照显像管表面平坦度的不同可将显示器分为球面管、平面直角管、柱面管和纯平管。

（2）LED 显示屏（LED Panel）。LED 就是 "Light Emitting Diode"（发光二极管）的英文缩写，是一种通过控制半导体发光二极管的显示方式，用来显示文字、图形、图像、动画、行情、视频、录像信号等各种信息的显示屏幕。目前，LED 显示器已广泛应用于大型广场、新闻发布、商业广告、信息传播、证券交易、体育场馆等，可以满足不同环境的需要。图 9.28 所示为户外广告用大屏幕 LED。

图 9.27　CRT 显示器

图 9.28　户外全彩屏 LED

（3）LCD 显示器 LCD（Liquid Crystal Display）显示器即液晶显示器，为平面超薄的显示设备。液晶显示器辐射小，功耗也很低。它的主要原理是以电流刺激液晶分子产生点、线、面，配合背部灯管构成画面。LCD 显示器是目前计算机配置的主流产品，如图 9.29 所示。LCD 显示器有以下几种分类方式。

图 9.29　LCD 显示器

① 按物理结构可将 LCD 显示器分为 TN-LCD、STN-LCD、DSTN-LCD 和 TFT-LCD4 种。其中，TN-LCD、STN-LCD 和 DSYN-LCD 的基本显示原理相同，只是液晶分子的扭曲角度不同

而已。

② 按屏幕比例即显示器屏幕长与宽的比值可将 LCD 显示器分为 4∶3、5∶4、16∶9、16∶10 共 4 种。前两种屏幕比例的 LCD 显示器称为普屏（方屏）显示器，后两种屏幕比例的 LCD 显示器称为宽屏显示器。

2. 显示器的工作原理

CRT 显示器与 LCD 显示器的工作原理完全不同，而且目前市面上已很少见到 CRT 显示器。LCD 显示器的工作原理是当通电时导通，排列变得有秩序，使光线容易通过；不通电时排列混乱，阻止光线通过，让液晶如闸门般地控制光线。目前，液晶显示技术大多以 TN、STN、TFT 这 3 种技术为主。

3. 显示器的主要性能参数

通过显示器的相关指标我们能够基本了解显示器工作时各方面的表现力，LCD 显示器主要性能参数的含义如下。

（1）点距和可视面积。液晶显示器的点距和可视面积有直接的对应关系。

（2）最佳分辨率。LCD 的最佳分辨率即其最大分辨率，在显示小于最佳分辨率的画面时，液晶显示采用两种方式来显示：一种是居中显示，画面清晰，但画面太小；另一种则是扩大方式，画面大但比较模糊。

（3）对比度。基本对比度是定义最大亮度值（全白）除以最小亮度值（全黑）的比值。对比度是直接体现该液晶显示器能否表现出丰富色阶的参数，对比度越高，还原的画面层次感就越好，即使在观看亮度很高的照片时，黑暗部位的细节也可以清晰体现。目前，市面上 LCD 显示器的对比度多为 1 000∶1。

（4）亮度。由于液晶分子自己本身并不发光，背光光源的亮度决定整台 LCD 显示器画面的亮度和色彩的饱和度。这一指标相当重要，它将决定其抗干扰能力的大小。

（5）可视角度。液晶显示器的可视角度是指能观看到可接受失真值的视线与屏幕法线的角度（最大角度为 180°），数值越大越好。液晶显示器的可视角度左右对称，但上下则不一定对称，一般为水平可视角度 170°，垂直可视角度 160°。

4. 显示器的选配与测试

随着液晶显示器价格的不断降低，21 英寸以上的宽屏液晶显示器已经成为绝大多数用户计算机配置的选择。如何选购一台高性价比的显示器成为用户主要考虑的问题。

（1）性能参数选择。LCD 面板是液晶显示器价格的最主要的决定因素，可以说 LCD 显示器 80% 的成本都来自 LCD 面板，并且 LCD 面板的主要性能参数也决定了液晶显示器的性能。衡量一款显示器的优劣，我们通常会关注亮度、基本对比度、响应速度以及可视角度等几个技术指标。

（2）屏幕尺寸选择。目前，市面上计算机主要配置的是 21 英寸以上的宽屏液晶显示器，屏幕尺寸从 21～27 英寸不等。如果仅仅是作为工作用机，支持旋转功能的 21 英寸 16∶10 液晶显示器是个不错的选择。如果显示器主要用于娱乐，特别是 DVD 影片、HD 影片欣赏的话，选择 22 英寸、24 英寸甚至更大屏幕的液晶显示器比较合适。由于使用了宽屏设计，在观看影片时，令人讨厌的黑边就会减小甚至消失，对于电影发烧友来说无疑是一种很好的享受。

（3）检测屏幕。通过一些测试工具，我们可以对 LCD 显示器进行对比度、响应时间、屏幕坏点等的全面测试。例如，显示器测试工具 DisplayX，在软件上单击“常规完全测试”就可以完成所有测试，包括延迟时间、坏点、交错、纯色、对比度等测试项目。

9.3　计算机的组装

9.3.1　组装前的准备工作

在进行计算机硬件安装前，一般要先准备好各部件和安装工具，了解装机的注意事项，然后才开始计算机硬件的安装。

1．装机工具

随着各种新型机箱的推出，现在组装计算机越来越方便，通常只需一把带磁性的十字螺丝刀就可以完成安装工作。如果是专业的装机人员，则需要准备整套的工具，包括螺丝刀、尖嘴钳、防静电手套、镊子、万用表以及一些常用工具。

2．装机注意事项

在组装计算机前需要了解其注意事项，以免出现错误，包括检查硬件、轻拿轻放、防静电等。

（1）检查硬件。在组装计算机前应检查硬件是否准备齐全，并大概了解其安装的位置和使用的工具等，以免安装出现错误。

（2）轻拿轻放。计算机中有的硬件比较小，不能受到大力的撞击，在安装时需要轻拿轻放，否则容易损坏这些硬件。

（3）防静电。计算机的很多部件是高集成化的电子元器件，人体身上的静电有可能会损坏电子元器件，因此在开始装机之前要先消除身上的静电，如用手摸一摸自来水管或金属外壳等接地设备，如果有条件，可以佩戴防静电腕带或手套。在装机过程中，由于摩擦也会产生静电，所以在间隔一段时间后需要再次释放身上的静电。

9.3.2　组装计算机的基本流程

准备好各部件后，组装一台计算机一般可以按照以下步骤来进行。

（1）机箱电源的安装。打开机箱盖，将电源安装到机箱里。

（2）安装 CPU 与散热风扇。在主板 CPU 插槽中放入 CPU，并安装散热风扇。

（3）安装内存条。将内存条插入主板的内存插槽中。

（4）安装主板。将主板固定到机箱底板上。

（5）安装硬盘。将硬盘固定到驱动器仓中。

（6）安装显卡。将显卡插入到主板上对应的插槽中（如果使用了集成显卡功能的主板，此步骤可省略）。

（7）安装声卡。将声卡插入到主板上对应的插槽中（如果使用了集成声卡功能的主板，此步骤可省略）。

（8）安装网卡。将网卡插入到主板上对应的插槽中（如果使用了集成网卡功能的主板，此步骤可省略）。

（9）安装光驱。将光驱固定到驱动器仓中。

（10）连接机箱内连线。连接主板电源线，连接硬盘、光驱的电源线和数据线，连接内部控制线和信号线，并装上机箱侧面板。

（11）输入、输出设备的安装。连接键盘、鼠标、显示器、音箱和打印机等。

（12）连接主机电源。通电开机测试。

9.4 系统与驱动程序的安装

在计算机的硬件组装完成后，先安装操作系统；接着根据计算机的硬件配置对操作系统进行设置，如安装显卡、声卡、主板、打印机等驱动程序；最后根据用户的需要安装应用程序。

9.4.1 安装操作系统

1. 主流操作系统简介

目前，操作系统的种类有很多，各种设备安装的操作系统可从简单到复杂，可从手机的嵌入式操作系统到超级计算机的大型操作系统。目前流行的现代操作系统主要有 Windows、Linux、Mac OS X、Android 和 z/OS 等，Windows 7 主界面如图 9.30 所示，Mac OS X 10.9 主界面如图 9.31 所示。

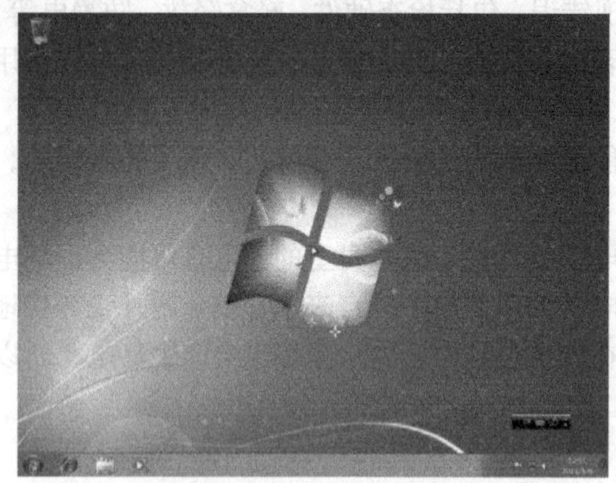

图 9.30 Windows 7 主界面

图 9.31 Mac OS X 10.9 主界面

2. 操作系统的种类

按照操作系统的使用环境及处理方式的不同，可将操作系统划分为以下几种。

（1）批处理操作系统。批处理操作系统是将用户作业按照一定的顺序排列，统一交给计算机系统，由计算机自动、顺序地完成作业的系统。批处理采用尽量避免人机交互的方式来提高 CPU 的运行效率。常用的系统有 MVX 等。

（2）分时操作系统。分时操作系统是指对一台 CPU 连接多个终端，CPU 按照优先级给各个终端分配时间片，轮流为各个终端服务。计算机的高速运行，使每个用户都感觉到自己独占这台计算机。常用的系统有 Windows、UNIX、XENIX、Linux 等。

（3）实时操作系统。实时操作系统是指使计算机能及时响应外部事件的请求在规定的严格时间内完成对该事件的处理，并控制所有实时设备和实时任务协调一致地工作的操作系统。

（4）网络操作系统。网络操作系统是基于计算机网络的，是在各种计算机操作系统上按网络体系结构协议标准开发的软件，包括网络管理、通信、安全、资源共享和各种网络应用。其目标是相互通信及资源共享。在其支持下，网络中的各台计算机能互相通信和共享资源。常用的网络操作系统有 Windows 2008 Server、Red HatLinux 和 NetWare。

（5）分布式操作系统。分布式操作系统是将地理上分散的独立的计算机系统通过通信设备和线路互相连接起来，但各台计算机均分负荷，或每台计算机各提供一种特定功能，互相协作完成一个共同的任务。在分布式系统中，计算机无主次之分，各计算机之间可交换信息，共享系统资源。分布式操作系统是在物理上分散的计算机上实现的、逻辑上集中的操作系统，它更强调分布式计算和处理，如 Amoeba 系统等。

（6）嵌入式操作系统。嵌入式操作系统是指用于嵌入式系统的操作系统。嵌入式操作系统负责嵌入式系统的全部软、硬件资源的分配和任务调度，控制、协调并发活动。它必须体现其所在系统的特征，能够通过装卸某些模块来达到系统所要求的功能。目前，在嵌入式领域广泛使用的操作系统有嵌入式 Linux、Windows Embedded、VxWorks 等，以及应用于智能手机和平板计算机的 Android、iOS 等。

3. 安装 Windows 7 系统

我们一般通过光驱方式在硬盘上安装 Windows 7 操作系统，具体操作方法如下。

（1）准备工作。准备好 Windows 7 系统安装盘，计算机需配备 DVD 光驱。在 CMOS 中设置使用光驱启动计算机，将 Windows 7 的安装光盘插入光驱，从光盘启动安装程序，加载安装文件。屏幕上会出现“Windows is loading files…”界面，如图 9.32 所示。

图 9.32　安装加载文件界面

（2）开始安装系统。

① 选择安装语言等，弹出图 9.33 所示的对话框。默认设置，直接单击【下一步】按钮。

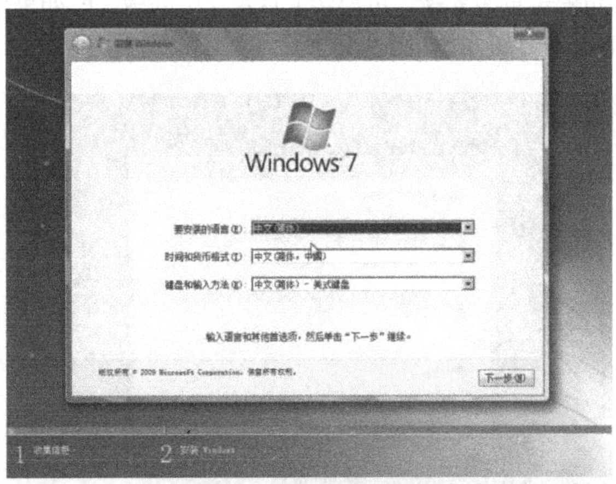

图 9.33　选择语言、时间等

② 单击【现在安装】按钮，如图 9.34 所示。

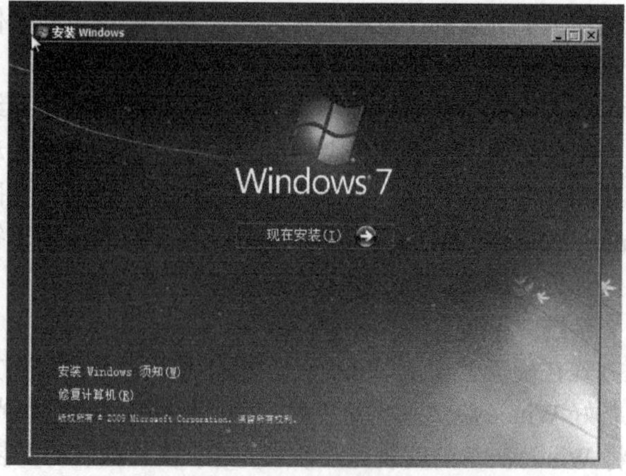

图 9.34　单击【现在安装】按钮

③ 接受许可协议。勾选【我接受许可条款】复选框，单击【下一步】按钮，如图 9.35 所示。

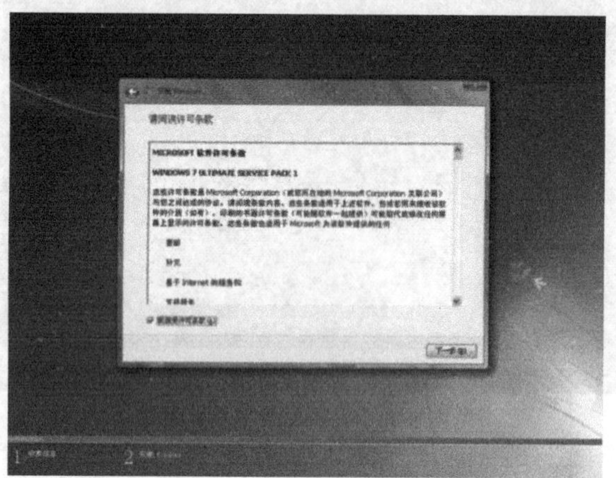

图 9.35　【接受许可协议】复选框

④ 选择安装类型。如果是重装系统，可单击【自定义（高级）】；如果想从 Windows XP、Vista 升级为 Windows 7，可单击【升级】，如图 9.36 所示。

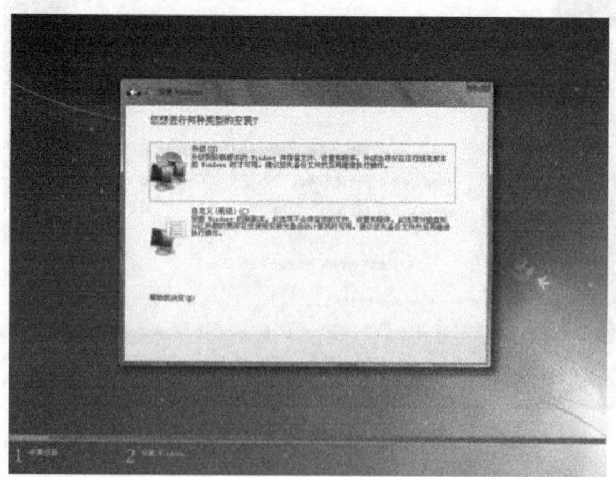

图 9.36　选择安装类型

⑤ 设置更新，如图 9.37 所示。

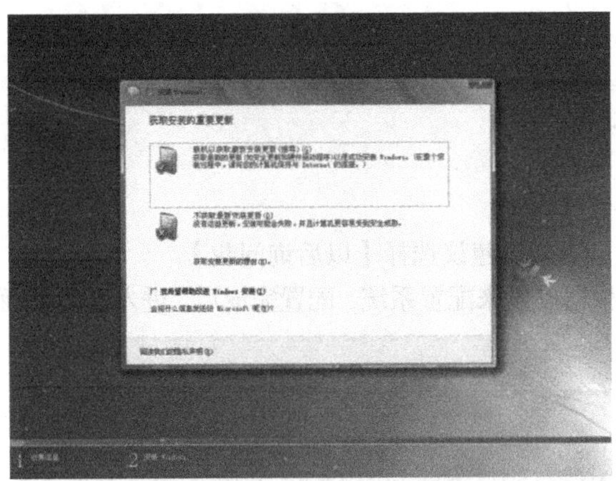

图 9.37　设置更新

⑥ 选择安装分区。如果计算机之前已经分好区了，选择分区后，单击【下一步】按钮继续操作。如果没有分区，则单击【驱动器选项（高级）】，弹出图 9.38 所示的界面，如格式化、删除驱动器等都可以在此操作。

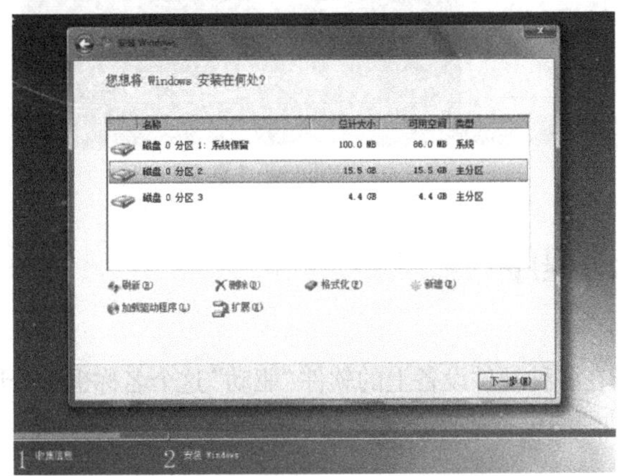

图 9.38　选择安装分区及操作

⑦ 开始安装。单击【下一步】按钮，此时就开始了安装，整个过程需要 10～20 分钟，如图 9.39 所示。

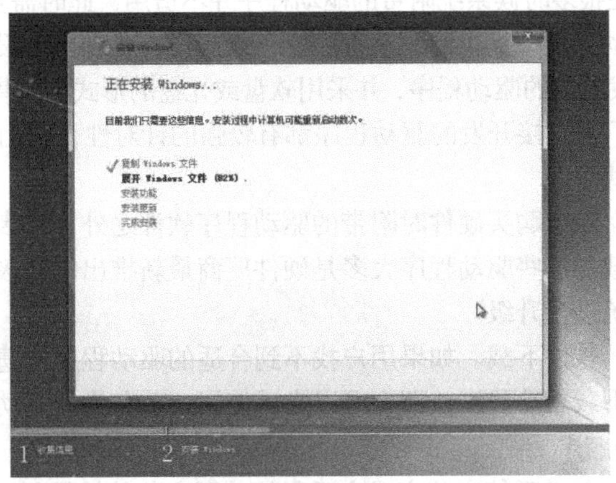

图 9.39　开始安装

（3）配置系统信息。

① 安装程序检查系统配置、性能，这个过程会持续5~10分钟。

② 输入计算机名称。

③ 设置系统用户名和密码。

④ 输入产品密钥并激活。

⑤ 询问是否开启自动更新，建议选择【以后询问我】。

⑥ Windows 7正在根据设置来配置系统，配置完成后，进入系统桌面，Windows 7安装成功，如图9.40所示。

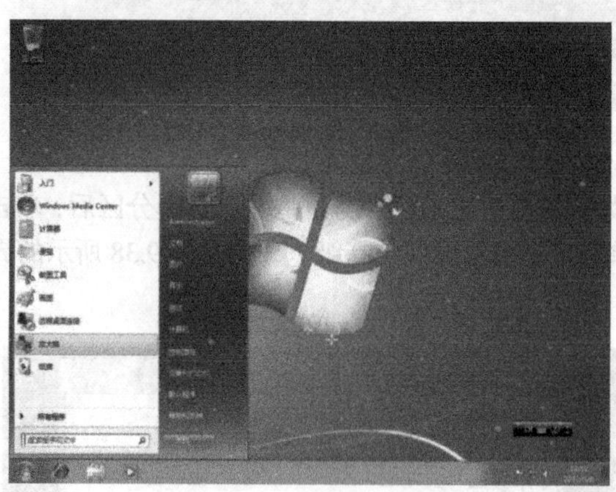

图9.40 Windows 7桌面

9.4.2 安装驱动程序

1. 驱动程序的作用

驱动程序是直接工作在各种硬件设备上的软件“驱动”这个名称也十分形象地指明了它的功能。正是通过驱动程序，各种硬件设备才能正常运行，达到既定的工作效果。

2. 获取驱动程序

驱动程序的获取有以下几种方法。

（1）使用操作系统提供的驱动程序。Windows 7系统中已经附带了大量的通用驱动程序，在安装系统后，无需单独安装驱动程序就能使这些硬件设备正常运行。但是，Windows 7系统附带的驱动程序是有限的，所以在很多时候系统附带的驱动程序并不适用，此时需要手动来安装启动程序。

（2）使用附带的驱动光盘中提供的驱动程序。一般来说，各种硬件设备的生产厂商都会针对自己硬件设备的特点开发专门的驱动程序，并采用软盘或光盘的形式在销售硬件的同时一并免费提供给用户。这些由设备厂商直接开发的驱动程序都有较强的针对性，它们的性能无疑比Windows附带的驱动程序要高一些。

（3）通过网络下载。除了购买硬件时附带的驱动程序软件之外，许多硬件厂商还会将驱动程序放到网络上供用户下载。这些驱动程序大多是硬件厂商最新推出的升级版本，用户可以根据需要下载驱动，以便对系统进行升级。

（4）用“驱动精灵”软件下载。如果用户找不到合适的驱动程序或遗忘计算机硬件的具体型号，无法在网上搜索并下载驱动程序，那么可以尝试使用一款名为“驱动精灵”的软件。

3. 驱动程序的安装顺序

一般来说，在Windows 7系统安装完成之后紧接着要安装的就是驱动程序（虽然Windows 7

系统自带大部分通用的驱动，但建议安装硬件配套的驱动程序）。各种驱动程序安装的顺序为“主板→各种板卡→外设”。

（1）主板。主板驱动程序通常指的就是芯片组的驱动程序。

（2）各种板卡。在安装完主板驱动程序之后，接着要安装的就是插在主板上的各种板卡的驱动程序，如显卡、声卡、网卡等。

（3）各种外围设备。完成上面两步后，就是各种外设的驱动程序的安装，如打印机、扫描仪、鼠标、键盘等。

4. 安装即插即用设备的驱动程序

通常情况下，Windows 7 能够自动检测到 PCI 卡、AGP 卡、ISA 卡、USB 设备以及多数打印机和扫描仪等外设，并提示用户插入安装盘，按提示进行安装即可。

5. 安装非即插即用设备的驱动程序

通常情况下，安装完操作系统后，可以通过计算机中的设备管理器来对各种硬件进行详细的查看。如果 Windows 启动后未发现已安装的硬件，那么在设备管理器中可以看到有些硬件前面会显示黄色的问号或感叹号，这说明硬件的驱动程序没有被系统自动安装，需要手动安装。

9.5　计算机故障的检测和排除

计算机在使用过程中，引发系统故障的原因很多，人为因素、使用环境（包括温度过高或过低、灰尘过多、湿度和电源）、计算机病毒和日常维护使用不当等都会给计算机的正常运行带来很大的影响。这些因素的存在，会加速计算机元件的老化，缩短元件的工作寿命，从而造成计算机的故障。因此，对计算机进行维护显得尤其重要，需要进行定期检查。那么，如何去判断这些故障的存在呢?

9.5.1　计算机故障的检修原则

计算机的故障诊断是一项复杂的工作，需要一定的理论基础和丰富的实践经验。对已发生故障的计算机，如何去检测这些故障呢? 诊断计算机的故障时应遵循“先软件后硬件、先简单后复杂、先外后内、先大后小、先电源后部件”的原则。

1. 先软件后硬件

先排除软件故障再排除硬件问题，这是计算机维修中的重要原则。例如，Windows 系统软件被损坏或丢失可能造成死机故障的产生，因为系统启动是一项项加载检测的过程，哪一个环节都不能出现错误，如果存在损坏的执行文件或驱动程序，系统就会僵死在这里。但计算机各部件的本身问题、插接件的接口接触不良问题、硬件设备的设置问题（如 BIOS、驱动程序是否完善、与系统的兼容性、硬件供电设备的稳定性，以及各部件间的兼容性、抗外界干扰性等）也有可能引发计算机硬件死机故障的产生。我们在维修时应先从软件的方面着手再考虑硬件。

2. 先简单后复杂

目前的计算机硬件产品并不是想象的那么脆弱、那么容易损坏。因此在遇到硬件故障时，应该从最简单的原因开始检查，如各种线缆的连接情况是否正常、各种插卡是否存在接触不良的情况等。在进行上述检查后如果故障依旧，这时方可考虑部件的电路部分或机械部分是否存在较复杂的故障。

3. 先外后内、先大后小

外围设备引起的故障比较明显。首先，从外部，从大件着眼，先检查计算机主机、显示器，以及各外部设备的电源、线路是否连接不良或有故障；然后，再开机箱检查内部设备、板卡等是否有故障。

4. 先电源后部件

如果开机显示器不亮，应该先检查电源，电源出问题、电源供电不足或电压不稳等原因都会导致各种故障的发生。所以，应该先排除电源的问题后再检查其他部件的可能性。

在计算机的日常维修中，应准备各种配件的驱动程序，如光驱、声卡、显示卡和 MODEM 等。另外，软驱和光驱的清洗盘及清洗液等也应常备。

9.5.2 计算机故障的维修方法

根据故障的诊断步骤和原则，对计算机故障进行维修的方法是首先查找软件故障，然后再查找硬件故障。

1. 软件故障的查找

（1）操作系统故障。查找软件故障主要是调整操作系统的启动文件、系统配置参数、查杀病毒等。有些软件要求操作系统的版本较高、内存大，应看看软件是否和操作系统相符、系统文件的配置是否正确、内存的大小是否合适。

（2）程序故障。查找程序本身是否有程序开发时固有的错误、程序安装时是否缺少文件、安装方法是否正确、运行环境是否适合、操作步骤是否正确、有无相互排斥的软件影响等。

（3）病毒的影响。目前，计算机病毒非常猖獗，病毒发作时，软件不能运行，系统速度降低，打印机不能打印，网络无法连接。尽管有杀毒软件，但一时难以查清，当发现计算机出现莫名其妙的故障时，就应该考虑是否有病毒。

2. 硬件故障的查找

（1）观察法。观察法是维修判断过程中的第一要法，它贯穿于整个维修过程中。观察的内容包括周围的环境，系统板卡的插头、插座是否松动，电阻、电容引脚是否相碰，表面是否有烧焦，芯片表面是否开裂，主板上的铜箔是否烧断和断裂等；监听电源风扇、软／硬盘电机或寻道机械、显示器、变压器等设备的工作声音是否正常；主机、板卡中是否有烧焦的气味，以便于发现故障和确定故障点；用手按压管座的活动芯片和元器件的焊接点，看芯片是否松动或焊接不好而使元器件接触不良。

（2）替换法。替换法也是排除故障最常用的方法之一。此方法是用好的硬件替换可疑的硬件，若替换后故障消失，说明原硬件的确有问题。

（3）拔插法。拔插法是排除计算机故障最常用的方法之一，此方法的原理是计算机开机后 BIOS 会对计算机进行加电自检，如果不能顺利通过自检，BIOS 会发出报警声，不同的硬件故障会有不同的报警声。通过报警声可以初步判断故障所在，关机断电后把判断有故障的硬件拔出，再重新插回，看故障是否消失，如果故障依旧，就说明不是该硬件的问题，再试其他的硬件，直到找到根源所在。

（4）降温法。常用的降温方法有选择环境温度较低的时段，如清早或较晚的时间；使计算机停机 24 小时以上；用电风扇对着故障机吹，以加快降温速度；用酒精棉球接触有关元器件。

（5）敲打法。如果怀疑计算机中的某配件接触不良，可通过振动、适当扭曲，或用橡胶锤敲打部件或设备的特定部件来使故障复现，从而判断故障的原因。

（6）清洁法。灰尘可以引起计算机故障，注意观察故障机内、外部是否有较多的灰尘。如果是，则应先除尘、后维修。清洁的工具有橡皮擦（擦拭金手指）、酒精、小毛刷、吸尘器、皮老虎、抹布等。

（7）测量法。在计算机不通电和通电的情况下，用万用表来测量某一点的电平。首先在不通电的情况下，用万用表等测量工具对元器件进行测量，然后在通电情况下再进行测量，比较两次测量的结果来查找测量结果的变化，以此来确定某一元器件是否损坏。

（8）诊断卡判断法。目前，计算机市场销售一种计算机主板故障诊断卡，在断电情况下打开机箱，将诊断卡插入到 PC 槽或 ISA 槽中，开机查看诊断卡数码管显示的十六进制数据，然后对照随卡携带的说明书，查找显示码对应的故障，从而诊断计算机故障的部位。

习 题

一、选择题

1. 对一台计算机来说，(　　) 的性能基本上决定了整个计算机的性能。
   A. 内存　　B. 主机　　C. 硬盘　　D. CPU
2. 在计算机工作时，(　　) 给运算器提供计算机所用的数据。
   A. 指令寄存器　　B. 控制器　　C. 存储器　　D. CPU
3. 计算机的（　　）是计算机和外部进行信息交换的设备。
   A. 输入输出　　B. 外设　　C. 中央处理器　　D. 存储器
4. 硬盘中信息记录介质被称为（　　）。
   A. 磁道　　B. 盘片　　C. 扇区　　D. 磁盘
5. ROM 的是（　　）
   A. 软盘驱动器　　B. 随机存储器　　C. 硬盘驱动器具　　D. 只读存储器

二、填空题

1. 计算机系统由__________和__________两部分组成。
2. 主板按照结构可分为 AT 结构、Baby AT 结构、__________、__________的主板。
3. 硬盘按接口类型可分为__________、__________、__________和__________等硬盘。
4. 计算机电源主要包括__________、__________及__________等几种。
5. 按照工作原理可将打印机分为__________与__________。

三、简答题

1. 什么是 CPU 的高速缓存?
2. 什么是硬盘缓存?
3. 简述 LCD 显示器的工作原理。
4. 组装计算机时有哪些注意事项?
5. 简述计算机的组装流程。

第10章 常用工具软件

工具软件是计算机软件系统的重要组成部分。熟练掌握各种工具软件的使用方法，对于提高计算机使用者的操作水平、提升利用计算机解决问题的能力都具有重要意义。计算机的工具软件种类繁多、数量巨大，不可能面面俱到，本章选取了常用的一些软件加以介绍，旨在通过这些内容的学习，能够使读者逐渐掌握工具软件的使用规律，举一反三，为今后使用其他工具软件奠定基础。

10.1 压缩软件

10.1.1 WinRAR 软件简介

在早期的计算机中，由于受到硬件发展水平的限制，存储设备的价格往往很高，容量也较小。在这种情况下，使用者当然希望在不影响使用的前提下，文件能拥有更小的体积。在这样的背景下，就出现了压缩与解压缩工具。虽然随着硬件技术的发展，存储设备的价格在不断下降，压缩带来的文件体积的减小对硬件系统的影响已经微乎其微，但压缩/解压缩工具并没有因此消失，仍在不断发展，出现了许多功能更多、性能更强的软件，下面我们就选取其中较为常用的一款加以介绍。

WinRAR 是一款功能强大的压缩包管理器，它是档案工具 RAR 在 Windows 环境下的图形界面。该软件可用于备份数据，缩减电子邮件附件的大小，解压缩从 Internet 上下载的 RAR、ZIP 及其他压缩文件，并且可以新建 RAR 及 ZIP 格式的文件，目前最新版本为 5.31 版本。在众多的压缩/解压缩工具中，WinRAR 以其优异的压缩算法、多种文件格式的兼容性以及人性化的操作界面，成为众多使用者的首选。其附带的加密、自解压等功能也得到广泛的应用。

WinRAR 的优势和特点如下。

1. 压缩率更高

WinRAR 在 DOS 时代就一直具备这种优势，经过多次试验证明，WinRAR 的 RAR 格式一般要比其他的 ZIP 格式的压缩率高出 10%～30%，尤其是它还提供了可选择的、针对多媒体数据的压缩算法。

2. 对多媒体文件有独特的高压缩率算法

WinRAR 对 WAV、BMP 声音及图像文件可以用独特的多媒体压缩算法大大提高压缩率，虽然我们可以将 WAV、BMP 文件转为 MP3、JPG 等格式节省存储空间，但 WinRAR 的压缩是标准的无损压缩，能完全地支持 ZIP 格式并且可以解压多种格式的压缩包。

3. **设置项目非常完善，并且可以定制界面**

通过开始选单的程序组，启动 WinRAR，在其主界面中选择【选项】选单下的【设置】打开设置窗口，分为常规、压缩、路径、文件列表、查看器和综合 6 大类，通过修改其设置，可以更好地使用 WinRAR。例如，同时安装了某款压缩软件与 WinRAR，ZIP 文件的关联经常发生混乱，现在我们只需进入设置窗口，选择【综合】标签，将【WinRAR 关联文件】栏中的【ZIP】项打勾，确定后就可使 ZIP 文件与 WinRAR 关联；反之如果将勾去掉，则 WinRAR 自动修改注册表使 ZIP 重新与这个压缩软件关联。

4. **对受损压缩文件的修复能力极强**

在网上下载的 ZIP、RAR 类的文件往往因头部受损问题而不能打开，用 WinRAR 调入后，只需单击界面中的【工具】菜单选择【修复】按钮就可轻松修复，成功率极高。

5. **辅助功能设置细致**

在压缩窗口的【备份】标签中设置压缩前删除目标盘文件；在压缩前单击【估计】按钮对压缩先评估一下；为压缩包加注释；设置压缩包的防受损功能等，这些细微之处也能看出 WinRAR 的“体贴周到”。

6. **压缩包可以锁住**

双击进入压缩包后，单击命令选单下的【锁定压缩包】就可防止人为的添加、删除等操作，保持压缩包的原始状态。

10.1.2　WinRAR 的使用方法

1. **压缩文件**

首先启动 WinRAR，进入 WinRAR 的工作界面，如图 10.1 所示。选择工作区中需要压缩的文件，单击面板中的【添加】按钮，在弹出的【压缩文件名和参数】对话框中选择【常规】选项卡，在其中设置“压缩文件名”和“压缩文件格式”，设定完成后单击【确定】按钮就可以生成压缩包。

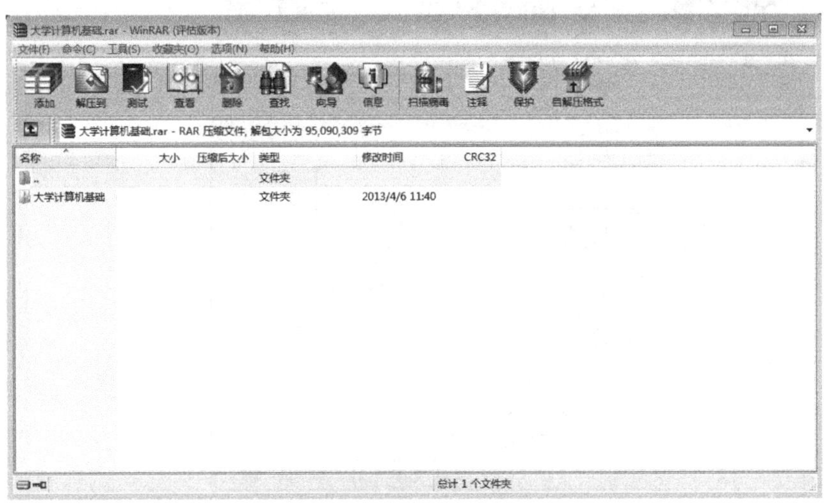

图 10.1　WinRAR 的工作界面

除了上面介绍的方法外，WinRAR 还提供了一种非常便捷的压缩方式——右键菜单，在需要进行压缩的文件或文件夹上单击鼠标右键，如图 10.2 所示。选择【添加到压缩文件】命令，也可以实现压缩操作。

完成压缩操作后，可以通过查看压缩文件的属性，在【属性】窗口中选择【压缩文件】选项卡，可以查看该压缩文件的相关信息，如图 10.3 所示，其中显示压缩率的数值达到了 52%，也就是说压缩文件的大小接近原文件的 1/2，由此可见 WinRAR 确实有非常强大的压缩能力。

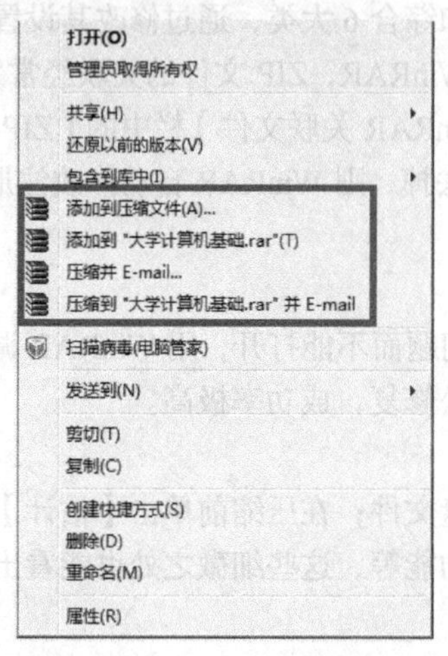

图 10.2　WinRAR 右键菜单

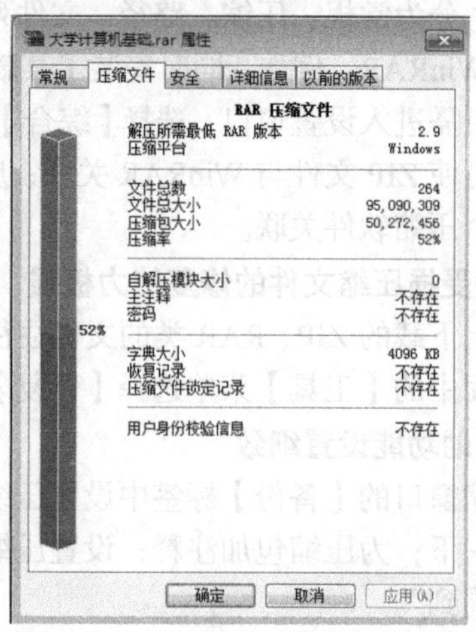

图 10.3　【压缩文件】选项卡

2. 解压缩文件

在生成压缩包后，我们可以对压缩包进行复制、传输等操作，但在使用压缩包中的文件前，还需要进行解压缩操作。解压缩操作同样可以通过两种方式进行，直接使用 WinRAR 可以打开压缩包文件，显示其中的内容。选中需要解压的文件，双击打开 WinRAR 操作界面，单击面板中的【解压到】按钮，在弹出的【解压路径和选项】对话框中选择解压路径后，单击【确定】按钮即可实现解压缩的操作，如图 10.4 所示。

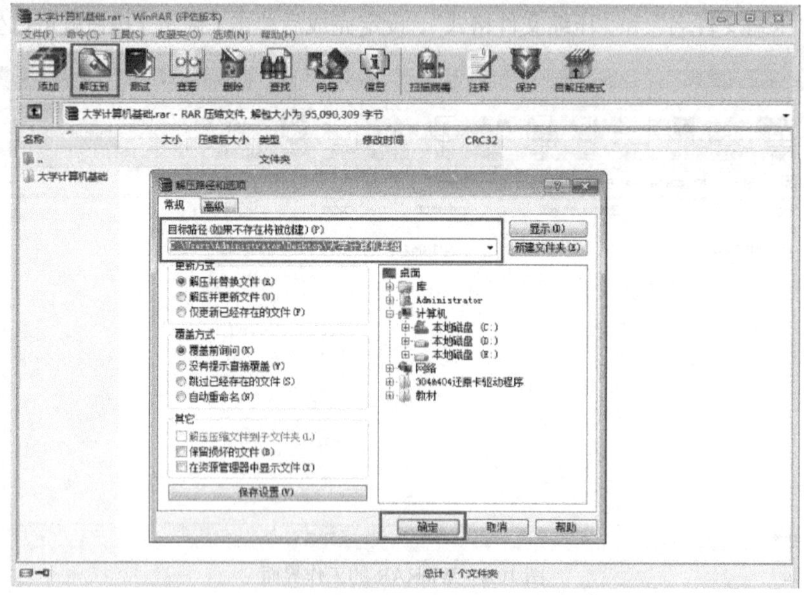

图 10.4　解压文件

WinRAR 同样提供便捷的解压缩方式，在压缩文件上单击鼠标右键，可以看到图 10.5 所示的右键菜单，其中，选择【解压文件】命令可以弹出【解压路径和选项】设置对话框，而下面的两个命令则是使用默认设置快速解压的方式，差别之处在于解压后文件所处的路径不同。

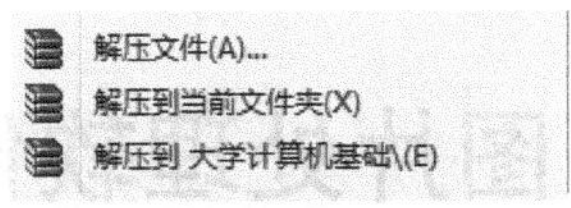

图 10.5　解压文件右键菜单

3. 文件加密

有时，我们需要对压缩文件设置一定的访问权限，通过 WinRAR 的“设置密码”功能来实现。在【压缩文件名和参数】对话框中选择【高级】选项卡，单击【设置密码】按钮，即可在弹出的对话框中进行密码设置，如图 10.6 所示。

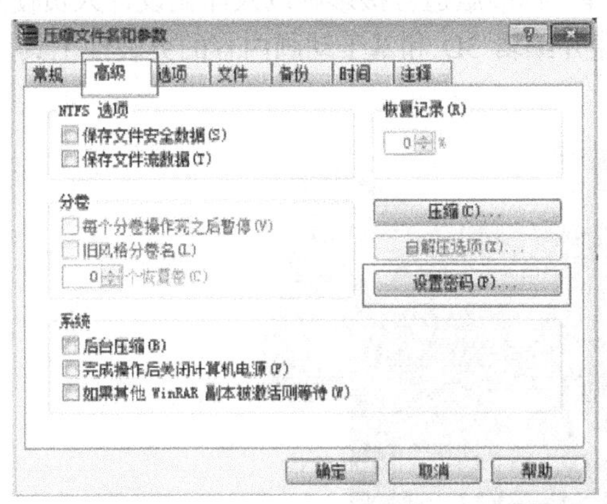

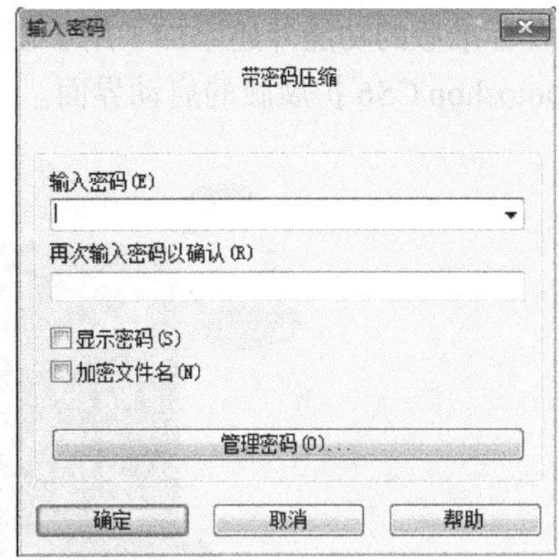

图 10.6　给压缩文件添加密码

在输入完密码后，还需要再次输入密码确认。在【输入密码】对话框中，有【显示密码】和【加密文件名】选项，如果需要显示当前输入密码的字符形式，可以勾选【显示密码】选项。在对压缩文件进行加密时，仅仅是在解压缩的时候需要密码，但是通过 WinRAR 界面可以查看其中的文件名和文档名。如果不希望他人知道其中的内容，可以在设置密码的同时勾选【加密文件名】选项。当试图打开对文件进行了加密操作后的压缩包时就会弹出【输入密码】对话框，如图 10.7 所示。

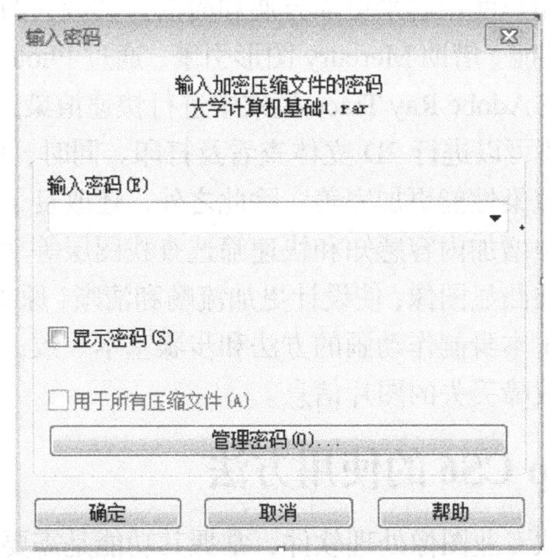

图 10.7　【输入密码】对话框

作为一款强大的工具软件，WinRAR 还有很多功能是本书没有涉及的，读者可以在以后的学习和工作中逐渐摸索，此处限于篇幅，不再赘述。

10.2 图片处理软件工具

图片处理软件是对数字图片进行修复、合成、美化等各种处理的软件的总称。目前，专业级的图片处理软件是Adobe公司出品的Photoshop系列软件，本节以Photoshop CS6为例进行讲解。

10.2.1 Photoshop CS6软件简介

Photoshop CS6有标准版和扩展版两个版本。标准版适合摄影师以及印刷设计人员使用，扩展版除了包含标准版的功能外还添加了用于创建并编辑3D和基于动画内容的突破性工具。图10.8所示为Photoshop CS6扩展版的启动界面。

图10.8 Photoshop CS6扩展版的启动界面

Photoshop CS6是Adobe 公司推出的第13代产品，是当前使用非常广泛的Photoshop版本，较以前版本有不少改进，令用户使用起来更加方便和简洁。其最大的改变是3D性能的提升，增强了整个3D工作流程中的性能。借助Mercury图形引擎，通过Photoshop CS6可以自由地查看编辑模式中的阴影和反射，可在Adobe Ray Trace模式中进行快速渲染工作；并且能够更加精确地合并单个场景中的3D对象，还可以进行3D立体查看及打印。同时，Photoshop CS6还增强了3D动画的处理，使导出动画的渲染性能更加完美；除此之外，还改良了原有的设计工具，如新增了更有质感的滤镜、修补工具中增加内容感知和快速筛选查找图层等功能；优化了原有的界面，采用新的暗色调令用户界面更加凸显图像，使设计更加流畅和清晰，原本的【窗口-动画】变成了【窗口-时间轴】，但是Photoshop本身制作动画的方法和步骤基本一致；此外，还新增了存储选项，可以恢复因软件或电脑突发故障丢失的图片信息。

10.2.2 Photoshop CS6的使用方法

Photoshop CS6作为一款专业图像处理软件，掌握其功能是需要花费很多时间去学习和运用的，在此仅以一个简单实例来介绍其基本的用法。图10.9所示为Photoshop CS6的工作界面。和大部分工具软件类似，在其工作界面的最顶端是菜单栏，软件提供的所有功能都能在菜单栏中对应的子菜单中找到。位于工作界面中央的黑色部分是工作区域，通过新建文件或者打开文件的方式，可将需要处理的图片在此区域中显示。左侧显示的是工具栏，可以调整工具栏的显示样式，右侧是【颜色】【色板】和【样式】选项卡，可以用来调整选定区域或图片的颜色和样式等。

图 10.9 Photoshop CS6 的工作界面

图 10.10 所示为最终完成的效果图，此图的效果是通过图层的叠加和添加文字构成的。在制作一幅作品之前，首先要选择需要的素材，然后构思它们之间的结构和层次关系。

图 10.10 完成效果图

下面简单地讲解制作的过程。

首先，新建一个文件，单击【文件】菜单，选择【新建】命令，新建一个“600 像素×400

像素，分辨率为 300”的画布，命名为“完成图”。然后，单击【文件】菜单中的【打开】命令，选择存放素材的文件夹路径，并选择需要作为背景的素材图，在工具栏中选择拖动工具，将素材图片拖动到新建的画布之中，并调整其大小，效果如图 10.11 所示。

图 10.11　添加背景后的效果

然后，采用同样的方法将另一张图片素材拖入画布之中，放在背景之上，摆放至合适的位置，将图层样式改为“正片叠底”，添加后的效果如图 10.12 所示。

图 10.12　添加另一张图片后的效果

为背景图层添加蒙版。选择“渐变”工具，使用黑白渐变，为蒙版进行填充，使整个背景图片看上去更加融洽、和谐。完成后的效果如图 10.13 所示。

图 10.13　添加蒙版后的效果

分别为图片素材图层和背景图层复制一个图层，图层样式均选择“柔光”。在【滤镜】菜单中选择【滤镜】→【高斯模糊】，并调整合适的图层透明度。

再次打开一张纸纹素材，按照前面的方法，将其拖入文件中，将图片样式设置“正片叠底”。在【图像】菜单中选择【调整】→【色彩平衡】，调整纸纹图层的色彩与其他图层相吻合，效果如图 10.14 所示。

图 10.14　添加纸纹后的效果

选择文字工具，分别输入“谁的青春不迷茫”这几个字，并按照顺序排放好，将“青春”二字的颜色设置为红色，其他字为黑色。分别为每个字设置图层混合选项，如“投影”　“外发光”等。最后，栅格化文字图层。完成效果如图 10.10 所示。单击菜单栏中【文件】菜单，选择【保存】命令，弹出图 10.15 所示的对话框，将保存格式选择为 JPEG 格式，单击【保存】按钮即可。

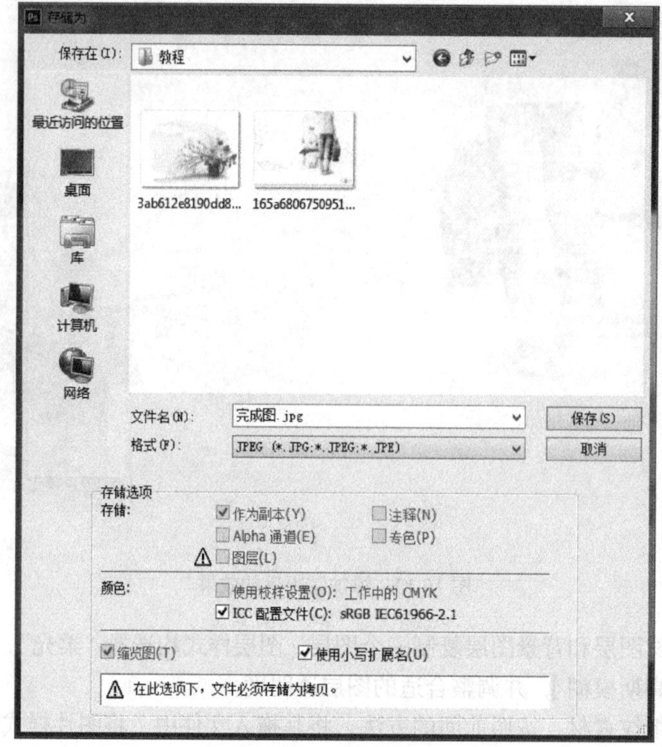

图 10.15　保存图片

10.3　多媒体制作软件工具

多媒体制作的范围比较广泛，其中包括字处理、绘图、图像处理、动画制作、声音编辑及视频编辑等。多媒体制作工具将各种媒体素材按照超文本节点和链接结构的形式进行组织，形成多媒体文件。本节介绍一款矢量动画制作软件 Flash。

10.3.1　Flash 软件简介

Flash 是由 Macromedia 公司推出的交互式矢量图和 Web 动画的标准，后由 Adobe 公司收购。Flash 是一个非常优秀的矢量动画制作软件，它以流式控制技术和矢量技术为核心，制作的动画具有短小精悍的特点，被广泛应用于网页动画的设计中，已成为当前网页动画设计最为流行的软件之一。目前，Flash 的最新版本为 Adobe Flash CS6 Professional。

Flash 通过广泛使用矢量图形使 Flash 文件非常小。与位图图形相比，矢量图形需要的内存和存储空间小很多，矢量图形是以数学公式来表示图形的，位图图形中的每个像素都需要一组单独的数据来表示。

要在 Flash 中构建动画，可以使用 Flash 绘图工具创建图形，并将其他媒体元素导入 Flash 文档，然后定义如何以及何时使用各个元素来创建设想中的动画效果。

Flash 动画的原理就是“遮罩+补间动画+逐帧动画”与元件（主要是影片剪辑）的混合物，通过这些元素的不同组合，从而创建千变万化的效果。

在 Flash 中创作内容时，需要在 Flash 文档文件中工作，Flash 文档文件的扩展名为 fla（FLA）。

Flash 文档有以下 4 个主要部分。

（1）舞台。舞台是存放图形、视频、按钮等内容的位置。

（2）时间轴。时间轴用来控制 Flash 显示图形和其他项目元素的播放顺序，也可以在时间轴中设置动画效果。

（3）库面板。库面板是 Flash 显示 Flash 文档中的媒体元素列表的位置。

（4）Action Script。Action Script 代码可用来向文档中的媒体元素添加交互式内容。例如，添加代码使用户在单击某按钮时执行设置代码的功能，还可以使用 Action Script 向应用程序添加逻辑，逻辑使应用程序能够根据用户的操作和其他情况采取不同的工作方式。

完成 Flash 文档的创作后，可以使用“文件”→“发布”命令发布。此时，创建文件的一个压缩版本，其扩展名为 swf（SWF），使用 Flash Player 可在 Web 浏览器中播放 SWF 文件，或者将其作为独立的应用程序进行播放。

10.3.2　Flash 的使用方法

Flash CS6 的主界面如图 10.16 所示。在主界面中，用户可以选择创建不同类型的 Flash 文件。如果需要对已创建的 Flash 文件进行编辑可以选择【打开最近的项目】中的【打开】选项；如果需要新建 Flash 文件则可以在【新建】中选择文件类型，或者选择【从模板创建】选项。

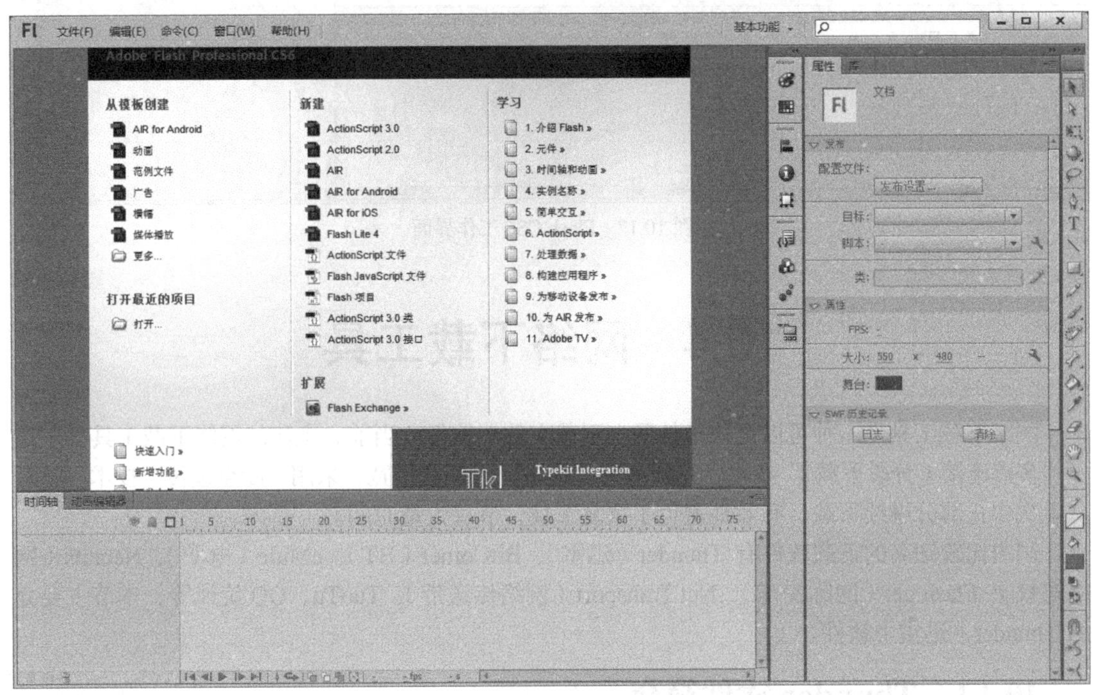

图 10.16　Flash CS6 的主界面

选择【Flash 文件（ActionScript 3.0）】类型的文件，新建一个 Flash 文件后进入图 10.17 所示的 Flash 工作界面。在工作界面的顶端是菜单栏，罗列出 Flash 提供的菜单选项。中间部位是 Flash 的舞台，所有动画制作的素材全部都要在舞台上展示其动画效果，可以在右侧的【属性】窗口中设置舞台的背景和大小。在舞台的下方是时间轴，在时间轴上可以创建多个图层，使 Flash 中的素材可以有层次地在舞台中展示，所有动画的变化效果都是在时间轴上进行设置的。通过插入关键帧等操作创建补间动画、设置图层的变化，Flash 中动画的显示效果是按照存放在时间轴的先后顺序进行显示的。在主界面的右侧是【属性】和【库】选项卡，可以在【属性】选项卡中设置元件的属性和变化的方式，在【库】选项卡中显示的是将素材制作成元件的列表，可以将元件重复利用，减少重复的工作。最右侧是工具栏，显示了 Flash 提供的所有的绘图工具和操作工具，用户可以选择不同的工具进行动画素材的创建。

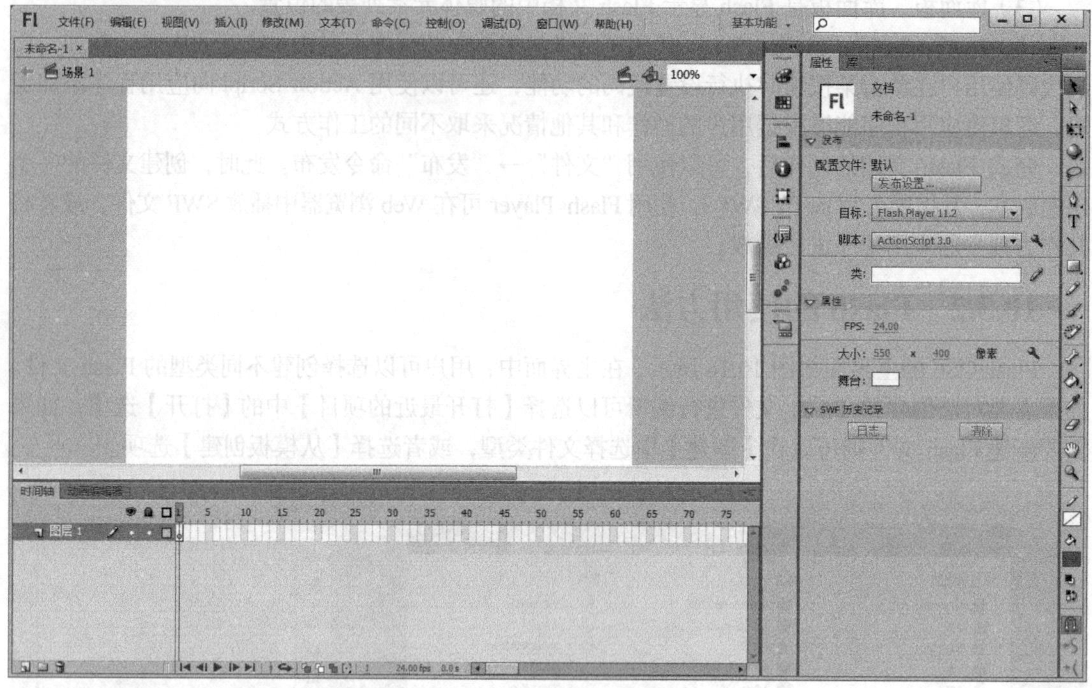

图 10.17　Flash CS6 工作界面

10.4　网络下载工具

网络下载工具是一种可以更快地从网上下载文件的软件。当前，主流的网络下载工具都采用了“多点连接（分段下载）”技术，充分利用了网络上的多余带宽，采用“断点续传”技术，随时从上次中止部分继续下载，有效地避免了重复下载，节省大量时间。

国内比较知名的下载软件有 Thunder（迅雷）、BitComet（BT）、eMule（电驴）、Netants（网络蚂蚁）、Flash get（网际快车）、Net Transport（网络传送带）、TuoTu、QQ 旋风等，本节主要介绍 Thunder（迅雷）软件。

10.4.1　Thunder 软件简介

Thunder（迅雷）软件由其创始人邹胜龙和程浩于 2002 年年底始创于美国硅谷。2003 年 1 月月底，邹胜龙回国正式成立深圳市三代科技开发有限公司，简称“三代”，2005 年 5 月公司正式更名为深圳市迅雷网络技术有限公司（简称“迅雷”）。

迅雷立足于为全球互联网提供最好的多媒体下载服务，使用先进的超线程技术基于网格原理，能够将存在于第三方服务器和计算机上的数据文件进行有效整合。通过这种先进的超线程技术，用户能够以更快的速度从第三方服务器和计算机获取所需的数据文件。这种超线程技术还具有互联网下载负载均衡功能，在不降低用户体验的前提下，迅雷可以对服务器资源进行均衡，有效地降低了服务器负载。

10.4.2 Thunder 的使用方法

Thunder（迅雷）是目前国内使用比较广泛的一款网络下载工具，目前最新版本是迅雷 7.9，其主界面如图 10.18 所示。

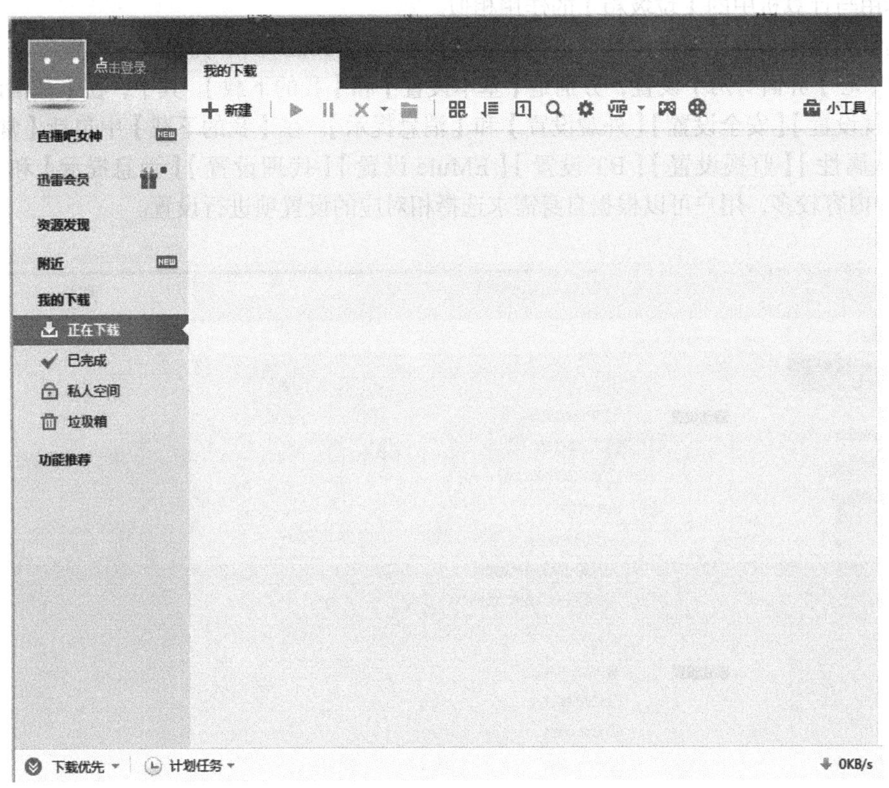

图 10.18 迅雷 7.9 的主界面

在早期三大主流下载软件 Thunder（迅雷）、BitComet（BT）和 Emule（电驴）三足鼎立之时，每一款下载软件都有自己独有的下载链接和下载方式，彼此互不兼容。随着时间的推移，Thunder 渐渐地吸引了越来越多的用户。用户在网络上搜索到的资源都可以通过迅雷下载。下载的方式有两种：一种是直接在网络上搜索到资源对应的链接，单击【迅雷】下载，在弹出的下载路径对话框中选择文件的存储路径即可；另一种是在迅雷的主界面【新建】菜单中新建下载任务，其前提条件是必须知道下载的链接地址，直接复制到对话框中单击【继续】按钮即可，如图 10.19 所示。

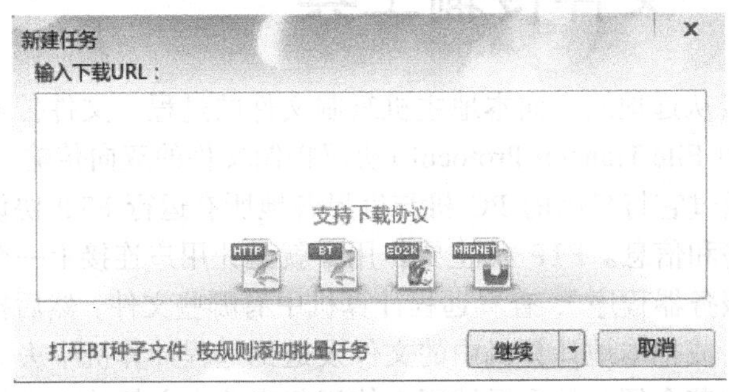

图 10.19 新建下载任务

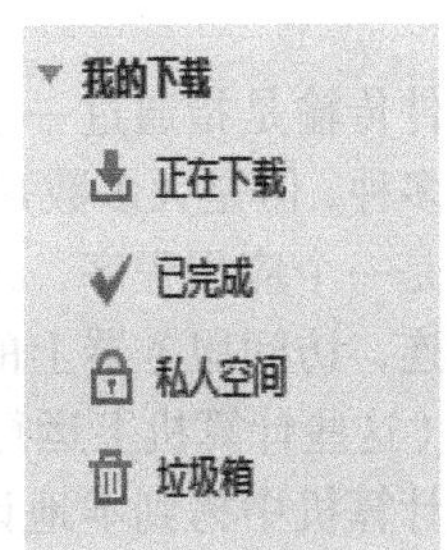

图 10.20 下载任务管理

在迅雷主界面的左侧提供了下载任务管理的操作，如图 10.20 所示。单击【正在下载】，在界面右侧会显示当前正在下载的文件和其下载进度、下载速度和剩余下载时间等信息；单击【已完成】，在界面右侧显示用户已经下载完成的文件信息。【私人空间】工具栏中同样也是提供两个信息显示的工具，【垃圾箱】主要用来存放用户从【正在下载】和【已完成】工具栏中删除的文件信息，其作用与计算机中的【垃圾箱】的作用相似。

在迅雷配置中心可以对迅雷软件进行进一步设置，图 10.21 所示为迅雷【配置中心】界面。在【配置中心】界面有两个设置，分别是【基本设置】和【我的下载】。其中，在【基本设置】中包括【常规设置】【安全设置】【外观设置】和【消息提示】；在【我的下载】中包括【常用设置】【任务默认属性】【监视设置】【BT 设置】【EMule 设置】【代理设置】【消息提示】和【下载加速】。其中内容较多，用户可以根据自身需求选择相对应的设置项进行设置。

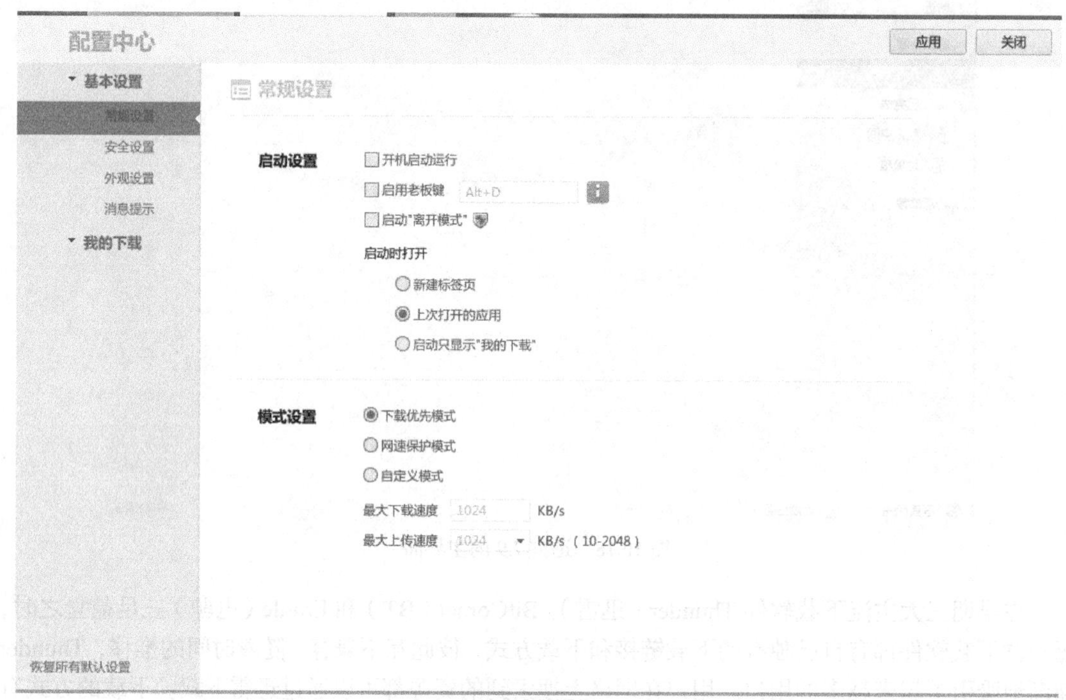

图 10.21 迅雷【配置中心】界面

10.5 文件传输工具

文件传输是指通过一条网络连接从远地站点向本地主机复制文件的过程。文件传输的类型有很多种，但是大多数是基于 FTP（File Transfer Protocol）协议控制文件的双向传输。同时，FTP 也是一个应用程序，用户可以通过它将自己的 PC 机与世界各地所有运行 FTP 协议的服务器相连，访问服务器上的大量程序和信息。FTP 的主要作用，就是让用户连接上一个远程计算机（这些计算机上运行着 FTP 服务器程序），查看远程计算机中有哪些文件，然后把文件从远程计算机中拷到本地计算机中，或把本地计算机中的文件发送到远程计算机中去。很多通信软件中集成了文件传输功能，本节介绍一款在局域网中使用起来非常方便的文件传输的软件——飞鸽传书。

10.5.1　飞鸽传书软件简介

飞鸽传书是一款局域网内的即时通信软件，基于 TCP/IP（UDP）。可运行于多种操作平台（Win、Mac、UNIX、Java），并实现跨平台信息交流。不需要服务器支持，支持文件/文件夹的传送，通信数据采用 RSA/Blofish 加密，十分小巧，简单易用，用户可以完全免费使用它。

10.5.2　飞鸽传书的使用方法

随着飞鸽传书版本的不断升级，其功能也不断扩展，主界面如图 10.22 所示。在同一个局域网中，会自动搜索同时运行飞鸽传书的用户，并且将计算机名显示为用户名，同时显示当前计算机的 IP 地址。可以通过单击主界面下方的【刷新】和【添加】按钮来搜索新用户，支持群发功能。

对于每一个被搜索到的用户，还可以对其进行用户标识，如图 10.23 所示，以便更加直观地显示每一个用户的详细信息。

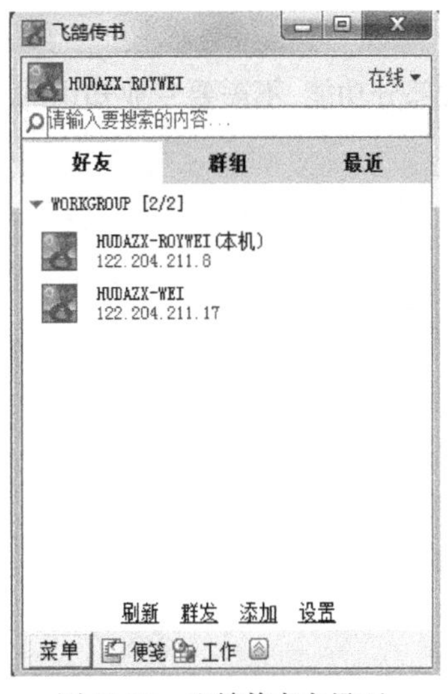

图 10.22　飞鸽传书主界面

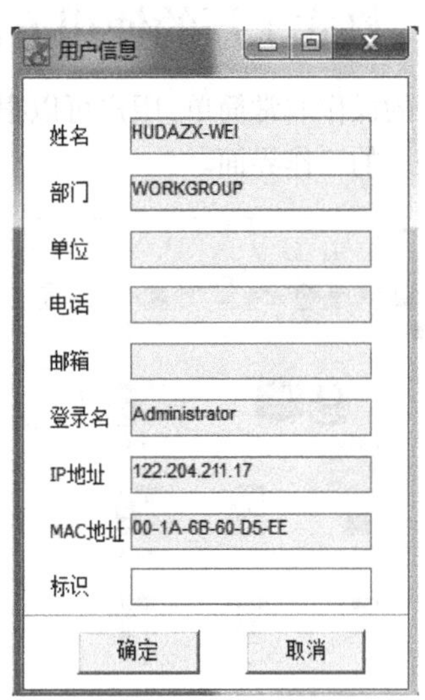

图 10.23　用户信息标识

与很多即时通信软件相同，飞鸽传书中通过双击用户名，也可以打开一个对话窗口，如图 10.24 所示。在该窗口中用户可以传输文件或文件夹，也可以发送文字信息。

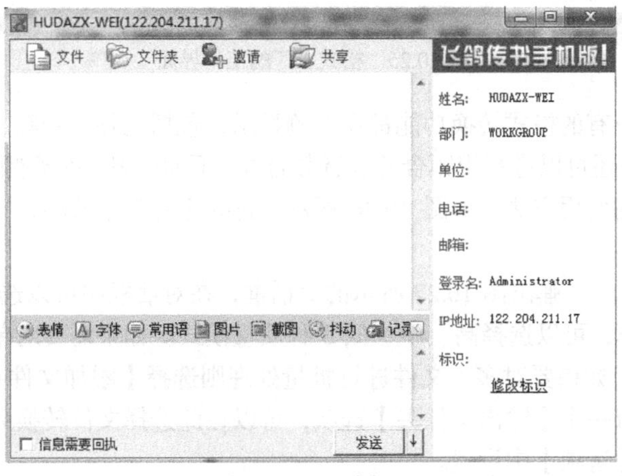

图 10.24　对话窗口

10.6　多媒体格式转换工具

多媒体是计算机和视频技术的结合，包括声音和图像两部分。由于采用的数据压缩技术不同，多媒体文件的格式样式多种多样，有时由于硬件或软件的原因需要对多媒体的格式进行转换，此时就需要使用多媒体格式转换工具。本节介绍一款国产免费的多媒体格式转换工具——格式工厂。

10.6.1　格式工厂软件简介

格式工厂（Format Factory）是一款国产免费软件，使用它可以进行视频、音频、图片和光驱设备等多种类型的多媒体格式的转换，可以设置文件输出配置、增添数字水印等。它是一款非常实用的工具软件，目前最新版本为 V3.8.0。

10.6.2　格式工厂的使用方法

格式工厂的操作非常简单，用户可以很快掌握绝大部分功能，不需要专业知识的支撑，图 10.25 所示为格式工厂的工作界面。

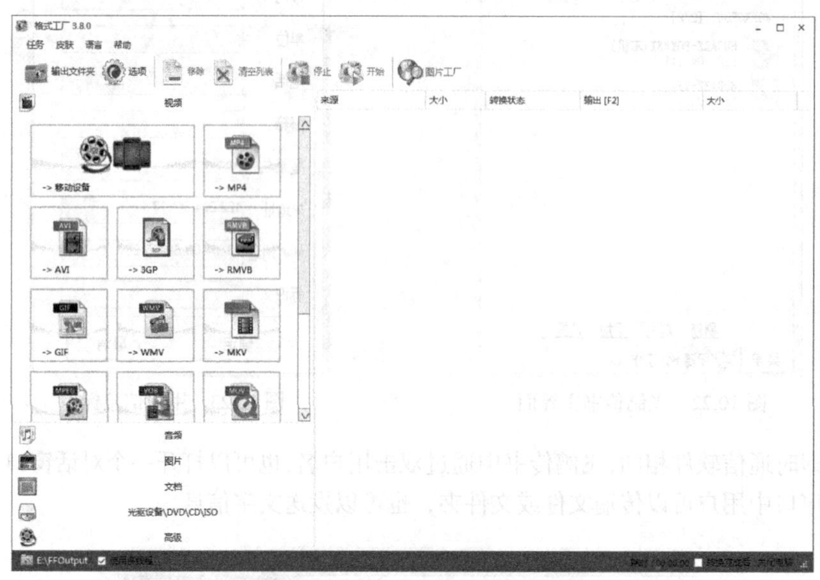

图 10.25　格式工厂的工作界面

在工作界面中，所有的格式转换功能都在左侧显示，包括视频、音频、图片、图片和光驱设备，其中在高级选项中还可以进行视频合并和音频合并。下面以将一个音频文件转换为 MP3 格式为例，介绍格式工厂的使用方法。如图 10.26 所示，选择【音频】选项，在其列表中选择第一个选项【MP3】。

单击【MP3】图标后，弹出图 10.27 所示的对话框，在对话框中可以选择【输出配置】，弹出图 10.28 所示的对话框，可以选择高、中、低 3 种质量模式。如果需要对单个文件进行转换则单击【添加文件】命令，如果要对多个文件进行批量处理则选择【添加文件夹】命令，在图 10.27 所示的对话框最底部有一个【输出文件夹】选项，可以在此选择文件转换后存储的路径，此功能也可以在工作界面的【选项】中设置。

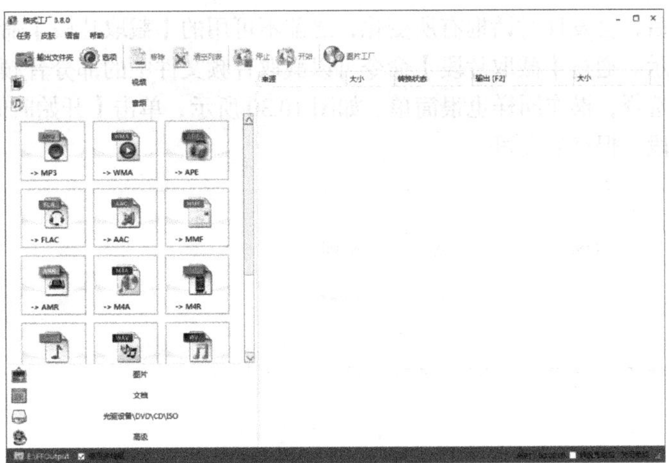

图 10.26 选择音频

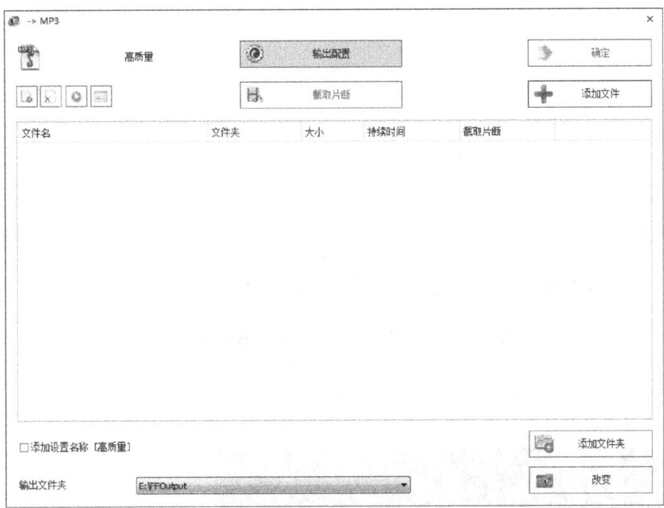

图 10.27 MP3 格式转换对话框（1）

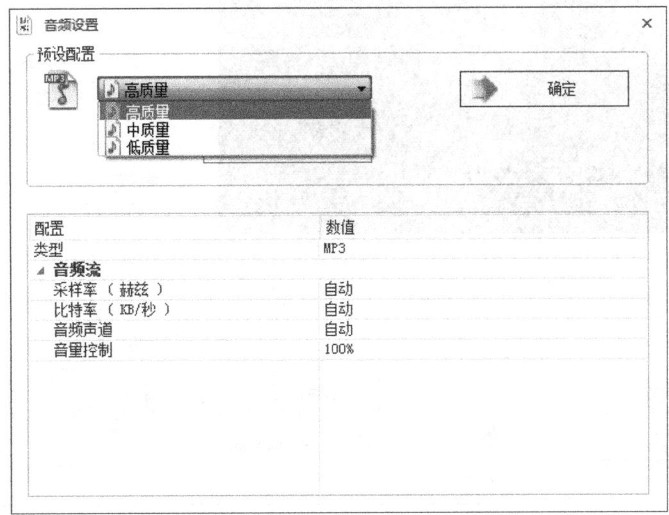

图 10.28 输出设置对话框

选择一个文件后，会发现对话框有所变化，之前不可用的【截取片段】命令现在变成可用状态，如图 10.29 所示。通过【截取片段】命令可以截取音频文件中的部分音频。用此方法制作手机铃声是个不错的选择，操作同样也很简单。如图 10.30 所示，单击【开始时间】和【结束时间】按钮，可以截取片段，保存后即可。

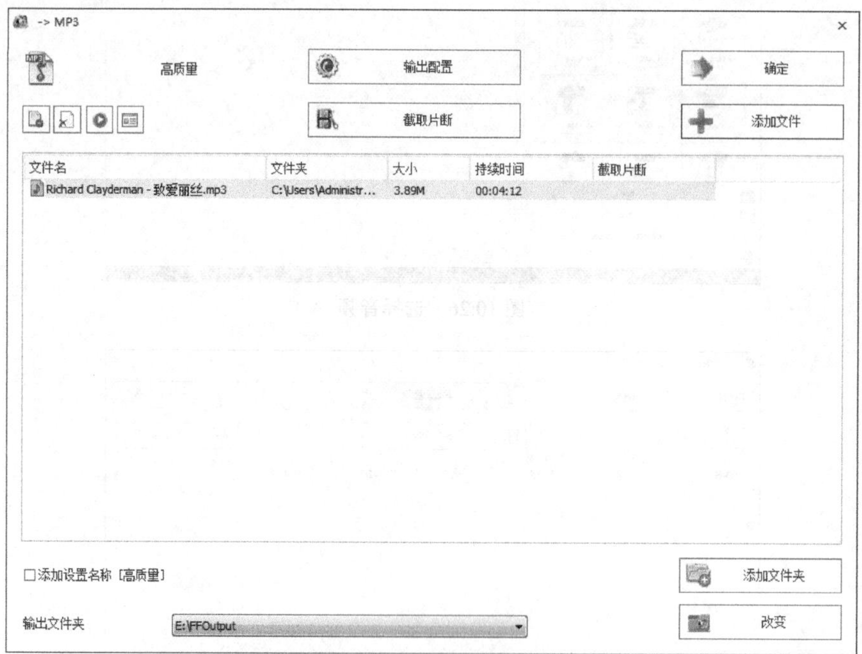

图 10.29　MP3 格式转换对话框（2）

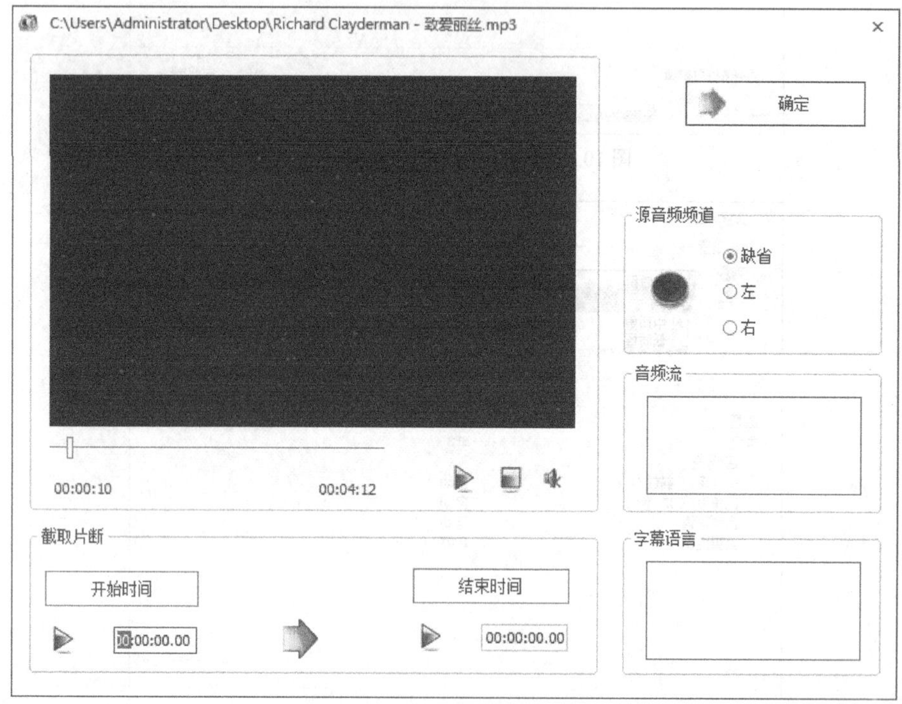

图 10.30　截取音频片段

在 MP3 格式转换对话框中单击左上角的【确定】按钮即返回格式工厂主界面，如图 10.31 所示。然后单击【开始】按钮，开始将选择的文件转换成 MP3 格式，如图 10.32 所示，显示的是转换的状态。完成后即可打开文件查看。其他的操作过程与此操作类似，在此就不一一赘述。

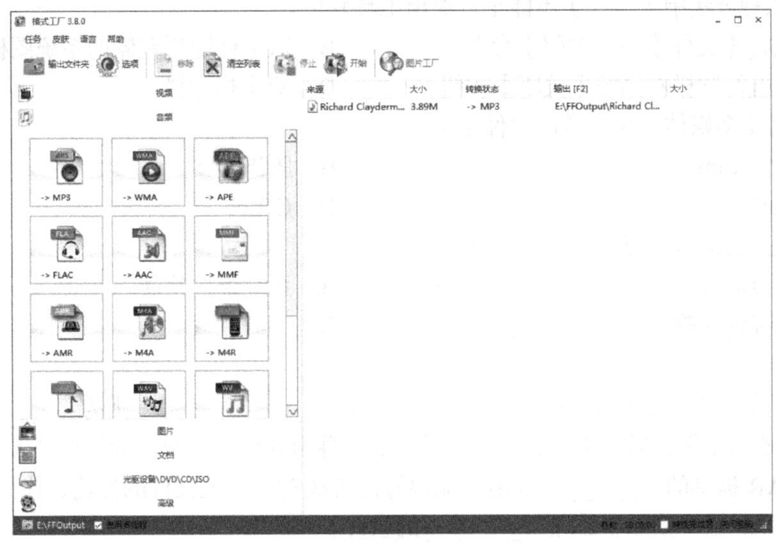

图 10.31　转换界面

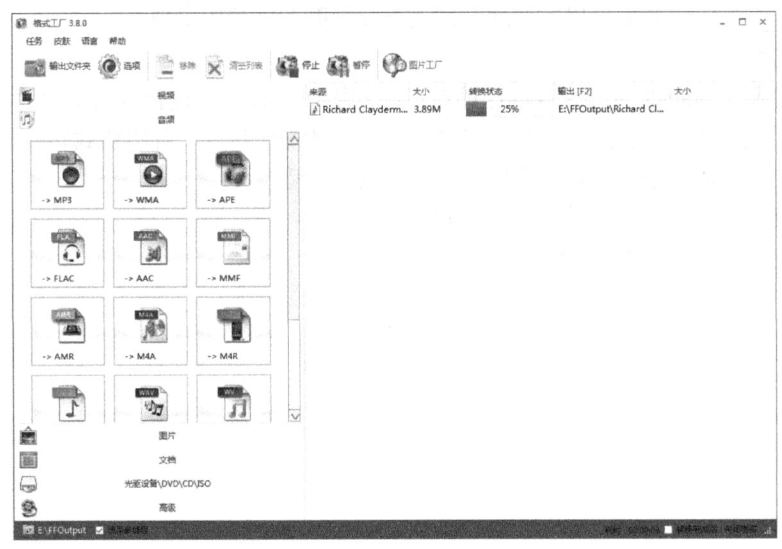

图 10.32　转换状态

习　题

一、选择题

1. 下列软件中（　　）属于文件传输软件。

A. IPMessenger　　B. Virtual CD

C. DAEMON Tools　　D. Iparmor

2. 下列软件中属于压缩软件的是（ ）。
   A. Win amp　　B. 超级解霸
   C. Realone Player　　D. WinRAR
3. 以下几种方法中（ ）不能正常退出工具软件。
   A. 执行【文件】→【关闭】命令　　B. 双击标题栏左侧的系统图标
   C. 单击标题栏右侧的【关闭】按钮　　D. 双击标题栏
4. 下列属于多媒体制作工具的软件是（ ）。
   A. PPStream　　B. 腾讯 QQ
   C. Flash　　D. Office
5. 迅雷是一款功能强大的（ ）软件。
   A. 杀毒软件　　B. 系统维护软件
   C. 系统辅助软件　　D. 下载软件

二、填空题

1. 图形图像文件大致上可以分为两大类：一类为__________；另一类为__________。前者以点阵形式描述图形图像，后者是以数学方法描述的一种由几何元素组成的图形图像。
2. WinRAR 提供的__________功能，能很好地解决对一个大文件的传输、拷贝问题。
3. Photoshop 是一款专业处理__________的软件。
4. __________是一款功能强大的多媒体格式工具软件。
5. 利用__________我们可以方便地在网上下载视频和文档等资料。

三、简答题

1. 简述使用 WinRAR 进行文件的压缩解压缩的操作过程，并设置压缩文件的密码。
2. 简述使用格式工厂将两个视频拼接成一个视频的操作过程，并将格式转换成 MP4 格式。
3. 简述使用飞鸽传书在局域网中传输文件的操作过程。
4. 简述使用格式工厂制作手机铃声的方法。
5. 简述使用迅雷下载 WinRAR 的步骤。

参考文献

[1] 刘相滨. 大学计算机基础. 上海：复旦大学出版社，2010.

[2] 甘勇，尚展垒，张建伟. 大学计算机基础（第 2 版）. 北京：人民邮电出版社，2012.

[3] 林登奎. 中文版 Windows 7 从入门到精通. 北京：中国铁道出版社，2011.

[4] 林卓然，李岚. 计算机基础教程 Windows 7 与 Office 2010（第 5 版）. 北京：人民邮电出版社，2011.

[5] 袁盐. Office 2010 办公应用技巧总动员. 北京：清华大学出版社，2011.

[6] 范泽剑，范泽宇. Office 2010 全解析. 北京：机械工业出版社，2010.

[7] 袁淑敏，杨闰艳，刘东姣，等. Access 2007 数据库应用基础与实训教程. 北京：清华大学出版社，2012.

[8] 文杰书院. Dreamweaver CS5 网页设计与制作基础教程. 北京：清华大学出版社，2012.

[9] 黄富佳，石铁峰，庞松鹤. 计算机组装与维护教程. 北京：清华大学出版社，2012.

[10] 修毅，洪颖，邵熹雯. 网页设计与制作 Dreamweaver CS6 标准教程（第 2 版）.北京：人民邮电出版社，2015.

[11] 于双元. 全国计算机等级考试二级教程（MS Office 高级应用）. 北京：高等教育出版社，2013.